Excel 2019
应用大全

张婷婷　编著

机械工业出版社
China Machine Press

图书在版编目（CIP）数据

Excel 2019 应用大全 / 张婷婷编著 . —北京：机械工业出版社，2019.10

ISBN 978-7-111-64088-2

I. E… II. 张… III. 表处理软件 IV. TP391.13

中国版本图书馆 CIP 数据核字（2019）第 238735 号

Excel 2019 应用大全

出版发行：机械工业出版社（北京市西城区百万庄大街 22 号 邮政编码：100037）

责任编辑：陈佳媛　　　　　　　　　　　　责任校对：殷　虹

印　　刷：北京瑞德印刷有限公司　　　　　版　　次：2020 年 1 月第 1 版第 1 次印刷

开　　本：185mm×260mm　1/16　　　　　印　　张：31.25

书　　号：ISBN 978-7-111-64088-2　　　　定　　价：89.00 元

客服电话：（010）88361066　88379833　68326294　　　投稿热线：（010）88379604

华章网站：www.hzbook.com　　　　　　　　　　　　读者信箱：hzit@hzbook.com

前　　言

Excel 是微软办公软件的重要组成部分，它可以进行各种数据处理、统计分析和辅助决策操作，广泛应用于管理、统计、财经、金融等众多领域。本书以循序渐进、由浅入深的方式讲解，图片与实例相结合，为读者打造了一本适度的学习参考书。

本书内容

本书分为 5 篇、25 章，循序渐进地讲解了 Excel 基础知识、公式和函数、图表、数据分析，以及宏和 VBA 等内容。

第一篇是基础篇，包括第 1 章 ~ 第 6 章。主要涵盖初识 Excel 2019，工作簿和工作表的基本操作，使用单元格、行和列，表格数据的输入与编辑，表格的美化，工作表的打印、共享与安全设置等内容。

第二篇为函数篇，包括第 7 章 ~ 第 18 章。主要介绍了数组及引用操作，名称的使用、函数基本使用、日期与时间计算函数应用、文本与信息函数应用、逻辑函数应用技巧、数学与三角函数应用技巧、数据库函数应用技巧、查找和引用函数应用技巧、统计函数应用技巧、财务函数应用技巧、工程函数应用技巧等内容。

第三篇为图表篇，包括第 19 章和第 20 章。主要介绍了日常办公中图表的使用、图表分析数据应用技巧。

第四篇为数据分析篇，包括第 21 章 ~ 第 24 章。主要介绍了排序与筛选、基本数据分析应用技巧、数据组合与分类汇总、数据透视表应用技巧。

第五篇为宏和 VBA 篇，包括第 25 章，主要介绍了宏和 VBA 的运用等内容。

本书特色

❏ 图文结合，通俗易懂。本书在讲解过程中配以大量截图示意，帮助用户在阅读过程中快速掌握所讲内容在 Excel 中所处的位置，更加容易理解。即使从未使用过 Excel 的用户，也可以快速上手。

❏ 实例丰富，实践性强。本书在讲解中配以大量实例，使用户可以边阅读边操作，通过实例学习 Excel 中各个命令的使用方法，更加容易掌握。

❏ 内容充实，全面系统。本书从 Excel 基础知识、函数和公式、图表，到数据分析，再到宏和 VBA，对这些内容进行了全面系统的讲解。

读者对象

❏ 想要学习 Excel 知识的零基础学员

❏ 初步掌握了 Excel 简单技巧，想要进一步提高的学员

❏ 各大中专院校的在校学生和相关授课教师

❏ 在工作中需要经常使用 Excel 进行办公的各行业人员

❏ 企业和相关单位的培训班学员

目　　录

第二篇　函数篇

第五篇　宏和 VBA 篇

第一篇

基 础 篇

第1章

初识 Excel 2019

Excel 2019 是 Office 2019 的重要组成部分，与以前版本相比，Excel 2019 新增了更多函数、图表、透视表等数据处理功能，功能更加丰富，操作更为灵活。Excel 2019 继承了 Excel 2016 以功能区为操作主体的操作风格，更加方便用户操作。本章将介绍 Excel 2019 新增的功能、Excel 2019 的启动与退出、Excel 2019 的工作环境、文件转换与兼容性，以及如何学习 Excel 2019。

- Excel 简介
- Excel 2019 的启动与退出
- Excel 2019 工作环境简述
- 文件转换与兼容性
- 如何学习 Excel 2019

1.1　Excel 简介

　　Excel 的中文含义就是"超越"。确切地说，它是一个电子表格软件，可以用来制作电子表格，完成许多复杂的数据运算，进行数据的分析和预测，并且具有强大的图表制作功能。现在的新版本 Excel 2019 还可以用来制作网页。由于 Excel 具有十分友好的人机界面和强大的计算功能，它已成为国内外广大用户管理公司和个人财务、统计数据、绘制各种专业化表格的得力助手。下面介绍一下 Excel 各个版本的发展历史，帮助读者对 Excel 有个总体的认识。

1982 年

　　Microsoft 推出了它的第一款电子制表软件——Multiplan，并在 CP/M 系统上大获成功，但在 MS-DOS 系统上，Multiplan 败给了 Lotus1-2-3（一款较早的电子表格软件）。这个事件促使了 Excel 的诞生，正如 Excel 研发代号 DougKlunder：做 Lotus1-2-3 能做的，并且做得更好。

1983 年 9 月

　　微软最高的软件专家在美国西雅图的红狮宾馆召开了 3 天的"头脑风暴会议"。比尔·盖茨宣布此次会议的宗旨就是尽快推出世界上最高速的电子表格软件。

1985 年

　　第一款 Excel 诞生，它只用于 Mac 系统，中文译名为"超越"。

1987 年

　　第一款适用于 Windows 系统的 Excel 也产生了（与 Windows 环境直接捆绑，在 Mac 中的版本号为 2.0）。Lotus1-2-3 迟迟不能适用于 Windows 系统，到了 1988 年，Excel 的销量超过了 Lotus1-2-3，使得 Microsoft 站在了 PC 软件商的领先位置。这次的事件促成了软件王国霸主的更替，Microsoft 巩固了它强有力的竞争地位，并从中找到了发展图形软件的方向。

　　此后大约每两年，Microsoft 就会推出新的版本来扩大自身的优势。

　　早期，由于和另一家公司出售的名为 Excel 的软件同名，Excel 曾成为商标法的目标，经过审判，Microsoft 被要求在它的正式文件和法律文档中以 Microsoft Excel 来命名这个软件。但是，随着时间的过去，这个惯例也就逐渐消逝了。Excel 虽然提供了大量的用户界面特性，但它仍然保留了第一款电子制表软件 VisiCalc 的特性。

　　Excel 是第一款允许用户自定义界面的电子制表软件（包括字体、文字属性和单元格格式）。它还引进了"智能重算"的功能，当单元格数据变动时，只有与之相关的数据才会更新，而原先的制表软件只能重算全部数据或者等待下一个指令。同时，Excel 还有强大的图形功能。

1993 年

　　Excel 第一次被捆绑进 Microsoft Office 中，Microsoft 对 Microsoft Word 和 Microsoft PowerPoint 的界面进行了重新设计，以适应这款当时极为流行的应用程序。

　　从 1993 年起，Excel 就开始支持 VBA（Visual Basic for Applications）。VBA 是一款功能强大的工具，它使 Excel 形成了独立的编程环境。使用 VBA 和宏，可以把手工步骤自动化，VBA 也允许创建窗体来获得用户输入的信息。但是，VBA 的自动化功能也导致 Excel 成为宏病毒的攻击目标。

1995 年

Excel 被设计为用户所需要的工具。无论用户要做一个简单的摘要、制作销售趋势图，还是执行高级分析，无论用户正在做什么工作，Microsoft Excel 都能按照用户希望的方式帮助用户完成工作。

1997 年

Excel 97 是 Office 97 中一个重要程序，Excel 一经问世，就被认为是功能强大、使用方便的电子表格软件。它可完成表格输入、统计、分析等多项工作，可生成精美直观的表格、图表，在日常生活中处理各式各样的表格。此外，因为 Excel 和 Word 同属于 Office 套件，所以它们在窗口组成、格式设定、编辑操作等方面有很多相似之处，因此，在学习 Excel 时可以应用以前 Word 中已学过的知识。

2001 年

利用 Office XP 中的电子表格程序——Microsoft Excel 2002 版，用户可以快速创建、分析和共享重要的数据，诸如智能标记和任务窗格的新功能简化了常见的任务。协作方面的增强则进一步精简了信息审阅过程。新增的数据恢复功能确保用户不会丢失自己的劳动成果。可刷新查询功能使用户可以集成来自 Web 及任意其他数据源的活动数据。

2003 年

Excel 2003 能够通过功能强大的工具将杂乱的数据组织成有用的 Excel 信息，然后分析、交流和共享所得到的结果。它能帮助用户在团队中工作得更为出色，并能保护和控制对用户工作的访问。另外，还可以使用符合行业标准的扩展标记语言（XML），更方便地连接到业务程序。

2007 年

1）在 Excel 2003 中显示活动单元格的内容时，编辑栏常会越位，挡住列标和工作表的内容。特别是在编辑栏下面的单元格有一个很长的公式，此时单元格内容根本看不见，也无法双击、拖动填充柄。而现在 Excel 2007 中以编辑栏上下箭头（如果调整编辑栏高度，则出现流动条）和折叠编辑栏按钮完全解决了此问题，不再占用编辑栏下方的空间。调整编辑栏的高度，有两种方式：拖曳编辑栏底部的调整条，或双击调整条。调整编辑栏的高度时，表格也随之下移，因此表里的内容不会再被覆盖。而且 Excel 2007 还同时为这些操作添加了组合键（Ctrl+Shift+U），以便在编辑栏的单行和多行模式间快速切换。

2）Excel 2003 的名称地址框是固定的，不够用来显示长名称。而 Excel 2007 是可以左右活动的，有水平方向调整名称框的功能。用户可以通过左右拖曳名称框的分隔符（下凹圆点）来调整宽度，使其能够适应长名称。

3）Excel 2003 编辑框内的公式限制还是不尽如人意，Excel 2007 在以下几方面进行了改进。

❏ 公式长度限制（字符）：2003 版限制 1K 个字符，2007 版限制 8K 个字符。

❏ 公式嵌套的层数限制：2003 版限制 7 层，2007 版限制 64 层。

❏ 公式中参数的个数限制：2003 版限制 30 个，2007 版限制 255 个。

2015 年

Excel 2016 预览版发布，相比于以前的 Excel 2013，Excel 2016 经历了一次幅度很大的调整，并获得了贴靠和智能滚动等新功能。它的界面对于触控操作非常友好。用户可以通过界面当中的状态栏在工作簿中切换表单，并浏览选定单元格的常见公式结果。

2018 年

微软又发布了最新的 Office 2019 版本。接下来简单介绍一下 Excel 2019 新增的功能。

1）继续新增函数，如 IFS 函数、MAXIFS 函数、MIXIFS 函数等。此外还新增了文本连接的 Concat 函数和 TextJoin 函数。

2）新增更高效的图表。在以前的版本中要想绘制漏斗图，需要对条形图设置特别的公式，使其最终呈现左右对称的漏斗状。而在 Excel 2019 中，只需要选中输入的数值，依次单击"插入"–"图表"–"漏斗图"即可一键生成漏斗图。

3）支持微积分、方程、矩阵等高等数学运算。

4）精度扩展到 30 位，默认精度可小一点，如有需要可手工调整。

5）发布函数的兼容包，让老版本的 Office 也能支持新版本 Office 中的新增函数。类似 2003 版～ 2007 版兼容包，用于支持 2003 版兼容 2007 版新文档格式。

1.2 Excel 2019 的启动与退出

要想使用 Excel 2019，首先要学会 Excel 2019 最基本的操作：启动和退出。本节将介绍 Excel 2019 常见的启动与退出方法。

1.2.1　启动 Excel 2019

要熟练地使用 Excel 2019，就要先学会它的启动方法，然后从不同的启动方法中选择快速简单的启动方法来完成 Excel 2019 的启动。启动 Excel 2019 可利用以下几种方法。

- 从"开始"菜单启动：单击桌面左下方的"开始"按钮，在弹出的下拉列表中选择"所有程序"，然后拖动下拉滑块找到并单击"Excel"，启动 Excel 2019。
- 从"小娜助手"启动：单击桌面左下方的"小娜助手"，在弹出的搜索框内输入"Excel"，然后单击"最佳匹配"下的"Excel"，即可启动 Excel 2019。
- 使用桌面快捷方式：双击桌面 Excel 2019 的快捷方式图标，即可启动 Excel 2019。
- 双击文档启动：双击计算机中存储的 Excel 文档，可直接启动 Excel 2019 并打开文档。

1.2.2　退出 Excel 2019

与 Excel 2019 的启动一样，退出也是最基本的操作。Excel 2019 的退出方法有以下几种。

- 通过标题栏按钮关闭：单击 Excel 2019 标题栏右上角的"关闭"按钮，退出 Excel 2019。
- 通过"文件"菜单栏关闭：单击"文件"按钮，然后在打开的菜单列表中单击"关闭"按钮，如图 1-1 所示。

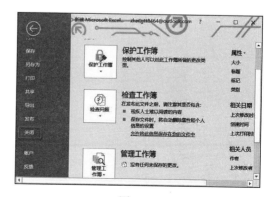

图　1-1

❑ 使用快捷键关闭：按"Alt+F4"或"Fn+Alt+F4"快捷键也可直接退出 Excel 2019。

1.3 │ Excel 2019 工作环境简述

启动 Excel 2019 后，将会看到它的工作界面。相比 Excel 2016，Excel 2019 的工作界面变化不大。对于第一次接触 Excel 的用户来说也非常简单。本节将介绍 Excel 2019 的工作界面，以及各部分的使用方法。

1.3.1　工作界面概述

Excel 2019 的工作界面主要包括标题栏、"文件"按钮、快速访问工具栏、功能区、数据区、编辑栏及工作表标签等，如图 1-2 所示。

1.3.2　功能区

功能区能帮助用户快速找到完成某一任务的所需命令，这些命令分为不同的组别，集中放在各个选项卡内。每个选项卡只与一种类型的操作相关，Excel 2019 的功能区主要包括"开始""插入""页面布局""公式"等选项卡。

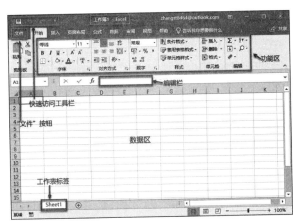

图　1-2

1. "开始"选项卡

启动 Excel 2019 后，功能区默认打开的就是"开始"选项卡。"开始"选项卡集合了"剪贴板"组、"字体"组、"对齐方式"组、"数字"组、"样式"组、"单元格"组和"编辑"组，如图 1-3 所示。在选项卡中有些组的右下角有一个 button 按钮，比如"字体"组，该按钮表示这个组还包含其他的操作窗口或对话框，可以进行更多的设置和选择。

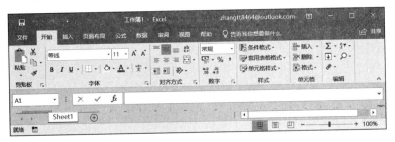

图　1-3

2. "插入"选项卡

该选项卡包括"表格"组、"图表"组、"演示"组、"迷你图"组、"链接"组等。该选项卡主要用于在表格中插入各种绘图元素，如表格、图片、图形、图表、地图、特殊效果文本等，如图 1-4 所示。

图　1-4

3. "公式"选项卡

该选项卡主要集中了与公式有关的按钮和工具,包括"函数库"组、"定义的名称"组、"公式审核"组、"计算"组等。"函数库"组包含了 Excel 2019 提供的各种函数,单击某个按钮即可直接打开相应的函数列表。并且当鼠标移动至函数名称上时,会显示该函数的说明,如图 1-5 所示。

图　1-5

4. 其他选项卡

在功能区中还包括了其他一些选项卡,如"页面布局""数据""审阅""视图"等,这些选项卡中也包含了相对应的功能组。

❑ "页面布局"选项卡:该选项卡包含"主题"组、"页面设置"组、"工作表选项"组等。其主要功能是设置工作簿的布局,比如页边距、纸张方向的设置、表格的总体样式设置、打印时纸张的设置等,如图 1-6 所示。

图　1-6

❑ "数据"选项卡:该选项卡中包括"获取和转换数据"组、"查询和连接"组、"排序和筛选"组、"数据工具"组及"预测"组等,如图 1-7 所示。

图　1-7

□ "审阅"选项卡：该选项卡中包括"校对"组、"中文简繁转换"组、"批注"组、
"更改"组及"墨迹"组等，如图1-8所示。

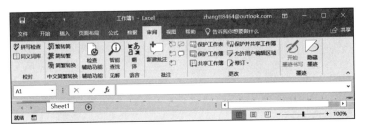

图　1-8

□ "视图"选项卡：该选项卡中包括"工作簿视图"组、"显示"组、"显示比例"组、
"窗口"组及"宏"组，如图1-9所示。

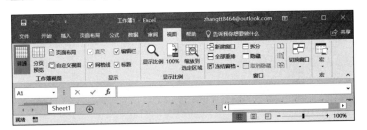

图　1-9

除此之外，还有一些特殊的选项卡隐藏在Excel中，只有在特定的情况下才会显
示。例如，"开发工具"选项卡。如果要显示"开发工具"选项卡，可以按照以下步骤
进行操作。

步骤1：单击"文件"按钮，然后在下拉列表中单击"选项"按钮，打开"Excel
选项"对话框。

步骤2：单击左侧窗格的"自定义功能区"选项，然后勾选右侧窗格"自定义功能
区"下方列表中"开发工具"前的复选框，如图1-10所示。

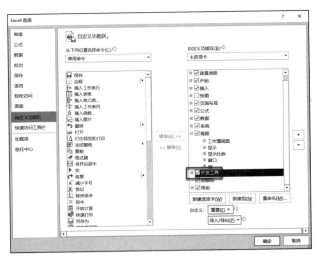

图　1-10

步骤3：单击"确定"按钮，此时在功能区就会显示"开发工具"选项卡。该选项

卡中包含"代码"组、"加载项"组、"控件"组及"XML"组，如图 1-11 所示。

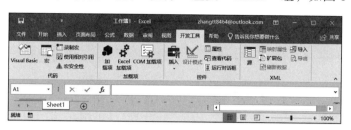

图　1-11

■ 1.3.3 "文件"按钮

"文件"按钮沿袭了 Excel 2016 版本的样式，位于 Excel 2019 程序的左上角。与单击 Microsoft Office 早期版本中的"文件"菜单或 Office 按钮后显示的命令一样，切换到"文件"选项卡，也会显示许多基本命令，例如"打开""保存"和"另存为"等，如图 1-12 所示。

图　1-12

- ❑ 信息：用于显示有关工作簿的信息，例如工作簿的大小、标题、类别、创建时间和作者等，并且可以管理和设置工作簿的操作权限。

- ❑ 新建：用于创建一个新的 Excel 工作簿。当用户编辑完一个工作簿想在新的工作簿中重新录入数据时，可以使用"新建"命令创建一个新的工作簿。

- ❑ 打开：用于打开用户已经存档的工作簿。对以前的工作簿进行更改或查看时可以使用"打开"按钮。

- ❑ 保存：用于将用户创建的工作簿保存到硬盘驱动器上的文件夹、网络位置、磁盘、CD、桌面或其他存储位置。

- ❑ 另存为：用于将文件按用户指定的文件名、格式和位置进行保存。如果用户要保存的文件之前从未进行过保存，那么用户单击"保存"命令时将弹出"另存为"对话框。

- ❑ 打印：用于设置文档的打印范围、份数、页边距以及使用的纸张大小。

- ❑ 共享：可以将编辑好的工作簿通过 E-mail、"Internet 传真"进行发送，并且可以创建 PDF/XPS 文档。

- ❑ 导出：与"另存为"命令有点相似。Excel 2019 的导出功能中有两个选项，分别是创建 PDF/XPS 文档和更改文件类型，这里可以将表格内容导出为 .pdf、.txt、.csv 等格式。

- ❑ 发布：可以使用 Power BI 从工作簿创建和共享具有丰富视觉对象的报表和仪表板。

❑ 关闭：用于关闭当前打开的 Excel 文档。如果要关闭当前的工作簿，单击"文件"选项卡中的"关闭"按钮即可。

❑ 账户：与 Office 2019 最新的云存储有直接的关系，可以注册一个 Windows 可以识别的账户名称，登录后可以将文档存储到云端，这样可以随时随地编辑自己的文档。

❑ 反馈：用户可以随时向开发方反馈关于 Excel 的想法和意见。

❑ 选项：用于打开"Excel 选项"对话框，用户可以根据使用习惯设置 Excel 2019 程序的工作方式。

■ 1.3.4 快速访问工具栏

使用 Excel 2019 时，可以将常用的命令显示在快速访问工具栏中，以方便用户的操作。快速访问工具栏的使用方法如下：

在 Excel 2019 标题栏的左侧即是快速访问工具栏，默认的命令为"保存""撤销键入"和"重复键入"。单击快速访问工具栏右侧的小箭头 ，即可打开"自定义快速访问工具栏"菜单，如图 1-13 所示。选中菜单列表中命令左侧的复选标记，即可将其加入快速访问工具栏。例如，要将"快速打印"命令加入快速访问工具栏，可单击快速访问工具栏右侧的小箭头，然后在弹出的"自定义快速访问工具栏"菜单列表中选中"快速打印"命令，即可将其添加到快速访问工具栏中。

■ 1.3.5 使用快捷键

使用快捷键可以提高用户的工作效率，使用户通过简单的操作即可完成对工作表的编辑、例如，"Ctrl+Z"快捷键对应"撤销"命令，"Ctrl+N"快捷键对应"新建"命令，"Ctrl+S"快捷键对应"保存"命令等。要了解 Excel 的常用快捷键，读者可参阅有关书籍，在此不做详细介绍。

图　1-13

■ 1.3.6 右键快捷菜单

在 Excel 2019 中继续沿用了快捷菜单功能，右键单击要操作的对象即可打开快捷菜单，菜单列表框会根据所选内容和鼠标指针的位置有所变化，如图 1-14 所示。

■ 1.3.7 工作簿和工作表

启动 Excel 2019 后，软件默认新建一个工作簿，工作簿由多个工作表组成。在 Excel 中，工作表用于存储和处理数据，每个工作表都是一个由行和列组成的二维表格。工作表是 Excel 2019 工作

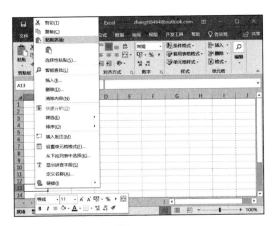

图　1-14

界面中最大的区域，用于编辑和制作表格。启动 Excel 2019 后会自动建立一个名为"工作簿 1"的工作簿，其中包括一张工作表，叫作 Sheet1，用户可以单击工作表右方的按钮⊕插入新的工作表。

1.3.8　使用状态栏

状态栏用于显示当前工作区的状态，默认情况下，状态栏显示"就绪"字样，表示工作表正准备接受新的信息；在单元格中输入数据时，状态栏会显示"输出"字样；当对单元格的内容进行编辑和修改时，状态栏会显示"编辑"字样。

默认情况下，打开的 Excel 工作表是普通视图，如果要切换到其他视图，单击状态栏上相应的按钮即可。还可以单击"＋"和"－"按钮改变工作表的显示比例，如图 1-15 所示。

图　1-15

1.4 文件转换与兼容性

1.4.1　Excel 2019 支持的文件格式

如果要将 Excel 2019 文件另存为其他文件格式，可切换到"文件"选项卡，然后单击"另存为"按钮，双击"这台电脑"，打开"另存为"对话框。可用的文件格式会因处于活动状态的工作表类型而不同，这些工作表类型可以是图表工作表或其他类型的工作表。表 1-1 ～表 1-4 列出了 Excel 2019 所支持的文件格式。

表1-1　Excel格式

名　称	后　缀	名　称	后　缀
Excel 工作簿	.xlsx	Excel 启用宏的模板	.xltm
Excel 启用宏的工作簿	.xlsm	Excel 97- 2003 工作簿	.xls
Excel 二进制工作簿	.xlsb	XML 电子表格 2003	.xml
Excel 97- Excel 2003 模板	.xlt	Microsoft Excel 5.0/95 工作簿	.xls
XML 数据	.xml	Excel 加载宏	.xlam
Excel 模板	.xltx	Excel 97-2003 加载宏	.xla

表1-2　文本格式

名　称	后　缀	名　称	后　缀
带格式文本文件（空格分隔）	.prn	CSV UTF-8（逗号分隔）	.csv
文本文件（制表符分隔）	.txt	DIF（数据交换格式）	.dif
Unicode 文本	.txt	SYLK（符号链接）	.slk

表1-3 其他格式

名　称	后　缀	名　称	后　缀
PDF	.pdf	Strict Open XML 电子表格	.xlsx
XPS 文档	.xps	OpenDocument 电子表格	.ods

表1-4 剪贴板格式

名　称	后　缀
图片	.wmf 或 .emf
位图	.bmp
Microsoft Excel 文件格式	.xls
SYLK	.slk
DIF	.dif
文本（以制表符分隔）	.txt
CSV（逗号分隔）	.csv
带格式的文本（以空格分隔）	.rtf
嵌入对象	.gif、.jpg、.doc、.xls 或 .bmp
链接对象	.gif、.jpg、.doc、.xls 或 .bmp
Office 图形对象	.emf
文本	.txt
单个文件网页	.mht、.mhtml
网页	.htm、.html

1.4.2 检查工作簿与 Excel 早期版本的兼容性

为了保证 Excel 2019 工作簿在早期版本中不存在重大功能损失或轻微保真损失等兼容性问题，可以运行兼容性检查器进行检查。兼容性检查器会找出任何潜在的兼容性问题，并帮助用户创建一个报告来解决这些问题。检查工作簿与 Excel 早期版本兼容性的具体操作步骤如下。

步骤 1：打开需要检查兼容性的 Excel 工作簿。

步骤 2：切换到"文件"选项卡，然后单击"信息"按钮，打开有关该工作簿的信息，如图 1-16 所示。

步骤 3：单击"检查问题"按钮，然后在弹出的菜单列表中单击"检查兼容性"按钮，如图 1-17 所示。

图　1-16

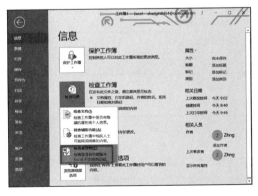

图　1-17

步骤4：打开"Microsoft Excel-兼容性检查器"对话框，"摘要"下方的文本框内会显示检测到的问题，然后用户可根据需要进行修改、复制或保存，如图1-18所示。

1.4.3　以其他文件格式保存工作簿

用户可以将Excel 2019工作簿保存为早期版本的文件格式、文本文件格式及PDF或XPS等其他文件格式，还可以将Excel 2019中打开的任何文件格式保存为Excel 2019工作簿。默认情况下，Excel 2019以"*.xlsx"文件格式保存文件，用户可以更改默认的文件保存格式。以其他文件格式保存工作簿的具体操作步骤如下。

图　1-18

步骤1：打开需要保存为其他格式的工作簿。

步骤2：切换到"文件"选项卡，然后单击右侧窗格的"另存为"按钮，双击打开保存位置"这台电脑"按钮，弹出"另存为"对话框，如图1-19所示。

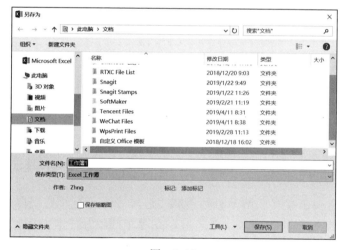

图　1-19

步骤3：单击"保存类型"右侧的下拉列表框，选择保存类型，如选择"Excel 97-2003工作簿"，然后在"文件名"右侧的文本框中输入工作簿的名称，单击"保存"按钮即可。

1.4.4　更改默认的文件保存格式

用户可以更改保存工作簿时默认使用的文件类型，这样就可以根据设定来更改文件保存格式。更改默认文件保存格式的具体操作步骤如下。

步骤1：切换到"文件"选项卡，然后单击"选项"命令，打开"Excel选项"对话框。

步骤2：单击左侧窗格中的"保存"按钮，然后单击右侧窗格中"将文件保存为此格式"右侧的下拉列表框，从下拉列表中选择要默认使用的文件格式，单击"确定"按钮即可，如图1-20所示。

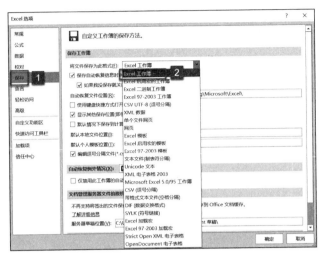

图　1-20

1.5 如何学习 Excel 2019

要学好 Excel，首先要有积极的心态，兴趣是最好的老师，要想获得积极的心态就要对 Excel 保持浓厚的兴趣。除了积极的心态还要有正确的学习方法，在学习 Excel 的过程中要循序渐进，从入门基础开始学起，要擅于使用互联网和 Excel 自带的帮助系统来学习 Excel。本节将介绍一些学习 Excel 2019 的方法，以帮助读者快速地掌握 Excel 的学习技巧。

1.5.1 使用网络查找资源

使用各种搜索引擎在互联网上查找资料，已经成为信息时代获取信息的重要方法。互联网为用户提供了大量的信息，用户可以在海量的信息中查找自己需要的知识，提高学习效率。如果要使用搜索引擎快速准确地找到自己想要的内容，需要向搜索引擎提交关键词，同时要注意以下几点：

- 关键词的拼写一定要正确。搜索引擎会按照用户提交的关键词进行搜索，所以一定要提交正确的关键词，才能获得准确的搜索结果。
- 多关键词搜索。搜索引擎都支持多关键词搜索，提交的关键词越多、越详细，搜索到的结果也会越准确。
- 高级搜索。搜索引擎一般都提供高级搜索，可以设置复杂的搜索条件，方便精确地查找某类信息。

1.5.2 使用微软在线帮助

如果用户在使用 Excel 时遇到疑难问题，可以使用"Excel 帮助"来解决问题。在帮助窗口的搜索框中输入要搜索的问题，Excel 便会给出相关的搜索结果供用户选择，从列表中选择合适的搜索结果即可。使用"Excel 帮助"的操作方法如下。

步骤 1：打开 Excel 2019，切换至"帮助"选项卡，单击功能区中的"帮助"按钮即可打开帮助窗格，如图 1-21 所示。

　　步骤 2：在搜索框中输入相关的问题，例如此处输入"工作表"，然后按" Enter"键，此时会显示相关的搜索结果，如图 1-22 所示。单击要查看的搜索结果链接，即可显示相关的信息。

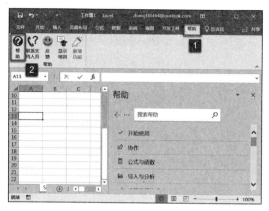

图　1-21

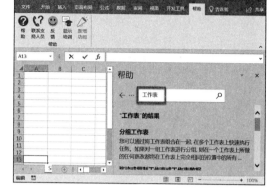

图　1-22

第2章
工作簿和工作表的基本操作

工作簿是 Excel 2019 的主要工作区域，Excel 的工作都是在工作簿中完成的。一个工作簿由多张工作表组成，因此对工作簿的编辑实际就是对工作表的编辑。通过第 1 章对 Excel 2019 的工作环境有了一定的认识后，接下来需要学会如何使用 Excel 2019 创建、打开和保存文件。本章将详细介绍 Excel 2019 工作簿和工作表的一些操作技巧。

- 工作簿的基础操作
- 工作表的基础操作

2.1 | 工作簿的基础操作

对 Excel 的操作就是对工作簿的操作。用户需要建立电子表格，首先需要新建工作簿，完成对表格的编辑后，需要保存工作簿，以备下次使用。

2.1.1　新建空白工作簿

启动程序 Excel 2019 即可新建一个工作簿。除此之外，还可以根据需要建立专业的工作簿（如根据模板建立、根据已有文档建立等），下面将具体介绍。

1. 启动 Excel 2019 程序新建空白工作簿

要想建立空白工作簿，可以按多个方法来建立。

方法一：通过"开始"菜单新建工作簿

单击桌面左下角的"开始"按钮，在展开的菜单列表中找到 Excel，单击即可新建 Excel 2019 工作簿，如图 2-1 所示。

方法二：在桌面上创建 Microsoft Office Excel 2019 的快捷方式

单击桌面左下角的"开始"按钮，在展开的菜单列表中找到 Excel，选中并拖动图标至桌面后，释放鼠标即可创建 Excel 快捷方式。

方法三：通过"任务栏"新建工作簿

步骤 1：单击桌面左下角的"开始"按钮，右键单击菜单列表中的 Excel 图标，在打开的菜单列表中选择"更多"–"固定到任务栏"，如图 2-2 所示。

图　2-1

图　2-2

步骤 2：完成后 Excel 图标即可显示在任务栏中，如图 2-3 所示。当需要新建工作簿时，单击该图标即可启动 Excel 2019 程序，新建工作簿。

2. 启动 Excel 2019 程序后新建工作簿

启动 Excel 2019 程序后，如果要再建立新的工作簿，可以通过如下方法实现：

在 Excel 2019 主界面，单击"文件"按钮，在打开菜单列表中单击"新建"按钮，如果要创建空白工作簿，单击"空白工作簿"选项，即可成功创建一个空白工作簿，如图 2-4 所示。

2.1.2　根据模板建立新工作簿

除了建立空白工作簿之外，Excel 还给用户提供了许多模板，可根据实际需要套用特定的模板，从而实现局部编辑即可让表格投入使用。

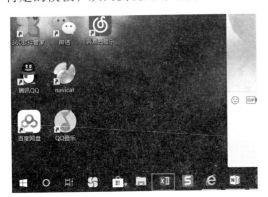

图 2-3　　　　　　　　　　　　　　　　图 2-4

步骤1：在 Excel 2019 主界面，单击"文件"按钮，在打开的菜单列表中单击"新建"按钮。

步骤2：在"模板"列表中显示了多种工作簿模板，单击要使用的模板，例如"基本流程图的流程图"，如图 2-5 所示。

步骤3：在弹出的"基本流程图的流程图"模板预览中单击"创建"按钮，如图 2-6 所示。

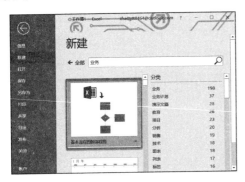

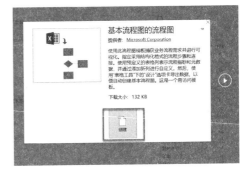

图 2-5　　　　　　　　　　　　　　　　图 2-6

步骤4：成功创建"基本流程图的流程图"工作簿，效果如图 2-7 所示。针对这样的工作簿，用户只需要根据实际需要进行局部编辑，即可得出满足条件的表格。

■ 2.1.3 保存工作簿

我们建立工作簿的目的在于编辑相关表格，进行相关数据计算、分析等。那么完成工作簿的编辑后，则需要将工作簿保存起来，以方便下次查看与使用。

步骤1：工作簿编辑完成后，在程序主界面单击左上角的"保存"按钮█，或者依次单击"文件"–"保存"按钮，即可将工作簿保存到原来的位置。如果要更改保存位置或者对文件名等进行编辑，可依次单击"文件"–"另存为"按钮，

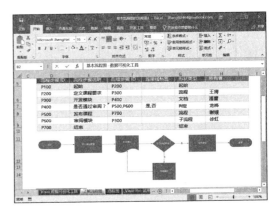

图 2-7

打开"另存为"窗口，如图 2-8 所示。

步骤 2：双击"这台电脑"按钮，打开"另存为"对话框，选择保存位置后，在"文件名"右侧的文本框内输入文件名，单击"保存类型"右侧的下拉按钮▾，选择保存类型，设置完成后单击"保存"按钮，即可将工作簿以指定的名称保存到指定位置，如图 2-9 所示。

图　2-8

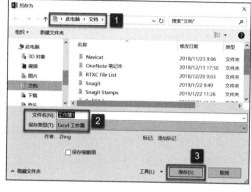

图　2-9

提示：在编辑文档的过程中，经常按保存按钮🖫，可以避免因突发事件（如死机、断电）而造成数据损失。

■ 2.1.4　将建立的工作簿保存为模板

在 2.1.2 节中介绍了根据模板建立新工作簿，而用户也可以将建立完成的工作簿保存为模板，以方便下次新建工作簿时套用此模板来建立。具体实现操作如下。

步骤 1：工作簿编辑完成后，在程序主界面上依次单击"文件"-"另存为"按钮，打开"另存为"窗口。

步骤 2：双击"这台电脑"按钮，打开"另存为"对话框，单击"保存类型"右侧的下拉按钮▾，选择保存模板，例如"Excel 模板"，然后单击"保存"按钮，即可将工作簿保存为 Excel 模板，如图 2-10 所示。

提示：这一操作很实用，例如工资的核算工作每月都需要进行，那么我们利用 Excel 建立一个工资管理系统，每月的工资核算工作只需要更改工资管理系统中的相关变动数据即可快速生成。可以将第一次建立完成的工资管理

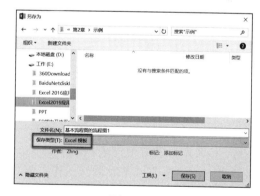

图　2-10

系统工作簿保存为模板，以后各月可以依据此模板建立工作簿，按当月实际情况修改个别数据即可，而不必重新建立工作簿。

■ 2.1.5　关闭当前工作簿

关闭工作簿应当使用正确的方法，这样可以防止数据意外丢失。如果要关闭工作簿，可以使用下列方法进行操作。

□单击窗口右上角的"关闭"按钮，如果此前未保存，Microsoft Excel 会弹出"是
否保存对'新建 Microsoft Excel 工作
表 .xlsx'的更改"？对话框，如图
2-11 所示。单击"保存"按钮即可
保存对工作簿的修改自动关闭工作
簿；单击"不保存"按钮，则不保存
对工作簿的修改，自动关闭工作簿；
单击"取消"按钮，则会撤销"关闭"
工作簿的操作。

图　2-11

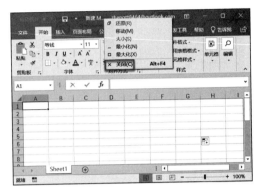

□单击"文件"选项卡 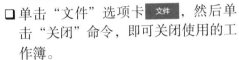，然后单
击"关闭"命令，即可关闭使用的工
作簿。
□右键单击标题栏，然后单击快捷菜
单中的"关闭"命令，关闭整个
Excel 窗口，如图 2-12 所示。
□使用"Alt+F4"快捷键关闭 Excel
窗口。

图　2-12

2.2 工作表的基础操作

　　一个工作簿由多张工作表组成，因此对工作簿的编辑实际就是对工作表的编辑。
对工作表的基本操作通常包括工作表的重命名、工作表的添加删除、工作表的复制移
动等，这些都是我们使用 Excel 软件过程中最基本也是最常用的操作。

2.2.1　重命名工作表

　　新建的工作簿默认都包含一张工作表，其名称为"Sheet1"，根据当前工作表中所
涉及的实际内容的不同，通常需要通过为工作表重命名，以起到标识的作用。
　　步骤 1：打开 Excel 2019，在需要重命名的工作表标签上单击鼠标右键，在弹出的
快捷菜单列表中单击"重命名"按钮，如图 2-13 所示。
　　步骤 2：单击工作表默认的"Sheet1"标签即可进入文字编辑状态，输入新名称，
按"Enter"键即可完成对该工作表的重命名，如图 2-14 所示。

　　提示：也可以在工作表标签上双击鼠标，进入文字编辑状态再重新输入工作表名称。

2.2.2　添加和删除工作表

　　默认情况下，Excel 2019 会自动创建一个工作表，但在实际操作过程中，需要的工
作表个数是不尽相同的，有时需要向工作簿中添加工作表，而有时又需要将不需要的
工作表删除。下面介绍在工作簿中添加和删除工作表的操作方法。
　　步骤 1：打开 Excel 2019，在主界面下方的工作表标签上单击鼠标右键，在弹出的
快捷菜单列表中单击"插入"按钮，如图 2-15 所示。

图　2-13

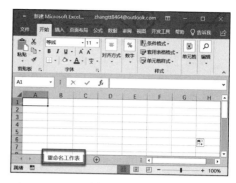

图　2-14

　　步骤2：打开"插入"对话框，在"常用"选项卡中选择"工作表"选项，然后单击"确定"按钮，如图2-16所示。

图　2-15

图　2-16

　　提示：单击工作表标签右侧的"插入工作表"标签⊕，或按"Shift+F11"快捷键，即可直接插入空白工作表。

　　步骤3：在当前工作簿中插入一个空白工作表，如图2-17所示。
　　步骤4：选择要删除的工作表，在其标签上单击鼠标右键，在弹出的快捷菜单列表中单击"删除"按钮，即可将当前的工作表从工作簿中删除，如图2-18所示。

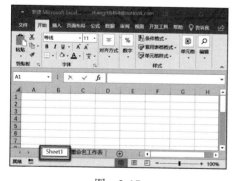

图　2-17

图　2-18

■2.2.3　移动工作表

　　工作表建立后可以移动其位置，也可以复制所建立的工作表，这也是工作簿编辑中的基本操作。要移动工作表的位置，可以使用命令，也可以直接用鼠标进行拖动。

具体实现操作如下。

方法一：使用命令移动工作表

步骤 1：打开 Excel 2019，在要移动的工作表标签上单击鼠标右键，在弹出的快捷菜单列表中单击"移动或复制"按钮，如图 2-19 所示。

步骤 2：打开"移动或复制工作表"对话框，在"下列选定工作表之前"列表框中选择要将工作表移动到的位置，单击"确定"按钮，如图 2-20 所示。

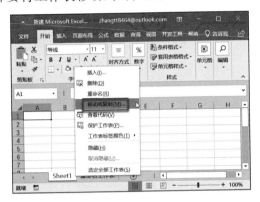

图 2-19

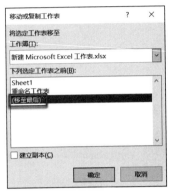

图 2-20

步骤 3：工作表移到指定的位置上，效果如图 2-21 所示。

提示：如果想将工作表移动到其他工作簿中，则可以把目标工作簿打开，在"移动或复制工作表"对话框的"工作簿"下拉菜单中选择要移动到的工作簿，然后再在"下列选定工作表之前"列表中选择要将工作表移动到的位置即可。

方法二：拖动鼠标移动工作表

拖动鼠标移动工作表具有方便快捷的优点。

单击选中要移动的工作表，然后将其拖动至要移动到的位置，如图 2-22 所示，释放鼠标即可。

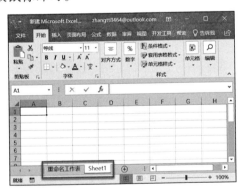

图 2-21

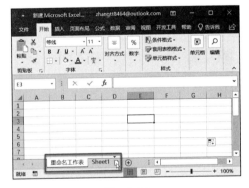

图 2-22

2.2.4 复制工作表

要实现工作表的复制，一般有两种方法，使用命令复制工作表和使用鼠标拖动复制工作表。具体实现操作如下。

方法一：使用命令复制工作表

步骤 1：打开 Excel 2019，右键单击要复制的工作表，在弹出的快捷菜单列表中单击"移动或复制"按钮。

步骤2：打开"移动或复制工作表"对话框，在"下列选定工作表之前"列表框中选择工作表要复制到的位置，然后勾选"建立副本"前的复选框，如图2-23所示。

步骤3：单击"确定"按钮，即可将工作表复制到指定的位置，如图2-24所示。

图　2-23

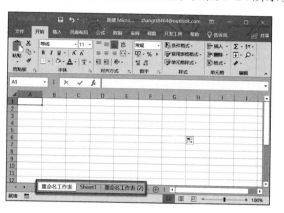

图　2-24

提示：如果想将工作表复制到其他工作簿中，可以把目标工作簿打开，在"移动或复制工作表"对话框的"工作簿"下拉菜单中选择要复制到的工作簿，然后再在"下列选定工作表之前"列表中选择要将工作表复制到的位置即可。

方法二：拖动鼠标复制工作表

除了使用上面的方法复制工作表之外，还可以拖动鼠标快速复制工作表。

步骤1：单击要复制的工作表标签，然后按住"Ctrl"键不放，拖动鼠标至要复制到的位置，如图2-25所示。

步骤2：释放鼠标即可将该工作表复制到相应位置，如图2-26所示。

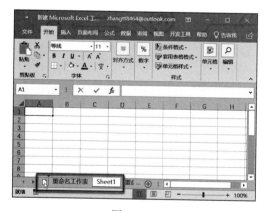

图　2-25

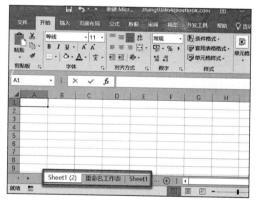

图　2-26

2.2.5　拆分工作表

Excel 2019提供了"拆分"命令按钮，能够实现工作表在垂直或水平方向上的拆分。下面介绍拆分工作表的操作步骤。

步骤1：打开Excel 2019，切换至"视图"选项卡，在工具栏中单击"拆分"按钮，如图2-27所示。

步骤 2：此时，工作表中会出现一个十字形拆分框，拖动主界面右侧垂直滚动条之间的横向拆分框可以调整位置，工作表被拆分为两个完全相同的窗格。在一个窗格中选择单元格，另一个窗格中对应的单元格也会被选中，如图 2-28 所示。

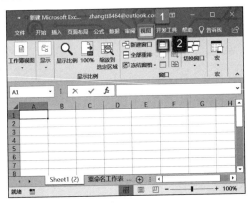
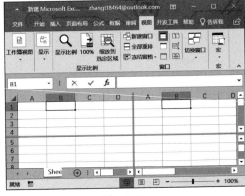

图　2-27　　　　　　　　　　　　　　　　图　2-28

步骤 3：再次单击"视图"选项卡下的"拆分"按钮，即可取消对工作表的拆分，恢复原状。

2.2.6　保护工作表

当工作表中的数据非常重要、不希望被他人看到时，可以将工作表隐藏起来。对工作簿进行保护操作，可以避免无关用户对工作表结构进行修改。下面介绍隐藏工作表和保护工作簿的方法。

步骤 1：右键单击需要隐藏的工作表标签，在弹出的快捷菜单列表中单击"隐藏"按钮，如图 2-29 所示。选择的工作表则会被隐藏。

步骤 2：取消隐藏时，右键单击任意工作表标签，在弹出的快捷菜单列表中单击"取消隐藏"按钮，如图 2-30 所示。

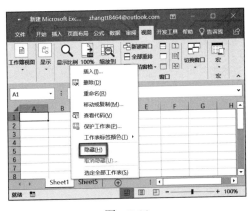
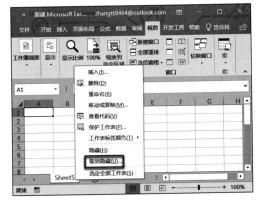

图　2-29　　　　　　　　　　　　　　　　图　2-30

步骤 3：弹出"取消隐藏"对话框，在"取消隐藏工作表"下方的列表框内选择要取消隐藏的工作表，单击"确定"按钮即可，如图 2-31 所示。取消隐藏选中的工作表如图 2-32 所示。

步骤 4：切换至"审阅"选项卡，单击"更改"组中的"保护工作簿"按钮，如图 2-33 所示。

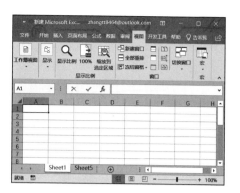

图　2-31

图　2-32

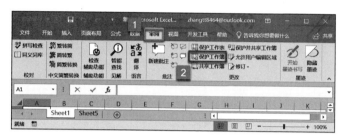

图　2-33

步骤 5：弹出"保护结构和窗口"对话框，在"密码"文本框中输入保护工作簿的密码，勾选"结构"或"窗口"前的复选框，选择需要保护的对象，完成设置后单击"确定"按钮，如图 2-34 所示。

步骤 6：弹出"确认密码"对话框，在"重新输入密码"文本框内再次输入密码，单击"确定"按钮，如图 2-35 所示。

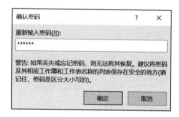

图　2-34

图　2-35

步骤 7：此时工作簿处于保护状态，无法对工作表实现移动、复制和隐藏等操作，如图 2-36 所示。

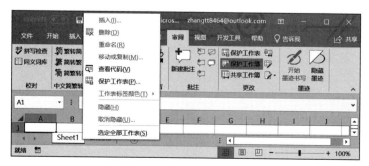

图　2-36

第**3**章
使用单元格、行和列

用户进行的最基本的操作就是单元格操作，可以在单元格中输入数据、文字等。单元格格式的设置也是非常重要的，包括单元格的数字格式、设置文本对齐、单元格的合并及居中等。本章将对单元格、行和列的设置的技巧进行一一讲解。

- 单元格的基本操作和格式设置
- 行和列的基本操作

3.1 单元格的基本操作和格式设置

单元格是组成工作表的元素，对工作表的操作实际就是对单元格的操作。本节中主要介绍单元格插入、删除、合并等基本操作。

3.1.1 插入单元格

在编辑过程中有时需要不断地更改 Excel 报表，例如，规划好框架后突然发现还少一个元素，此时则需要插入单元格。具体操作如下。

步骤 1：单击选中要在其前面或上面插入单元格的单元格（如单元格 D1），切换至"开始"选项卡，单击"单元格"组中"插入"按钮的下拉按钮，展开隐藏的下拉菜单列表，单击"插入单元格"按钮，如图 3-1 所示。或者单击选中要在其前面或上面插入单元格的单元格，按"Ctrl+Shift+="快捷键。

步骤 2：弹出"插入"对话框，选择插入的单元格格式，如"整列"，然后单击"确定"按钮，如图 3-2 所示。

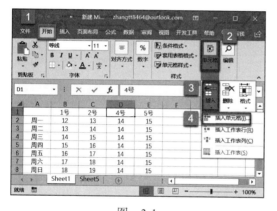

图　3-1

图　3-2

步骤 3：可以看到在 D1 单元格左侧插入了一列单元格，如图 3-3 所示。

步骤 4：也可以直接右键单击要在其前面或上面插入单元格的单元格（如单元格 E6），然后在打开的菜单列表框中单击"插入"按钮，如图 3-4 所示，即可弹出"插入"对话框。

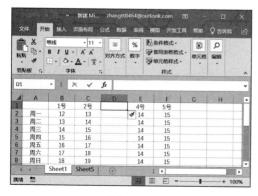

图　3-3

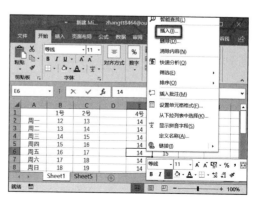

图　3-4

3.1.2 删除单元格

删除单元格也是报表调整、编辑过程中常见的操作。例如，规划好框架后突然发现多了一个元素或一条记录，此时则需要删除单元格。

步骤1：单击选中要删除的单元格（如单元格C3），切换至"开始"选项卡，单击"单元格"组中"删除"按钮的下拉按钮，展开隐藏的下拉菜单列表，单击"删除单元格"按钮，如图3-5所示。

步骤2：弹出"删除"对话框，单击选中"下方单元格上移"左侧的单选按钮，然后单击"确定"按钮，如图3-6所示。

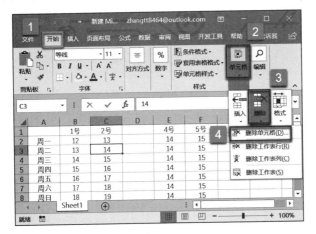

图 3-5   图 3-6

步骤3：可以看到选中的单元格已被删除，效果如图3-7所示。

步骤4：除上述方法以外，也可以直接右键单击要删除的单元格（如单元格C6），然后在打开的菜单列表框中单击"删除"按钮，如图3-8所示，即可弹出"删除"对话框。

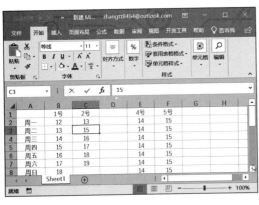

图 3-7

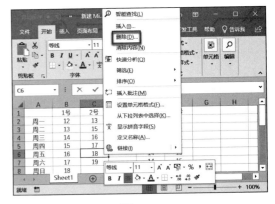

图 3-8

3.1.3 合并单元格

单元格的合并在表格的编辑过程中经常用到，包括将多行合并为一个单元格、多列合并为一个单元格、将多行多列合并为一个单元格。

步骤1：选中要合并的多个单元格（如单元格B8、C8），切换至"开始"选项卡，单击"对齐方式"组中"合并后居中"按钮的下拉按钮，展开隐藏的下拉菜单列表，单击"合并后居中"选项，如图 3-9 所示，合并效果如图 3-10 所示。

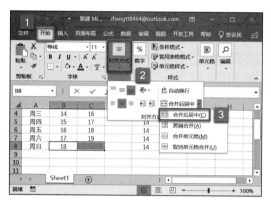

图　3-9

图　3-10

步骤 2：除上述方法以外，还可以选中要合并的多个单元格（如单元格 B8、C8），右键单击，然后在弹出的菜单栏中单击"合并后居中"图标按钮，即可合并单元格，如图 3-11 所示。

3.1.4　自定义单元格的数字格式

单元格中最常输入的就是数据，由此可以看出数字格式是单元格最常用的功能之一。接下来简单介绍如何自定义单元格的数字格式。

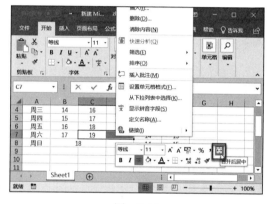

图　3-11

步骤 1：单击"开始"选项卡，单击"单元格"组中"格式"按钮的下拉按钮，展开隐藏的下拉菜单列表，单击"设置单元格格式"按钮，如图 3-12 所示。

步骤 2：弹出"设置单元格格式"对话框，如图 3-13 所示。在"数字"选项卡中可以看到数字格式的各个类型，单击即可在右侧窗格内对其进行各项设置。

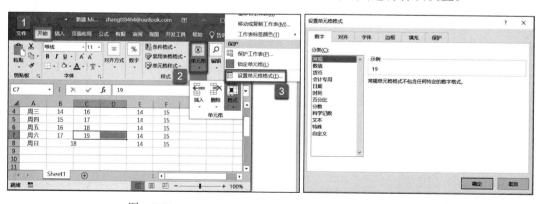

图　3-12　　　　　　　　　　　　　　　　图　3-13

技巧点拨：单元格应用了哪种数字格式，改变的只是单元格数据的显示形式，并不会改变单元格内存储的内容。反之，用户在工作表中看到的单元格内容，也并不一定就是真正的单元格内容，有可能是原始数据通过各种设置后的一种表现形式。如果用户希望在改变格式的同时改变实际内容，则需要通过 TEXT 函数或其他函数来实现。

单元格中的数字格式分为两种：内置的数字格式和自定义数字格式。Excel 内置的数字格式有多种，这些内置的数字格式通常情况下能满足用户的需要。接下来举几个例子，来说明相同的数字被设置为不同的数字格式后，在单元格显示中会有哪些改变。例如，单元格中有数字 19，在默认的情况下 Excel 不会对其设置任何数字格式，即此时其格式为"常规"，如图 3-13 所示。

步骤 1：单击"分类"列表框中的"数值"项，此时示例的内容发生了改变，如图 3-14 所示。

步骤 2：单击"分类"列表框中的"货币"项，然后在"货币符号（国家 / 地区）"右侧的列表框中选择"￥"，此时示例内容会再次发生改变，如图 3-15 所示。

图　3-14　　　　　　　　　　　　　　　　图　3-15

步骤 3：单击"分类"列表框中的"百分比"项，此时的示例再次发生改变，如图 3-16 所示。

分类列表中还有许多其他的项，每个项目又可以设置其他多个参数，用户可根据需要自行进行设置，以达到符合要求的最佳格式。

如果 Excel 中内置的数字格式无法满足用户在实际工作过程中的需要，Excel 2019 允许用户创建自定义数字格式。创建自定义格式的具体操作步骤如下：

打开"设置单元格格式"对话框，在"分类"列表框中选择"自定义"项，在"类型"输入框中输入一种自定义的数字格式，或修改原格式代码，然后单击"确定"按钮即可，如图 3-17 所示。

技巧点拨：在"类型"下方的列表框中，可以看到已经有许多的代码，这些代码是 Excel 内置的数字格式相对应的格式代码，或者是由用户成功创建的自定义数字格式的格式代码。用户可以在"分类"列表框中选择一个内置的数字格式，然后选择"自定义"项，就可以在"类型"文本框中看到与之对应的格式代码，在原有代码的基础上进行修改，能够更快速地得到用户自定义的格式代码。

图　3-16　　　　　　　　　　　　　图　3-17

3.1.5　设置单元格的文本对齐方式

在 Excel 中，凡是输入的文字都称为文本格式，显示在单元格的左侧；而输入的数字则称为数字格式，显示在单元格的右侧。这时输入的数据会出现上下对不齐的现象。下面就介绍文本的对齐方式，解决上下对不齐的问题。

设置单元格的文本对齐方式的具体操作步骤如下。

步骤 1：选中需要设置文本对齐方式的单元格或单元格区域，右键单击，在弹出的菜单列表中单击"设置单元格格式"按钮，如图 3-18 所示。

步骤 2：弹出"设置单元格格式"对话框，切换至"对齐"选项卡，在"文本对齐方式"框内，单击"水平方式"下方的下拉列表按钮选择"居中"项，单击"垂直对齐"下方的下拉列表按钮选择"居中"项，然后单击"确定"按钮即可，如图 3-19 所示。

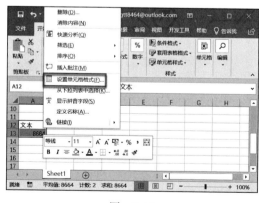

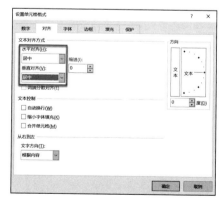

图　3-18　　　　　　　　　　　　　图　3-19

步骤 3：返回 Excel 主界面，文本对齐后的效果如图 3-20 所示。

步骤 4：除上述方法外，选中需要设置文本对齐方式的单元格或单元格区域，切换至"开始"选项卡，单击"对齐方式"组中的"垂直居中"和"居中"按钮也可达到文本对齐的效果，如图 3-21 所示。

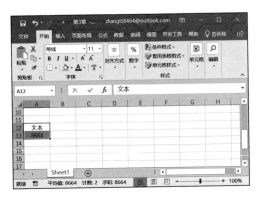

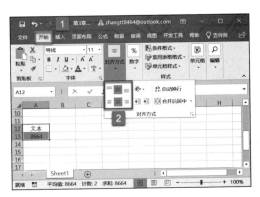

图 3-20　　　　　　　　　　　　　　图 3-21

3.1.6　让单元格中的内容实现自动换行

如果在单元格中输入的内容过长，则会出现溢出的情况。有时还会遇到这样的情况，用户想在同一单元格内实现文本自动换行，但按下回车键后，发现活动单元格下移了。对于上述问题，只要进行一步小小的设置，问题便可轻松解决。

步骤 1：选中要实现自动换行的单元格或单元格区域，右键单击，在弹出的菜单列表中单击"设置单元格格式"按钮，弹出"设置单元格格式"对话框。

步骤 2：切换至"对齐"选项卡，单击"文本控制"列表框内"自动换行"前的复选框，然后单击"确定"按钮，如图 3-22 所示。

步骤 3：返回 Excel 主界面，自动换行后的效果如图 3-23 所示。

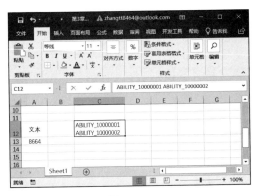

图 3-22　　　　　　　　　　　　　　图 3-23

步骤 4：除上述方法外，还可以选中需要实现自动换行的单元格或单元格区域，切换至"开始"选项卡，单击"对齐方式"组中的"自动换行"按钮，也可达到自动换行的效果，如图 3-24 所示。

3.1.7　合并单元格内容的几个小技巧

有时用户希望将多个单元格中的内容合并到一个单元格，或希望将多列的内容合并到一列中。如图 3-25 所示，我们希望

图 3-24

将 A 列、B 列、C 列、D 列和 E 列的内容合并到 G 列中，应该怎么做呢？下面简单介绍一下。

方法一：

步骤 1：选中单元格 G1，在编辑栏内输入"=A1&B1&C1&D1&E1"，如图 3-26 所示。然后按"Enter"键，即可看到单元格 A1、B1、C1、D1、E1 的内容合并显示在单元格 G1 中了，效果如图 3-27 所示。

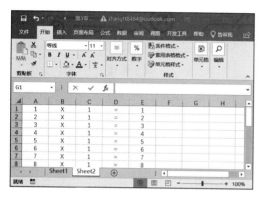

图 3-25

图 3-26

步骤 2：将鼠标移动至单元格 G1 右下角的黑色实心方块上，可以看到鼠标指针变为┿形状，如图 3-28 所示。单击该图标不放，向下拖动至单元格 G9，然后释放鼠标，合并内容后效果如图 3-29 所示。

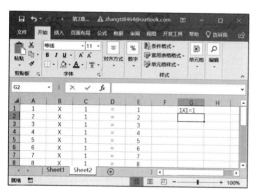

图 3-27

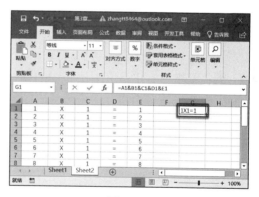

图 3-28

步骤 3：此时不能直接把单元格 A 列、B 列、C 列、D 列及 E 列删除，否则合并内容将会变成错误码，如图 3-30 所示。这时，用户可以选中 G 列要复制的内容后按"Ctrl+C"快捷键，然后选中单元格 I1 并右键单击，在弹出的菜单列表中选择"选择性粘贴"–"值"按钮，如图 3-31 所示。

先不要忙着将 A 列、B 列、C 列、D 列删除，把 E 列的内容复制到粘贴板中，右击从弹出的菜单中选择"选择性粘贴"命令，然后从弹出的列表中单击"粘贴"按钮，将数据粘贴到一个空列上，此时单元格中的内容是合并单元格的结果，而不是公式。

步骤 4：效果如图 3-32 所示，我们可以看到单元格 I 列中的内容不再是公式，而是结果。现在把单元格 A 列、B 列、C 列、D 列、E 列及 G 列删除即可。

图　3-29

图　3-30

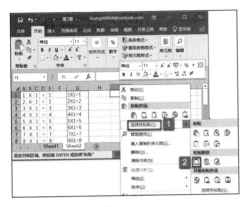

图　3-31

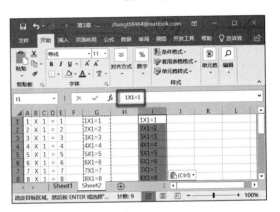

图　3-32

方法二：

除上述方法外，还可以直接使用CONCATENATE函数，将多个单元格的文本合并到一个单元格中。还是以方法一中的案例介绍具体的操作步骤。

步骤1：在单元格G1中输入公式"= CONCATENATE（A1,B1,C1,D1,E1）"，如图3-33所示。然后按"Enter"键即可看到单元格A1、B1、C1、D1、E1的内容合并显示在单元格G1中了，效果如图3-34所示。

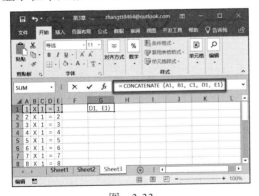

图　3-33

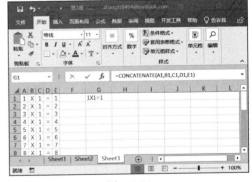

图　3-34

步骤2：以下步骤与方法一一致，在此不赘述。

3.1.8　快速取消合并的单元格

某些单元格合并后，因特殊原因需要取消合并的单元格。在单元格内没有内容而且合并的单元格不多的情况下，可以参照下面的方法操作，即可方便快速地取消合并的单元格。

方法一：

选中已合并的单元格区域，如 A1:B2，将鼠标指针移动至单元格区域的边缘，当鼠标指针变为形状时，按住鼠标左键将其拖动至其他位置，如 D1:E2，释放鼠标即可发现单元格区域 A1:B2 已经取消合并了，如图 3-35 和图 3-36 所示。

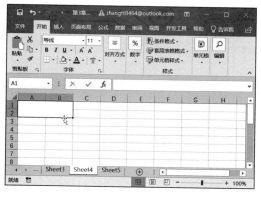

图　3-35

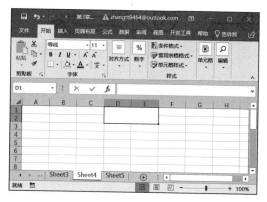

图　3-36

方法二：

选中已合并的单元格区域，如 D1:E2，切换至"开始"选项卡，单击"对齐方式"组中的"合并后居中"按钮，如图 3-37 所示。即可看到单元格区域 D1:E2 已经取消合并了，如图 3-38 所示。

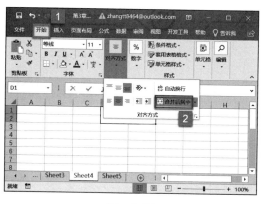

图　3-37

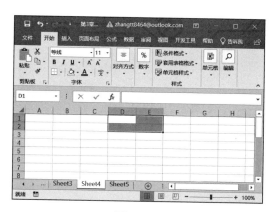

图　3-38

■3.1.9　改变单元格中的文字方向

Excel 2019 允许用户对单元格中的文字根据需要改变其方向。方法通常有两种：一种是通过功能区按钮，二是通过对话框。其具体操作步骤如下。

方法一：

选中要改变文字方向的单元格，切换至"开始"选项卡，单击"对齐方式"组中"方向"的下拉按钮，在弹出的菜单列表中选择"逆时针角度"按钮，如图 3-39 所示。此时单元格 B2 中的文字方向发生了改变，效果如图 3-40 所示。

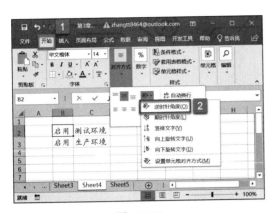

图　3-39　　　　　　　　　　　　图　3-40

方法二：

步骤 1： 选中要改变文字方向的单元格，切换至"开始"选项卡，单击"对齐方式"组中"方向"的下拉按钮，在弹出的菜单列表中选择"设置单元格对齐方式"按钮，如图 3-41 所示。

步骤 2： 弹出"设置单元格格式"对话框，切换至"对齐"选项卡，在右侧"方向"列表框下方"度"前的文本框内输入旋转角度，然后单击"确定"按钮，如图 3-42 所示。

图　3-41

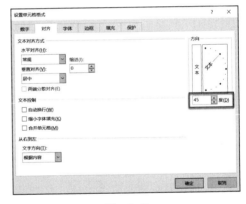

图　3-42

步骤 3： 设置完成后，效果如图 3-43 所示。

提示： 在对话框中输入角度时，可以是正数也可以是负数，正数即按逆时针方向旋转，负数则按顺时针方向旋转。当数值为 0 时，文字的方向是水平的。

图　3-43

■3.1.10 同一单元格中的文本使用不同格式

设置单元格格式并不是设置工作表中的所有单元格，也可以对选定的部分单元格进行设置，甚至可以只设置单元格的一部分，但前提条件是该单元格中存储的内容必须是文本型的。根据这一特性，用户可以将单元格中的文本设置成不同的格式，以满足外观上的需要。

下面通过如图3-44所示的实例来说明下在同一单元格中将文本设置成不同格式的具体操作步骤。

步骤1：选中单元格内部分文字"单元格"，右键单击，在打开的菜单列表中单击"设置单元格格式"按钮，如图3-45所示。

步骤2：弹出"设置单元格格式"对话框，在"字体"下方的列表框内选择"华文行楷"，在"字形"下方的列表框内选择"加粗"，在"字号"下方的列表框内选择"16"，单击"颜色"下方的下拉按钮，选择"红色"，然后单击"确定"按钮，如图3-46所示。

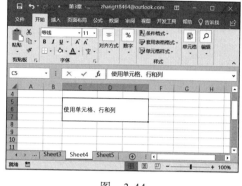

图　3-44

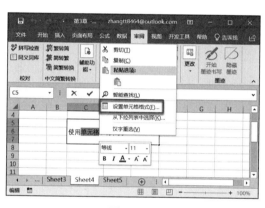

图　3-45

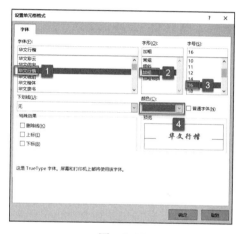

图　3-46

步骤3：效果如图3-47所示。重复步骤2，改变其余部分文字的格式，效果如图3-48所示。

图　3-47

图　3-48

3.1.11　为工作表绘制斜线表头

1. 制作两栏斜线表头

在Excel的使用过程中，我们经常会遇到添加斜线表头的情况。由于Excel本身没有这项功能，所以在遇到这种情况时，用户都会感到头痛。其实有多种方法可以方便地添加斜线表头，以下就详细介绍一下。

方法一：

步骤1： 如图3-49所示，在单元格A1内为该表格添加斜线表头。调整单元格的行高、列宽至适当位置，输入文字"姓名班级"，然后将鼠标光标定位在"姓名"与"班级"之间，按"Alt+Enter"快捷键将文本内容"姓名班级"换行显示，在"姓名"前添加适量空格，得到如图3-50所示的效果。

图　3-49　　　　　　　　　　　　　　图　3-50

步骤2： 右键单击单元格A1，在打开的菜单列表中单击"设置单元格格式"按钮，弹出"设置单元格格式"对话框。切换至"边框"选项卡，单击"边框"窗格右下角的按钮◪，此时边框"文本"内会出现一条斜线，如图3-51所示。单击"确定"按钮，返回Excel主界面，效果如图3-52所示。

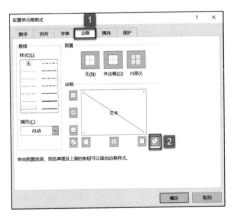

图　3-51　　　　　　　　　　　　　　图　3-52

方法二：

步骤1： 重复方法一中步骤1。单击选中单元格A1，切换至"插入"选项卡，单击"插图"组中的"形状"下拉按钮，在弹出的菜单列表中选择"线条"列表框内的"直线"项，如图3-53所示。

步骤2： 在单元格C1中拖动直线，调整长度及位置达到目的即可，如图3-54所示。此外，还可以对直线的颜色、粗细、虚线等格式进行自定义设置。

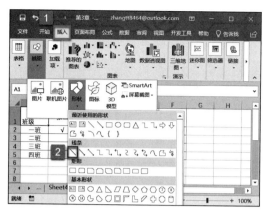

图　3-53　　　　　　　　　　　　　　　图　3-54

方法三：

如果 Word 或其他 Excel 中有已经制作好的表头，可以直接将其复制粘贴到当前表格中。

2. 制作三栏斜线表头

在对 Excel 进行操作时，通常也会遇到添加三栏斜线表头的情况。此时用户也可以使用上述方法进行制作。

步骤 1：在单元格 A2 内输入文字"科目分数姓名"，然后将鼠标光标分别定位在"科目"与"分数""分数"与"姓名"之间，按"Alt+Enter"快捷键将文本内容"科目分数姓名"分 3 行显示，分别在"科目""分数"前添加适量空格，得到如图 3-55 所示的效果。

步骤 2：通过插入直线、调整长度及位置的方法，得到如图 3-56 所示的效果。

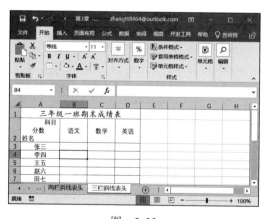

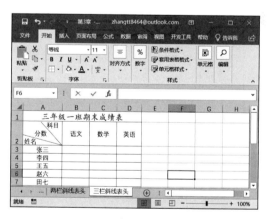

图　3-55　　　　　　　　　　　　　　　图　3-56

如果对单元格内文字的位置不满意，还可以使用下面的方法制作三栏斜线表头。

步骤 1：调整好单元格 A2 的行高和列宽。

注意：一旦行高和列宽确定，制作的表头会适应当前的单元格，因此尽量不要再度对行高和列宽进行调整，否则制作好的斜线单元格中的内容也要随之调整。

步骤 2：通过插入直线、调整长度及位置的方法，得到如图 3-57 所示的效果。

步骤 3：使用文本框输入文字。切换至"插入"选项卡，单击"插图"组中的"形状"

下拉按钮，在弹出的菜单列表中选择"基本形状"列表框内的"文本框"项，如图 3-58 所示。

图 3-57

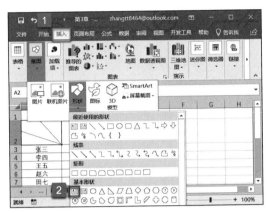

图 3-58

步骤 4：单击单元格 A2，输入第一个文字"科"，将文本框中的"科"字选中，为其设置字体、字号、颜色等。用同样的方法输入其他的文字，并调整好其位置，效果如图 3-59 所示。

■3.1.12 为单元格添加边框与底纹

Excel 可以使用内置的边框样式对单元格或单元格区域（单元格区域可以是相邻的，也可以是不相邻的）的周围快速添加边框。其具体操作步骤如下。

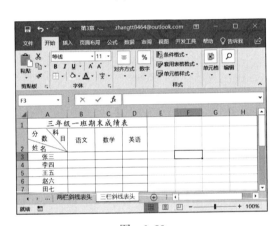

图 3-59

步骤 1：单击选中要添加边框的单元格或单元格区域，切换至"开始"选项卡，单击"字体"组中"边框"右侧的下拉按钮，打开边框的菜单列表，可以任意选择框线类型，如图 3-60 所示。

步骤 2：如果想要添加边框样式，可以单击菜单列表中的"其他边框"按钮，弹出"设置单元格格式"对话框，可以对单元格边框的样式、颜色等进行设置，然后单击"确定"按钮即可，如图 3-61 所示。

图 3-60

图 3-61

技巧点拨：如果要取消单元格或单元格区域的选择，可以单击工作表中的任意单元格。

技巧点拨：如果要自定义边框，则选择菜单中"绘制边框"列表中的各个命令，且可以更改其颜色。

在 Excel 中，可以使用纯色或特定图案填充单元格来为单元格添加底纹。添加底纹的具体操作步骤如下。

（1）用纯色填充单元格

单击选中单元格或单元格区域，切换至"开始"选项卡，单击"字体"组中的"填充颜色"按钮或其右侧的下拉按钮进行颜色填充，如图 3-62 所示。

提示：如果直接单击"填充颜色"按钮，则应用最近使用的颜色填充。如果单击"填充颜色"右侧的下拉按钮，可以从弹出的颜色列表中选择任意颜色填充。

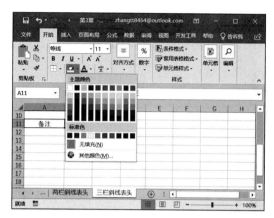

图　3-62

还可以对单元格的颜色填充效果进行设置。右键单击单元格，在打开的菜单列表中单击"设置单元格格式"按钮，弹出"设置单元格格式"对话框，切换至"填充"选项卡，单击"填充效果"按钮，如图 3-63 所示。弹出"填充效果"对话框，可以对颜色、底纹样式、变形等进行设置，如图 3-64 所示。

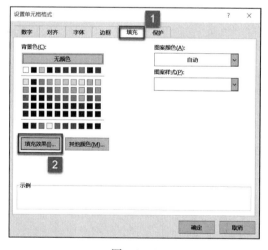

图　3-63

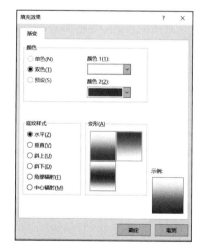

图　3-64

（2）用图案填充单元格

单击选中单元格或单元格区域，打开"设置单元格格式"对话框，切换至"填充"选项卡，单击"图案样式"的下拉按钮，选择图案样式，如图 3-65 所示。

（3）用单元格样式填充单元格

单击选中单元格或单元格区域，切换至"开始"选项卡，单击"样式"组中的"单元格样式"按钮，从"主题单元格样式"列表框内选择一种单元格样式即可，如图 3-66 所示。

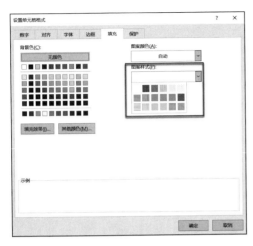

图 3-65

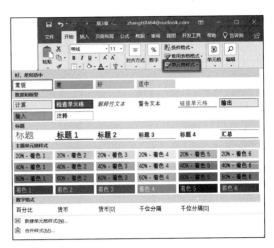

图 3-66

3.1.13 使用条件格式突出显示单元格

在实际操作 Excel 的过程中，经常会遇到要突出显示单元格的情况。例如，老师想突出显示某次考试总分成绩超过 220 分的学生，具体操作步骤如下。

步骤 1：选中单元格区域 E2:E11，切换至"开始"选项卡，单击"样式"组中的"条件格式"按钮，在弹出的菜单列表中依次选择"突出显示单元格规则"–"大于"按钮，如图 3-67 所示。

步骤 2：弹出"大于"对话框，在"为大于以下值的单元格设置格式"下方的文本框中输入"220"，在"设置为"右侧的列表框内选择单元格格式，然后单击"确定"按钮即可，如图 3-68 所示。

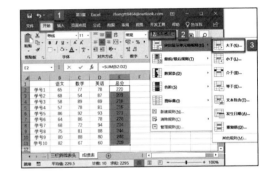

图 3-67

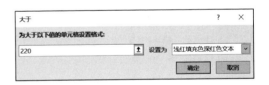

图 3-68

步骤 3：如果对提供的格式不满意，可以单击下拉列表框中的"自定义格式"按钮，弹出"设置单元格格式"对话框，切换至"填充"选项卡，可以对背景色、填充效果、图案样式、图案颜色等进行自定义设置，如图 3-69 所示。

步骤 4：设置完成后，返回 Excel 主界面，效果如图 3-70 所示。

3.1.14 套用表格格式快速改变表格外观

Excel 为用户提供了大量的表格格式，套用表格格式可以快速地改变表格外观。其具体操作步骤如下。

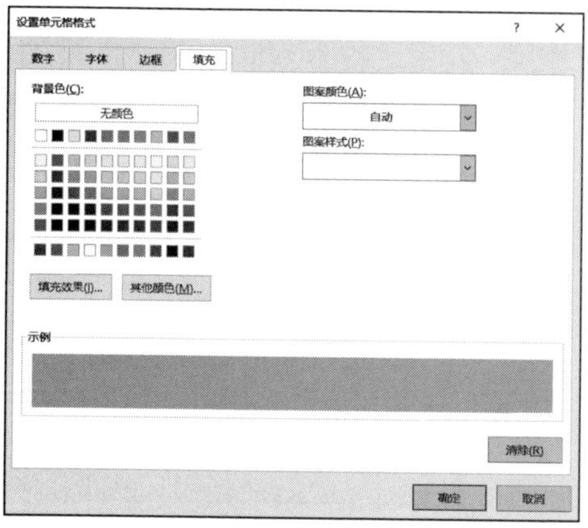

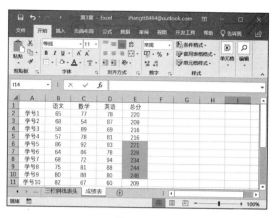

图　3-69

图　3-70

步骤1：选中单元格区域如A1:E11，切换至"开始"选项卡，单击"样式"组内的"套用表格格式"按钮，在弹出的菜单列表中可以任意选择想要的表格格式，如图3-71所示。

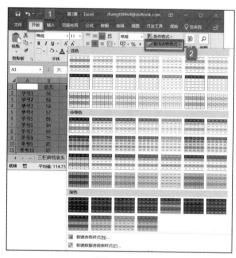

图　3-71

步骤2：弹出"套用表格式"对话框，单击"确定"按钮即可，如图3-72所示。
步骤3：返回Excel主界面，套用表格格式后的效果如图3-73所示。

图　3-72

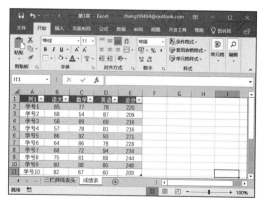

图　3-73

3.1.15 使用单元格样式快速设置单元格格式

在管理 Excel 工作表时，通常会遇到这种情况，例如想把单元格中的数据统一换成百分比（如 52 换成 5200%）或货币样式。如果工作表中有大量的数据需要转换（如图 3-74 所示），使用单元格样式可以快速实现。其具体操作步骤如下。

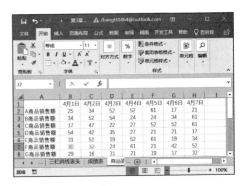

图 3-74

步骤 1：选择单元格区域如 B2:H8，切换至"开始"选项卡，单击"样式"组内的"单元格格式"按钮，在弹出的菜单列表中单击"数字格式"窗格中的"百分比"按钮，如图 3-75 所示。

步骤 2：返回 Excel 主界面，添加百分比后的效果如图 3-76 所示。

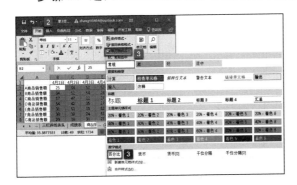

图 3-75

图 3-76

步骤 3：若"数字格式"窗格菜单列表内无法满足用户的需求，用户可以根据实际需要自定义数字样式。单击"新建单元格样式"按钮，弹出"样式"对话框，在"样式名"右侧的文本框内输入样式名称，单击"格式"按钮，如图 3-77 所示。

步骤 4：弹出"设置单元格格式"对话框，切换至"数字"选项卡，在"分类"下方的菜单列表中单击"货币"项，然后在右侧的窗格内进行自定义设置即可，如图 3-78 所示。

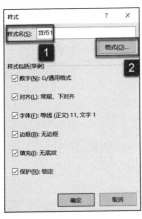

图 3-77

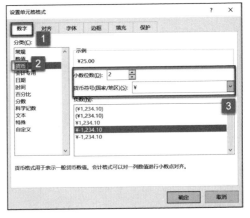

图 3-78

步骤 5：返回 Excel 主界面，单击"单元格样式"菜单列表中"自定义"窗格下的"货币 1"样式，如图 3-79 所示。添加货币样式后的效果如图 3-80 所示。

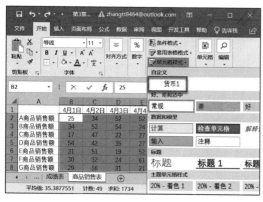

图　3-79

图 3-80

3.1.16　在特定单元格中插入批注

批注会起到说明、诠释和解释的作用。在工作表单元格中插入批注的情况经常会遇到。如图 3-81 所示，盘点的数目与卖出加库存的数目不吻合。

如果用户为该单元格中的数据插入批注，那么日后看到此数据的批注时便会一目了然。下面是如何在特定的单元格中插入批注的具体操作步骤。

步骤 1：右键单击单元格 B2，在弹出的菜单列表中单击"插入批注"按钮，如图 3-82 所示。

图　3-81

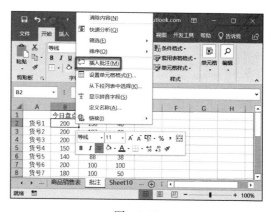

图　3-82

步骤 2：弹出批注文本输入框，输入"货号 1 向邻家借出 10 件"，然后再单击工作表的其他位置时，会发现在单元格 B2 的右上角多了一个红色三角符号。将鼠标移动至该单元格时，批注的内容便会自动显示出来，如图 3-83 所示。

步骤 3：也可以右键单击该单元格，选择"显示批注"项，可以将批注设置为一直显示模式。如果需要修改批注，选择"编辑批注"项，在输入框中编辑批注内容即可。如果需要删除批注，选择"删除批注"项即可，此时批注单元格右上角的红色三角也会随之消失，如图 3-84 所示。

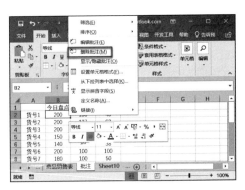

图　3-83　　　　　　　　　　　　　　　　　图　3-84

■ 3.1.17　在特定单元格中插入超链接

在 Excel 中查看数据时，通常情况下要把工作表从头到尾浏览一遍，如果工作表内容繁杂，这样做难免有些麻烦。这时可以使用 Excel 提供的超链接功能，只要轻点鼠标，便可跳转到当前工作表的其他位置或其他工作表，甚至可以是某个网页，给日常操作和浏览数据带来了便利。

在特定单元格中插入超链接，分为 3 种情况。

（1）在同一工作表中应用超链接

步骤 1：右键单击需要插入超链接的单元格，例如单元格 A5，在弹出的菜单列表中单击"链接"项或者按"Ctrl+K"快捷键，如图 3-85 所示。

步骤 2：弹出"编辑超链接"对话框，单击"链接到"下方窗格内的"本文档中的位置"按钮，然后在"请键入单元格引用"下方的文本框内输入链接位置，例如"B5"，单击"确定"按钮即可，如图 3-86 所示。

图　3-85　　　　　　　　　　　　　　　　　图　3-86

步骤 3：返回 Excel 主界面，会发现单元格 A5 内文本颜色成为粉色，且文本下方有一条横线，当用户单击单元格 A5 时，系统会自动链接到单元格 B5 位置上，如图 3-87 所示。

（2）在多个工作表之间应用超链接

右键单击需要插入超链接的单元格，在弹出的菜单列表中单击"链接"项或者按"Ctrl+K"快捷键，弹出"编辑超链接"对话框。单击"链接到"下方窗格中的"本文档中的位置"项，然后在"或在此文档中选择一个位置"下方的列表框内选择其他工作表，例如"两栏斜线表头"项，在"请键入单元格引用"下方的文本框内输入位置"A1"，单击"确定"按钮即可，如图 3-88 所示。

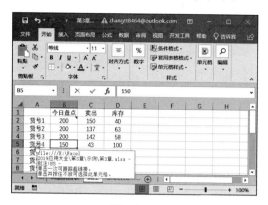

图 3-87

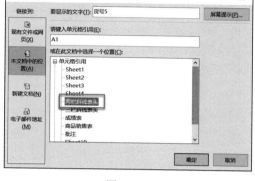

图 3-88

返回 Excel 主界面，单元格 A6 内文本颜色成为蓝色，且文本下方有一条横线。当用户单击该单元格时，即可实现跳转到相应工作表的相应位置。

（3）链接到 Internet/Intranet

使用 Excel 提供的超链接功能，不但可以在本地计算机之间的文件中建立超链接关系，还可以实现插入 Internet/Intranet Web 页的超链接。打开"编辑超链接"对话框，单击"链接到"下方窗格中的"现有文件或网页"项，然后单击右侧窗格中的"浏览过的网页"按钮，在"地址"右侧的文本框内输入"http://baidu.com"，单击"确定"按钮即可，如图 3-89 所示。

图 3-89

返回 Excel 主界面，单元格 E4 内文本颜色成为蓝色，且文本下方有一条横线。当用户单击该单元格时，即可打开百度网页，如图 3-90 所示。

图 3-90

3.1.18 清除单元格中设置格式

用户在操作 Excel 的过程中，有时会对单元格应用单元格样式，例如，应用主题单元格样式、合并、填充颜色等，如图 3-91 所示。如果用户不再需要这些格式，可以清除相应单元格格式。

步骤1：选中单元格或单元格区域A1:E9，切换至"开始"选项卡，单击"编辑"组中的"清除"按钮，在弹出的菜单列表中单击"清除格式"项，如图3-92所示。

步骤2：返回Excel主界面，可以看到单元格区域应用的所有单元格样式都已被清除，如图3-93所示。

提示：用户可以根据自身需要对任意单元格或单元格区域清除其格式、内容、批注、超链接等设置。

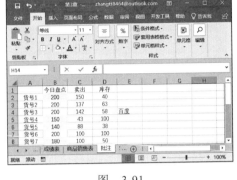

图 3-91

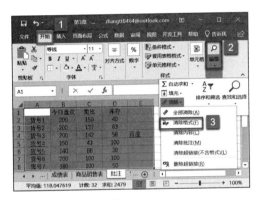

图 3-92

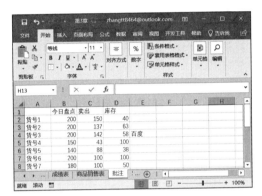

图 3-93

3.2 行和列的基本操作

■ 3.2.1 在工作表中快速插入多行或多列

用户有时需要在工作表中插入多行或多列，方法通常有以下几种，用户可以任选一种进行插入操作。

方法一： 用前面讲过的方法先插入一行或一列，然后再插入一行或一列，重复操作，直到插入足够多的行或列。当然，这是一种麻烦的操作方法。

方法二： 在插入一行或一列后，按"Ctrl+Y"快捷键插入，直到插入足够多的行或列。

方法三： Excel允许用户一次性插入多行或多列。单击需要插入列的下一列，然后向右拖动鼠标，拖动的列数就是希望插入的列数。在被选定列的任意位置右键单击，在弹出的菜单列表中单击"插入"按钮，如图3-94所示。效果如图3-95所示。同样，插入行也是进行以上操作。

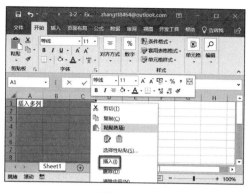

图　3-94

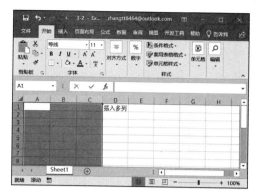

图　3-95

3.2.2　隔行插入行或列的实现方法

前面讲的行或列插入的操作技巧，指的都是连续插入。在实际操作过程中，用户并不是只插入连续的行或列。对于如图 3-96 所示的工作表，如果要每隔一列插入一列，可以使用下面的方法快速插入。

步骤 1：右键单击第 1 行的行标，在弹出的菜单列表中单击"插入"按钮。在单元格 A1 中输入数字 1，然后以升序的方式填充到单元格 F1。在单元格 G1 中输入数字 1.1，然后以升序的方式填充到单元格 L1。

步骤 2：选中单元格区域 A1:L1，切换至"开始"选项卡，单击"编辑"组的"排序和筛选"下拉按钮，然后在弹出的菜单列表中单击"自定义排序"按钮，如图 3-97 所示。

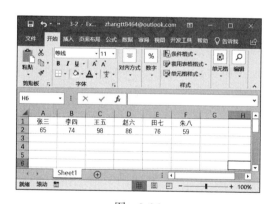

图　3-96

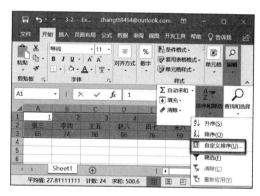

图　3-97

步骤 3：弹出"排序"对话框，单击"选项"按钮，如图 3-98 所示。

步骤 4：弹出"排序选项"对话框，单击"方向"窗格下"按行排序"前的单选按钮，单击"确定"按钮，如图 3-99 所示。

步骤 5：返回"排序"对话框，单击"主要关键字"右侧的下拉按钮，选择"行 1"项，单击"确定"按钮，如图 3-100 所示。

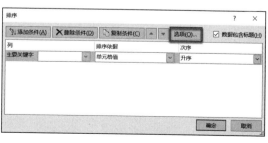

图　3-98

图 3-99　　　　　　　　　　　　　　　图 3-100

步骤 6：返回 Excel 主界面，可以看到当前效果如图 3-101 所示。选定第 1 行，右键单击，在弹出的菜单列表中单击"删除"按钮即可，效果如图 3-102 所示。

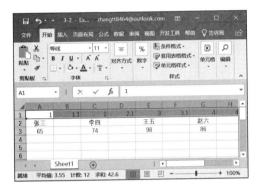

图 3-101　　　　　　　　　　　　　　　图 3-102

步骤 7：同样，隔行插入也是执行与上述同样的步骤，只是在输入数值时，由 1.1改为 1.5。

3.2.3　将工作表中的一列分为多列

在使用 Excel 处理数据时，有时候根据要求，需要将一列资料分为两列或多列。下面通过实例，详细讲解如何将工作表中的一列分为多列。

步骤 1：选中需要分列的列，如 B 列，切换至"数据"选项卡，单击"数据工具"组中的"分列"按钮，如图 3-103 所示。

步骤 2：弹出"文本分列向导"对话框，单击"固定宽度"前的单选按钮，然后单击"下一步"按钮，如图 3-104 所示。

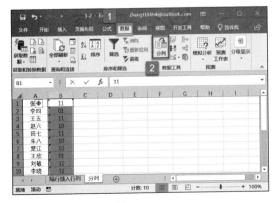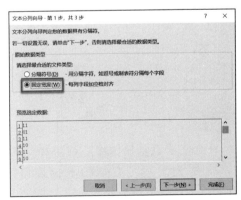

图 3-103　　　　　　　　　　　　　　　图 3-104

步骤 3：在该对话框中移动分隔线，单击"完成"按钮，如图 3-105 所示。

步骤 4：返回 Excel 主界面，B 列单元格分列后的效果如图 3-106 所示。

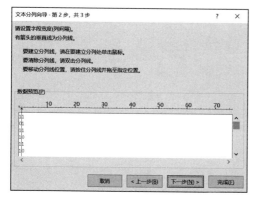

图　3-105

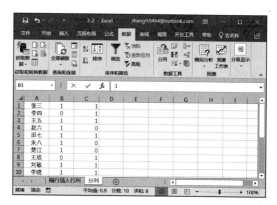

图　3-106

3.2.4　冻结工作表的行与列

在工作表中处理大量数据时，可能会看不到前面的行或列，如图 3-107 所示。这时可以利用 Excel 提供的冻结或锁定功能，对行与列进行锁定。以下通过实例简单介绍冻结或锁定工作表的行与列的操作步骤。

步骤 1：拖动窗口边缘的滚动条，将工作表首行及首列显示出来。切换至"视图"选项卡，单击"窗口"组中"冻结窗格"的下拉按钮，在弹出的菜单列表中单击"冻结首行"或"冻结首列"按钮，如图 3-108 所示。

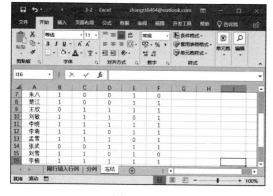

图　3-107

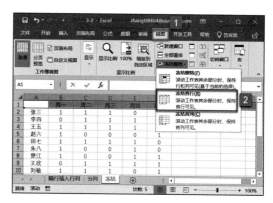

图　3-108

步骤 2：冻结首行后下拉工作表的效果如图 3-109 所示。

如果是特别大的数据区域，只冻结首行或首列，并不能解决根本问题。通过上面的操作方法不难发现，无论怎么操作只能冻结一个，如何才能实现同时冻结首行和首列呢？接下来介绍下详细的操作步骤。

步骤 1：单击选中单元格 B2，切换至"视图"选项卡，单击"窗口"组中的"拆分"按钮，此时工作表中会在单元格 B2 左上角出现垂直交叉线，如图 3-110 所示。

步骤 2：单击选中单元格 A1，单击"视图"选项卡下的"冻结窗格"按钮，如图 3-111 所示。

步骤 3：同时冻结首行和首列后的效果如图 3-112 所示。

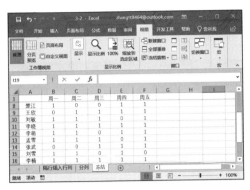

图　3-109

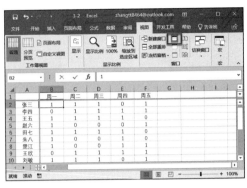

图　3-110

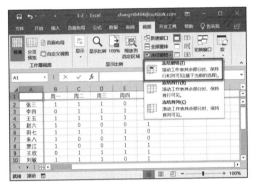

图　3-111

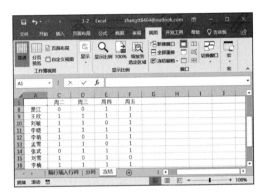

图　3-112

■ 3.2.5　快速定位特别长的行数据

Excel 2007 以后的版本中都有 1048576 行、16384 列，如果第 1 列的第 12049 行需要更改数据，怎么办？用鼠标拖动滚动条？用键盘上的翻页键进行翻页？这两种方法无疑都是费时费力的。

在 Excel 2019 中可以用以下几种方法定位特别长的行数据。

方法一：按"F5"快捷键，弹出"定位"对话框，在"引用位置"下方的输入框内输入"A12049"，然后单击"确定"按钮即可，如图 3-113 所示。

方法二：在"编辑栏"的名称框内输入"A12049"，然后按"Enter"键即可，如图 3-114。

图　3-113

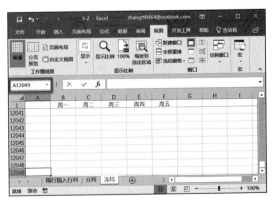

图　3-114

方法三：按住"Shift"键的同时，拖动窗口右侧的滚动条，也可以很快找到该单元格。

■3.2.6　设置工作表的行高与列宽

在编辑工作表的过程中，经常需要调整特定行或列的高度或宽度，例如当单元格中输入的数据超出该单元格宽度时，需要调整单元格的列宽。

1. 使用命令调整行高和列宽

（1）调整行高

步骤1：在需要调整其行高的行标上单击鼠标右键，在弹出的菜单列表中单击"行高"按钮，如图3-115所示。

步骤2：弹出"行高"对话框，在编辑框输入要设置的行高值，单击"确定"按钮，如图3-116所示。

步骤3：调整行高为20后的效果如图3-117所示。

（2）调整列宽

步骤1：在需要调整其列宽的列标上单击鼠标右键，在弹出的菜单列表中单击"列宽"按钮。

步骤2：弹出"列宽"对话框，在编辑框输入要设置的列宽值，单击"确定"按钮，如图3-118所示。调整列宽为15后的效果如图3-119所示。

2. 使用鼠标拖动的方法调整行高列宽

（1）调整行高

单击要调整行高的某行下边线，光标会变为双向对拉箭头，如图3-120所示。按住鼠标向上拖动，即可减小行高（向下拖动即可增大行高），拖动时右上角会显示具体尺寸。

（2）调整列宽

单击要调整列宽的某列右边线，光标会变为双向对拉箭头，如图3-121所示。按住鼠标向左拖动，即可减小列宽（向右拖动即可增大列宽），拖动时右上角显示具体尺寸。

图　3-115

图　3-116

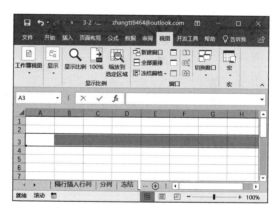

图　3-117

图　3-118

提示：如何一次性调整多行或多列（包括连续的和非连续的）的行高或列宽呢？

要一次调整多行的行高或多列的列宽，关键在于调整之前要准确选中要调整的行

或列。选中之后，注意在选中的区域上单击鼠标右键，然后选择"行高（列宽）"命令，
只有这样才能打开"行高（列宽）"设置对话
框进行设置。

如果要一次性调整的行（列）是连续的，在
选取时可以在要选择的起始行（列）的行标（列
标）上单击鼠标，然后按住鼠标左键不放进行拖
动即可选中多列；如果要一次性调整的行（列）
是不连续的，可首先选中第一行（列），按住
"Ctrl"键不放，再依次在要选择的其他行（列）
的行标（列标）上单击，即可选择多个不连续的
行（列）。

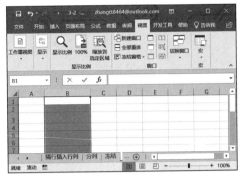

图　3-119

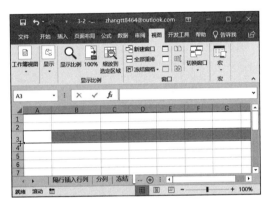

图　3-120

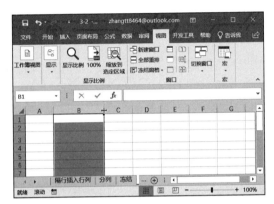

图　3-121

3.2.7　工作表中行与列的移动与复制

在使用工作表的过程中，有时会遇到移动或复制工作表行与列的情况。可以通过
以下 3 种方法中的一种来进行操作。

方法一：如果要进行移动工作表的行或列的操作，选择要移动的行或列，按
"Ctrl+X"快捷键，然后在目标位置按"Ctrl+V"快捷键进行粘贴操作。如果要进
行复制工作表的行或列的操作，按"Ctrl+C"快捷键进行复制，然后在目标位置按
"Ctrl+V"快捷键进行粘贴操作。

方法二：选中要复制或移动的行或列后右键单击，在打开的菜单列表中单击"剪切"
或"复制"按钮，然后在目标位置右键单击，在打开的菜单列表中单击"粘贴"按钮
即可。

方法三：选中要复制或移动的行或列，单击"开始"选项卡中的"剪切"按钮，然
后在目标位置处单击，再单击"开始"选项卡中的"粘贴"按钮即可。

3.2.8　批量删除工作表中的行或列

如果在工作表中有大量的行或列，用户确定不再使用，可以将其进行删除。批量
删除工作表的行或列有如下几种方法，用户可根据实际情况选择适合的一种进行操作。
在删除前务必确认数据的有效性，要谨慎删除。

方法一：选择要删除的批量行或列，右键单击，在弹出的菜单列表中单击"删除"

按钮即可。

方法二：选择要删除的批量行或列，单击"开始"选项卡中的"删除"按钮，然后在弹出的菜单列表中单击"删除工作表行"或"删除工作表列"按钮即可。

方法三：以图 3-122 所示实例讲解。

步骤 1：在图 3-122 所示工作表窗口中按"Alt+F11（Fn+Alt+F11）"组合键，弹出如图 3-123 所示的工作表的"Visible"属性对话框。

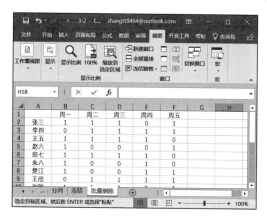

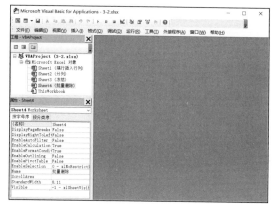

图　3-122　　　　　　　　　　　　　　　　　图　3-123

步骤 2：单击"插入"按钮，在打开的下拉列表中单击"模块"按钮，如图 3-124 所示。

步骤 3：弹出"模块 1"窗口，在窗口中输入如图 3-125 所示的内容。

```
Sub Aa()
For i = 1 To 5 Step 1
Columns(i + 1).Delete
Columns(i + 1).Delete
Next
End Sub
```

提示：To 后的数字 5 可以更改，只不要超过工作表的列数即可。

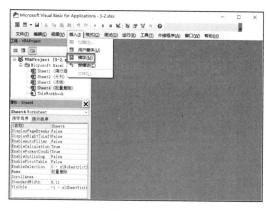

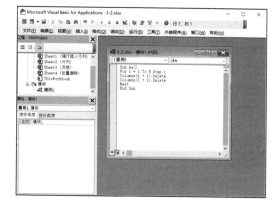

图　3-124　　　　　　　　　　　　　　　　　图　3-125

步骤 4：代码输入完毕，单击窗口右上角的"关闭"按钮。返回"Visible"属性对话框，按"F5"键，弹出"宏"对话框，单击"运行"按钮，如图 3-126 所示。

步骤5：关闭"Visible"属性对话框，返回 Excel 主界面，可以看到效果如图 3-127 所示。

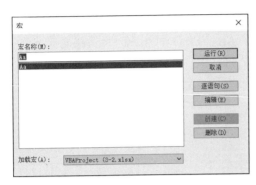

图　3-126

图　3-127

3.2.9 实现行与列交叉着色

在工作表中可以对单元格进行着色，可以对行或列进行着色，也可以实现交叉着色。对于行与列实现交叉着色，可以使用最普通的方法，对其单元格一一进行着色。也可以通过以下操作技巧实现，具体操作步骤如下。

步骤1：在 A 列单元格中输入数字 0、1，如图 3-128 所示。

步骤2：选中单元格 A 列，切换至"开始"选项卡，单击"编辑"组中的"排序和筛选"按钮，在弹出的菜单列表中单击"筛选"按钮，如图 3-129 所示。

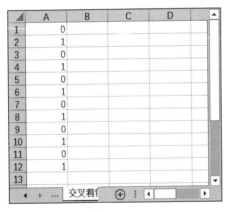

图　3-128

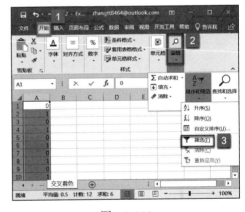

图　3-129

步骤3：单击单元格 A1 中的筛选按钮，单击取消勾选"0"前的复选框，然后单击"确定"按钮，如图 3-130 所示。

步骤4：在工作表中选择如图 3-131 所示的单元格区域，并将其背景颜色设置为绿色，如图 3-131 所示。

步骤5：再次单击单元格 A1 中的筛选按钮，单击取消勾选"1"前的复选框，勾选"0"前的复选框，然后单击"确定"按钮，如图 3-132 所示。

步骤6：在工作表中选择如图 3-133 所示的单元格区域，并将其背景颜色设置为红色，如图 3-133 所示。

步骤7：继续单击单元格 A1 中的筛选按钮，单击勾选"全选"前的复选框，然后单击"确定"按钮，如图 3-134 所示。

　　步骤 8：返回 Excel 主界面，选中单元格 A 列后右键单击，在打开的菜单列表中单击"删除"按钮，最终效果如图 3-135 所示。

图　3-130

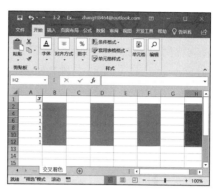

图　3-131

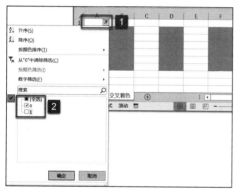

图　3-132

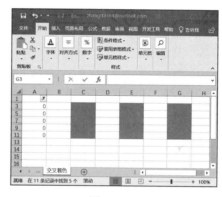

图　3-133

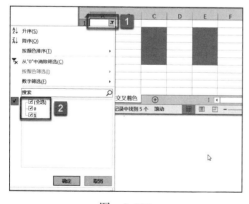

图　3-134

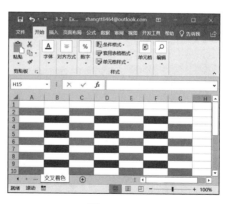

图　3-135

3.2.10　隐藏或显示特定的行与列

　　在实际操作 Excel 工作表的过程中，出于某种特殊的原因，经常需要对工作表中的某行或某列进行隐藏。但是很多用户在隐藏行或列后，不知道如何将隐藏的行或列再次显示出来。以下将介绍一下如何隐藏行与列。

　　方法一：选择要隐藏行的行标或隐藏列的列标，右键单击，在弹出的菜单列表中单击"隐藏"按钮。

　　方法二：选择要隐藏行的行标或隐藏列的列标，切换至"开始"选项卡，在"单元格"组中单击"格式"按钮，在弹出的菜单列表中单击"隐藏和取消隐藏"-"隐藏行"或"隐藏列"按钮。

　　显示行与列的具体操作步骤如下。

　　方法一：选择隐藏行两侧的行标或隐藏列两侧的列标，右键单击，在弹出的菜单列表中单击"取消隐藏"按钮。

　　方法二：选择隐藏行两侧的行标或隐藏列两侧的列标，切换至"开始"选项卡，在"单元格"组中单击"格式"按钮，在弹出的菜单列表中单击"隐藏和取消隐藏"-"取消隐藏行"或"取消隐藏列"按钮。

■ 3.2.11　让工作表中的多行与一行并存

　　在 Excel 中，经常会碰到在一个单元格中多行与一行同时并存的情况，如图 3-136 所示。"合计人民币"在两行，而其余的"(大写)""拾""万""仟""佰""拾""元""角""分"在一行，遇到这种情况我们应该怎么处理呢？这时可以选择文本框进行处理。具体操作步骤如下。

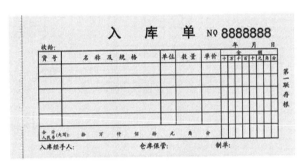

图　　3-136

　　步骤 1：切换至"插入"选项卡，单击"插图"组中的"形状"按钮，然后在弹出的菜单列表中单击"横排文本框"按钮，如图 3-137 所示。

　　步骤 2：在文本框光标闪烁的位置输入"合计"，并将其调整到适合的位置，如图 3-138 所示。

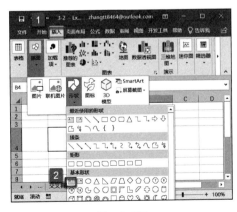

图　　3-137

图　　3-138

步骤 3：采用同样的方法做出"人民币""(大写)""拾""万""仟""佰""拾""元"等文本框，并调整其位置，最终效果如图 3-139
所示。

3.2.12　轻松互换行与列的数据

有时用户还会遇到这种情况，例如将一行 ABCDEF，转换为一列 ABCDEF，即行与列的数据互换。如果一个一个地进行输入则会浪费大量时间。下面介绍一种轻松互换行与列数据的技巧。

选中单元格或单元格区域，右键单击，在弹出的菜单列表中单击"复制"按钮，或者按"Ctrl+C"快捷键进行复制。然后右键单击目标

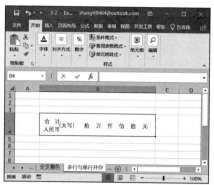

图　3-139

区域，在弹出的菜单列表中单击"粘贴选项"下的"转置"按钮，如图 3-140 所示。转置完成后效果如图 3-141 所示。

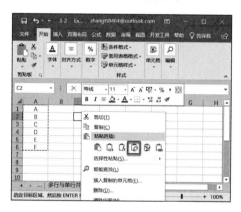

图　3-140

图　3-141

3.2.13　快速删除工作表中所有的空行

如果数据区域中含有大量的空行，如图 3-142 所示，不仅占用工作表的空间，还会增加文件的大小。找到这些空行并快速将其删除是一个经常遇到的问题。下面介绍个可以快速删除空行的方法。

步骤 1：选中单元格区域 A1:F8，切换至"开始"选项卡，单击"编辑"组中的"排序和筛选"按钮。然后在弹出的菜单列表中单击"筛选"按钮，此时单元格区域 A1：F1 中都出现了筛选按钮。单击单元格 A1 的筛选按钮，单击取消勾选"全选"前的复选框，单击勾选"空白"前的复选框，如图 3-143 所示。

步骤 2：返回 Excel 主界面，右键单击阴影区域，在弹出的菜单列表中单击"删除行"按钮，如图 3-144 所示。

图　3-142

图　3-143　　　　　　　　　　　　　图　3-144

步骤 3：这时系统会弹出提示框，单击"确定"按钮，如图 3-145 所示。所有空行删除后的效果如图 3-146 所示。

图　3-145

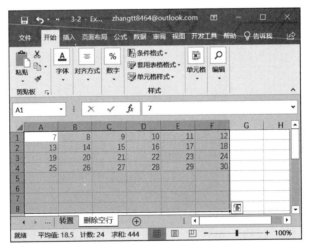

图　3-146

第4章

表格数据的输入与编辑

在 创建好表格后，首先要解决的一个问题就是如何输入数据。掌握一些输入数据的技巧，有助于提高办公效率。例如，在输入一些特殊数据时，要掌握其中的规律；又如，在连续的多个单元格中输入具有特定规律或相同数据时，启动自动填充功能可以让输入更加便捷。

- 表格数据的输入
- 格式化数据
- 表格数据的选择性粘贴
- 数据查找与替换

4.1 | 表格数据的输入

利用 Excel 程序可以建立报表，完成相关数据的计算与分析。那么在进行这些工作前，首先需要将相关数据输入工作表中。根据实际操作的需要，可能需要输入多种不同类型的数据，如文本型数据、数值型数据、日期型数据等。

4.1.1 相同数据的快速填充

在工作表中输入相同数据时，可以使用数据填充功能来完成。

（1）使用"填充"功能输入相同数据

步骤 1：选中需要进行填充的单元格区域（注意，要包含已经输入数据的单元格，即填充源），如单元格区域 B2:B7，切换至"开始"选项卡，单击"编辑"组中的"填充"按钮，在弹出的菜单列表中选择填充方向"向下"，如图 4-1 所示。

步骤 2：数据填充后的效果如图 4-2 所示。

图 4-1

图 4-2

（2）使用鼠标拖动的方法输入相同数据

步骤 1：将鼠标光标定位到单元格 C2 右下角，至光标变成十字形状（＋），如图 4-3 所示。

步骤 2：按住鼠标左键不放，向下拖动至填充结束的位置，释放鼠标，拖动过的单元格中都会出现与单元格 C2 中相同的数据，如图 4-4 所示。

图 4-3

图 4-4

4.1.2　有规则数据的填充

通过填充功能可以实现一些有规则数据的输入，例如输入序号、日期、星期数、月份、甲乙丙丁等。要实现有规律数据的填充，需要选择至少两个单元格作为填充源，这样程序才能根据当前选中填充源的规律来完成数据的填充。下面介绍连续序号输入的步骤。

步骤 1：在单元格 A2 和 A3 中分别输入序号 1、2。选中单元格区域 A2:A3，将光标移至该单元格区域右下角，至光标变成十字形状（**＋**），如图 4-5 所示。

步骤 2：按住鼠标左键不放，向下拖动至填充结束的位置，释放鼠标，拖动过的位置上即会按特定的规则完成序号的输入，如图 4-6 所示。

图　4-5

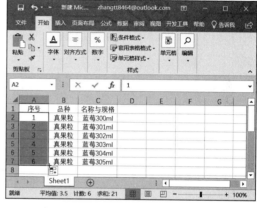

图　4-6

4.1.3　非连续单元格数据的填充

当需要在多个非连续的单元格中输入相同的数据时，并不需要逐个依次输入。Excel 提供了一种快捷的输入方法，下面介绍这个方法。

步骤 1：按住 "Ctrl" 键，然后单击需要输入数据的单元格，此时最后一个单元格会显示为白色，如图 4-7 所示。

步骤 2：在最后一个单元格中输入数据后按 "Ctrl+Enter" 快捷键，所有选择的单元格将被填充相同的数据，如图 4-8 所示。

图　4-7

图　4-8

4.2 格式化数据

Excel工作表中往往包含大量的数据，这些数据包括数值、货币、日期、百分比、文本和分数等类型。不同类型的数据在输入时会有不同的方法，为了方便输入，同时使相同类型的格式具有相同的外观，应该对单元格数据进行格式化。本节将介绍不同类型的数据在输入时进行格式化的方法。

■ 4.2.1 设置数据格式

对于常见的数据类型，Excel提供了常用的数据格式供用户选择使用。在Excel功能区"开始"选项卡的"数字"组中，各个命令按钮可以用于对单元格数据的不同格式进行设置。对于常见的数据类型，如时间、百分数和货币等，可以直接使用该组中的命令按钮快速设置。下面介绍具体的操作方法。

步骤1：将"价格"的数据格式设置为货币格式，选中单元格区域D列，切换至"开始"选项卡，打开"数字"组中的"数字格式"下拉列表，单击"货币"按钮，如图4-9所示。

步骤2：单元格中的数据自动转换为货币格式，如图4-10所示。

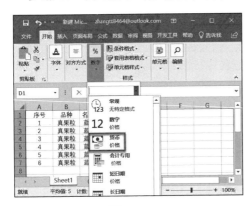

图 4-9

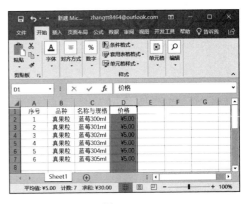

图 4-10

步骤3：如果需要为货币数据减少小数位，可单击"数字"组中的"减少小数位数"按钮，如图4-11所示。

提示：在"数字"组中，单击"会计数字格式"按钮上的下三角按钮可以得到一个下拉列表，选择相应的选项后可以在添加货币符号时，在数据中添加分隔符，并在右侧显示两位小数。单击"千位分隔符"按钮，数据将被添加千位分隔符，右侧显示两位小数，多于两位小数的按四舍五入处理。单击"百分比样式"按钮，数据将以百分比形式显示，没有小数位。

Excel还提供了在单元格中自动输入大

图 4-11

小中文数字的功能，下面简单介绍下方法。

步骤 1：选中单元格区域 D 列，切换至"开始"选项卡，单击"数字"组中的"数字格式"按钮，如图 4-12 所示。

步骤 2：弹出"设置单元格格式"对话框，单击"分类"列表框中的"特殊"项，在右侧"类型"下方的菜单列表中选择"中文大写数字"，单击"确定"按钮，如图 4-13 所示。

提示：Excel 一共提供了 12 种类型的数字格式可供设置，用户可在"类型"列表中选择需要设置的数字类型后再进

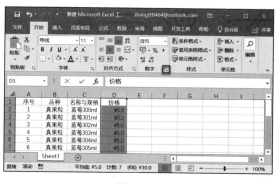

图　4-12

行设置。"常规"类型为默认的数字格式，数字以整数、小数或者科学记数法的形式显示；"数值"类型数字可以设置小数点位数、添加千位分隔符，以及设置如何显示负数；"货币"类型和"会计专用"类型的数字可以设置小数位、选择货币符号，以及设置如何显示负数。

步骤 3：返回 Excel 主界面，发现 D 列中的数字自动转换为大写汉字，如图 4-14 所示。

图　4-13

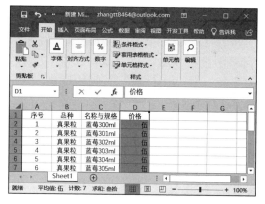

图　4-14

4.2.2　自定义数据格式

Excel 除预设了大量数据格式供用户选择使用外，还为用户提供了对数据格式进行自定义的功能。

步骤 1：选中单元格区域 D 列，打开"设置单元格格式"对话框，单击"分类"列表框中的"自定义"项，在右侧"类型"下方文本框中的格式代码后面添加单位"元"字，在前面添加颜色代码"[红色]"，设置完成后单击"确定"按钮，如图 4-15 所示。

提示：Excel 以代码定义数值类型，代码中的"#"为数字占位符，表示只显示有效数字；0 为数字占位符，当数字比代码数量少时显示无意义的 0；"_"表示留出与下一个字符等宽的空格；"*"表示重复下一个字符来填充列宽；"@"为文本占位符，表示引用输入的字符；"?"为数字占位符，表示在小数点两侧增加空格；"[红色]"为颜色代码，用于更改数字的颜色。

步骤2：单元格区域D列内的文字将自动添加单位"元"，文字颜色变为红色，效果如图4-16所示。

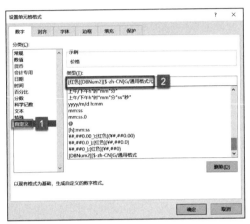

图　4-15　　　　　　　　　　　　　　　　　　图　4-16

4.2.3　固定小数位数

输入小数在Excel表格中非常常见，用常规的方法输入，不仅容易出错，而且效率较低。如果工作表中小数部分的位数都一样，可以通过Excel的自动插入小数点功能指定小数点位数，输入时无需输入小数点即可实现小数的输入。下面介绍具体的操作步骤。

步骤1：依次单击"文件"－"选项"按钮，打开"Excel选项"对话框。单击左侧窗格中的"高级"项，单击勾选右侧窗格中"编辑选项"下"自动输入小数点"前的复选框，在"小位数"右侧的增量框中设置小位数，设置完成后单击"确定"按钮，如图4-17所示。

步骤2：将单元格格式设置为数值格式，然后在单元格F2中输入数字"2000"，按"Enter"键，该数字将自动变成含有两位小数位的数字20.00，如图4-18所示。

图　4-17　　　　　　　　　　　　　　　　　　图　4-18

提示：如果需要在单元格中输入整数，单元格格式应设置为常规格式，然后只需在输入数字后面添加0即可，0的个数与设置的小数位数一致。例如需要输入整数321，这里应该输入32100。

■4.2.4　设置数据的有效范围

Excel 提供了设置数据有效范围的功能，使用该功能能够对单元格中输入的数据进行限制，以避免输入不符合条件的数据。下面介绍设置数据有效范围的操作方法。

步骤 1：单击选中单元格 F2，切换至"数据"选项卡，单击"数据工具"组中的"数据验证"按钮，如图 4-19 所示。

步骤 2：弹出"数据验证"对话框，单击"允许"下方的下拉列表选择"整数"项，在"最小值"文本框内输入"10"，在"最大值"文本框内输入"1000"，如图 4-20 所示。

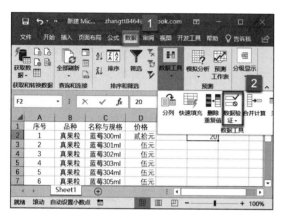

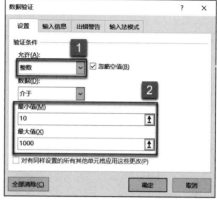

图　4-19 　　　　　　　　　　　　　　　　　图　4-20

步骤 3：切换至"输入信息"选项卡，在"标题"和"输入信息"文本框中分别输入提示信息标题和内容，如图 4-21 所示。

步骤 4：切换至"出错警告"选项卡，在"样式"下拉列表中选择图标样式，在"标题"和"错误信息"文本框中分别输入标题文字和警告文字，完成设置后单击"确定"按钮，如图 4-22 所示。

图　4-21 　　　　　　　　　　　　　　　　　图　4-22

步骤 5：选中该单元格后，Excel 会给出设置的提示信息，如 4-23 所示。

步骤 6：如果输入的数值不符合设置的条件，完成输入后，Excel 将给出"错误"提示对话框，如图 4-24 所示。

步骤 7：单击"重试"按钮，当前输入的数据将被全选，此时将能够在单元格中再次进行输入，如图 4-25 所示。单击"取消"按钮将取消当前输入的数字。

图 4-23

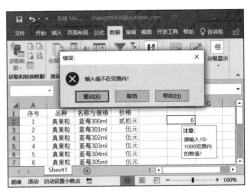

图 4-24

步骤 8：如果要删除创建的数据有效范围设置，可以在"数据验证"对话框的任意选项卡内单击"全部清除"按钮，然后单击"确定"按钮即可，如图 4-26 所示。

图 4-25

图 4-26

4.3 表格数据的选择性粘贴

移动、复制与粘贴是数据编辑过程中最常进行的操作，运用这些操作可以在很大程度上提高数据编辑效率。

第 3 章已经介绍过表格数据的移动、复制与粘贴，只是直接使用复制粘贴功能复制数据时，是按原格式进行复制的。除此之外，使用"选择性粘贴"功能可以达到特定的目的，例如可以实现数据格式的复制、公式的复制、复制时进行数据计算等。下面举几个实例进行说明。

1. 无格式粘贴 Excel 数据

在进行数据粘贴时，经常要进行无格式粘贴（即粘贴时去除所有格式），此时需要使用"选择性粘贴"功能。

步骤 1：选中单元格区域，按"Ctrl+C"组合键进行复制。然后单击选中粘贴位置，切换至"开始"选项卡，单击"剪贴板"组中的"选择性粘贴"按钮，如图 4-27 所示。

步骤 2：弹出"选择性粘贴"对话框，在"粘贴"窗格中单击选择"数值"前的单选按钮，然后单击"确定"按钮即可，如图 4-28 所示。

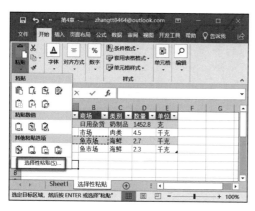

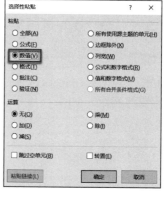

图　4-27　　　　　　　　　　　　　图　4-28

步骤 3：无格式粘贴后的效果如图 4-29 所示。

2. 无格式粘贴网页中的数据或其他文档中的数据

步骤 1：在网页中或其他文档中选中目标内容，按"Ctrl+C"组合键进行复制，然后单击选中粘贴位置，切换至"开始"选项卡，单击"剪贴板"组中的"选择性粘贴"按钮，如图 4-30 所示。

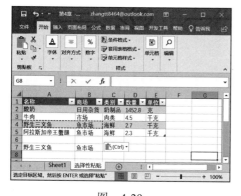

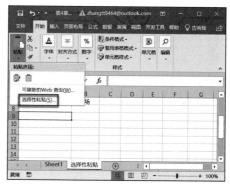

图　4-29　　　　　　　　　　　　　图　4-30

步骤 2：弹出"选择性粘贴"对话框，在"方式"列表选内单击"文本"项，单击"确定"按钮，如图 4-31 所示。

步骤 3：无格式粘贴后的效果如图 4-32 所示。

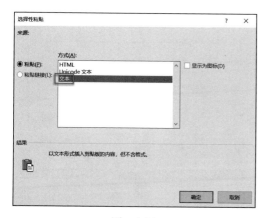

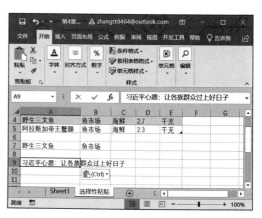

图　4-31　　　　　　　　　　　　　图　4-32

4.4 数据查找与替换

在日常办公中，可能随时需要从庞大数据库中查找相关记录或者需要对数据库中个别数据进行修改，如果采用手工方式来查找或修改数据，其效率会非常低下。此时可以使用"查找与替换"功能来快速完成该项工作。

4.4.1 数据查找

要快速查找到特定数据，其操作如下。

步骤 1：将光标定位到数据库首行，切换至"开始"选项卡，单击"编辑"组中的"查找和选择"按钮，然后在弹出的菜单列表中单击"查找"项，如图 4-33 所示。

步骤 2：弹出"查找和替换"对话框，在"查找内容"文本内输入查找信息，如图 4-34 所示。

提示：按"Ctrl+F"组合键，可以快速打开"查找"对话框。

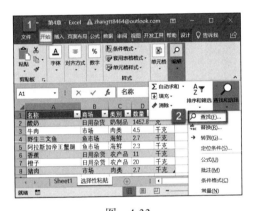

图　4-33

图　4-34

步骤 3：单击"查找下一个"按钮，光标即可定位在满足条件的单元格上。可依次单击"查找下一个"按钮查找满足条件的记录，如图 4-35 所示。

步骤 4：若单击"查找全部"按钮，即可显示出所有满足条件的记录所在工作表、所在单元格以及其他信息，如图 4-36 所示。

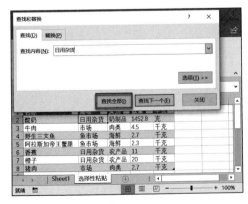

图　4-35

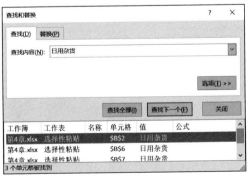

图　4-36

　　步骤5：进行查找时，默认查找范围为当前工作表。要实现在工作簿中进行查找，可以单击"查找和替换"对话框中的"选项"按钮，激活选项设置，在"范围"右侧的下拉列表中选择查找范围"工作簿"，如图4-37所示。

　　提示：在查找过程中，也可以区分大小写和区分全/半角。只需要在"选项"设置中将"区分大小写"和"区分全/半角"复选框选中即可。

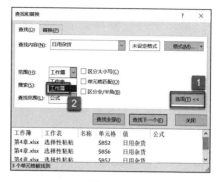

图　4-37

4.4.2　数据替换

　　如果需要从庞大数据库中查找相关记录并对其进行更改，可以利用替换功能来实现。

1. 数据替换功能的使用

　　步骤1：将光标定位到数据库首行，切换至"开始"选项卡，单击"编辑"组中的"查找和选择"按钮，然后在弹出的菜单列表中单击"替换"项，如图4-38所示。

　　步骤2：弹出"查找和替换"对话框，在"查找内容"中输入要查找的内容，在"替换为"中输入要替换为的内容，如图4-39所示。

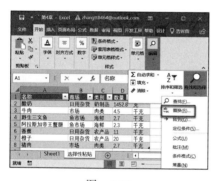

图　4-38

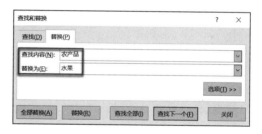

图　4-39

　　步骤3：单击"查找下一个"按钮，光标即可定位在第1个满足条件的单元格上，如图4-40所示。

　　步骤4：单击"替换"按钮，即可将查找的内容替换为所设置的替换为内容，如图4-41所示。

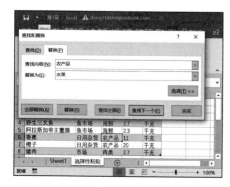

图　4-40

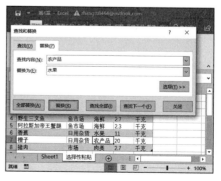

图　4-41

2.设置让替换后的内容显示特定格式

可以设置让替换后的内容显示为特定的格式,达到特殊标识的作用。下面举例介绍如何实现让替换后的内容显示特定的格式。

步骤1:打开"查找和替换"对话框,分别在"查找内容"与"替换为"框中输入要查找的内容与替换为内容。单击"选项"按钮,展开"选项"设置。然后单击"替换为"右侧的"格式"按钮,如图4-42所示。

图 4-42

步骤2:弹出"替换格式"对话框,切换至"字体"选项卡,可以对替换内容进行字体、字形、字号、颜色等格式设置,如图4-43所示。切换至"填充"选项卡,还可以设置填充颜色等格式。

提示:在设置替换格式时,还可以设置让替换后的内容满足特定的数字格式(在"数字"选项卡下设置),设置替换后的内容显示特定边框(在"边框"选项卡下设置),只需要选择相应的选项卡按与上面相同的方法进行设置即可。

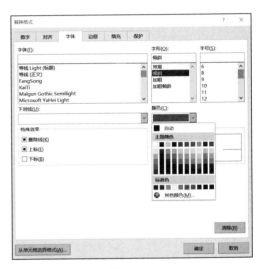

图 4-43

步骤3:单击"确定"按钮,返回至"查找和替换"对话框,原"未设定格式"会显示为"预览"格式,如图4-44所示。

步骤4:设置好查找内容、替换为内容及替换为内容的格式后,单击"全部替换"按钮,Excel会弹出提示框提示当前操作的完成情况,并自动进行查找并替换,替换后的内容显示为所设置的格式,如图4-45所示。

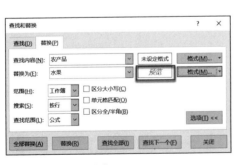

图 4-44

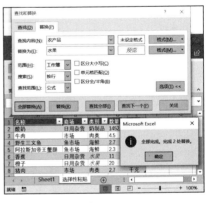

图 4-45

第5章

表格的美化

在输入并编辑完数据后，可以对表格进行适当美化，使表格看起来更加条理明晰。本章介绍美化表格的常用方法。

- 表格字体与对齐方式设置
- 表格边框与底纹设置
- 套用样式美化单元格与表格

5.1 | 表格字体与对齐方式设置

输入数据后，默认情况下的显示效果是："常规"格式、等线 11 号、文本左对齐、数字右对齐。而在实际操作中，需要对这些默认的格式进行修改，以满足特定的需要。

5.1.1 设置表格字体

输入单元格中的数据默认显示为等线 11 号，可根据实际需要重新设置数据的字体格式。

　　步骤 1：单击选中要设置字体的单元格或单元格区域，如单元格 A2，在"开始"选项卡的"字体"组中单击"字号"右侧的下拉按钮，在展开的字号下拉列表中单击选择字号大小，如"20"，效果如图 5-1 所示。

　　步骤 2：单击"字体"右侧的下拉按钮，在展开的字体下拉列表中单击选择字体，如"方正舒体"，效果如图 5-2 所示。

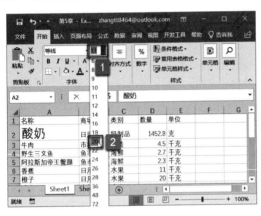
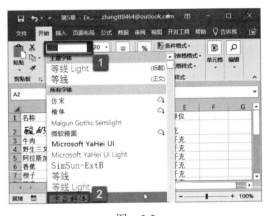

图　5-1　　　　　　　　　　　　　　　　　图　5-2

　　步骤 3：在"字体"组中还可以设置加粗、倾斜、下划线、字体颜色等其他格式。

5.1.2 设置表格对齐方式

输入单元格中的数据的默认对齐方式为：文本左对齐，数字、日期等右对齐。可根据实际需要重新设置数据的对齐方式。

Excel 在"开始"选项卡的"对齐方式"组中提供了不同的对齐方式。

- □ ＝≡≡：这 3 个按钮用于设置水平对齐方式，依次为：顶端对齐、垂直居中、底端对齐。
- □ ≡≡≡：这 3 个按钮用于设置垂直对齐方式，依次为：文本左对齐、居中、文本右对齐。
- □ ✎：这个按钮用于设置文字倾斜或竖排显示，通过单击右侧的下拉按钮，还可以选择设置不同的倾斜方向或竖排形式。

　　步骤 1：设置标题文字居中显示。单击选中要设置对齐方式的单元格或单元格区域，如单元格 A1，在"开始"选项卡中"对齐方式"组中分别单击"垂直居中"和"居中"按钮，即可实现标题文字居中效果，如图 5-3 所示。

步骤2：设置列标识文字分散对齐效果。选中列标识所在单元格区域，在"开始"选项卡中"对齐方式"组中单击"设置单元格格式"按钮 ⏹，如图5-4所示。

图　5-3

图　5-4

步骤3：弹出"设置单元格格式"对话框。单击"水平对齐"的下拉按钮，在打开的菜单列表中选择"分散对齐"，如图5-5所示。

步骤4：单击"确定"按钮，即可看到列标识文字显示分散对齐的效果，如图5-6所示。

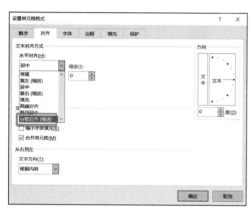

图　5-5

图　5-6

提示：在"设置单元格格式"对话框的"对齐"选项卡中，还可以在"方向"栏中选择竖排文字，或通过设置倾斜角度让文本倾斜显示。

5.2　表格边框与底纹设置

在表格中完成字体和对齐方式设置后，接下来就可以对表格边框和底纹进行颜色填充和边框样式设置。

5.2.1　设置表格边框效果

Excel默认显示的网格线只是用于辅助单元格编辑，如果想为单元格添加边框效果，就需要另外设置。

步骤1：选中要设置边框效果的单元格或单元格区域，如A2:E2，打开"设置单元格格式"对话框，切换至"边框"选项卡，在"样式"列表框内选择外边框样式，在"颜色"下拉列表中选择颜色，在"预置"窗格中选择"外边框"按钮，即可在"边框"窗格内看到预览效果，如图5-7所示。

步骤2：单击"确定"按钮，返回Excel主界面，效果如图5-8所示。

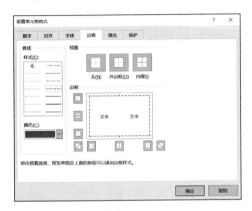

图 5-7　　　　　　　　　　　　　图 5-8

步骤3：除了通过"设置单元格格式"-"边框"选项卡对表格边框进行设置外，还可以直接在"字体"组内单击"边框"设置按钮，在展开的菜单列表中选择要设置的边框样式，如图5-9所示。

5.2.2　设置表格底纹效果

前面介绍了对表格边框效果进行设置，这里接着介绍为表格进行底纹效果设置。具体实现操作如下。

1. 通过"字体"-"填充颜色"按钮快速设置

单击选中要设置表格底纹的单元格区域，如A2:E2，单击"字体"组的"填充颜色"按钮，在打开的菜单列表"主题颜色""标准色"窗格中选择颜色，当鼠标移至该颜色时，选中区域即可进行预览，单击鼠标即可应用填充颜色，如图5-10所示。

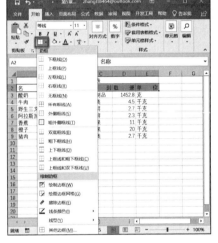

图 5-9

2. 通过"设置单元格格式"-"填充"选项卡进行设置

步骤1：单击选中要设置表格底纹的单元格区域，如A2:E2，打开"设置单元格格式"对话框，切换至"填充"选项卡，在"背景色"窗格内选择颜色，在"图案颜色"的下拉列表中选择图案颜色，在"图案样式"的下拉列表中选择图案样式，如图5-11所示。

步骤2：设置完成后，单击"确定"按钮，效果如图5-12所示。

步骤3：在"设置单元格格式"对话框的"填充"选项卡中，可以单击"填充效果"按钮打开"填充效果"对话框，对颜色、底纹样式、变形进行设置，如图5-13所示。

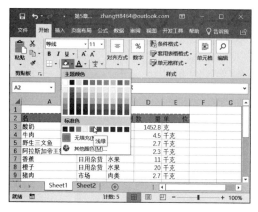

图   5-10

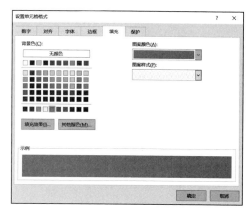

图   5-11

图   5-12

图   5-13

5.3 │ 套用样式美化单元格与表格

Excel 的"单元格样式"功能可以快速地美化单元格，这将提高对工作表的美化速度。下面我们就来认识该功能的具体使用方法。

5.3.1 套用单元格样式

套用"单元格样式"就是将 Excel 提供的单元格样式方案直接运用到选中的单元格中。例如，使用"单元格样式"设置表格的标题，具体操作如下。

步骤 1：选中要套用单元格样式的单元格区域，如合并的表头单元格 A1，在"开始"选项卡的"样式"组中单击"单元格样式"按钮，在展开的菜单列表中单击单元格样式方案，即可将其应用到选中的单元格或单元格区域中。如选择"标题"分类下的"标题 1"方案，应用效果如图 5-14 所示。

提示：Excel 提供了 5 种不同类型的方案样式，分别是"好、差和适中""数据和模型""标题""主题单元格格式"和"数字格式"。对于报表标题单元格的效果设置，也可以直接使用"标题"中的标题样式。

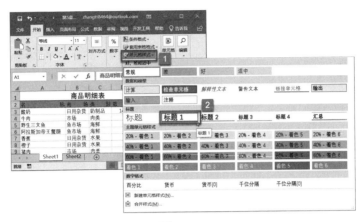

图 5-14

步骤2：选中表格列标识单元格区域A2:E2，单击"单元格样式"按钮，在展开的菜单列表中选择"数据和模型"分类下的"解释性文本"方案，应用效果如图5-15所示。

5.3.2 新建单元格样式

对于经常需要按照特定格式来修饰表格的情况，可以通过新建单元格样式来达到目的，然后当需要使用时直接套用即可。新建单元格样式的具体操作方法如下。

步骤1：在"开始"选项卡下单击"样式"组中的"单元格样式"按钮，然后在展开的菜单列表中单击"新建单元格样式"按钮，如图5-16所示。

步骤2：弹出"样式"对话框，在"样式名"右侧的文本框内输入样式名，如"新建样式"，然后单击"格式"按钮，如图5-17所示。

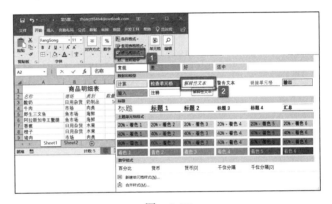

图 5-15

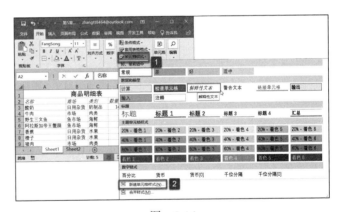

图 5-16

步骤3：弹出"设置单元格格式"对话框，在"字体"选项卡中可以对"字体""字形""字号"等进行自定义设置，如图5-18所示。

步骤4：切换到"填充"选项卡，可以对单元格的背景色、图案样色、图案样式等进行设置，如图5-19所示。

步骤5：设置完成后，单击"确定"按钮，返回至"样式"对话框，在"样式包括"窗格中可以看到设置的单元格样式，如图5-20所示。

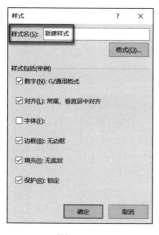

图 5-17

图 5-18

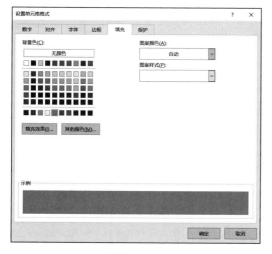

图 5-19

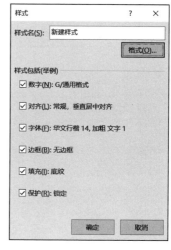

图 5-20

步骤 6：确定新单元格样式设置完成后，单击"确定"按钮，单元格样式"新建样式"则新建完成。当需要使用该样式时，在"单元格样式"的菜单列表中单击"自定义"下的"新建样式"按钮即可，如图 5-21 所示。

5.3.3 套用表格样式

Excel 为用户提供了大量的表格格式，套用表格格式可以快速地改变表格外观。3.1.14 节已经介绍过具体的操作步骤，本节不赘述。但是在Excel 中，"表格格式"已将表格套用效果与筛选功能整合。那么如何取消表格样式的筛选功能，只使用背景、格式等其他样式效果呢？接下来就介

图 5-21

绍下具体的操作步骤。

步骤1：选中套用表格格式的单元格区域，如单元格区域 A2:E9，切换至"设计"选项卡，单击"工具"组中的"转换为区域"按钮，如图 5-22 所示。

步骤2：Excel 会弹出提示框，单击"是"按钮，如图 5-23 所示。

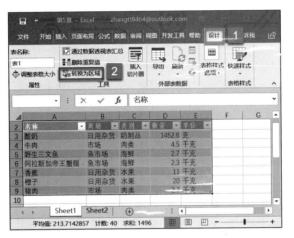

图　5-22

图　5-23

步骤3：返回 Excel 主界面，查看转换为正常区域的表格，如图 5-24 所示。

5.3.4　新建表格样式

工作中，常常会遇到一些格式固定并且需要经常使用的表格，此时用户可以根据需要对表格样式进行自定义，然后保存这种样式，方便以后作为可以套用的表格样式来使用。下面介绍新建自定义套用表格样式的方法。

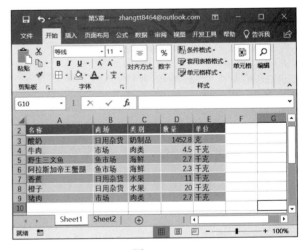

图　5-24

步骤1：单击"开始"选项卡下"样式"组中的"套用表格格式"按钮，在弹出的菜单列表中单击"新建表格样式"按钮，如图 5-25 所示。

步骤2：弹出"新建表样式"对话框，在"名称"右侧的文本框内输入样式名称，在"表元素"下方的菜单列表中选择"整个表"项，然后单击"格式"按钮，如图 5-26 所示。

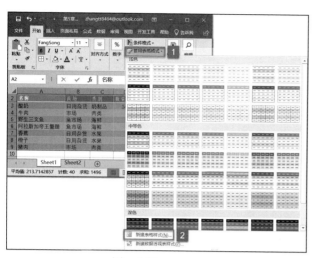

图　5-25

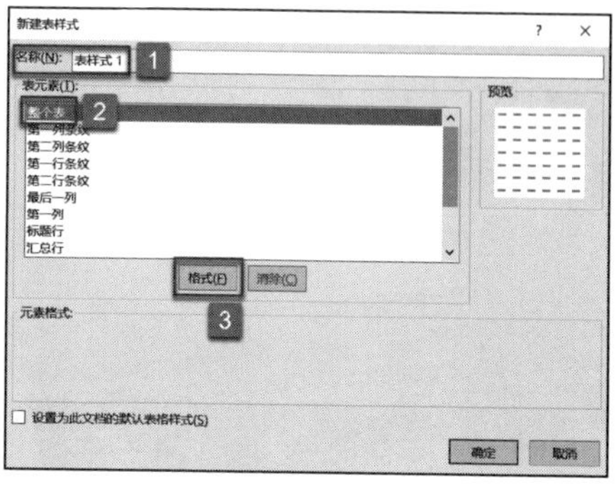

图　5-26

步骤 3：弹出"设置单元格格式"对话框，在"边框"选项卡内对表格的样式、颜色、预置等格式进行设置，然后单击"确定"按钮，如图 5-27 所示。

步骤 4：返回"新建表样式"对话框，在"表元素"下方的菜单列表中选择"第一行条纹"项，然后单击"格式"按钮，如图 5-28 所示。

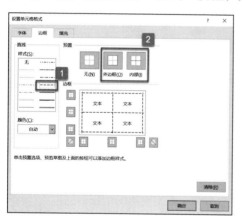

图　5-27

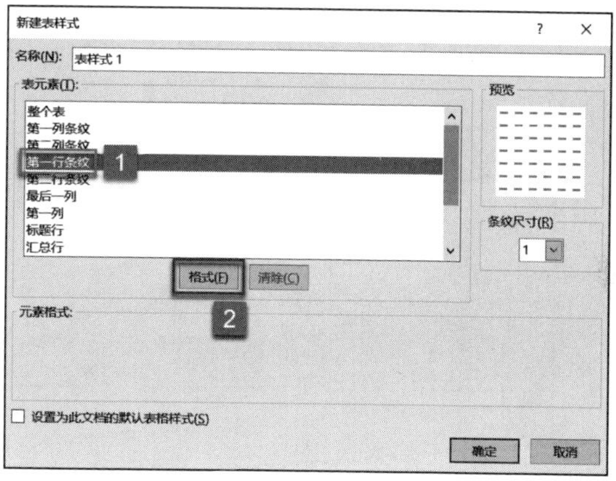

图　5-28

步骤 5：弹出"设置单元格格式"对话框，在"填充"选项卡内对表格的背景色、图案颜色、图案样式等格式进行设置，然后单击"确定"按钮，如图 5-29 所示。

步骤 6：返回"新建表样式"对话框，可以在"预览"窗格内看到设置后的表格样式，如图 5-30 所示。

步骤 7：单击"确定"按钮，返回 Excel 主界面，选中单元格区域 A2:E9，单击"套用表格格式"菜单列表中"自定义"下方刚刚新建的"表样式 1"样式，如图 5-31 所示。

步骤 8：弹出"套用表格式"对话框，确认"表数据的来源"文本框的单元格地址无误后，单击"确定"按钮，如图 5-32 所示。

步骤 9：返回 Excel 主界面，可以看到自定义样式被应用到指定的单元格中，如图 5-33 所示。

步骤 10：如果用户对已创建的自定义表格样式不满意，可以进行重新设置。打开"套用表格格式"的菜单列表，右键单击自定义的表格样式，在弹出的菜单列表中可以选择"修改""复制""删除"等操作，如图 5-4 所示。

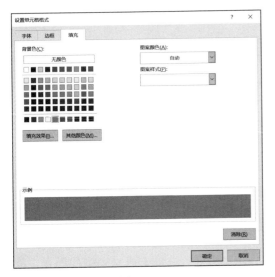

图　5-29

图　5-30

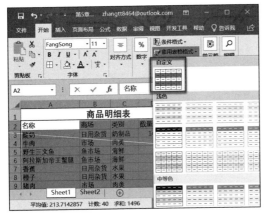

图　5-31

图　5-32

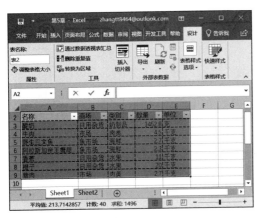

图　5-33

图　5-34

第6章

工作表的打印、
共享与安全设置

　　一张工作表若需要由多人协同完成，可以在 Excel 中创建共享工作簿。当多人一起在共享工作簿上工作时，Excel 会自动保持信息不断更新。而若要将工作表打印出来，则需要先对打印页面及工作表进行设置。本章将对工作表的打印、工作表的共享、Excel 文档安全性的设置及工作簿的网络应用进行介绍。

- 工作表的打印
- 工作簿的共享
- 设置 Excel 文档的安全性
- 工作簿的网络应用

6.1 工作表的打印

完成电子表格的创建后，往往需要将其打印出来，在打印之前，则需要对页面进行设置。本节将从设置打印缩放比例、设置分页符及设置工作表的打印区域等几个方面来介绍打印时页面设置的技巧。

6.1.1 快速设置打印页面

在打印工作表之前，用户可以对纸张的大小和方向进行设置。同时，也可以对打印文字与纸张边框之间的距离，即页边距进行设置。下面介绍设置纸张大小和页边距的方法

步骤1：打开工作表，切换至"页面布局"选项卡，单击"页面设置"按钮 ，如图6-1所示。

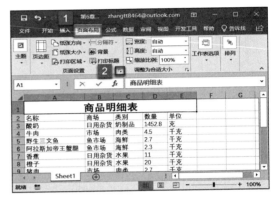

图 6-1

步骤2：弹出"页面设置"对话框，可以在"页面"选项卡内对纸张方向、纸张大小等进行设置，如图6-2所示。这里纸张方向设定为"纵向"，如果要打印的表格比较宽，可以设定为"横向"；纸张大小设置为大多数情况下使用的A4纸，其他纸张要注意单独设置。

步骤3：切换至"页边距"选项卡，可以在"上""下""左""右""页眉""页脚"增量框内输入数值设置页边距，然后单击"确定"按钮即可，如图6-3所示。

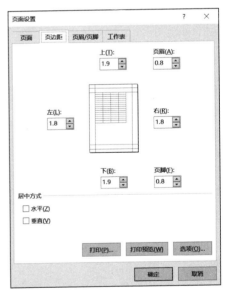

图 6-2　　　　　　　　　　　　　　　　图 6-3

步骤4：也可以在"页面布局"选项卡的"页面设置"组内，单击"纸张方向"下拉按钮，选择"纵向"或"横向"按钮设置纸张方向，单击"纸张大小"下拉按钮选

择纸张大小，单击"页边距"按钮选择页边距，如图 6-4 所示。

6.1.2　对工作表进行缩放打印

在打印工作表时，有时需要将多页内容打印到一页中，此时可以通过收缩工作表的实际尺寸来打印工作表。下面介绍具体的操作方法。

步骤 1：打开工作表，切换至"页面布局"选项卡，单击"调整为合适大小"组中"宽度""高度"右侧的下拉按钮，选择"自动"项，然后在"缩放比例"增量框内输入数值，设置缩放比例，如图 6-5 所示。

步骤 2：设置完成后，单击"文件"按钮，在打开的菜单列表中单击"打印"按钮。此

图　6-4

时，在右侧窗格中能够预览当前页面的打印效果。单击窗格右下角的"显示边距"按钮，可以预览页边距的设置情况。在"份数"右侧的增量框设置打印份数，然后选择打印机，单击"打印"按钮即可实现工作表的打印，如图 6-6 所示。

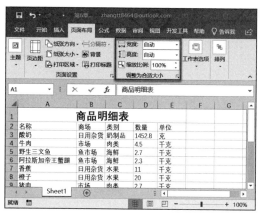

图　6-5

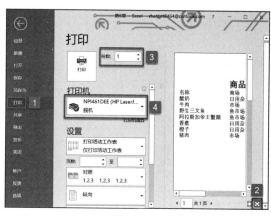

图　6-6

步骤 3：如果用户需要缩放打印工作表，那么"调整为合适大小"组中的"宽度"和"高度"必须设置为"自动"。另外，还可以在"页面设置"对话框的"页面"选项卡内设置缩放比例，如图 6-7 所示。

6.1.3　对工作表设置分页符

在打印工作表时，Excel 会自动对打印内容进行分页。但有时根据特殊需要，可能需要在某一页中只打印工作表的部分内容，此时则需要在工作表中插入分页符。下面介绍插入分页符的方法。

步骤 1：打开工作表，在工作表中选择

图　6-7

需要分页的下一行。切换至"页面布局"选项卡，单击"页面设置"组中的"分隔符"按钮，然后在打开的菜单列表中单击"插入分页符"按钮，如图6-8所示。

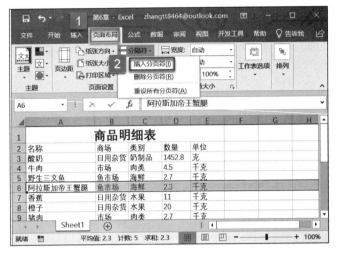

图 6-8

步骤2：设置完成后，单击"文件"按钮，在打开的菜单列表中单击"打印"按钮。此时，在右侧窗格中能够预览当前页面的打印效果，可以发现插入分页符后下一行已不在第1页中显示，"分页符"文本框变成2页，如图6-9所示。

步骤3：如果需要添加垂直分页符，则可在工作表中选择需要分页的下一列，重复上述操作，设置完成后，单击"文件"按钮，在打开的菜单列表中单击"打印"按钮。此时，在右侧窗格中能够预览当前页面的打印效果，可以发现插入分页符的下一列已不在第1页中显示，"分页符"文本框变成2页，如图6-10所示。

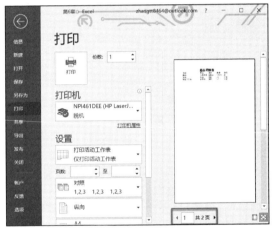

图 6-9

6.1.4 对工作表设置打印区域

默认情况下，用户在工作表中执行打印操作时，会打印当前工作表中所有非空单元格中的内容。而在很多情况下，用户可能仅仅需要打印当前工作表中的部分内容。此时，用户可以为当前工作表设置打印区域。下面介绍设置打印区域的操作方法。

步骤1：打开工作表，选择需要打印的单元格区域，如A1:E6，切换至

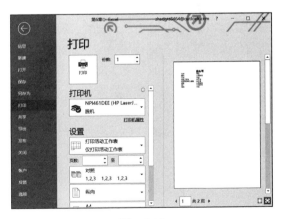

图 6-10

"页面布局"选项卡，单击"页面设置"组中的"打印区域"下拉按钮，在弹出的菜单列表中单击"设置打印区域"按钮，如图 6-11 所示。

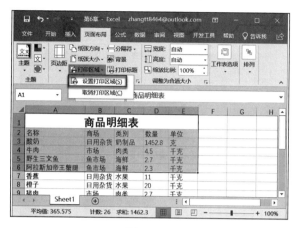

图　6-11

步骤 2：依次单击"文件"－"打印"按钮，可以看到设定打印区域后的打印效果，如图 6-12 所示。

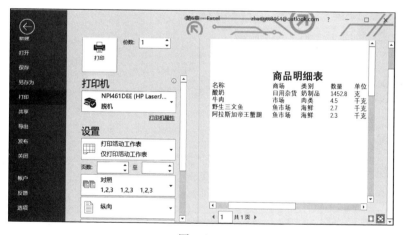

图　6-12

■6.1.5　为工作表设置打印标题行

为了便于阅读打印出来的文档，在打印时可以为各页都添加标题行。下面介绍设置打印标题行的方法。

步骤 1：打开工作表，切换至"页面布局"选项卡，单击"页面设置"组中的"打印标题"按钮，如图 6-13 所示。

步骤 2：弹出"页面设置"对话框，在"打印标题"窗格中"顶端标题行"右侧的文本框中输入从工作表中选择作为标题行打印的单元格地址，如图 6-14 所示。

步骤 3：单击"打印预览"按钮，在预览窗格内可以看到每页都包含设置的标题行，如图 6-15 所示。

提示：在"页面设置"对话框的"打印"窗格中，如果勾选"网格线"复选框，打印时将打印网格线。如果使用黑白打印机，则应勾选"单色打印"复选框，对于彩色打印机来说，勾选该复选框能够节省打印时间。勾选"草稿质量"复选框，可以减少打印时间，但会降低打印的品质。勾选"行和列标题"复选框，打印时将包括工作表的行号和列号。在"注释"下拉列表中可以选择是否打印注释及注释的打印位置。"打印顺序"组中的单选按钮用于设置工作表的打印顺序。

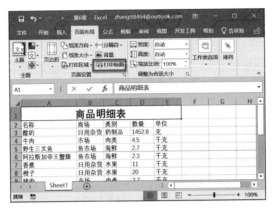

图 6-13

图 6-14

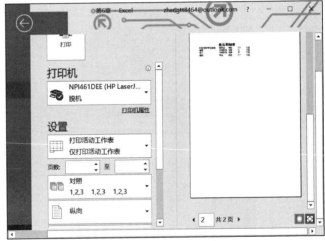

图 6-15

6.2 工作簿的共享

在 Excel 中，我们可以设置工作簿的共享来加快数据的录入速度，还可以在工作过程中随时查看改动情况。当多人一起在共享工作簿上工作时，Excel 会自动保持信息不断更新。在一个共享工作簿中，每个用户都可以输入数据、插入行和列、更改公式，甚至还可以筛选出自己关心的数据，保留自己的视窗。

6.2.1 共享工作簿

1. 使用原始共享工作簿功能
要通过共享工作簿来实现伙伴间的协同操作，必须首先创建共享工作簿。在局域网中创建共享工作簿能够实现多人协同编辑同一个工作表，同时便于其他人审阅工作簿。下面介绍创建共享工作簿的具体操作方法。

步骤1：打开工作簿，切换至"审阅"选项卡，单击"更改"组中的"共享工作簿"按钮，如图6-16所示。

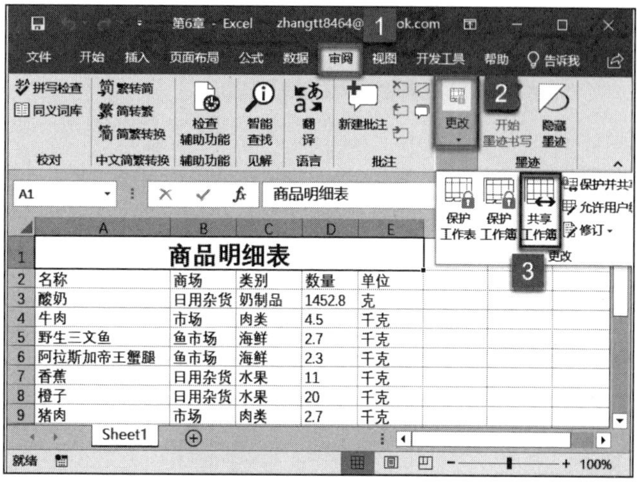

步骤2：通常打开时，Excel会弹出提示框，"无法共享此工作簿，因为此工作簿已启用个人信息。若要共享此工作簿，请单击'文件'选项卡，再单击'Excel选项'。在'Excel选项'对话框中，单击'信任中心'，再单击'信任中心设置'按钮。在'个人信息选项'类别中，取消勾选'保存时删除文档属性中的个人信息'选项旁边的复选框。"单击"确定"按钮后按提示步骤打开"信任中心"对话框，单击左侧窗格中的"隐私选项"按钮，在右侧窗格中，单击取消勾选"保存时从文件属性中删除个人信息"前的复选框，单击"确定"按钮，如图6-17所示。

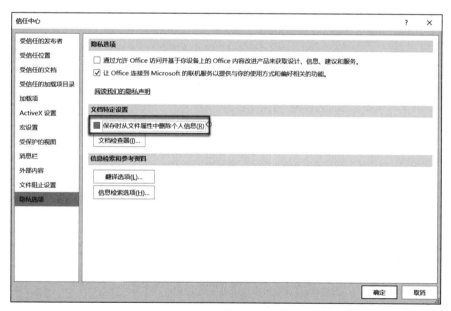

图　6-16

图　6-17

步骤3：返回Excel主界面，重复步骤1操作，打开"共享工作簿"对话框，单击勾选"使用旧的共享工作簿功能，而不是新的共同创作体验"前的复选框，如图6-18所示。

步骤4：切换至"高级"选项卡，在"更新"窗格内单击勾选"自动更新间隔"前的单选按钮，并设置更新时间间隔，如图6-19所示。完成设置后，单击"确定"按钮。

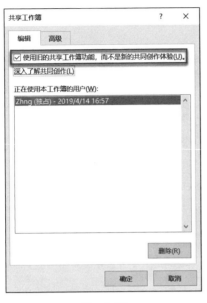

图 6-18　　　　　　　　　　　　　图 6-19

提示：在"更新"窗格中，如果选中"保存本人的更改并查看其他用户的更改"单选按钮，则将在一定时间间隔内保存本人的更改结果，并能查看其他用户对工作簿的更改；而选中"查看其他人的更改"将只显示其他用户的更改。选中"询问保存哪些修订信息"单选按钮，将显示提示对话框，询问用户保存哪些修订信息；而选中"选用正在保存的修订"单选按钮，则保存更新工作簿时最近保存的内容优先。

步骤 5：弹出提示框，单击"确定"按钮保存文档，如图 6-20 所示。此时文档的标题栏中将出现"已共享"字样，如图 6-21 所示。将文档保存到共享文件夹，即可实现让局域网中的其他用户对本文档进行访问。

2. 通过共同写创作功能实现多人同时处理 Excel 工作簿

除上述方法外，Excel 2019 还为用户提供了共同创作的功能。多个用户可以打开并处理同一个 Excel 工作簿，这称为共同创作。如果共同进行创作，可以在数秒内快速查看彼此的更改。如果使用某些版本的 Excel，将看到以不同颜色表示的其他人的选择。如果正在使用支持共同创作的 Excel 版本，则在右上角

图　6-20

选择"共享"，键入电子邮件地址，然后选择云位置。单击"共享"按钮，其他人会收到一封电子邮件邀请他们打开文件。他们可以单击链接打开工作簿，打开 Web 浏览器，并在 Excel Online 中打开工作簿。如果他们想要使用 Excel 应用进行共同创作，依次单击"编辑工作簿"-"在 Excel 中编辑"即可。但是需要使用支持共同创作的 Excel 应用版本。如果没有受支持的版本，可以依次单击"编辑工作簿"-"在浏览器中编辑"以编辑文件。接下来介绍详细的操作步骤。

步骤 1：打开工作簿，单击右上角的"共享"按钮 ，如图 6-22 所示。

步骤 2：弹出"共享"对话框，单击 OneDrive 按钮，将工作簿副本上传以便共享，如图 6-23 所示。

步骤3："共享"窗口会显示如图6-24所示的提示。稍等片刻即可。

步骤4：在Excel主界面右侧的"共享"窗格内，输入邀请人员，并单击下方的下拉按钮，选择共享权限"可编辑"或"可查看"，然后根据需要键入一条消息，如图6-25所示。

图　6-21

图　6-22

图　6-23

图　6-24

步骤5：也可以单击窗格右侧的"选择联系人"按钮，打开"通讯簿"对话框，在左侧窗格内选择共享伙伴，然后单击"收件人"按钮即可将该联系人添加到邮件收件人窗格中，单击"确定"按钮，如图6-26所示。

步骤6：返回主界面，单击"共享"按钮，Excel会弹出提示框，如图6-27所示。

步骤7：发送成功后，用户即可在"共享"窗格内看到已邀请的人员列表，如图6-28所示。

步骤8：当其他用户进行编辑时，在"人员"图标处可以看到编辑详情，并可在工作表界面内看到实时编辑情况，如图6-29所示。

图 6-25

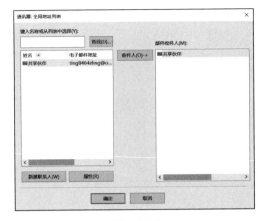

图 6-26

图 6-27

图 6-28

图 6-29

步骤9：如果用户想修改已邀请人员的权限或者删除该用户，可以右键单击该人员的图标，如图 6-30 所示。然后 Excel 会弹出提示框，如图 6-31 所示。

图 6-30

图 6-31

步骤10：例如在图6-30所示的菜单列表中单击"删除用户"按钮，完成后即可显示如图6-32所示的效果。

■ 6.2.2　创建受保护的共享工作簿

工作簿在共享时，为了避免用户关闭工作簿的共享或对修订记录进行任意修改，往往需要对共享工作簿进行保护。要实现对共享工作簿的保护，可以创建受保护的共享工作簿。下面介绍具体的操作方法。

步骤1：打开工作簿，切换至"审阅"选项卡，单击"更改"组内的"保护并共享工作簿"按钮，如图6-33所示。

步骤2：弹出"保护共享工作簿"对话框。单击勾选"以跟踪修订方式共享"前的复选框，同时在"密码"文本框内输入密码，单击"确定"按钮，如图6-34所示。

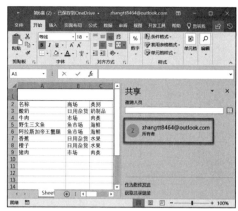

图　6-32

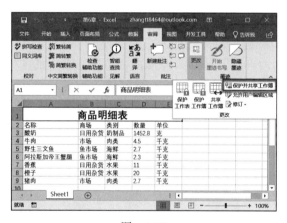

图　6-33

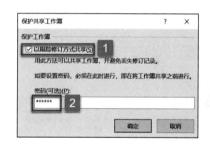

图　6-34

步骤3：弹出"确认密码"对话框，在"重新输入密码"文本框内再次输入密码，单击"确定"按钮关闭对话框，如图6-35所示。

步骤4：弹出提示框，提示用户对文档进行保存，单击"确定"按钮保存文档即可，如图6-36所示。

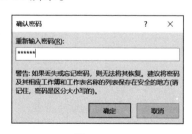

图　6-35

图 6-36

步骤5：如果要取消对共享工作簿的保护，切换至"审阅"选项卡，单击"更改"组内的"撤销对共享工作簿的保护"按钮，如图6-37所示。此时将打开"取消共享保护"对话框，在"密码"文本框内输入密码，单击"确定"按钮即可，如图6-38所示。

图 6-37 　　　　　　　　　　　　　　　　　　图 6-38

■ 6.2.3 跟踪工作簿的修订

Excel有一项功能，可以用于跟踪对工作簿的修订。当要把工作簿发送给其他人审阅时可以使用该功能。文件返回后，用户能够看到工作簿的变更，并根据情况接受或拒绝这些变更。下面介绍实现跟踪工作簿修订的设置方法。

步骤1：打开共享工作簿，切换至"审阅"选项卡，单击"更改"组中的"修订"按钮，在弹出的菜单列表中单击"突出显示修订"按钮，如图6-39所示。

步骤2：弹出"突出显示修订"对话框，勾选"编辑时跟踪修订信息，同时共享工作簿"前的复选框，单击"时间"右侧的下拉按钮，在弹出的菜单列表中选择"起自日期"项，如图6-40所示。

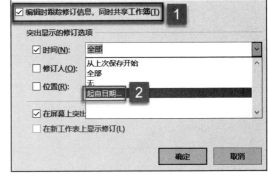

图 6-39 　　　　　　　　　　　　　　　图 6-40

步骤3："时间"文本框内会自动输入当前日期，如图6-41所示。

步骤4：单击勾选"修订人"前的复选框，并在右侧下拉列表内选择"每个人"项；勾选"位置"前的复选框，单击其右侧的按钮选择单元格区域，如图6-42所示。

步骤5：单击"确定"按钮，弹出提示框，单击"确定"按钮即可，如图6-43所示。

步骤6：返回Excel主界面，用户可以看到修订过的单元格左上角有一个三角形标志，当鼠标移动至该单元格时，系统会给出提示，如图6-44所示。

图 6-41

图 6-42

图 6-43

图 6-44

6.2.4 接受或拒绝修订

共享工作簿被修改后，用户在审阅表格时可以选择接受或者拒绝他人的修改数据信息。下面介绍具体的操作方法。

步骤 1： 打开工作簿，切换至"审阅"选项卡，单击"更改"组中的"修订"按钮，在弹出的菜单列表中单击"接受 / 拒绝修订"按钮，如图 6-45 所示。然后系统会弹出提示框，单击"确定"按钮即可。

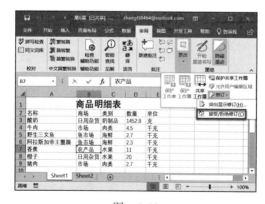

图 6-45

步骤 2： 打开"接受或拒绝修订"对话框，在对话框中对"修订选项"进行设置，如这里指定修订人，完成设置后单击"确定"按钮，如图 6-46 所示。

步骤 3： 弹出"接受或拒绝修订"对话框，列出第 1 个符合条件的修订，同时工作表中将指示该数据。如果接受该修订内容，单击"接受"按钮即可；否则，单击"拒绝"

按钮，如图 6-47 所示。

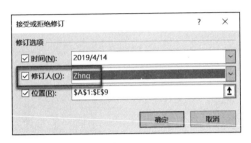

图　6-46

图　6-47

6.3 设置 Excel 文档的安全性

为了保护 Excel 文档中数据表的结构或数据不会被随意更改，可以对工作表、工作簿或特定数据所在的单元格区域进行保护。前面已在第 2 章中对工作簿和工作表的保护进行过介绍，接下来本节就介绍下 Excel 文档安全性的设置方法。

6.3.1 设置允许用户编辑的区域

在工作表中设置允许用户编辑的单元格区域，能够让特定的用户对工作表进行特定的操作，让不同的用户拥有查看或修改工作表的权限，这是保护数据的一种有效方法。下面介绍设置允许用户编辑区域的操作方法。

步骤 1：打开工作簿，切换至"审阅"选项卡，单击"更改"组中的"允许用户编辑区域"按钮，如图 6-48 所示。

步骤 2：弹出"允许用户编辑区域"对话框，单击"新建"按钮，如图 6-49 所示。

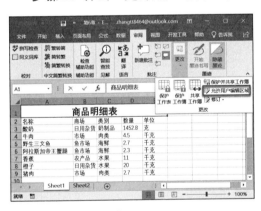

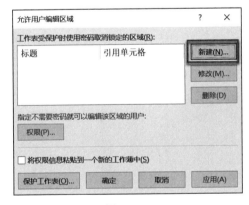

图　6-48

图　6-49

步骤 3：弹出"新区域"对话框，在"标题"文本框内输入名称，在"引用单元格"文本框内输入允许编辑区域的单元格地址，在"区域密码"文本框内输入密码，然后单击"权限"按钮，如图 6-50 所示。

步骤 4：弹出"区域 1 的权限"对话框，单击"添加"按钮，如图 6-51 所示。

步骤 5：弹出"选择用户或组"对话框。在"输入对象名称来选择"文本框内输入允许编辑当前区域的计算机用户名，完成设置后单击"确定"按钮关闭这两个对话框，如图 6-52 所示。

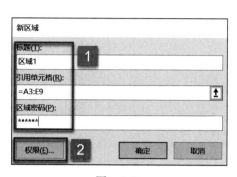

图　6-50　　　　　　　　　　　　　　　　　图　6-51

步骤 6：返回"新区域"对话框，单击"确定"按钮，弹出"确认密码"对话框，重新输入密码后，单击"确定"按钮，如图 6-53 所示。

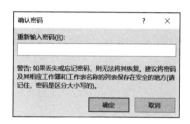

图　6-52　　　　　　　　　　　　　　　　　图　6-53

步骤 7：弹出"允许用户编辑区域"对话框，列表中已添加允许编辑的单元格区域，如图 6-54 所示。单击"确定"按钮，被授权的用户将只能编辑设置为允许编辑的数据区域，而不能编辑其他数据区域。

6.3.2　保护公式

在工作表中，如果使用了公式，而不希望其他人看到单元格中的公式，可以将公式隐藏。隐藏公式后，选择该单元格时，公式将不会显示在编辑栏，从而起到保护单元格中公式的作用。下面介绍隐藏公式的具体操作方法。

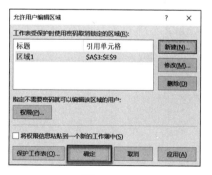

图　6-54

步骤 1：选中需要隐藏公式的单元格区域，切换至"开始"选项卡，单击"单元格"组中的"格式"按钮，在弹出的菜单列表中单击"设置单元格格式"按钮，如图 6-55 所示。

步骤 2：弹出"设置单元格格式"对话框，切换至"保护"选项卡，单击勾选"隐藏"前的复选框，单击"确定"按钮，如图 6-56 所示。

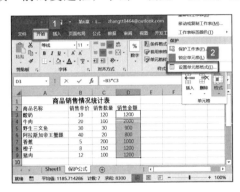 

图　6-55　　　　　　　　　　　　　　图　6-56

步骤 3：切换至"审阅"选项卡，单击"更改"组中的"保护工作表"按钮，如图 6-57 所示。

步骤 4：弹出"保护工作表"对话框。在"取消工作表保护时使用的密码"文本框中输入密码，然后单击"确定"按钮，如图 6-58 所示。

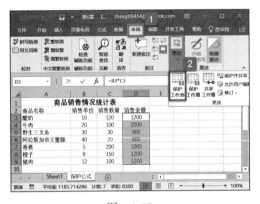 

图　6-57　　　　　　　　　　　　　　图　6-58

步骤 5：打开"确定密码"对话框，在"重新输入密码"文本框中再次输入密码，单击"确定"按钮，如图 6-59 所示。

步骤 6：返回工作表，单击存在公式的单元格，可以看到编辑栏中不再显示公式，如图 6-60 所示。

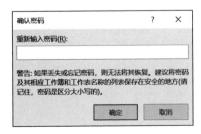 

图　6-59　　　　　　　　　　　　　　图　6-60

步骤7：如果要撤消对工作表的保护，可以在"审阅"选项卡中单击"撤消工作表保护"按钮，如图6-61所示。弹出"撤消工作表保护"对话框，在"密码"文本框中输入保护密码，单击"确定"按钮即可，如图6-62所示。

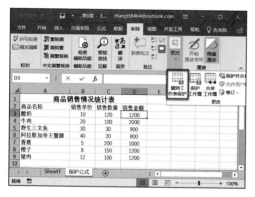

图　6-61

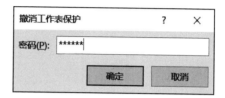

图　6-62

6.4 工作簿的网络应用

随着网络的发展，人们不仅能够通过网络获得需要的信息，还可以将自己的信息发布到网络上。网络中也包含适合Excel进行分析处理的信息，Excel可以直接从网络获得这些信息并对数据进行分析处理。本节将介绍Excel网络应用的有关知识。

6.4.1　获取网上数据

在实际工作中，有时需要对网页上的一些数据信息进行分析。在Excel中，可以通过创建一个Web查询，将包含在HTML文件中的数据插入Excel工作表中。下面介绍在工作表中创建Web查询的操作方法。

步骤1：启动Excel并创建工作表，切换至"数据"选项卡，单击"获取和转换数据"组中的"自网站"按钮，如图6-63所示。

步骤2：弹出"从Web"对话框，在URL文本框内输入Web页的URL地址，例如"http://www.usd-cny.com"，单击"确定"按钮，如图6-64所示。

图　6-63

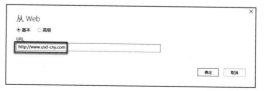

图　6-64

步骤3：打开"导航器"对话框，单击"显示选项"窗格下的"Table"按钮，然后单击"表视图"按钮，即可显示 Web 页内的数据表。单击"加载"的下拉按钮，在弹出的菜单列表中单击"加载到"项，如图 6-65 所示。

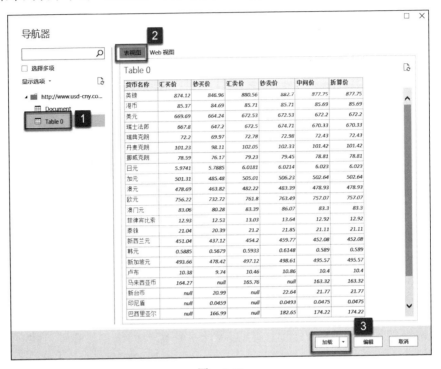

图　6-65

步骤4：弹出"导入数据"对话框，单击选中"现有工作表"前的单选按钮，然后单击"确定"按钮，如图 6-66 所示。

步骤5：返回 Excel 主界面，此时用户可以看到刚才的表数据已被导入 Excel 工作表中，如图 6-67 所示。

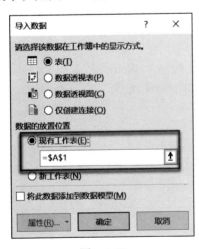

图　6-66

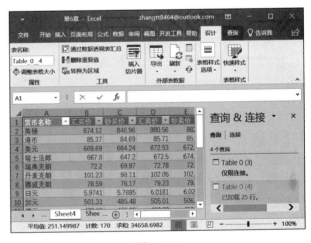

图　6-67

步骤6：如果用户需要刷新数据，可以切换至"查询"选项卡，单击"加载"组中的"刷新"按钮即可，如图 6-68 所示。

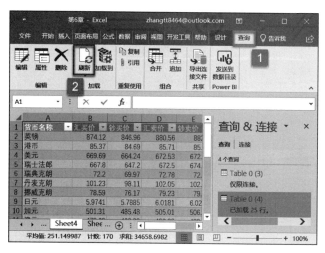

图　6-68

6.4.2　创建交互式 Web 页面文件

在完成数据的处理后，用户可以将工作簿保存为 Web 页面文件，以便任何具有 Web 浏览器的用户都可以通过浏览器看到这些数据。下面介绍将工作簿保存为交互式 Web 页面文件的具体操作方法。

步骤 1：打开工作簿，单击"文件"按钮，在打开的菜单列表中单击"另存为"选项，然后双击"这台电脑"选项，如图 6-69 所示。

步骤 2：弹出"另存为"对话框，指定文件保存的位置，然后在"文件名"文本框内输入名称，单击"保存类型"右侧的下拉按钮，在弹出的菜单列表中选择"网页"项，然后单击"发布"按钮，如图 6-70 所示。

图　6-69

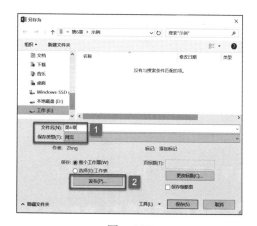

图　6-70

步骤 3：弹出"发布为网页"对话框，单击"选择"右侧的下拉按钮，在打开的菜单列表中选择"整个工作簿"，单击"发布"按钮即可进行工作簿的发布操作。此处单击"更改"按钮，如图 6-71 所示。

步骤 4：弹出"设置标题"对话框，在"标题"文本框内输入标题，然后单击"确定"按钮，如图 6-72 所示。

步骤 5：返回"发布为网页"对话框，单击"发布"按钮即可将选择的工作簿发布为网页文件，如图 6-73 所示。

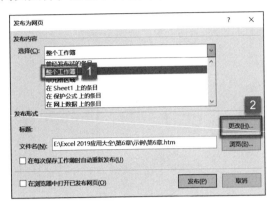

图　6-71

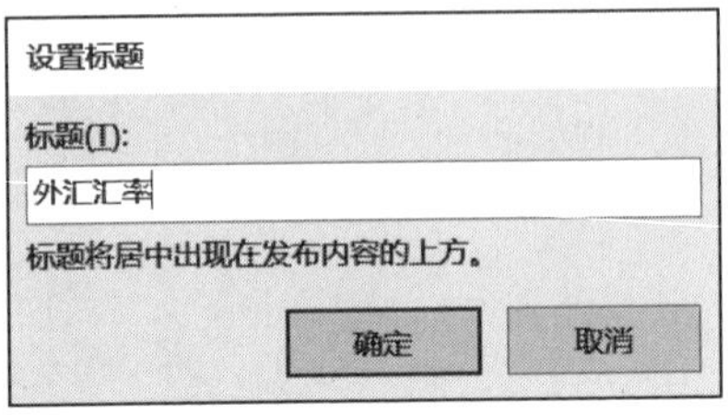

图　6-72

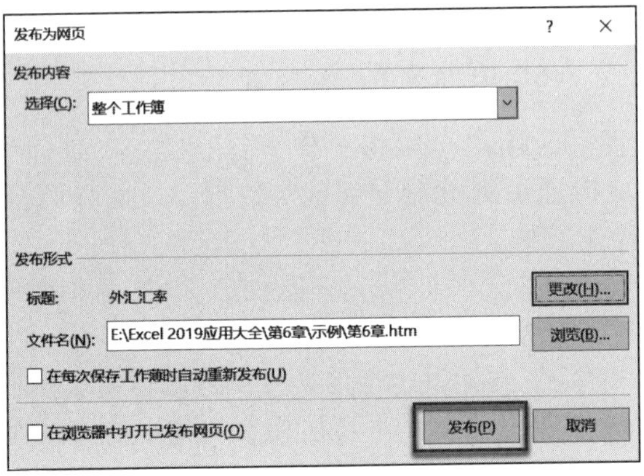

图　6-73

步骤 6：在保存网页文件的文件夹中双击生成的网页文件，系统将打开 IE 浏览器中显示页面文件内容。单击页面下方的标签可以查看工作簿中其他工作表，如图 6-74所示。

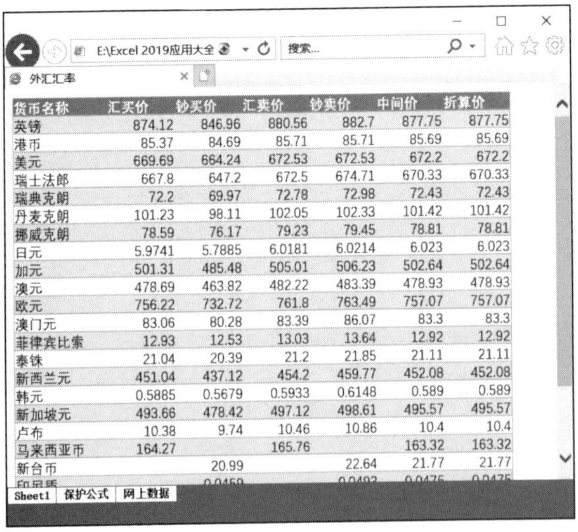

货币名称	汇买价	钞买价	汇卖价	钞卖价	中间价	折算价
英镑	874.12	846.96	880.56	882.7	877.75	877.75
港币	85.37	84.69	85.71	85.71	85.69	85.69
美元	669.69	664.24	672.53	672.53	672.2	672.2
瑞士法郎	667.8	647.2	672.5	674.71	670.33	670.33
瑞典克朗	72.2	69.97	72.78	72.98	72.43	72.43
丹麦克朗	101.23	98.11	102.05	102.33	101.42	101.42
挪威克朗	78.59	76.17	79.23	79.45	78.81	78.81
日元	5.9741	5.7885	6.0181	6.0214	6.023	6.023
加元	501.31	485.48	505.01	506.23	502.64	502.64
澳元	478.69	463.82	482.22	483.39	478.93	478.93
欧元	756.22	732.72	761.8	763.49	757.07	757.07
澳门元	83.06	80.28	83.39	86.07	83.3	83.3
菲律宾比索	12.93	12.53	13.03	13.64	12.92	12.92
泰铢	21.04	20.39	21.2	21.85	21.11	21.11
新西兰元	451.04	437.12	454.2	459.77	452.08	452.08
韩元	0.5885	0.5679	0.5933	0.6148	0.589	0.589
新加坡元	493.66	478.42	497.12	498.61	495.57	495.57
卢布	10.38	9.74	10.46	10.86	10.4	10.4
马来西亚元	164.27		165.76		163.32	163.32
新台币		20.99		22.64	21.77	21.77
印尼盾		0.0450		0.0475	0.0475	0.0475

Sheet1　保护公式　网上数据

图　6-74

第二篇

函　数　篇

第7章

公式、数组及引用操作

用Excel可以完成复杂的数据分析，表格中的公式和数组起着举足轻重的作用。本章主要介绍公式、数组及引用操作技巧相关的知识，让用户了解与掌握公式和数组的更多内容，从而可以更加熟练地使用Excel。

- 认识公式
- 认识数组
- 利用数组模拟关系
- 单元格引用

7.1 | 认识公式

■ 7.1.1 公式概述

公式是可以进行执行计算、返回信息、操作其他单元格的内容以及测试条件等操作的方程式。公式始终以等号（=）开头。以下是可以在工作表中使用的公式类型举例。

- □ =A1+A2+A3：将单元格 A1、A2 和 A3 中的值相加。
- □ =5+2*3：将 5 加上 2 与 3 的乘积。
- □ =TODAY()：返回当前日期。
- □ =UPPER("hello")：使用 UPPER 函数将文本"hello"转换为"HELLO"（大写字母）。
- □ =SQRT(A1)：使用 SQRT 函数返回单元格 A1 中值的平方根。
- □ =IF(A1>1)：测试单元格 A1，确定值是否大于 1。

公式还可以包含下列部分内容或全部内容：函数、引用、运算符和常量。

- □ 常量：直接输入公式中的数字或文本值，例如 8。
- □ 引用：A3 返回单元格 A3 中的值。
- □ 函数：PI() 函数返回值 PI：3.141592654…。
- □ 运算符：^(脱字号) 运算符表示数字的乘方，而 *(星号) 运算符表示数字的乘积。

■ 7.1.2 查找和更正公式中的错误

公式中的错误不仅会导致计算结果错误，还会产生意外的结果。查找并及时更正公式中的错误，可以避免此类问题的发生。

如果公式不能计算出正确的结果，Microsoft Excel 单元格中会显示一个错误的值。公式的错误原因不同，其解决方法也不相同。

（1）####

当列宽不够，或者使用了负的日期或时间时，出现错误。

可能的原因和解决方法如下：

1）列宽不足以显示包含的内容，其解决方法有以下两种。

- □ 增加列宽：其解决方法是选择该列，在弹出的"列宽"对话框中修改列宽的值。
- □ 字体填充：其解决方法是选择该列，右键单击，在弹出的菜单列表中选择"设置单元格格式"按钮，打开"设置单元格格式"对话框，切换至"对齐"选项卡，在"文本控制"列表框中选中"缩小字体填充"复选框。

2）使用了负的日期或时间，其解决方法如下。

- □ 如果使用 1900 年日期系统，Microsoft Excel 中的日期和时间必须为正值。
- □ 如果对日期和时间进行减法运算，应确保建立的公式是正确的。如果公式是正确的，虽然结果是负值，但可以通过将该单元格的格式设置为非日期或时间格式来显示该值。

（2）#VALUE!

如果公式所包含的单元格具有不同的数据类型，则 Microsoft Excel 将显示"#VALUE"！错误。如果启用了错误检查，将鼠标指针定位在错误指示器上时，屏幕提示会显示"公式中所用的某个值是错误的数据类型"。通常，对公式进行较少更改即可修复此问题。

可能的原因和解决方法如下：

1）公式中所含的一个或多个单元格中包含文本，并且公式使用标准算术运算符（+、−、＊和/）对这些单元格执行数学运算。例如，公式"=A1+B1"（其中A1包含字符串"happy"，而B1包含数字1314）将返回"#VALUE"！错误。

解决方法：不要使用算术运算符，使用函数（例如SUM、PRODUCT或QUOTIENT）对可能包含文本的单元格执行算术运算，避免在函数中使用算术运算符，使用逗号来分隔参数。

2）使用了数学函数（例如SUM、PRODUCT或QUOTIENT）的公式中包含了文本字符串的参数。例如，公式"=PRODUCT(3,"happy")"将返回#VALUE!错误，因为PRODUCT函数要求使用数字作为参数。

解决方法：确保数学函数（例如SUM、PRODUCT或QUOTIENT）中的任何参数都没有直接在函数中使用文本作为参数。如果公式使用了某个函数，而该函数引用的单元格包含文本，则会忽略该单元格且不会显示错误。

3）工作簿使用了数据连接，而该连接不可用。

解决方法：如果工作簿使用了数据连接，可以执行必要步骤以恢复该数据连接，或者，如果可能，可以考虑导入数据。

（3）#REF！

当单元格引用无效时，会出现此错误。

可能的原因和解决方法如下：

1）可能删除了其他公式所引用的单元格，或者可能将单元格粘贴到其他公式所引用的其他单元格上。

解决方法：如果在Excel中启用了错误检查，单击显示错误的单元格旁边的按钮⬥，并单击"显示计算步骤"（如果显示）按钮，然后选择适合的解决方案即可。

2）可能存在指向当前未运行的程序的对象链接和嵌入（OLE）链接。

解决方法：更改公式，或者在删除或粘贴单元格之后立即单击快速访问工具栏上的"撤消"🔄以恢复工作表中的单元格。

3）可能链接到了不可用的动态数据交换（DDE）主题（客户端/服务器应用程序的服务器部分中的一组或一类数据），如"系统"。

解决方法：启动对象链接和嵌入（OLE）链接调用的程序。使用正确的动态数据交换（DDE）主题。

4）工作簿中可能有个宏在工作表中输入了返回值为"#REF！"错误的函数。

解决方法：检查函数以确定是否引用了无效的单元格或单元格区域。例如，如果宏在工作表中输入的函数引用函数上面的单元格，而含有该函数的单元格位于第1行中，这时函数将返回"#REF!"，因为第1行上面再没有单元格。

如果公式无法正确计算结果，Excel会显示错误值，例如####、#DIV/0！、#N/A、#NAME？、#NULL！、#NUM！、#REF！和#VALUE！等。每种错误类型都有不同的原因和不同的解决方法，详见Microsoft Excel 2019帮助。

■ 7.1.3 公式兼容性问题

Excel 2019的函数，与Excel 2007和早期版本兼容。打开Excel，切换至"公式"

选项卡，单击"函数库"组中的"其他函数"按钮，然后在弹出的菜单中选择"兼容性"项，在下一级菜单列表中选择"插入函数"项，如图 7-1 所示。Excel 会弹出"插入函数"对话框，在对话框下方会显示函数的兼容性情况，如图 7-2 所示。

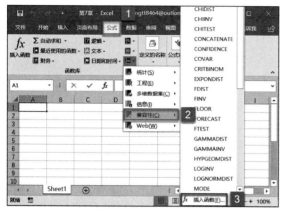

图　7-1

图　7-2

7.1.4　移动或复制公式

首先用户要知道，移动或复制公式时，相对单元格引用可能会发生什么样的更改。

❏ 移动公式：移动公式时，无论使用何种类型的单元格引用，公式中的单元格引用都不会更改。

❏ 复制公式：复制公式时，相对单元格引用会更改。

移动或复制公式的具体操作步骤如下。

步骤 1：选择包含公式的单元格。

步骤 2：验证公式中的单元格引用是否产生所需结果。可以执行以下操作切换引用类型，选中包含公式的单元格如单元格 A1，将其向下复制到单元格 C3。表 7-1 显示了引用类型的更新情况。

步骤 3：单击"开始"选项卡中"剪贴板"组中的"复制"按钮。

步骤 4：如果要复制公式和任何设置，则单击"开始"选项卡中"剪贴板"组中的"粘贴"按钮即可。

步骤 5：如果只复制公式，则单击"粘贴"－"选择性粘贴"菜单列表中的"公式"单选按钮，如图 7-3 所示。

表7-1　引用类型更新情况

单元格 A1 引用	单元格 C3 更改
$A$1（绝对列和绝对行）	$A$1
A$1（相对列和绝对行）	C$1
$A1（绝对列和相对行）	$A3
A1（相对列和相对行）	C3

图　7-3

7.2 认识数组

7.2.1 深刻理解数组概念

数组是具有某种联系的多个元素的组合。例如一个公司有 100 名员工，如果公司是一个数组，则 100 名员工就是这个数组里的 100 个元素。元素可多可少，可加可减，所以数组里面的元素是可以改变的。也可以这么理解，多个单元格数值的组合就是数组。

- ❑ 数组的类型实际上是指数组元素的取值类型。对于同一个数组，其所有元素的数据类型都是相同的。
- ❑ 数组名的书写规则应符合标识符的书写规定。
- ❑ 数组名不能与其他变量名相同。
- ❑ 方括号中常量表达式表示数组元素的个数，如 a[5] 表示数组 a 有 5 个元素。但是其下标从 0 开始计算。因此 5 个元素分别为 a[0]、a[1]、a[2]、a[3]、a[4]。
- ❑ 不能在方括号中用变量来表示元素的个数，但是可以是符号常数或常量表达式。
- ❑ 允许在同一个类型说明中说明多个数组和多个变量。

7.2.2 数组与数组公式

在工作表中经常可以看到许多在头尾带有"{}"的公式，有的用户把这些公式直接复制粘贴到单元格中，却没有出现正确的结果，这是为什么呢？其实这些都是数组公式，数组公式的输入方法是将公式输入后，不要直接按"Enter"键，而是按"Ctrl+Shift+Enter"组合键，此时 Excel 会自动为公式添加"{}"。

如果不小心直接按了"Enter"键，可以单击编辑栏中的公式，然后再按"Ctrl+Shift+Enter"组合键。

数组公式是相对于普通公式而言的，普通公式只占用一个单元格，且返回一个结果。而数组公式则既可以占用一个单元格也可以占用多个单元格，它对一组数或多组数进行计算，并返回一个或多个结果。

数组公式与普通公式的区别在于用一对大括号"{}"来括住，且以"Ctrl+Shift+Enter"组合键结束。

7.2.3 数组公式的用途

数组公式主要用于建立可以产生多个结果或对存放在行和列中的一组参数进行运算的单个公式。数组公式最大的特点就是可以执行多重计算，它返回的是一组数据结果。数组公式最大的特征就是所引用的参数是数组参数，包括区域数组和常量数组。区域数组是一个矩形的单元格区域，如 $A$1：$D$5；而常量数组是一组给定的常量，例如 {1,2,3} 或 {1;2;3} 或 {1,2,3;1,2,3} 等。

数组公式中的参数必须为"矩形"，如 {1,2,3;1,2} 就无法引用了。输入后按"Ctrl+Shift+Enter"组合键，数组公式的外面会自动加上大括号 {} 予以区分。有的时候，看上去是一般应用的公式也应该属于数组公式，只是它所引用的是数组常量。对于参数为常量数组的公式，在参数外有大括号 {}，在公式外则没有，输入时也不必按"Ctrl+Shift+Enter"组合键。

7.3 利用数组模拟关系

7.3.1 利用数组模拟 AND 和 OR 函数

- AND（与关系）：当两个或多个条件必须同时成立才判定为真时，则称判定条件的关系为逻辑与关系，就是平常所说的"且"。
- OR（或关系）：当两个或多个条件只要有一个成立就判定为真时，则称判定条件的关系为逻辑或关系。

在 Excel 中，"*"和"+"可以与逻辑判断函数 AND、OR 互换，但在数组公式中，"*"和"+"号能够替换 AND 和 OR 函数，反之却行不通。这是因为 AND 函数和 OR 函数返回的是一个单值 TRUE 或 FALSE，当数据公式要执行多重计算时，单值不能形成数组公式各参数间的一一对应关系。

例如，要统计如图 7-4 所示的表格中基本工资为 2000 ～ 2500 的员工人数，就是说统计工资高于 2000 且工资低于 2500 的人数，由此可以判定该条件是一个"逻辑与"关系。

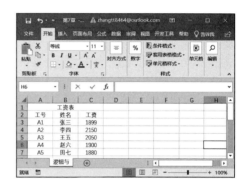

图　7-4

如果在单元格 E2 中输入公式"=SUM(AND(C3:C7>2000,C3:C7<2500)*1)"，然后按"Ctrl+Shift+Enter"组合键，返回结果为 0，如图 7-5 所示。

因为公式中"C3:C7>2000"返回的值是 {FALSE;TRUE;TRUE;FALSE;FALSE}，而公式"C3:C7<2500"返回的值是 {TRUE;TRUE;TRUE;TRUE;TRUE}。上述两个值逻辑与，返回的值是 FALSE。所以计算结果为"= SUM(FALSE*1)=SUM(0*1)=0"。

如果在单元格 E4 中输入公式"=SUM((C3:C7>2000)*(C3:C7<2500))"，然后按"Ctrl+Shift+Enter"组合键，返回结果为 2，如图 7-6 所示。

因为公式中"(C3:C7>2000)*(C3:C7<2500)"返回的值是 {0;1;1;0;0}，所以计算结果为"=SUM({0;1;1;0;0})=2"。

图　7-5

图　7-6

7.3.2 利用数组模拟 IF 函数

前面介绍了利用数组模拟 AND 和 OR 函数，利用数组也可以模拟 IF 函数。下面的介绍还是以图 7-4 所示的工作表数据为例。

前面已经介绍过在单元格 E2 中输入公式" =SUM(AND(C3:C7>2000,C3:C7<2500)*1)"，按"Ctrl+Shift+Enter"组合键后的返回结果是 0。在单元格 E4 中输入公式" =SUM((C3:C7>2000)*(C3:C7<2500)*1)"，按"Ctrl+Shift+Enter"组合键后的返回结果是 2。

现在我们把单元格 E2 中的公式修改为" =SUM(IF(C3:C7>2000,C3:C7<2500)*1)"，再按"Ctrl+Shift+Enter"组合键后的返回结果是 2，如图 7-7 所示。

对比图 7-6 和图 7-7 可以看出，通常情况下"*"可以模拟 IF 函数。但是需要注意的是，并不是所有的 IF 函数都可以用"*"代替，用户要根据实际情况灵活运用。

图　7-7

7.4 单元格引用

7.4.1 在同一工作表上创建单元格引用

单元格的引用分为两种：相对引用和绝对引用。

（1）相对引用

默认情况下，单元格的引用是相对的。接下来通过一个实例简单介绍相对引用的含义。

步骤 1：如图 7-8 所示，单击选中单元格 D2，可以看到编辑栏内的公式为" =B2+C2"。

步骤 2：使用填充柄将该公式复制到单元格区域 D3:D6 中，单击选中单元格 D6，可以看到编辑栏内的公式为" =B6+C6"，如图 7-9 所示。

像这种复制后数据源自动发生改变的引用就是相对引用。

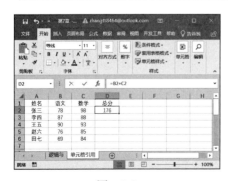

图　7-8

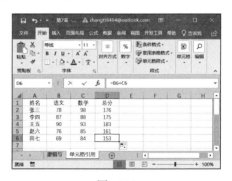

图　7-9

（2）绝对引用

单元格的绝对引用是指：把公式复制或移动到其他位置时，公式中的固定单元格地址保持不变。如果要对单元格采用绝对引用的方式，则需要使用"$"符号为标识。接下来通过一个实例介绍对单元格进行绝对引用的方法。

步骤1：如图7-10所示，单击选中单元格C2，可以看到编辑栏内的公式为"=$A$2*B2"，其中"$A$2"表示对单元格A2的绝对引用。

步骤2：使用填充柄将该公式复制到单元格区域C3:C6中，单击选中单元格C5，可以看到编辑栏内的公式为"=$A$2*B5"，如图7-11所示。使用绝对引用的单元格A2数据源不发生改变。

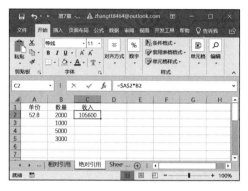

图　7-10

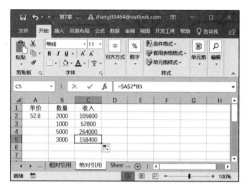

图　7-11

7.4.2　创建对其他工作表的单元格引用

在进行公式运算时，很多情况下需要使用其他工作表的数据参与计算。在引用其他工作表单元格中的数据时，通常的引用格式是：'工作表名'! 数据源地址。

步骤1：单击选中要引用其他工作表数据的单元格，如单元格B2，然后输入公式"=SUM()"，并将鼠标光标定位在括号内，如图7-12所示。

步骤2：单击"1-3月销售量"工作表标签，在工作表内选中要参与计算的单元格或单元格区域，如单元格区域B2:D2，如图7-13所示。

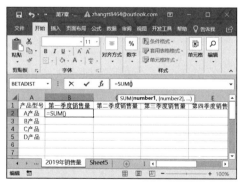

图　7-12

图 7-13

步骤3：按"Enter"键，返回"2019年销售量"工作表，选中单元格B2，可以发现单元格内的公式变为"=SUM('1-3月销售量'!B2:D2)"，如图7-14所示。然后使用向下拖动填充柄即可将公式复制到单元格区域B3:B5中。

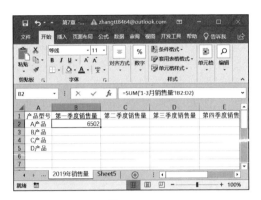

图　7-14

7.4.3　断开到外部引用的链接

断开到外部引用的源工作簿链接时，源工作簿中使用该值的所有公式都将转换成它们的当前值。

断开到外部引用的链接的具体操作步骤如下。

步骤1：切换至"数据"选项卡，单击"查询和连接"组中的"编辑链接"按钮，如图7-15所示。

提示：如果该文件不包含链接信息，那么"编辑链接"按钮将呈灰色的不可用状态。

步骤2：弹出"编辑链接"对话框，在"源"列表中选中要断开的链接，然后单击"断开链接"按钮，如图7-16所示。

提示：如果要选择多个链接对象，按住"Ctrl"键的同时，单击每个链接对象即可。如果要选择所有链接，则按"Ctrl+A"快捷键。

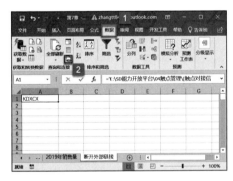

图　7-15

图　7-16

步骤3：弹出提示信息对话框，单击"断开链接"按钮，如图7-17所示。

图　7-17

步骤4：返回"编辑链接"对话框，"源"列表内的链接已经断开，如图7-18所示。

图　7-18

7.4.4　将单元格引用更改为其他单元格引用

通常情况下，在单元格被引用后也会有其他变动。将单元格引用更改为其他单元格引用的具体操作步骤如下。

步骤1：双击包含希望更改公式的单元格。

提示：Excel会使用不同颜色突出显示每个单元格或单元格区域。

步骤2：执行下列操作之一。

❑ 如果要将单元格或单元格区域引用更改为其他单元格或单元格区域，可以将单元格或单元格区域的彩色标记边框拖动到新的单元格或单元格区域上。

❑ 如果要在引用中包括更多或更少的单元格，则拖动边框的一角，增大或减小单元格区域的选择。

❑ 在公式编辑栏中，以公式形式选择引用，然后输入一个新的引用。

步骤3：按"Enter"键即可。对于数组公式，则按"Ctrl+Shift+Enter"组合键。

7.4.5　在相对引用、绝对引用和混合引用间切换

在Excel进行公式编辑时，常常会根据需要在公式中使用不同的单元格引用方式。通常情况下，用户会按老套的方法进行输入，这种方法不仅浪费时间，工作效率降低，同时准确度也会随之下降。这时可以用如下方法来快速切换单元格引用方式。

步骤1：选中包含公式的单元格，在编辑栏中选择要更改的引用单元格。

步骤2：按"F4（Fn+F4）"键就可以在相对引用、绝对引用和混合引用间快速切换。

例如，单击选中单元格引用"A2"，按一次"F4"键，变成"$A$2"；连续按两下"F4"键，变成"A$2"；连续按3次"F4"键，变成"$A2"；连续按4次"F4"键，又变成"A2"。

只要轻轻地按"F4"键即可轻松地在$A$2、A$2、$A2、A2之间进行快速切换。

7.4.6　删除或允许使用循环引用

当一个单元格内的公式直接或间接地应用了这个公式本身所在的单元格时，就称为循环引用。

单元格公式中如果使用了循环引用，在状态栏中的"循环引用"隐藏菜单列表中会显示存在循环引用的某个单元格。如果在状态栏的"循环引用"按钮呈灰色不可选状态，则说明活动工作表中不含循环引用。

删除循环引用的具体操作步骤如下。

步骤1：打开含有循环引用的工作表，此时 Excel 会弹出警告窗口，单击"确定"按钮，然后单击窗口右上角的关闭按钮即可，如图 7-19 所示。

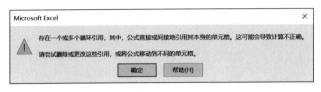

图　7-19

步骤2：切换至"公式"选项卡，单击"公式审核"组中"错误检查"右侧的下拉按钮，在弹出的菜单列表中选择"循环引用"按钮，然后在弹出的子菜单列表中选择一个存在循环引用的单元格，如图 7-20 所示。

步骤3：返回 Excel 主界面，光标已经定位在刚才选中的单元格上。然后在公式编辑栏的公式中，将其循环引用的单元格删除即可。

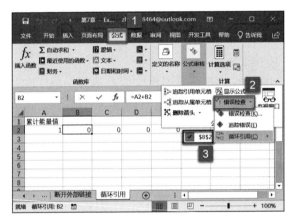

图　7-20

允许使用循环引用的具体操作步骤如下。

步骤1：打开 Excel，单击"文件"按钮，然后在左侧窗格中单击"选项"按钮，如图 7-21 所示。

步骤2：弹出"Excel 选项"对话框，切换至"公式"选项卡，然后在右侧"计算选项"窗格内单击勾选"启用迭代运算"前的复选框，在复选框下方可以设置"最多迭代次数"和"最大误差"的值，如图 7-22 所示。最后单击"确定"按钮即可。

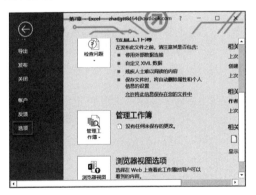

图　7-21　　　　　　　　　　　　　　　图　7-22

第**8**章

名称的使用

学会使用已定义的名称不仅可以简化公式编辑，而且可以搜索定位数据单元格区域。本章将结合具体的实例介绍 Excel 中名称使用的一些常用技巧，包括利用名称框快速定义名称、自动创建所需名称、利用公式定义名称等内容。

- 认识名称
- 定义名称
- 编辑名称

8.1 认识名称

8.1.1 定义名称的作用

在 Excel 中使用名称定义，可以极大地简化公式，从而提高工作效率。具体来说，Excel 中名称定义具有以下几点重要作用：

- 减少输入的工作量。如果在一个文档中需要输入很多相同的文本，可以使用定义的名称。例如，定义国家 = "中华人民共和国"，那么在需要输入该文本的位置处输入 "= 国家"，都会显示 "中华人民共和国"。
- 快速定位。例如，在大型数据库中，经常需要选择某些特定的单元格区域进行操作，那么可以事先将这些特定的单元格区域定义为名称。当需要定位时，在 "名称框" 下拉菜单中选择相应名称，程序会自动定位到特定的单元格区域。
- 方便计算。名称简化了编辑公式时对单元格区域的引用，最大程度地减少了出错概率。

8.1.2 定义名称的规则

在定义单元格、数值、公式等名称时，需要遵循一定的规则。具体要求如下：

- 名称的第 1 个字符必须是字母、数字或者下划线，其他字符可以是字母、数字、句号或者下划线等符号。
- 名称长度不能超过 255 个字符，字母不区分大小写。
- 名称之间不能有空格符。
- 名称不能和单元格的名称相同。
- 同一工作簿中定义的名称不能相同。

8.2 定义名称

8.2.1 快速定义名称

1. 利用 "定义名称" 按钮快速定义名称

利用 "定义名称" 功能，不仅可以快速定义名称，还可以方便地管理名称。下面通过具体实例来讲解利用 "定义名称" 按钮快速定义名称的操作技巧。

步骤 1：打开 Excel 工作表，然后选中要定义为名称的单元格区域 B3:B57，切换至 "公式" 选项卡，单击 "定义的名称" 组中的 "定义名称" 按钮，如图 8-1 所示。

步骤 2：弹出 "新建名称" 对话框，在 "名称" 右侧的文本框内输入名称，如图 8-2 所示。

提示：在工作表中新增名称时，默认情况下，应用范围是整个工作簿，并且同一工作簿中不能定义相同的名称。如果需要定义的名称只适用于某张工作表，可以单击 "范围" 右侧的按钮，在打开的下拉列表中选择工作表。

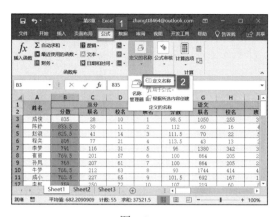

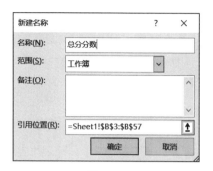

图　8-1　　　　　　　　　　　　　　　　　图　8-2

步骤3：设置完成后单击"确定"按钮，即可完成单元格的名称定义。此时可以看到工作表左上角的"名称框"编辑栏内显示为刚定义的名称，如图8-3所示。

2.利用名称框快速定义名称

前面介绍了利用"定义名称"按钮来定义名称，其实利用名称框来定义名称同样具有方便快捷的特点。下面详细介绍利用名称框快速定义名称的操作技巧。

步骤1：选中需要自定义名称的单元格区域如C3:C57，然后单击"名称框"进入编辑状态，如图8-4所示。

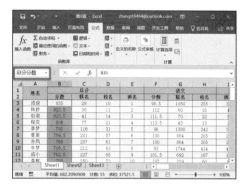

图　8-3

步骤2：输入需要定义的名称，然后按"Enter"键，即可完成名称的定义，如图8-5所示。

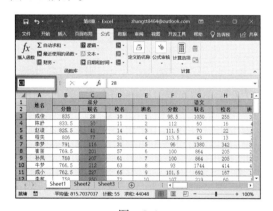

图　8-4

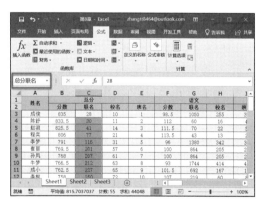

图　8-5

■8.2.2　一次性定义多个名称

在特定的条件下，可以一次性定义多个名称，这种方式只能使用工作表中默认的行标识或列标识作为名称。下面通过具体的实例来详细讲解一次性定义多个名称的操作技巧。

步骤1：在工作表中选中要定义名称的单元格区域如D2:E57，切换至"公式"选项卡，单击"定义的名称"组中的"根据所选内容创建"按钮，如图8-6所示。

步骤2：弹出"根据所选内容创建名称"对话框，可以根据需要进行选择。此处选择"首行"，表示利用顶端行的文字标记作为名称，其他选择如"最左列"，表示利用最左列的文字标记作为名称，如图8-7所示。

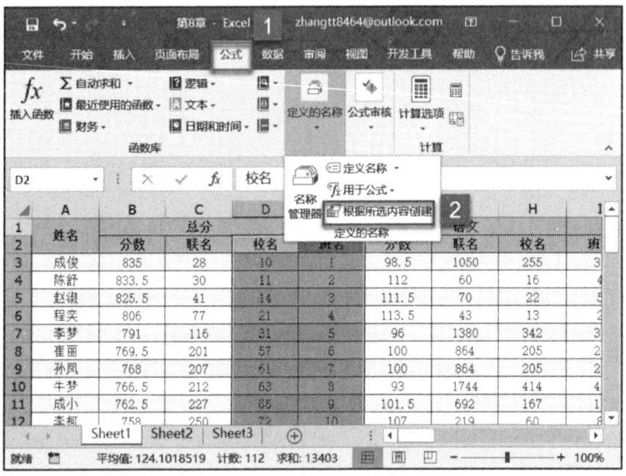

图 8-6　　　　　　　　　　　图 8-7

步骤3：单击"确定"按钮，即可完成名称的定义。返回工作表，此时在"名称框"的下拉列表中即可看到一次性定义的两个名称，如图8-8所示。

8.2.3　利用公式定义名称

公式也可以定义为名称，在进行一些复杂运算或者实现某些动态数据源效果时，会将特定的公式定义为名称。下面简单介绍定义为名称的公式的使用方法。

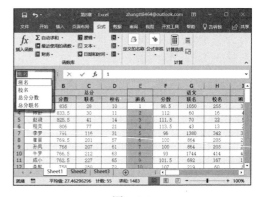

图 8-8

步骤1：某班期末考试成绩表如图8-9所示，需要计算学生的各科成绩总分。此时可以将计算总分的公式定义名称为"总分"，值是：语文分数+数学分数+英语分数。

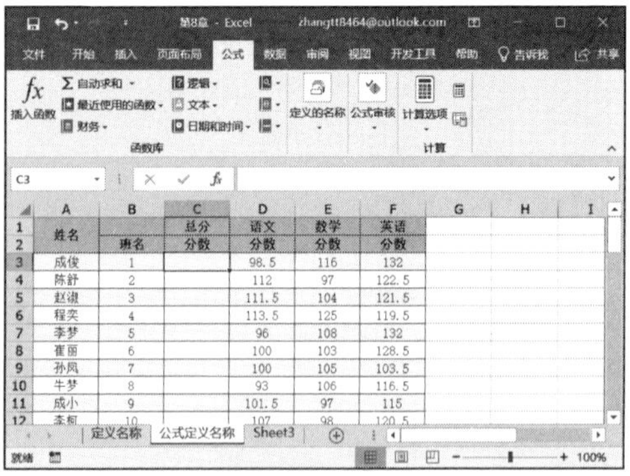

步骤2：打开"新建名称"对话框，在"名称"右侧文本框内输入名称"总分"，在"引用位置"右侧文本框内输入公式"=公式定义名称!\$D3+公式定义名称!\$E3+公式定义名称!\$F3"，单击"确定"按钮即可完成公式的名称定义，如图8-10所示。

图 8-9

步骤3：返回工作表，在单元格C3中输入公式"=总分"，然后按"Enter"键即可得到该学生的总分分数，结果如图8-11所示。

图　8-10

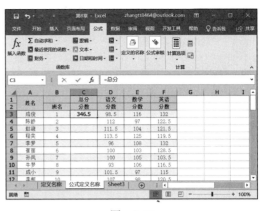

图　8-11

8.2.4　利用常量定义名称

常量也可以定义为名称。当某一个数值需要经常使用时（例如营业税率），则可以将其定义为名称来使用。以下是将常量定义为名称的操作技巧。

步骤1：打开工作表，选中要定义为名称的单元格区域B3:B57，切换至"公式"选项卡，单击"定义的名称"组中的"定义名称"按钮。

步骤2：打开"新建名称"对话框，在"名称"右侧文本框内输入名称，如"tax"，在"引用位置"右侧文本框内输入当前的营业税率，如"0.25"，如图8-12所示。

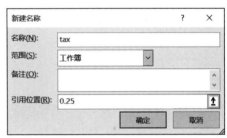

图　8-12

8.2.5　利用名称定义不连续的单元格区域

不连续的单元格区域也可以定义为名称。其定义方法如下。

步骤1：按"Shift"键或"Ctrl"键配合鼠标选择要定义为名称的不连续单元格区域。

步骤2：切换至"公式"选项卡，单击"定义的名称"组中的"定义名称"按钮，打开"新建名称"对话框，按照前面介绍的操作方法对名称进行定义即可。

8.2.6　创建动态名称

利用OFFSET函数与COUNTA函数的组合，可以创建一个动态的名称。动态名称是名称的高级用法，可以实现对一个未知大小的区域的引用，此用法在Excel的诸多功能中都可以发挥强大的威力。

在实际工作中，经常会使用如图8-13所示的表格来连续记录数据，表格的行数会随着记录追加而不断增多。

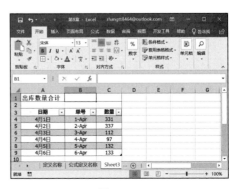

图　8-13

如果需要创建一个名称来引用 C 列中的数据，但是又不希望这个名称引用到空白单元格，那么就不得不在每次追加记录后，都改变名称的引用位置，以适应表格行数的增加。在这种情况下，可以创建动态名称，根据用户追加或删除数据的结果来自动调整引用位置，以便达到始终只引用非空白单元格的效果。下面简单介绍创建动态名称的操作技巧。

打开"新建名称"对话框，在"名称"右侧的文本框内输入"Data"，在"引用位置"右侧的文本框内输入公式" =offset(Sheet3!$C$4,,,counta(Sheet3!$C:$C)-1)"，其他设置保持不变，如图 8-14 所示。单击"确定"按钮，即可完成动态名称的创建。

以上公式的含义是：首先计算 C 列中除了列标题以外的非空白单元格的数量，然后以单元格 C4（首个数据单元格）为基准开始定位，定位的行数等于刚才计算出来的数量。

图 8-14

下面可以在 C 列以外的单元格中通过计算来验证此名称的引用是否正确。例如，在单元格 B1 中输入公式" =SUM（Data）"，按"Enter"键得到计算结果，如图 8-15 所示。

如果继续追加或者删除记录，名称"Data"的引用区域就会自动发生改变，单元格 B1 中的计算结果能够体现这一点。例如，我们将日期为 4 月 3 日的数据行删除，效果如图 8-16 所示。

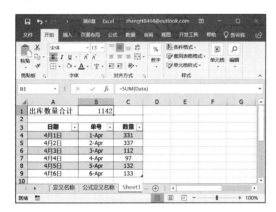

图 8-15

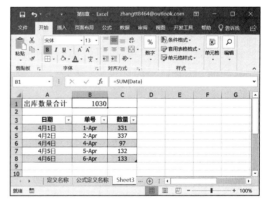

图 8-16

8.2.7　查看当前工作簿中的所有名称

在定义了多个名称之后，要想全面掌握所有定义的名称，可以使用"名称管理器"来查看。打开工作簿，切换至"公式"选项卡，单击"定义的名称"组中的"名称管理器"按钮，如图 8-17 所示。打开"名称管理器"对话框，当前工作簿中的所有名称及引用位置都可以清晰地看到，如图 8-18 所示。

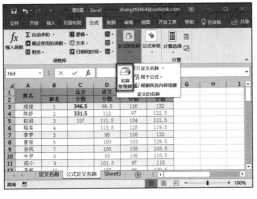

图　8-17

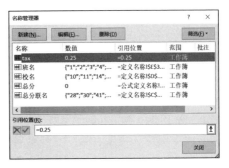

图　8-18

8.3 | 编辑名称

8.3.1　快速选择名称对应的单元格区域

在工作簿中定义了多个名称时，可以使用以下两种方法快速地选择名称所对应的单元格区域。

方法一：使用名称框

单击名称框右侧的下拉按钮，在弹出的下拉列表中会显示当前工作簿中的所有名称（不包括常量名称和函数名称），单击选中任一项即可使该名称所引用的单元格区域处于选择状态，如图 8-19 所示。

方法二：使用"定位"对话框

按"F5"键打开"定位"对话框，在"定位"窗格中会显示当前工作簿中的所有名称（不包括常量名称和函数名称），双击任一项即可使该名称所引用的单元格区域处于选择状态，如图 8-20 所示。

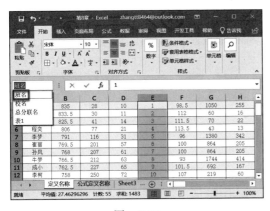

图　8-19

图　8-20

8.3.2　修改已经定义的名称

如果需要修改已定义的名称（包含名称、引用位置等），只需要对其进行重新编辑即可，不需要重新定义。以下是修改已定义名称的具体操作步骤。

步骤1：切换至"公式"选项卡，单击"定义的名称"组中的"名称管理器"按钮。打开"名称管理器"对话框，切换至"公式"选项卡，单击"名称管理器"按钮，打开"名称管理器"对话框，选中需要重新编辑的名称，然后单击"编辑"按钮，如图8-21所示。

步骤2：弹出"编辑名称"对话框，在"名称"右侧文本框内编辑修改名称，在"引用位置"右侧文本框内，可以手工对需要修改的部分进行更改。也可以选中需要修改的部分，然后单击右侧的拾取器按钮返回工作表，重新选择数据源，如图8-22所示。

图 8-21

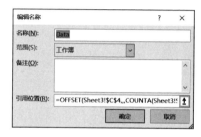

图 8-22

■ 8.3.3 编辑名称引用

在Excel的使用过程中，如果需要重新编辑已定义名称的引用位置，可以按"Ctrl+F3（Fn+Ctrl+F3）"组合键打开"名称管理器"对话框，单击选中需要重新编辑的目标名称，然后将光标定位在"引用位置"文本框进行修改，如图8-23所示。

在通常情况下，用户会在编辑名称引用的时候遇到一些麻烦。例如，图8-23显示的名称引用位置内容是："=定义名称!\$E\$3:\$E\$57"。

假设需要把引用位置修改为"=定义名称!\$E\$5:\$E\$50"，操作方法是将光标定位到"=定义名称!\$E\$"后，按"Delete"键删除3输入5，然后使用右箭头键将光标向右移动，希望能够将文本最后的57修改为50。但是当按下右箭头时，光标并没有发生移动，引用内容却发生了改变，如图8-24所示。

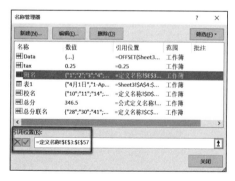

图 8-23

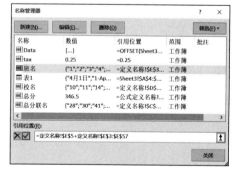

图 8-24

出现上述情况的原因在于"引用位置"文本框默认情况下处于"指向"模式，此时箭头键的作用是在工作表中选定区域而不是移动光标。解决方法是在编辑前将光标定位在"引用位置"文本框，然后按" F2（Fn+F2）"键，切换至"编辑"模式，再进行内容编辑。

8.3.4　删除过期名称

对于一些不再使用的名称，切换至"公式"选项卡，然后单击"定义的名称"组内的"名称管理器"按钮，或者直接按" Ctrl+F3（Fn+Ctrl+F3）"快捷键，打开"名称管理器"对话框，选中需要重新编辑的名称，然后单击"删除"按钮即可，如图 8-25所示。

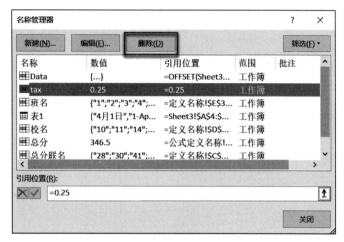

图　8-25

第9章

函数的基本使用

在 Excel 的使用过程中，函数发挥着非常重要的作用。利用函数，可以方便快捷地实现数据运算，不需要用户自己编制公式，从而极大地提高工作效率。本章将通过具体实例来详细介绍函数的基本使用技巧。

- 认识函数
- 函数使用技巧

9.1 认识函数

Excel 中的函数是一些预定义的公式，它可运用一些参数并按照特定的顺序和结构对数据进行复杂计算。使用函数进行计算可以简化公式的输入过程，并且只需设置函数的必要参数就可进行正确计算，所以与使用公式进行计算相比较，使用函数占用的空间更小，速度更快。

9.1.1　函数的作用

公式是对工作表的数值执行计算的等式，函数则是一些预先编写的、按照特定顺序或者结构执行计算的特殊等式。根据应用领域的不同，Excel 函数一般可以分为：逻辑函数、信息函数、日期与时间函数、数学与三角函数、统计函数、查找与引用函数、数据库函数、文本函数、财务函数、工程函数等，此外还有 Excel 4.0 宏表函数、扩展函数及外部函数等。

许多用户遇到较复杂的函数公式，尤其是函数嵌套公式的时候，往往不知从何读起。其实只要掌握了函数公式的结构等基本知识，就可以像庖丁解牛一样把公式进行分段解读。

9.1.2　函数的构成

函数的类型虽然各式各样，但其结构却大同小异。输入函数时，以等号开头，然后是函数名、括号、参数、参数分隔符，这些组成了一个完整的函数结构。函数"=SUM(A1，B2，C3)"包括的函数的构成如下。

$$= \underline{SUM}(\underline{A1,B2,C3})$$
等号 函数名 参数名

9.1.3　函数的参数及其说明

按参数数目不同，函数分为有参函数和无参函数。当函数有参数时，其参数就是指函数名后括号内的常量值、变量、表达式或函数等，多个参数间使用逗号分隔。当函数没有参数时，函数只有函数名称与括号 ()，如：NA() 等。在 Excel 中，绝大多数函数都是有参数的。在使用函数时，如果想了解某个函数包含哪些参数，可以按如下方法来查看。

步骤 1：选中单元格 F15，在公式编辑栏中输入"= 函数名 ("后即可看到函数的参数名称。如果想更加清楚地了解各参数的设置问题，可以单击公式编辑栏前的"插入函数"按钮 ƒₓ，如图 9-1 所示。

步骤 2：弹出"函数参数"对话框，将光标定位到不同的参数编辑框中，即可看到该参数设置的提示文字，如图 9-2 所示。

函数参数类型举例如下：

1）公式"=SUM(B2:B10)"中，括号内的"B2:B10"就是函数参数，且是变量值。

2）公式"=IF(D3=0,0,C3/D3)"中，括号中的"D3=0""0""C3/D3"分别是 IF 函数的 3 个参数，且包括常量和表达式两种类型。

3）公式"=VLOOKUP($A$9,$A$2:$D$6,COLUMN(B1))"中，除了使用变量值作

为参数外，还使用了函数表达式"COLUMN(B1)"作为参数（以该表达式返回的值作为 VLOOKUP 函数的 3 个参数），这个公式是函数嵌套使用的例子。

图 9-1

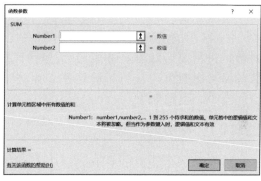

图 9-2

函数可以嵌套使用，嵌套使用的意思就是将某个函数的返回结果作为另一个函数的参数来使用。有时为了达到计算要求，需要嵌套多个函数来设置公式，此时需要用户对各个函数的功能及其参数有详细的了解。

9.1.4 函数的种类

不同的函数有不同的计算目的，Excel 提供了 300 多个内置函数，以满足用户不同的计算需求。这 300 多个函数可划分为多个函数类别，下面来了解一下函数的类别及其包含的函数。

步骤 1：打开 Excel 工作簿，切换至"公式"选项卡，在"函数库"组中可以看到多个不同的函数类别。单击函数类别可以查看该类别下所有的函数（按字母顺序排列），如图 9-3 所示。

步骤 2：单击"其他函数"按钮，可以看到还有其他几种类别的函数，如图 9-4 所示。

图 9-3

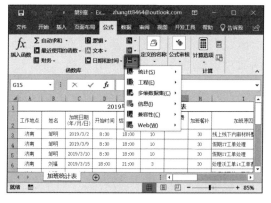

图 9-4

步骤 3：单击"插入函数"按钮，弹出"插入函数"对话框，在"或选择类别"右侧的下拉列表框内可以看到各函数类别。单击某函数类别，即可在"选择函数"列表框内看到该类别下的所有函数，如图 9-5 所示。

图　9-5

9.2 函数使用技巧

9.2.1 巧妙输入和编辑函数公式

输入、编辑函数公式时，有许多小技巧。下面分别进行详细介绍。

（1）使用工具栏按钮输入函数

许多读者接触 Excel 计算都是从求和计算开始的，所以对工具栏中的 Σ 自动求和 · 按钮应该不会陌生。切换至"公式"选项卡，即可看到该按钮。单击此按钮右侧的下拉按钮，会显示求和、平均值、计数、最大值、最小值、其他函数 6 个选项（默认为求和），如图 9-6 所示。选择其中一项，即可在单元格中快捷地插入相对应的常用函数。

图　9-6

（2）使用插入函数向导

插入函数向导是一个交互式输入函数的对话框，选中任意单元格，按" Shift+F3（Fn+Shift+F3）"组合键或者单击编辑栏按钮左侧的 𝑓x 按钮，即可打开"插入函数"对话框，如图 9-7 所示。

如果对函数所属类别不是很熟悉，可以在"搜索函数"文本框内输入简单的描述，单击"转到"按钮查找合适的函数。例如，输入"余数"，然后单击"转到"按钮，Excel 会在"选择函数"列表框内提供"推荐"的函数，如 MOD 函数等，如图 9-8 所示。

如果已知所需函数的类别，可以先在"选项类别"右侧的下拉列表中选取分类，然后在"选择函数"列表框内选择函数。当类别中的函数数量较多时，可以拖动滚动条或者按函数开头字母快速定位函数。

选定函数后，单击"确定"按钮，Excel 会将函数写入编辑栏，同时弹出"函数参数"对话框，利用此对话框，用户可以方便地输入函数所需的各项参数，而且每个参数框右边会显示该参数的当前值。对话框下方会显示关于所选函数的简单描述文字，以及对各个参数的相关说明。

图　9-7　　　　　　　　　　　　　　　　图　9-8

（3）手工输入函数

熟悉 Excel 的用户可以直接在单元格中输入函数公式，输入函数公式的方法与输入其他数据没有差别，只要保证输入内容符合函数公式的结构即可。

（4）公式的编辑和复制

用户需要修改公式时，可以在编辑栏内移动光标至相应的地方直接修改。或者单击编辑栏左边的 f_x 按钮，在弹出的"函数参数"对话框中进行修改。公式可以通过双击或者拖动单元格右下角的填充柄进行复制，也可以用复制粘贴单元格的方式进行复制。

■9.2.2　利用函数工具提示轻松掌握函数

利用函数工具提示，可以轻松快速地掌握函数的使用方法。函数工具提示主要包括几种操作，下面逐一进行详细介绍。

（1）设置函数工具提示选项

依次单击"文件"–"选项"按钮，打开"Excel 选项"对话框，切换至"公式"选项卡，按照图 9-9 所示进行设置，即可启用函数工具提示。

（2）在单元格中显示函数完整语法

在单元格中输入函数公式的时候，按"Ctrl+Shift+A"组合键可以得到包含该函数完整语法的公式。例如，输入"=IF"后按"Ctrl+Shift+A"组合键，则可在单元格中得到如图 9-10 所示的结果。

图　9-9　　　　　　　　　　　　　　　　图　9-10

如果输入的函数有多种语法，例如 LOOKUP 函数，此快捷键将弹出"选定参数"对话框，在"参数"列表框内选择所需参数组合后单击"确定"按钮，Excel 即可返回相应的完整语法，如图 9-11 所示。

图 　9-11

（3）使用函数帮助文件

Excel 内置函数多数都有相应的帮助文件，如果想了解某个函数的详细用法，可以通过 Excel 帮助文件查看。

步骤 1：打开 Excel 工作簿，切换至"公式"选项卡，单击"函数库"组中的"插入函数"按钮。打开"插入函数"对话框，在"选择函数"列表中选中需要了解的函数（如：MOD），单击窗口左下角的"有关该函数的帮助"链接，如图 9-12 所示。

步骤 2：进入"Microsoft Excel 帮助"窗口，即可看到该函数的说明、语法及使用示例等，如图 9-13 所示。

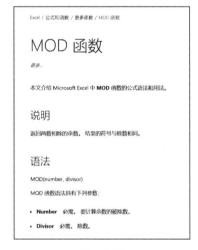

图 　9-12　　　　　　　　　　　　　　图 　9-13

■ 9.2.3　妙用函数公式的查错与监视功能

在使用函数的过程中，经常会遇到一些不可预知的错误。这些不同类型的错误，对于普通用户来说，往往不容易理解且不容易掌握。本节就 Excel 中的错误类型及查错与监视功能展开综合论述。

（1）错误类型

在使用 Excel 公式进行计算时，可能会因为某种原因无法得到正确结果，返回一个错误值。表 9-1 列出了常见的错误值及其含义。

表9-1　常见Excel公式错误值说明

错误值类型	含　　义
#####	列不够宽，或者使用了负的日期或者负的时间
#VALUE ！	使用的参数或者操作数类型错误
#DIV/0!	数字被 0 除

（续）

错误值类型	含 义
#NAME?	Excel 未识别公式中的文本
#N/A	数值对函数或者公式不可用
#REF!	单元格引用无效
#NUM!	公式或者函数中使用无效数字
#NULL!	指定并不相交的两个区域的交点，用空格表示两个引用单元格之间的相交运算符

（2）使用错误检查工具

当公式返回错误值时，可以使用 Excel 的错误检查工具，快速查找错误原因。为了更好地使用这项功能，可以依次单击"文件"–"选项"按钮，打开"Excel 选项"对话框，单击勾选"公式"选项卡中"允许后台错误检查"前的复选框，如图 9-14 所示。用户还可以根据自身爱好在"使用此颜色标识错误"右侧的下拉菜单栏中设置错误标识颜色。

图 9-14

设置完成后，当单元格内的公式出现错误时，该单元格左上角会自动出现一个绿色小三角形，即 Excel 的错误标识智能按钮。然后单击选中该单元格并单击其右侧的警告按钮，打开其下拉菜单列表，如图 9-15 所示。菜单中包含错误的类型、关于此错误的帮助链接、显示计算步骤、忽略错误、在公式编辑栏中编辑以及错误检查选项等，用户可以根据自身需要选择下一步操作。

（3）监视窗口

如果工作簿中存在外部链接，用户可以利用监视窗口随时查看到工作表、单元格及公式函数在改动时是如何影响当前数据的。打开"监视窗口"的具体操作步骤如下。

步骤 1：切换至"公式"选项卡，单击"公式审核"组中的"监视窗口"按钮，如图 9-16 所示。打开"监视窗口"对话框，通过它可以观察单元格及其中的公式。该对话框可以监视单元格的所属工作簿、所属工作表、名称、单元格、值及公式等属性，如图 9-17 所示。每个单元格只可以有一个监视窗口。

图 9-15

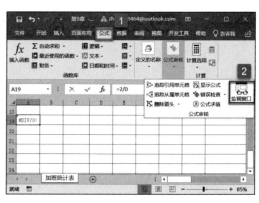

图 9-16

图　9-17

步骤 2：单击选中工作表中一个或多个包含公式的单元格，然后单击"监视窗口"对话框中的"添加监视"按钮，此时会弹出"添加监视点"对话框，该窗口文本框内会显示刚选择的监视单元格，如图 9-18 所示。单击"添加"按钮即可将该单元格添加到监视窗口，如图 9-19 所示。另外，用户可以移动并改变监视窗口的边界来获取最佳视图。

图　9-18

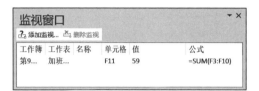

图　9-19

■ 9.2.4　按步查看公式中的计算结果

选中包含公式的单元格，切换至"公式"选项卡，单击"公式审核"组中的"公式求值"按钮，如图 9-20 所示。

此时会弹出"公式求值"对话框，通过单击对话框中的"求值"按钮，"求值"文本框内将按公式计算的顺序逐步显示公式的计算过程。如图 9-21 所示展示了对公式" =IF(F3>0,SUM(H3:H10),"")"进行"公式求值"的顺序逐步效果。

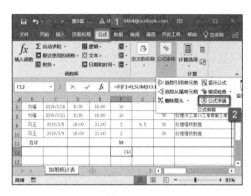

图　9-20

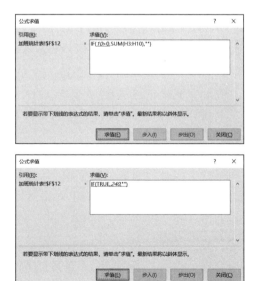

图　9-21

图 9-21 （续）

■ 9.2.5 如何引用单元格

一个 Excel 工作表由 65536 行、256 列单元格组成，以左上角第 1 个单元格为原点，向下、向右分别为行、列坐标的正方向。在 Excel 中，存在几种引用单元格的方式，下面分别加以介绍。

（1）A1 引用样式

默认情况下，Excel 使用 A1 引用样式，该样式使用数字 1 ～ 65536 表示行号，使用字母 A ～ IV 表示列标。例如，第 C 列和第 5 行交叉处单元格的引用形式为 " C5"，如果引用整行或者整列，可以省去列标或者行号，比如 1:1 表示第 1 行。

（2）R1C1 引用样式

依次单击 "文件"–"选项" 按钮，打开 "Excel 选项" 对话框，切换至 "公式" 选项卡，单击勾选 "R1C1 引用样式" 前的复选框，如图 9-22 所示。利用 R1C1 引用样式，可以使用 "R" 与数字的组合来表示行号，"C" 与数字的组合来表示列标，R1C1 引用样式可以更加直观地体现单元格的 "行列坐标" 概念。

图　9-22

（3）三维引用

引用单元格区域时，冒号表示以冒号两边所引用的单元格为左上角和右下角之间的所有单元格组成的矩形区域。

当右下角单元格与左上角单元格处在同一行或者同一列时，这种引用称为一维引用，例如单元格区域 A1:D1 或者 A1:A5。而类似单元格区域 A1:C5，表示以单元格 A1 为左上角，单元格 C5 为右下角的 5 行 3 列矩形区域，形成一个二维的面，该引用称为二维引用。

当引用区域不仅仅在构成二维平面的方向出现时，其引用就是多维的，是一个由不同层次上多个面组成的空间模型。例如，公式 " =SUM(Sheet1:Sheet3!A1:C5)" 表示对工作表 Sheet1 到 Sheet3 的单元格区域 A1:C5 求和。在此公式的引用范围内，每个工作表的单元格区域 A1:C5 都是一个二维平面，多个二维平面在行、列和表 3 个方向上构成了三维引用。

■ 9.2.6 掌握数据类型区分及转换的技巧

Excel 数据一般可以分为文本、数值、日期、逻辑、错误等几种类型，其中，日期是数字的一种特殊格式。

此外，数字和数值是两种不同的概念，数字可以以文本的形式出现，也可以以数值、日期的形式出现。一般在未明确指定的情况下，数字指的是数值型数字。

在 Excel 函数帮助文件中，经常会看到关于升序的描述为"数值必须按照升序排列：…、−2、−1、0、1、2、…、A ～ Z、FALSE、TRUE"，这是 Excel 的一个规则，即数字小于文本，文本小于逻辑值，错误值不参与排序。

以上介绍了数据类型及排序规则，接下来介绍逻辑值与数值的关系。

在 Excel 中，逻辑值只有 TRUE 和 FALSE 两个，它们与数值的关系如下：

❑ 在数值运算中，TRUE=1，FALSE=0。

❑ 在逻辑判断中，0=FALSE，所有非 0 数值 = TRUE。

这两条准则非常重要，在 Excel 函数公式的简化及计算中用途很广。

介绍完逻辑值与数值的关系之后，接下来介绍一下数据类型转换的有关技巧。

以文本形式储存的数据，例如在单元格 A1 中输入"123"，或者将单元格 A1 的单元格格式设置为文本后输入"123"，该数字将不能直接作为数值参与函数计算。这时，公式"=A1=123"将返回 FALSE，公式"=SUM(A1:A2)"将无法得到正确的计算结果。

通常用以下 6 种方法可以将单元格 A1 中以文本形式储存的数字转换为数值型：

❑ =A1*1

❑ =A1/1

❑ =A1+1

❑ =A1-1

❑ =--A1

❑ =value（A1 ）

注意： 混淆文本型数字与数值型数字是许多用户经常犯而又不易觉察的错误，通过使用 LEFT、MID、TEXT 等文本函数计算得到的结果都是文本型，如果未进行转换而代入下一步，与之进行不匹配的计算，将返回错误结果。

9.2.7　判断逻辑关系

逻辑判断是指有具体意义并且可以判断真或假的陈述语句，是函数公式的基础，不仅关系到公式的正确与否，也关系到解题思路的繁简。只有逻辑条理清晰，才可以写出简洁有效的公式。常用的逻辑关系有 3 种，即"与""或""非"。本节首先讲解这 3 种逻辑关系，接着讲解逻辑关系的嵌套和运算。

1. 与关系（AND 关系）

当两个或者多个条件必须同时成立时才判定为真，称判定与条件的关系为逻辑与关系，即平时说的"且"。AND 函数常常用于逻辑与关系运算。

例 1：用公式表示当单元格 A1 的值大于 0 且小于等于 10 的时候返回 TRUE。

=AND(A1>0,A1<=10)

例 2：单元格 B 列是性别，C 列是年龄，D 列是职务，要在 E 列中输入公式，筛选出 40 岁以上男教授的记录。其中，单元格 E1 的公式为：

=AND(B1=" 男 ", C1>40,D1=" 教授 ")

2. 或关系（OR 关系）

当两个或多个条件只要有一个成立时就判定为真，称判定与条件的关系为逻辑或关系。OR 函数经常用于逻辑或关系运算。

例：单元格 A、B、C 三列分别是语文、数学、英语成绩，要在 D 列中输入公式筛选出所有不及格的记录（假设 60 分及格），其中单元格 D1 的公式为：

=OR(A1<60,B1<60,C1<60)

3. 非关系（NOT 关系）

当条件只要成立时就判定为假，称判定与条件的关系为逻辑非关系。NOT 函数用于将逻辑值反转。

例：单元格 A 列存放着人员学历，分为中专、高中、大专、本科、硕士等，现在需要在单元格 B 列输入公式筛选出除硕士以外的记录，其中单元格 B1 的公式为：

=NOT（A1=" 硕士 "）

也可以利用下面的公式表示：

=A1<>" 硕士 "

上面简单介绍了几种逻辑关系，接下来就逻辑关系的嵌套展开论述。

函数 IF(logical_test,value_if_true,value_if_false) 的第 1 个参数判定真假，为真返回第 2 个参数，为假返回第 3 个参数。如果第 2 个参数和第 3 个参数还需要进一步判断，这时新的逻辑判断将作为参数嵌套于原有判断，在执行原有判断的基础上进行。

例：单元格 A1 为成绩，要求用公式在单元格 B1 中返回成绩等级，规则为"成绩低于 60 分为不及格，60 ～ 79 分为及格，80 ～ 89 分为良，90 ～ 100 分为优"。

1）简单地堆积条件。例如分数在 60 ～ 79 分段时表达为 AND（A1>=60,A1<80），其他类似。得到的公式如下所示：

=IF(A1<60," 不及格 ",IF(AND(A1>=60,A1<80)," 及格 ", IF(AND(A1>=80,A1<90)," 良 ", IF(AND(A1>=90,A1<100)," 优 "))))

2）归纳整理。如果 A1 不低于 60，即第 1 个参数为假的同时已经包含 A1>=60 为真的判定了。利用这个逻辑关系的嵌套，正确的公式表达如下：

=IF(A1<60," 不及格 ",IF(A1<80," 及格 ", IF(A1<90," 良 "," 优 ")))

以上介绍了逻辑关系的嵌套，下面讲解逻辑关系的运算等有关技巧。

在实际应用中，逻辑值是可以直接参与函数公式计算的，通常可以看到以下实例的解法。

例 1：查找单元格 B1 在单元格区域 A1:A10 中是否存在的公式如下：

公式 1：=IF(COUNTIF(A1,A10:B1)," 存在 ","")

例 2：统计单元格区域 A1:A10 中大于"0"的数值个数的公式如下：

公式 2：=SUM((A1:A10>0)*1)

为什么公式 1 中 IF 函数的条件判断不用" COUNTIF(A1,A10,B1)>0"？ 而公式 2 中为什么要在 SUM 函数中使用" *1"？

为了解释以上问题，先来了解一下几种逻辑值之间的运算结果。

❑ TRUE*1=1*1=1（或 TRUE+0=1）

❑ FALSE*1=0*1=0（或 FALSE+0=0）

❑ TRUE+FALSE=1+0=1

❑ TRUE*TRUE=1*1=1

❑ TRUE*FALSE=1*0=0

❑ TRUE+TRUE=1+1=2

根据上面的计算准则，简单列举了常用逻辑运算的结果，这也是在数组公式运算中常见的、最常用的理论关系。

了解了以上的运算符，再来看公式 1。由于 COUNTIF 函数统计结果只能为非负数（结果 >=0），那么如果单元格 B1 存在，COUNTIF 函数结果必定 >0，否则结果 =0，所以就可以不用添加 ">0" 进行判断。

而对于公式 2，如果 SUM 函数的参数是数组，而且这个数组是由逻辑值组成的，那么要对这些逻辑值求和，就必须先将逻辑值进行运算 (*1 或者 +0)，SUM 函数才可以正确求和。

■ 9.2.8 熟练掌握运算符号

对公式中的元素进行特定类型的运算，就需要用到特定类型的运算符号。在 Excel 中，包括 4 种类型的运算符：算术运算符、比较运算符、文本运算符和引用运算符。在使用运算符的过程中，Excel 将根据公式中的特定顺序进行计算。如果公式中有多个运算符，Excel 将根据表 9-2 所示的顺序进行计算。

表9-2　Excel运算符

优先顺序	符号	说　　明
1	:、　、,	引用运算符：冒号、单个空格和逗号
2	-	算术运算符：负号（取得与原值正负号相反的数值）
3	%	算术运算符：百分比
4	^	算术运算符：数值的乘幂
5	* 和 /	算术运算符：乘和除
6	+ 和 -	算术运算符：加和减
7	&	文本运算符：用于连接文本
8	=、<、>、<>	比较运算符：比较两个值

上面简单介绍了 Excel 运算符的有关属性，接下来以通配符为例，具体讲解一下 Excel 在使用过程中的有关技巧。在 Excel 中，*（星号）和 ?（问号）都可以作为通配符来使用，用于查找、统计等运算的比较条件中。下面分别加以介绍。

（1）*（星号）表示任何字符

例：计算单元格区域 A1:A8 中以 A 开头的记录个数，其公式如下所示。

=COUNTIF（A1:A8,"A*"）

（2）?（问号）表示任何单个字符

例：计算单元格区域 A1:A8 中第 2 个字母是 A 的记录个数公式。

=COUNTIF（A1:A8,"?A*"）

■ 9.2.9 函数公式的限制和突破

Excel 在公式计算方面有其自身的标准与规范，这些规范对公式的编写有一定的限制，主要包括以下几个方面：

1）公式内容的长度不能超过 1024 个字符。

2）公式中函数的嵌套不能超过 7 层。

3）公式中函数的参数不能超过 30 个。

正是因为有上面这些限制条件，导致用户在操作 Excel 的过程中经常遇到诸多问题。下面以具体实例来详细讲解如何突破函数的 7 层嵌套以及 30 个函数参数的限制。

当函数 B 在函数 A 中用作参数的时候，函数 B 为第 2 级函数。如公式"=IF(A1>0,SUM(B1,G1),"")"，其中 SUM 函数是第 2 级函数，因为它是 IF 函数的参数。如果在 SUM 函数中继续嵌套函数则为第 3 级函数，依次类推，Excel 函数公式可以包含多达 7 层的嵌套函数。函数的 7 层嵌套限制了使用多个函数，要解决这个问题，可以通过定义名称的方法来实现。

例如，要将单元格 A1 中的字符串"我 113 爱 322 学 43 习 75E56x5353c 256382e85626l54"中的数字去掉，可以利用 SUBSTITUTE 函数来解决。在单元格 B1 中输入公式：

=SUBSTITUTE(SUBSTITUTE(SUBSTITUTE(SUBSTITUTE(SUBSTITUTE(SUBSTITUTE(SUBSTITUTE(SUBSTITUTE(A1,0,),1,),2,),3,),4,),5,),6,),7,)

之后就不能直接再套用函数了，因为从第 2 个 SUBSTITUTE 函数开始，每一个都是前一个函数的参数，已经达到了 7 层嵌套。此时，切换至"公式"选项卡，单击"定义的名称"组中的"定义名称"按钮，打开"新建名称"对话框，将上面的公式定义为 X，然后在单元格 B1 中输入公式：

=SUBSTITUTE(SUBSTITUTE(X,8),9,)

这样，就可以得到去掉数字的字符串"我爱学习 Excel"了。同样，利用名称定义的方法，可以解决用 IF 判断以及其他函数因为嵌套层数超过 7 层而导致公式无法输入的问题。

在实际应用过程中，用户还会受到 Excel 中 30 个函数参数的限制。下面简单介绍如何突破 30 个函数参数的限制。

Excel 规定的函数参数最多为 30 个，例如 SUM 函数、COUNT 函数、COUNTA 函数、AVERAGE 函数、CHOOSE 函数等。例如，需要计算某些特定单元格中数值的平均值，有以下公式：

=AVERAGE(A1,A2,B1,B3,B6,C6,D8,……)

括号里面的参数多于 30 个。这个时候，可以在函数参数的两边加上一对括号，形成联合区域作为参数，相当于只有 1 个参数。这样，公式就会只受字符个数的限制了。

■ 9.2.10　巧妙处理函数参数

在函数的实际使用过程中，并非总是需要把一个函数的所有参数都写完整才可以计算，可以根据需要对参数进行省略和简化，以达到缩短公式长度或者减少计算步骤的目的。本节将具体讲解如何省略、简写及简化函数参数。

函数的帮助文件会将其各个参数表达的意思和要求罗列出来，仔细看看就会发现，有很多参数的描述包括"忽略""省略""默认"等词，而且会注明，如果省略该参数，则表示默认该参数代表某个值。参数的省略是指该参数连同该参数存在所需的逗号间隔都不出现在函数中。

例：判断单元格 B2 是否与单元格 A2 的值相等，是则返回 TRUE，否则返回 FALSE。

=IF(B2=A2,true,false)

可以简写为：

=IF(B2=A2,true)

部分函数中的参数为 TRUE 或者 FALSE，比如 HLOOKUP 函数的参数 range_lookup。当要为其指定为 FALSE 的时候，可以用 0 来替代。甚至连 0 也不写，而只是用逗号占据参数位置。

下面 3 个公式是等价的：

=VLOOKUP(A1,B1:C10,2,FALSE)

=VLOOKUP(A1,B1:C10,2,0)

=VLOOKUP(A1,B1:C10,2,)

此外，有些针对数值的逻辑判断，可利用"0= FALSE"和"非 0 数值 =TRUE"的规则来简化，比如在已知单元格 A1 的数据只可能是数值的前提下，可以将公式"=IF(A1<>0,B1/A1,"")"简化为"=IF(A1,B1/A1,"")"。

■ 9.2.11　函数的易失性

有时，当用户打开一个工作簿但不做任何更改就关闭时，Excel 会提醒是否保存。这是因为 Excel 文件用到了一些具有 volatile 特性的函数，即易失性函数。这种函数一个典型的特点是"使用这些函数以后，会引发工作表的重新计算"。因此没激活一个单元格，或者未在一个单元格输入数据，甚至只是打开工作簿，具有易失性的函数都会自动重新计算。常见的易失性函数有：NOW()、TODAY()、RAND()、CELL()、OFFSET()、INDIRECT()、INFO()、RANDBETWEEN() 等。

虽然易失性函数在实际应用中非常有用，但是如果大量使用易失性函数，则会因为重新计算工作量太大而影响表格的运行速度。

第10章

日期与时间计算函数应用

对工作表中的日期与时间按规定进行处理的一种函数就是日期与时间函数。在制作工作表的过程中，一般都与日期时间有关联，所以在 Excel 中，日期与时间函数是一个重要的函数。对于公司管理人员或者财务人员来说，熟练运用日期和时间函数，充分理解 Excel 处理基于时间的信息方法是非常必要的。本章将以实例的形式来介绍日期与时间函数的操作技巧。

- TODAY 函数：显示当前系统日期和时间
- DATE 函数
- DAY 函数：显示任意日期
- DATEVALUE 函数：将文本格式的日期转换为序列号
- DAYS360 函数：计算两个日期之间的天数
- DATEDIF 函数：计算两日期之间的天数、月数或年数

10.1 TODAY 函数：显示当前系统日期和时间

TODAY 函数用于返回当前日期的序列号。序列号是 Excel 用于日期和时间计算的日期 - 时间代码。如果在输入该函数之前单元格格式为“常规”，Excel 会将单元格格式更改为“日期”。若要显示序列号，用户必须将单元格格式更改为“常规”或“数字”。

无论用户何时打开工作簿，当需要在工作表上显示当前日期时，TODAY 函数非常有用。 它还可用于计算时间间隔。例如，如果知道某人出生于 1963 年，可使用以下公式计算对方到其今年生日为止的年龄：

=YEAR(TODAY())-1963

此公式使用 TODAY 函数作为 YEAR 函数的参数来获取当前年份，然后减去 1963，最终返回对方的年龄。

注意：如果 TODAY 函数并未按预期更新日期，则可能需要更改控制工作簿或工作表何时重新计算的设置。 依次单击“文件” – “选项”按钮，打开“Excel 选项”对话框，然后切换至“公式”选项卡，确保“计算选项”窗格内的“自动重算”单选按钮被选中，如图 10-1 所示。

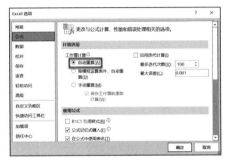

图 10-1

TODAY 函数的语法是 TODAY()，没有参数。

注意：Excel 可将日期存储为可用于计算的连续序列号。默认情况下，1900 年 1 月 1 日的序列号为 1，2008 年 1 月 1 日的序列号为 39448，这是因为它距 1900 年 1 月 1 日有 39447 天。

下面通过实例来具体讲解该函数的操作技巧。

步骤 1：某公司财务人员在统计加班记录时，需要记录当前修改日期，下面利用 TODAY 函数在单元格 G18 内输入当前日期。

步骤 2：单击选中单元格 G18，在公式编辑栏中输入“=TODAY()”，然后按“Enter”键，即可返回当期修改日期，如图 10-2 所示。

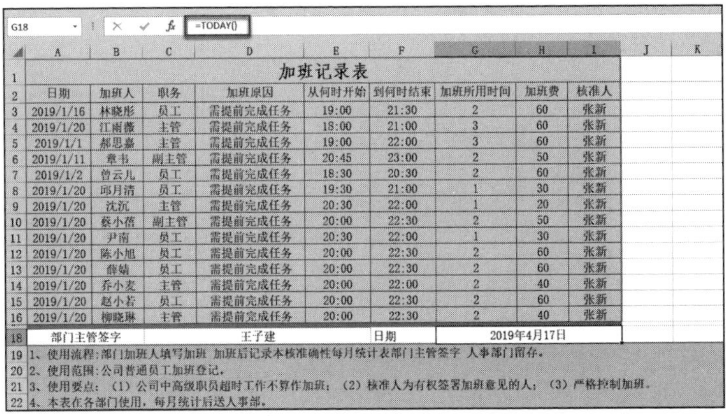

G18 =TODAY()

加班记录表

日期	加班人	职务	加班原因	从何时开始	到何时结束	加班所用时间	加班费	核准人
2019/1/16	林晓彤	员工	需提前完成任务	19:00	21:30	2	60	张新
2019/1/20	江雨薇	主管	需提前完成任务	18:00	21:00	3	60	张新
2019/1/1	郝思嘉	主管	需提前完成任务	19:00	22:00	3	60	张新
2019/1/11	章书	副主管	需提前完成任务	20:45	23:00	2	50	张新
2019/1/2	曾云儿	员工	需提前完成任务	18:30	20:30	2	60	张新
2019/1/20	邱月清	员工	需提前完成任务	19:30	21:00	1	30	张新
2019/1/20	沈沉	主管	需提前完成任务	20:30	22:00	1	20	张新
2019/1/20	蔡小蓓	副主管	需提前完成任务	20:00	22:30	2	50	张新
2019/1/20	尹南	员工	需提前完成任务	20:30	22:00	1	30	张新
2019/1/20	陈小旭	员工	需提前完成任务	20:00	22:30	2	60	张新
2019/1/20	薛婧	员工	需提前完成任务	20:00	22:30	2	60	张新
2019/1/20	乔小麦	主管	需提前完成任务	20:00	22:00	2	40	张新
2019/1/20	赵小若	员工	需提前完成任务	20:00	22:30	2	60	张新
2019/1/20	柳晓琳	主管	需提前完成任务	20:00	22:30	2	40	张新
部门主管签字		王子建			日期	2019年4月17日		

1、使用流程:部门加班人填写加班 加班后记录本核准确性每月统计表部门主管签字 人事部门留存。
2、使用范围:公司普通员工加班登记。
3、使用要点：（1）公司中高级职员超时工作不算作加班；（2）核准人为有权签署加班意见的人；（3）严格控制加班。
4、本表在各部门使用，每月统计后送人事部。

图 10-2

注意：此函数广泛适用于人事及财务领域。但此函数所返回的当前日期是指当前计算机中的日期。

10.2 DATE 函数

DATE 函数用于返回代表特定日期的序列号。其语法是 DATE(year,month,day)。下面首先对其函数参数进行简单的介绍。

1）year：必需。参数 year 的值可以包含 1～4 位数字。Excel 将根据计算机正在使用的日期系统来解释参数 year。默认情况下，Microsoft Excel for Windows 使用的是 1900 日期系统，这表示第 1 个日期为 1900 年 1 月 1 日。

提示：为避免出现意外结果，请对参数 year 使用 4 位数字。例如，"07" 可能意味着 "1907" 或 "2007"。因此，使用 4 位数的年份可避免混淆。

□ 如果 year 介于 0（零）到 1899 之间（包含这两个值），则 Excel 会将该值与 1900 相加来计算年份。例如，DATE(108,1,2) 将返回 2008 年 1 月 2 日 (1900+108)。

□ 如果 year 介于 1900 到 9999 之间（包含这两个值），则 Excel 将使用该数值作为年份。例如，DATE(2008,1,2) 将返回 2008 年 1 月 2 日。

□ 如果 year 小于 0 或大于等于 10000，则 Excel 返回错误值 #NUM!。

2）month：必需。一个正整数或负整数，表示一年中从 1 月至 12 月（一月到十二月）的各个月。

□ 如果 month 大于 12，则 month 会从指定年份的第 1 个月开始加上该月份数。例如，DATE(2008,14,2) 返回表示 2009 年 2 月 2 日的序列数。

□ 如果 month 小于 1，则 month 会从指定年份的第 1 个月开始减去该月份数，然后再加上 1 个月。例如，DATE(2008,-3,2) 返回表示 2007 年 9 月 2 日的序列号。

3）day：必需。一个正整数或负整数，表示一个月中从 1 日到 31 日的各天。

□ 如果 day 大于指定月中的天数，则 day 会从该月的第 1 天开始加上该天数。例如，DATE(2008,1,35) 返回表示 2008 年 2 月 4 日的序列数。

□ 如果 day 小于 1，则 day 从指定月份的第 1 天开始减去该天数，然后再加上 1 天。例如，DATE(2008,1,-15) 返回表示 2007 年 12 月 16 日的序列号。

10.2.1 将数值转换为日期格式

利用该函数，可以将数值转换为日期格式，下面通过实例来具体讲解该函数的操作技巧。

例如，需要将 3 个单独的值合并为一个日期。打开工作表，选中单元格 D2，在公式编辑栏中输入公式 "=DATE(A2,B2,C2)"，按 "Enter" 键即可将指定单元格中的数据转换为日期格式，如图 10-3 所示。然后利用自动填充功能，对其他单元格进行自动填充即可。

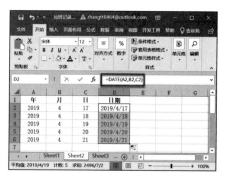

图 10-3

10.2.2　将非日期数据转换为标准日期

为了实现快速输入，在输入日期数据的时候，会采用类似 20160522、20160220、20160325、20160528 的形式。在完成数据输入后，需要将其转换为标准的日期格式，利用 DATE 函数，可以方便地实现该功能。

打开工作表，选中单元格 C12，在公式编辑栏中输入公式 "=DATE(MID(A12,1,4),MID(A12,5,2),MID(A12,7,2))"，按 "Enter" 键即可将指定单元格中的文本格式数字转换为日期格式，如图 10-4 所示。然后利用自动填充功能，对其他单元格进行自动填充即可。

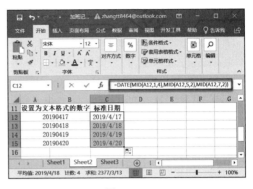

图　10-4

10.3 | DAY 函数：显示任意日期

DAY 函数用于返回以序列数表示的某日期的天数。天数为 1 ～ 31 的整数。其语法是 DAY(serial_number)。serial_number：必需。要查找的日期。应使用 DATE 函数输入日期，或将日期作为其他公式或函数的结果输入。例如，使用函数 DATE(2008,5,23) 输入 2008 年 5 月 23 日。如果日期以文本形式输入，则会出现问题。下面通过实例来具体讲解该函数的操作技巧。

已知某班级学生的出生日期，利用 DAY 函数返回学生生日的具体天数。打开工作表，选中单元格 E4，在公式编辑栏中输入公式 "=DAY(D4)"，按 "Enter" 键即可返回具体天数，如图 10-5 所示。然后利用自动填充功能，对其他单元格进行自动填充即可。

注意：此函数常用于配合其他日期函数使用。

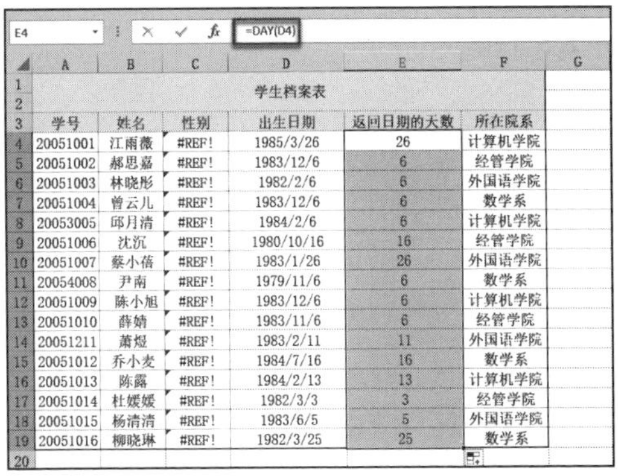

图　10-5

10.4 | DATEVALUE 函数：将文本格式的日期转换为序列号

DATEVALUE 函数用于将存储为文本的日期转换为 Excel 识别为日期的序列号。例如，公式“=DATEVALUE("1/1/2008")”返回 39448，即日期 2008-1-1 的序列号。即使如此，请注意，计算机的系统日期设置可能会导致 DATEVALUE 函数的结果会与此示例不同。

如果工作表包含采用文本格式的日期并且要对这些日期进行筛选、排序、设置日期格式或执行日期计算，则 DATEVALUE 函数将十分有用。其语法是 DATEVALUE(date_text)。date_text：必需。代表采用 Excel 日期格式的日期的文本，或对包含这种文本的单元格的引用。例如，用于表示日期的引号内的文本字符串 "2008-1-30" 或 "30-Jan-2008"。

使用 Microsoft Excel for Windows 中的默认日期系统时，参数 date_text 必须代表 1900 年 1 月 1 日和 9999 年 12 月 31 日之间的某个日期。如果参数 date_text 的值在此范围之外，DATEVALUE 函数将返回错误值“#VALUE!。

如果省略参数 date_text 中的年份部分，则 DATEVALUE 函数会使用计算机内置时钟的当前年份。参数 date_text 中的时间信息将被忽略。

注意：大部分函数都会自动将日期值转换为序列数。

下面通过实例来具体讲解该函数的操作技巧。

已知某班级学生的出生日期，利用 DATAVALUE 函数返回学生出生日期至 2019 年 4 月 17 日的具体天数。打开工作表，选中单元格 D4，在公式编辑栏中输入公式“=DATEVALUE("2019-4-17")-DATEVALUE(C4)”，按“Enter”键即可返回具体天数，如图 10-6 所示。然后利用自动填充功能，对其他单元格进行自动填充即可。

提示：本例中引用单元格 C 列中的数据，必须保证该单元格区域的格式为文本格式。

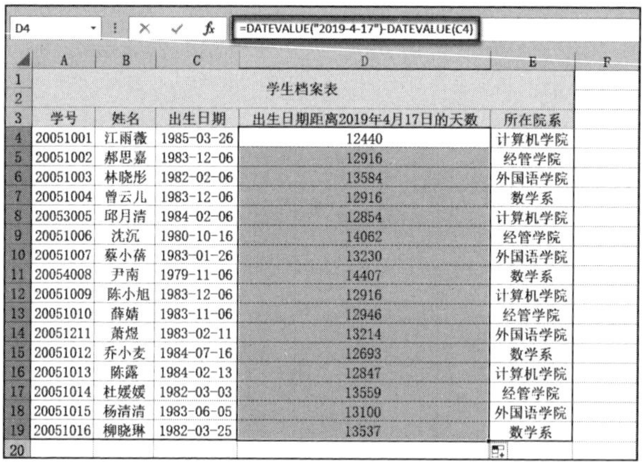
D4 =DATEVALUE("2019-4-17")-DATEVALUE(C4)

学生档案表

学号	姓名	出生日期	出生日期距离2019年4月17日的天数	所在院系
20051001	江雨薇	1985-03-26	12440	计算机学院
20051002	郝思嘉	1983-12-06	12916	经管学院
20051003	林晓彤	1982-02-06	13584	外国语学院
20051004	曾云儿	1983-12-06	12916	数学系
20053005	邱月清	1984-02-06	12854	计算机学院
20051006	沈沉	1980-10-16	14062	经管学院
20051007	蔡小蓓	1983-01-26	13230	外国语学院
20054008	尹南	1979-11-06	14407	数学系
20051009	陈小旭	1983-12-06	12916	计算机学院
20051010	薛婧	1983-11-06	12946	经管学院
20051211	萧煜	1983-02-11	13214	外国语学院
20051012	乔小麦	1984-07-16	12693	数学系
20051013	陈露	1984-02-13	12847	计算机学院
20051014	杜媛媛	1982-03-03	13559	经管学院
20051015	杨清清	1983-06-05	13100	外国语学院
20051016	柳晓琳	1982-03-25	13537	数学系

图 10-6

注意：此函数适用于将文本格式的日期转换成序列号，便于管理与统计。

10.5 DAYS360 函数：计算两个日期之间的天数

DAYS360 函数用于按照一年 360 天进行计算，返回两个日期之间相差的天数，这在一些会计计算中将会用到。如果财会系统是基于一年 12 个月，每月 30 天，可使用此函数帮助计算支付款项。其语法是 DAYS360（start_date,ent_date,[method]）。

start_date、end_date：必需。用于计算期间天数的起止日期。如果 start_date 在 end_date 之后，DAYS360 函数将返回一个负数。应使用 DATE 函数输入日期，或者从其他公式或函数派生日期。例如，使用函数 DATE(2008,5,23) 以返回 2008 年 5 月 23 日。如果日期以文本形式输入，则会出现问题。

method：可选。逻辑值，用于指定在计算中是采用美国方法还是欧洲方法。

❑ 逻辑值为 FALSE 或省略时，采用美国（NASD）方法。如果起始日期是一个月的最后一天，则等于同月的 30 号。如果终止日期是一个月的最后一天，并且起始日期早于 30 号，则终止日期等于下一个月的 1 号，否则，终止日期等于本月的 30 号。

❑ 逻辑值为 TRUE 时，采用欧洲方法。如果起始日期和终止日期为某月的 31 号，则等于当月的 30 号。

下面通过实例来具体讲解该函数的操作技巧。

已知某班级学生的出生日期，利用 DAYS360 函数返回学生出生日期至当前日期（2019 年 4 月 17 日）的具体天数。

步骤 1：打开工作表，选中单元格 D4，在公式编辑栏中输入公式"=DAYS360(B4,C4)"，按"Enter"键即可返回美国方法计算的两日期之间的天数，如图 10-7 所示。然后利用自动填充功能，对其他单元格进行自动填充即可。

步骤 2：选中单元格 E4，在公式编辑栏中输入公式："=DAYS360(B4,C4,TRUE)"，按"Enter"键，即可返回欧洲方法计算的两日期之间的天数，如图 10-8 所示。然后利用自动填充功能，对其他单元格进行自动填充即可。

图　10-7　　　　　　　　　　　　　　　图　10-8

注意：此函数一般适用于财务领域。

10.6　DATEDIF 函数：计算两日期之间的天数、月数或年数

DATEDIF 函数用来计算两个日期之间的天数、月数或年数。警告：Excel 提供 DATEDIF 函数才能支持较旧的工作簿。DATEDIF 函数可能会计算在某些情况下不正

确的结果。其语法是：DATEDIF(start_date,end_date,unit)。

start_date：用于表示时间段的第一个（即起始）日期的日期。日期值有多种输入方式：带引号的文本字符串（例如 "2001/1/30"）、序列号（例如 36921，在商用 1900 日期系统时表示 2001 年 1 月 30 日）或其他公式或函数的结果（例如 DATEVALUE("2001/1/30")）。

end_date：用于表示时间段的最后一个（即结束）日期的日期。

注意：如果 start_date 大于 end_date，则结果将是“#NUM”！。

unit：要返回的信息类型。其可以使用的代码如表 10-1 所示。

表10-1　unit返回信息类型说明

unit 代码	函数返回值
“y”	时间段中的整年数
“m”	时间段中的整月数
“d”	时间段中的天数
“md”	start_date 与 end_date 日期中天数的差，忽略日期中的月和年
“ym”	start_date 与 end_date 日期中月数的差，忽略日期中的日和年
“yd”	start_date 与 end_date 日期中天数的差，忽略日期中的年

下面通过实例来具体讲解该函数的操作技巧。

已知某班级学生的出生日期，利用 DATEDIF 函数设置生日提醒，标识出从当前日期开始 7 天内过生日的学生记录。

利用 DATEDIF 函数的第 3 个参数“yd”，忽略年份进行相差天数的判断。使用“逆向思维”的思路，将学生生日日期减去 7 后再与当前系统日期进行运算，只有两者相差在 7 天以内才是即将过生日的学生。

打开工作表，选中单元格 D4，在公式编辑栏中输入公式“=IF(DATEDIF($B4-7,C4,"yd")<=7,"提醒","")”，按“Enter”键即可，如图 10-9 所示。然后利用自动填充功能，对其他单元格进行自动填充即可。

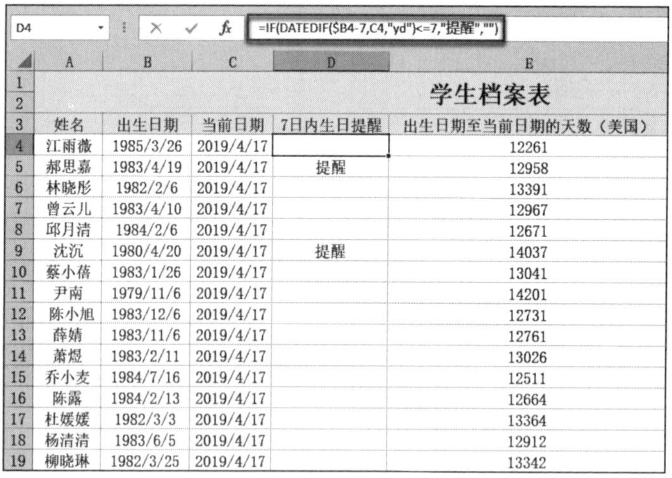

姓名	出生日期	当前日期	7日内生日提醒	出生日期至当前日期的天数（美国）
江雨薇	1985/3/26	2019/4/17		12261
郝思嘉	1983/4/19	2019/4/17	提醒	12958
林晓彤	1982/2/6	2019/4/17		13391
曾云儿	1983/4/10	2019/4/17		12967
邱月清	1984/2/6	2019/4/17		12671
沈沉	1980/4/20	2019/4/17	提醒	14037
蔡小蓓	1983/1/26	2019/4/17		13041
尹南	1979/11/6	2019/4/17		14201
陈小旭	1983/12/6	2019/4/17		12731
薛婧	1983/11/6	2019/4/17		12761
萧煜	1983/2/11	2019/4/17		13026
乔小麦	1984/7/16	2019/4/17		12511
陈露	1984/2/13	2019/4/17		12664
杜媛媛	1982/3/3	2019/4/17		13364
杨清清	1983/6/5	2019/4/17		12912
柳晓琳	1982/3/25	2019/4/17		13342

图　10-9

第11章

文本与信息函数应用

文本函数是以公式的方式对文本进行处理的一种函数。文本函数主要处理文本中的字符串，也可对文本中单元格进行直接引用。而信息函数是用来获取单元格内容信息的函数。信息函数可以使单元格在满足条件的时候返回逻辑值，从而来获取单元格的信息，还可以确定存储在单元格中的内容的格式、位置、错误类型等信息。本章就文本与信息函数的有关操作技巧展开论述。

- 文本函数
- 信息函数
- 案例介绍

11.1 | 文本函数

■ 11.1.1 ASC 函数：将全角字符转换为半角字符

ASC 函数用于将双字节字符转换成单字节字符，即将全角英文字母转换为半角英文字母。其语法是 ASC(Text)。参数 Text 可以是文本，也可以是单元格。转换过程中只对双字节字符串（全角英文字母）进行转换。下面通过实例具体讲解该函数的操作技巧。

打开工作表，选中单元格 B2，在公式编辑栏中输入公式"=ASC(A2)"，按"Enter"键即可将全角文本转换为半角文本，如图 11-1 所示。然后利用自动填充功能，对其他单元格进行自动填充即可。

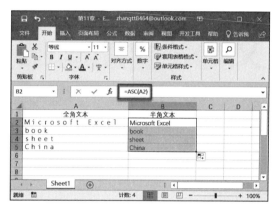

图 11-1

注意：使用此函数，可提高搜索的准确度。适用于英文文本。

■ 11.1.2 CHAR 函数：由代码数字返回指定字符

CHAR 函数用于根据本机中的字符集，返回由代码数字指定的字符。其语法是 CHAR(number)。参数 number 是数字，对应返回的字符，此数字为 1 ~ 255。下面通过实例具体讲解该函数的操作技巧。

为隐藏用户的密码，将代表密码的数字改变成不经常使用的字符，以便于网络传输，起到一定的保密作用。此时可以使用 CHAR 函数将表格中的数字返回由代码数字指定的字符。打开工作表，选中单元格 C2，在公式编辑栏中输入公式"=CHAR(B2)"，按"Enter"键即可将数字转换为指定字符，如图 11-2 所示。然后利用自动填充功能，对其他单元格进行自动填充即可。

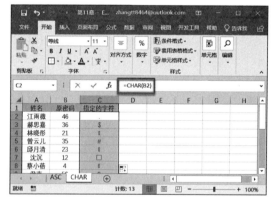

图 11-2

■ 11.1.3 CLEAN 函数：删除文本中的所有非打印字符

CLEAN 函数用于删除文本中所有非打印字符。其语法是 CLEAN(text)。参数 text 是需要删除非打印字符的字符串或文本，或对含有非打印字符串单元格的引用。下面通过实例具体讲解该函数的操作技巧。

打开工作表，选中单元格 B2，在公式编辑栏中输入公式"=CLEAN (B2)"，按"Enter"键即可删除指定单元格内的非打印字符，如图 11-3 所示。然后利用自动填充功能，对其他单元格进行自动填充即可。此时，用户可以看到 A4、A6 等单元格内的非打印字符已被删除。

注意：此函数将文本中非打印字符全部删除，适用于任何需要打印的文本，也适用于任何领域。

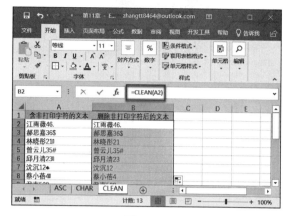

图　11-3

■ 11.1.4　CODE 函数：计算文本字符串中第 1 个字符的数字代码

CODE 函数用于返回文本字符串中第 1 个字符在本机所用字符集中的数字代码。其语法是 CODE(text)。参数 text 是获取第 1 个字符代码的字符串。下面通过实例来具体讲解该函数的操作技巧。

打开工作表，选中单元格 B2，在公式编辑栏中输入公式："=CODE (A2)"，按"Enter"键即可计算出指定单元格中文本字符串的第 1 个字符的数字代码，如图 11-4 所示。然后利用自动填充功能，对其他单元格进行自动填充即可。

注意：本函数适用于文本检索及排序。

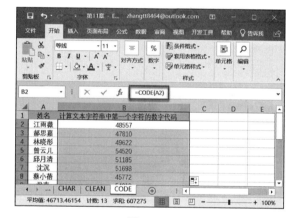

图　11-4

■ 11.1.5　CONCAT 函数：合并文本

CONCAT 函数为 Excel 2019 版本的新增函数，类似于 CONCATENATE 函数。但是 CONCAT 函数更好，其函数名更短，更方便键入，而且除单元格引用外它还支持区域引用。此函数将替换连接函数。但是，连接函数仍保持可用，与早期版本的 Excel 兼容。

CONCAT 函数用于将多个区域或字符串的文本组合起来，但不提供分隔符或 IgnoreEmpty 参数。其语法是：CONCAT(text1, [text2],…)。其中参数 text1、text2…为要合并的文本项，可以为字符串、字符串数组等。文本项最多可以有 253 个文本参数。

下面通过实例来具体讲解该函数的操作技巧。

步骤 1：打开工作表，选中单元格 C4，在公式编辑栏中输入公式"=CONCAT(A1,B1,A2,B2,A3,B3)"，按"Enter"键即可将单元格 A1、B1、A2、B2、A3、B3 中的文本按顺序合并，如图 11-5 所示。

步骤 2：CONCAT 函数可以将单元格内的文本与字符串合并。选中单元格 C3，在

公式编辑栏中输入公式"=CONCAT(A1," 和 ",B1)",按"Enter"键即可将单元格 A1、
"和",以及单元格 B1 中的文本及字符串按顺序合并,如图 11-6 所示。

图 11-5

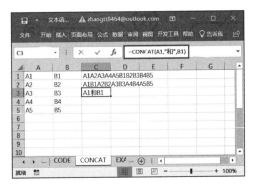

图 11-6

步骤 3:CONCAT 函数允许整列和整行引用。选中单元格 C1,在公式编辑栏中输
入公式"=CONCAT(A:A,B:B)",按"Enter"键即可将 A 列、B 列中的文本合并,如
图 11-7 所示。

步骤 4:此外,CONCAT 函数还支持单元格区域引用。选中单元格 C2,在公式编
辑栏中输入公式"=CONCAT(A1:B5)",按"Enter"键即可将单元格区域 A1:B5 内的
文本合并,如图 11-8 所示。

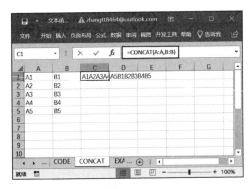

图 11-7

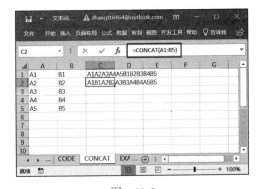

图 11-8

注意:如果结果字符串超过 32767 个字符(单元格限制),则 CONCAT 函数返回
"#VALUE!"错误。若用户想在合并的文本之间添加分隔符(例如空格或者与号 &)并删除不
希望在合并后文本结果中出现的空参数,可以使用 TEXTJOIN 函数。

■ 11.1.6 EXACT 函数:判断两个字符串是否相同

EXACT 函数用于比较两个字符串是否完全相同(区分大小写),如果相同,返回逻
辑值 TRUE,不相同则返回逻辑值 FALSE。其语法是:EXACT(text1,text2)。其中,参
数 text1 为第 1 个字符串;参数 text2 为第 2 个字符串。下面通过实例具体讲解该函数
的操作技巧。

打开工作表,选中单元格 C2,在公式编辑栏中输入公式"=EXACT(A2,B2)",按
"Enter"键即可返回单元格 A2、B2 中的字符串是否相同,如图 11-9 所示。然后利用
自动填充功能,对其他单元格进行自动填充即可。

单元格 A2、B2 中的文本不同，所以返回比较结果为 FALSE；单元格 A3、B3 中的文本相同，所以返回比较结果为 TRUE；单元格 A4、B4 中的文本分别为大小写，不相同，所以返回比较结果为 FALSE。

注意：本函数可用于判断两个文本是否完全相同。

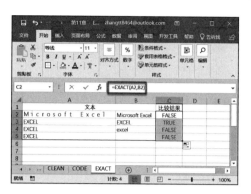

图 11-9

11.1.7 FIND 函数：在一个字符串值中查找另一个字符串值

FIND 函数用于返回一个字符串在另一个字符串中出现的起始位置（区分大小写）。其语法是：FIND(find_text,within_text,start_num)。其中，参数 find_text 为要查找的字符串，或对含有字符串单元格的引用；参数 within_text 为要在其中搜索的源字符串；参数 start_num 为开始搜索的位置。参数 within_text 中第 1 个字符的位置为 1，如果忽略 start_num，则该参数值默认为 1。

此外，FINDB 函数用法与 FIND 函数相同，只是后者还可用于较早版本的 Excel。

下面通过实例具体讲解该函数的操作技巧。

步骤 1：打开工作表，选中单元格 B1，在公式编辑栏中输入公式"=FIND(1,A1,1)"，按"Enter"键即可。该公式的含义是在单元格 A1 中从第 1 个字符开始搜索字符串"1"，并返回其在源字符串中的位置，结果如图 11-10 所示。

步骤 2：选中单元格 B2，在公式编辑栏中输入公式"=FIND(1,A1,8)"，按"Enter"键即可。该公式的含义是在单元格 A1 中从第 8 个字符（即从"9"开始）开始搜索字符串"1"，并返回其在源字符串中的位置，结果如图 11-11 所示。

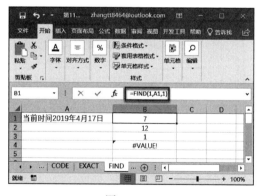

图 11-10

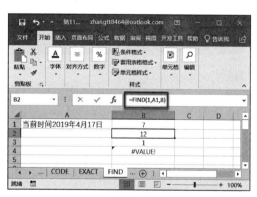

图 11-11

步骤 3：选中单元格 B3，在公式编辑栏中输入公式"=FIND(" 当 ",A1)"，按"Enter"键即可。该公式的含义是在单元格 A1 中从第 1 个字符开始搜索字符串"当"，并返回其在源字符串中的位置，结果如图 11-12 所示。

步骤 4：选中单元格 B4，在公式编辑栏中输入公式"=FIND(5,A1,1)"，按"Enter"键即可。该公式的含义是在单元格 A1 中从第 1 个字符开始搜索字符串"5"，并返回其在源字符串中的位置。由于源字符串中不存在字符"5"，所以 Excel 会返回错误代码

"#VALUE!"，如图 11-13 所示。

 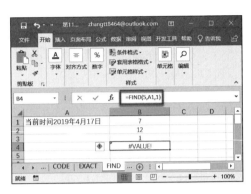

图　11-12　　　　　　　　　　　　图　11-13

注意：本函数常用于检测一个文本是否包括所检测的字符串。

■ 11.1.8　LEN 函数：计算文本字符串中的字符个数

LEN 函数用于返回文本字符串中的字符个数。其语法是：LEN(text)。参数 text 为计算长度的文本，或对含有文本单元格的引用，包括空格。此外，LENB 函数语法与 LEN 函数相同，只不过后者用于返回文本字符串中的字节数。

下面通过实例具体讲解该函数的操作技巧。

已知一段文本，使用 LEN 函数来统计此文本的字符个数，使用 LENB 函数来统计此文本的字节数。

打开工作表，选中单元格 A2，在公式编辑栏中输入公式"=LEN(A1)"，按"Enter"键即可返回文本字符串的字符个数，如图 11-14 所示。选中单元格 A3，在公式编辑栏中输入公式"=LENB(A1)"，按"Enter"键即可返回文本字符串的字节数，如图 11-15 所示。

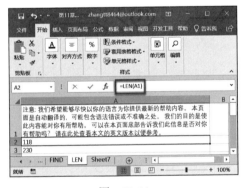 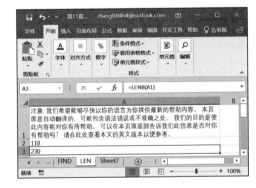

图　11-14　　　　　　　　　　　　图　11-15

注意：该函数适用于检查文件所包含字符串的个数，也适用于需要检测字符个数的文本。

■ 11.1.9　LOWER 函数与 UPPER 函数：文本的大小写转换

LOWER 函数用于将文本字符串的所有字母转换为小写形式。其语法是 LOWER(text)。参数 text 是要转换成小写形式的文本或字符串，或引用含有字符串的单元格。其中，对非字母字符串不作转换。

UPPER 函数用于将文本字符串的所有字母转换为大写形式。其语法是：UPPER(text)。参数 text 是要转换成大写形式的文本或引用含有文本字符串的单元格。

下面通过实例具体讲解这两个函数的操作技巧。

打开工作表，选中单元格 B2，在公式编辑栏中输入公式"=LOWER(A2)"，按"Enter"键即可将文本字符串全部转换为小写，如图 11-16 所示。选中单元格 B4，在公式编辑栏中输入公式"=UPPER(A4)"，按"Enter"键即可将文本字符串全部转换为大写，如图 11-17 所示。

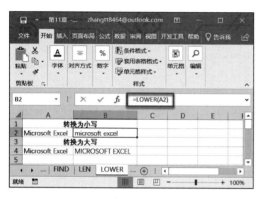

图　11-16

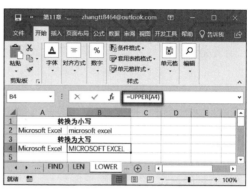

图　11-17

■ 11.1.10　文本的替换

1. REPLACE 函数：替换特定位置处的文本

REPLACE 函数用于替换特定位置处的任意文本。其语法是：REPLACE(old_text,start_num,num_chars,new_text)。

下面首先对其参数进行简单的介绍。

old_text：必需。要替换其部分字符的文本。

start_num：必需。old_text 中要替换为 new_text 的字符位置。

num_chars：必需。要从 old_text 中替换的字符个数。

new_text：必需。要替换 old_text 中字符的文本。

下面通过实例具体讲解该函数的操作技巧。

如图 11-18 所示，将单元格区域 A2：A6 内文本字符串中"……[页码]"删除，即将其替换为空白文本。选中单元格 B2，在公式编辑栏中输入公式"=REPLACE(A2,10,3,"")"，按"Enter"键即可完成替换。然后利用自动填充功能，对其他单元格进行自动填充即可。

图　11-18

注意：此函数适用于替换部分指定的字符串。替换与被替换的字符串位于同一工作表内。

2. SUBSTITUTE 函数：替换指定文本

SUBSTITUTE 函数用于替换指定的文本字符串。其语法是：SUBSTITUTE (text,old_text,new_text,instance_num)。

下面首先对其参数进行简单的介绍。

text：必需。需要替换其中字符的文本，或对含有文本（需要替换其中字符）的单元格的引用。

old_text：必需。需要替换的文本。如果原有字符串中的大小写不等于新字符串中的大小写，将不进行替换。

new_text：必需。用于替换 old_text 的新文本字符串。

instance_num：可选。指定的字符串 old_text 在源字符串中出现多次，则用本参数指定要替换第几个，如果省略，则全部替换。

下面通过实例具体讲解该函数的操作技巧。

某作者在编写步骤文本中含有"Enter"字符串，使用 SUBSTITUTE 函数，将"Enter"字符串替换成"回车"字符串。打开工作表，选中单元格 B1，在公式编辑栏中输入公式"=SUBSTITUTE(A1,""Enter"","回车")"，按"Enter"键即可将"Enter"字符串替换为"回车"字符串，如图 11-19 所示。

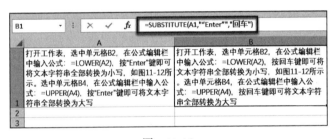

图 11-19

注意：此函数适用于将部分字符串以新字符串替换。

11.1.11 TEXTJOIN 函数：合并多区域文本并用分隔符分隔

TEXTJOIN 函数为 Excel 2019 版本的新增函数，此函数用于将多个区域和（或）字符串的文本组合起来，并包括要在组合的各文本值之间指定的分隔符。如果分隔符是空的文本字符串，则此函数将有效连接这些区域。其语法是：TEXTJOIN(分隔符,ignore_empty,text1,[text2],…)。

首先对其参数进行简单介绍。

分隔符：必需。文本字符串（空）或一个或多个用双引号括起来的字符，或对有效文本字符串的引用。如果提供了一个数字，它将被视为文本。

ignore_empty：必需。如果为 TRUE，则忽略空白单元格。

text1、text2、…：为要加入的文本项，可以为字符串、字符串数组等。文本项最多可以有 252 个文本参数。

下面通过实例来具体讲解该函数的操作技巧。

步骤 1：忽略空白单元格，将单元格区域 A1:B6 内的文本合并，并以","分隔。选中单元格 D1，在公式编辑栏中输入公式"=TEXTJOIN(",",TRUE,A1:B6)"，按"Enter"键即可，结果如图 11-20 所示。

步骤2： 不忽略空白单元格，将单元格区域 A1:B6 内的文本合并，并以"，"分隔。选中单元格 D2，在公式编辑栏中输入公式" =TEXTJOIN(",",FALSE,A1:B6)"，按"Enter"键即可，结果如图 11-21 所示。

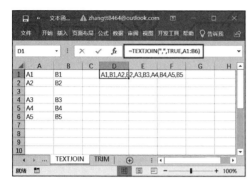

图　11-20

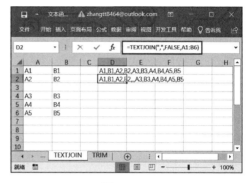

图　11-21

注意： 如果结果字符串超过 32767 个字符（单元格限制），则 CONCAT 函数返回"#VALUE!"错误。

11.1.12　TRIM 函数：删除文本中的空格符

TRIM 函数用于删除字符串中多余的空格，但会在英文字符串中保留一个作为词与词之间分隔的空格。其语法是：TRIM(text)。参数 text 是需要删除空格的文本字符串，或对含有文本字符串单元格的引用。下面通过实例具体讲解该函数的操作技巧。

打开工作表，选中单元格 A3，在公式编辑栏中输入公式" =TRIM(A1)"，按"Enter"键即可删除文本中的空格符，如图 11-22 所示。

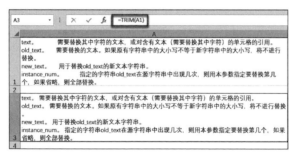

图　11-22

注意： 该函数适用于将文本或段落转换成没有多余空格的标准格式。

11.2 信息函数

11.2.1　IS 函数

IS 函数用于检验指定值，并根据结果返回逻辑值 TRUE 或 FALSE。例如，如果参数 value 引用的是空单元格，则该函数返回逻辑值 TRUE；否则返回逻辑值 FALSE。

在对某值执行计算或其他操作之前，可以使用 IS 函数获取该值的相关信息。例如，通过将 ISERROR 函数与 IF 函数结合使用，可以在出现错误时执行其他操作：

=IF(ISERROR(A1),"出现错误。",A1*2)

此公式用于检验单元格 A1 中是否存在错误情形。如果存在，则 IF 函数返回消息"出现错误"；如果不存在，则 IF 函数执行计算 A1*2。

IS 函数的语法均为 IS 函数名 (value)。参数 value 指要测试的值，可以是空白（空单元格）、错误值、逻辑值、文本、数字、引用值，或者引用要测试的以上任意值的名称。表 11-1 简单介绍几种 IS 函数及其作用。

表11-1 IS函数

函数名称	如果符合以下条件，则返回逻辑值 TRUE
ISBLANK	值为空白单元格
ISERR	值为任意错误值（除去"#N/A"）
ISERROR	值为任意错误值（#N/A、#VALUE!、#REF!、#DIV/0!、#NUM!、#NAME?、#NULL!）
ISLOGICAL	值为逻辑值
ISNA	值为错误值"#N/A"（值不存在）
ISNONTEXT	值为不是文本的任意项（请注意，此函数在值为空单元格时返回 TRUE）
ISNUMBER	值为数字
ISREF	值为引用
ISTEXT	值为文本

IS 函数的参数 value 是不可转换的。任何用双引号引起来的数值都将被视为文本。例如，在其他大多数需要数字的函数中，文本值 "19" 会转换成数字 19。然而在公式 ISNUMBER("19") 中，"19"并不会从文本值转换成数值，此时函数 ISNUMBER 返回逻辑值 FALSE。

下面通过实例详细讲解几个 IS 函数的使用方法与技巧。

例 1：判断单元格区域 A2:A5 内的字符串是否为文本。单击选中单元格 B2，在公式编辑栏中输入公式 "=ISTEXT(A2)"，按 "Enter" 键即可返回判断结果，如图 11-23 所示。然后利用自动填充功能，对其他单元格进行自动填充即可。

例 2：判断单元格区域 A8:A9 内单元格是否为空白单元格。选中单元格 B8，在公式编辑栏中输入公式 "=ISBLANK(A8)"，按 "Enter" 键即可返回判断结果，如图 11-24 所示。然后利用自动填充功能，对其他单元格进行自动填充即可。

图 11-23

图 11-24

11.2.2　信息的获取

此类函数用来表示 Excel 的操作环境、单元格的信息及产生错误时的错误种类。

1. CELL 函数：返回单元格信息

CELL 函数用于返回有关单元格的格式、位置或内容的信息。其语法是：CELL(info_type, [reference])。下面首先对其参数进行简单的介绍。

info_type：必需。用加双引号的半角文本指定需检查的信息，为文本值。如果文本的拼写不正确或用全角输入，则返回错误值"#VALUE!"；如果没有加双引号，则返回错误值"#NAME?"。表 11-2 显示了 info_type 参数的可能值及相应结果。

表11-2　info_type参数值及结果

Info_type	返回信息	
"address"	用"$A$1"的绝对引用形式，将引用区域左上角的第 1 个单元格作为返回值引用	
"col"	将引用区域左上角的单元格列标作为返回值引用	
"color"	如果单元格中的负值以不同颜色显示，则返回 1，否则返回 0	
"contents"	引用区域左上角的单元格的值作为返回值引用	
"filename"	包含引用的文件名（包括全部路径），文本类型。如果包含目标引用的工作表尚未保存，则返回空文本	
"format"	指定的单元格格式相对应的文本常数，如下所示：	
	表示形式	返回值
	常规	"G"
	0	"F0"
	#,##0	".0"
	0.00	"F2"
	#,##0.00	".2"
	$#,##0_);($#,##0)	"C0"
	$#,##0_);[Red]($#,##0)	"C0-"
	$#,##0.00_);($#,##0.00)	"C2"
	$#,##0.00_);[Red]($#,##0.00)	"C2-"
	0%	"P0"
	0.00%	"P2"
	0.00E+00	"S2"
	# ?/? 或 # ??/??	"G"
	yy-m-d	"D4"
	yy-m-d h;mm 或 dd-mm-yy	"D4"
	d-mmm-yy	"D1"
	dd-mmm-yy	"D1"
	mmm-yy	"D3"
	d-mmm 或 dd-mm	"D2"
	dd-mm	"D5"
	h;mm AM/PM	"D7"
	h;mm;ss AM/PM	"D6"
	h;mm	"D9"
	h;mm;ss	"D8"

（续）

Info_type	返回信息
"parentheses"	引用区域左上角的单元格格式中的正值或全部单元格均加括号时，1 作为返回值；其他情况时，0 作为返回值
"prefix"	与单元格中不同的"标志前缀"相对应的文本值。如果单元格文本左对齐，则返回单引号（'）；如果单元格文本右对齐，则返回双引号（"）；如果单元格文本居中，则返回插入字符（^）；如果单元格文本两端对齐，则返回反斜线（\）；如果是其他情况，则返回空文本（""）
"protect"	如果单元格没有锁定则为 0；如果单元格被锁定则为 1
"row"	将引用区域左上角单元格的行号作为返回值
"type"	与单元格中的数据类型相对应的文本值。如果单元格为空，则返回"b"；如果单元格包含文本常量，则返回"|"；如果单元格包含其他内容，则返回"v"
"width"	取整后的单元格的列宽，列宽以默认字号的一个字符的宽度为单位

reference：可选。需要其相关信息的单元格。如果省略，则将 Info_type 参数中指定的信息返回给最后更改的单元格。如果参数 reference 是某一单元格区域，则 CELL 函数只将该信息返回给该区域左上角的单元格。

下面通过实例具体讲解此类函数的操作技巧。

步骤 1：选中单元格 A1，在公式编辑栏中输入公式" =CELL("row",A1)"，按"Enter"键即可返回单元格 A1 的行号，如图 11-25 所示。

步骤 2：选中单元格 A2，在公式编辑栏中输入公式" =CELL("contents",B2)"，按"Enter"键即可返回单元格 B2 的内容，如图 11-26 所示。

图 11-25

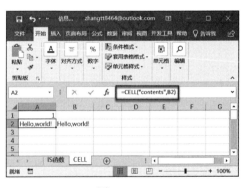

图 11-26

步骤 3：选中单元格 A3，在公式编辑栏中输入公式" =CELL("type",B3)"，按"Enter"键即可返回单元格 B3 的数据类型，数据类型"v"表示数值，如图 11-27 所示。

2. ERROR.TYPE 函数：返回对应错误类型的数字

ERROR.TYPE 函数用于返回错误类型的数字。其语法是：ERROR.TYPE(error_val)。error_val：必需。要查找其标号的错误值。ERROR.TYPE 函数用于检查错误的

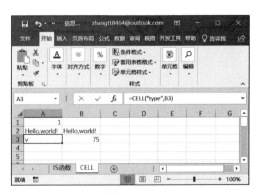

图 11-27

种类并返回相应的错误值（1～8）。错误值和 ERROR.TYPE 函数的返回值如表 11-3 所示。如果参数 error_val 不是错误类型，则返回错误值"#N/A"。

表11-3　ERROR.TYPE函数的错误值及返回值

error_val	返回值	error_val	返回值
#NULL!	1	#NUM!	6
#DIV/0!	2	#N/A	7
#VALUE!	3	#GETTING_DATA	8
#REF!	4	其他	#N/A
#NAME?	5		

下面通过实例具体讲解该函数的操作技巧。

选中单元格 B2，在公式编辑栏中输入公式"=ERROR.TYPE(B1)"，按"Enter"键即可返回单元格 B1 对应的错误值，如图 11-28 所示。然后利用自动填充功能，对其他单元格进行自动填充即可。

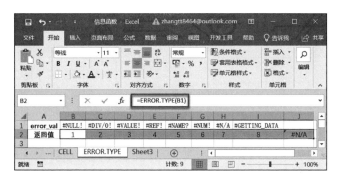

图　11-28

3. INFO 函数：返回当前操作环境信息

INfO 函数用于返回当前操作环境的信息。其语法是 INFO(type_text)。type_text：必需。用加双引号的半角文本指定要返回的信息类型。INFO 函数的参数类型及其返回值如表 11-4 所示。如果文本拼写不同或输入全角文本，则返回错误值"#VALUE!"；如果没有加双引号，则返回错误值"#NAME?"。

表11-4　INFO函数的类型及返回值

type_text	返　回　值
"directory"	当前目录或文件夹的路径
"numfile"	打开的工作簿中活动工作表的个数
"origin"	用 A1 样式的绝对引用，返回窗口中可见的最左上角的单元格
"osversion"	当前操作系统的版本号
"recalc"	用"自动"或"手动"文本表示当前的重新计算方式
"release"	表示 Microsoft Excel 的版本号
"system"	操作系统名称。用"mac"文本表示 Macintosh 版本，用"pcdos"文本表示 Windows 版本

INFO 函数返回 Excel 的版本或操作系统的种类等信息。注意 CELL 函数是返回单个单元格的信息，而 INFO 函数是取得使用的操作系统的版本等大范围的信息。

需要说明的是，在旧版本的 Excel 中，"memavail""memused""totmem"这些 type_text 值会返回内存信息。现在不再支持这些 type_text 值，而是返回"#N/A"错误值。

下面通过实例具体讲解该函数的操作技巧。

选中单元格 A1，在公式编辑栏中输入公式"=INFO("DIRECTORY")"，按"Enter"键即可返回当前目录或文件夹的路径，如图 11-29 所示。选中单元格 A2，在公式编辑栏中输入公式"=INFO("SYSTEM")"，按"Enter"键即可返回操作系统的名称，如图 11-30 所示。

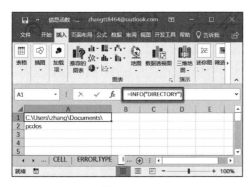 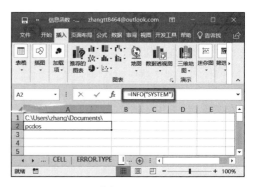

图 11-29　　　　　　　　　　　　　图 11-30

注意：当参数为 numfile 时，打开的活动工作簿包含加载宏。加载了不同的宏，增加的工作表数也不同。

11.2.3　TYPE 函数：返回数值类型

TYPE 函数用于返回数值的类型。其语法是 TYPE(value)。value：必需。可以是任意的 Excel 数值，如数字、文本以及逻辑值等。TYPE 函数将输入在单元格内的数据转换成相应的数值。TYPE 函数的返回数值如表 11-5 所示。

当使用能接受不同类型数据的函数（例如 ARGUMENT 函数和 INPUT 函数）时，函数 TYPE 十分有用。可以使用函数 TYPE 来查找函数或公式所返回的数据是何种类型。此外，还可以使用 TYPE 来确定单元格中是否含有公式。但 TYPE 仅确定结果、显示或值的类型。如果某个值是一个单元格引用，它所引用的另一个单元格中含有公式，则 TYPE 函数将返回此公式结果值的类型。

表11-5　TYP函数的返回数值

数据类型	返回值
数值	1
文本	2
逻辑值	4
错误值	16
数组	64

下面通过实例具体讲解该函数的操作技巧。

选中单元格 C2，在公式编辑栏中输入公式"=TYPE(A2)"，按"Enter"键即可返回单元格 A2 数值的类型，如图 11-31 所示。选中单元格 D2，在公式编辑栏中输入公式"=TYPE(2+A2)"，按"Enter"键即可返回错误值的类型，如图 11-32 所示。

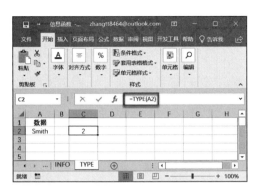

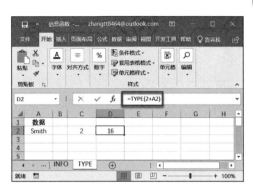

图　11-31 　　　　　　　　　　　　　　　　图　11-32

11.3 案例介绍

■ 11.3.1　提取学生出生日期并计算年龄

　　某辅导机构需要提取辅导班学生的出生日期并计算出年龄，以便对新生实现准确营销。身份证号码从第 7 位到第 14 位数字为出生日期，先用 MID 函数返回身份证出生日期数值，再使用 TEXT 函数把身份证出生日期数值转换成文本格式，最后使用 YEAR 函数计算学生的年龄。下面通过具体的操作步骤来详细讲解该案例的综合应用。

　　步骤 1：打开学生档案表，选中单元格 C4，在公式编辑栏中输入公式"=MID(E4,7,8)"，按"Enter"键即可返回出生日期数值，如图 11-33 所示。然后利用自动填充功能，对其他单元格进行自动填充即可。

　　该公式的含义是：在单元格 E4 的文本字符串中，以第 7 个字符为起始位置，返回长度为 8 的字符串。

　　步骤 2：选中单元格 D4，在公式编辑栏中输入公式"=TEXT(C4,"0000 年 00 月 00 日")"，按"Enter"键即可将出生日期数值转换为文本类型，如图 11-34 所示。然后利用自动填充功能，对其他单元格进行自动填充即可。

　　该公式的含义是：将单元格 C4 中的数字以"**** 年 * 月 ** 日"的格式转换成文本。

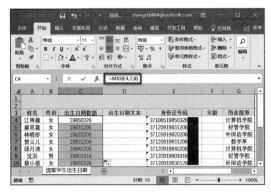

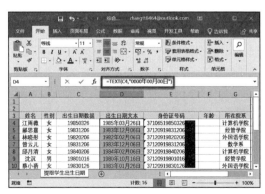

图　11-33 　　　　　　　　　　　　　　　　图　11-34

步骤 3：选中单元格 F4，在公式编辑栏中输入公式"=YEAR(TODAY())-YEAR(D4)"，按"Enter"键即可计算出学生的年龄，如图 11-35 所示。然后利用自动填充功能，对其他单元格进行自动填充即可。

该公式的含义是：首先利用 TODAY 函数得到当前日期，然后利用 YEAR 函数返回指定日期的年份值，二者相减即可得到学生的年龄。

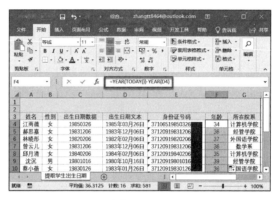

图　11-35

11.3.2　专家信息统计

某高校聘请了几位外国专家进行短期讲学，因为其姓名方面比较混乱，现在需要对其信息进行统计，将专家的名称分为 3 个部分，并根据性别输出称呼。下面通过具体步骤来详细介绍如何对专家信息进行统计。

步骤 1：打开专家信息表，选中单元格 C2，在公式编辑栏中输入公式"=LEFT(A2,FIND(".",A2)-1)"，按"Enter"键即可得到专家的名，如图 11-36 所示。然后利用自动填充功能，对其他单元格进行自动填充即可。

此公式的含义是：利用 FIND 函数查找第一个"."号在单元格 A2 中的位置数值，然后对数值减 1 得到专家名的文本字符个数，再利用 LEFT 函数返回单元格 A2 中从第 1 个字符开始指定长度的字符串，即为专家名。

在此公式中利用 FIND 函数查找第 1 个空格，然后返回空格前面的部分。

步骤 2：选中单元格 D2，在公式编辑栏中输入公式"=RIGHT(A2,(LEN(A2)-FIND(".",A2)))"，按"Enter"键即可得到专家的姓，如图 11-37 所示。然后利用自动填充功能，对其他单元格进行自动填充即可。

图　11-36

图　11-37

此公式的含义是：首先利用 LEN 函数结合 FIND 函数计算出单元格 A2 中符号"."后字符串的字符个数，即专家姓的文本字符个数，然后利用 RIGHT 函数计算单元格 A2 中文本的字符个数，然后利用 RIGHT 函数返回单元格 A2 中从最后一个字符开始向前指定长度的字符，即专家的姓。

步骤3：选中单元格 E2，在公式编辑栏中输入公式"=IF(B2=" 男 ",CONCATENATE (D2," 先生 "), CONCATENATE(D2," 女士 "))"，按" Enter "键即可通过性别输出专家的称呼，如图 11-38 所示。然后利用自动填充功能，对其他单元格进行自动填充即可。

此公式的含义是：利用 IF 函数结合 CONCATENATE 函数，首先取到单元格 B2 中的专家性别，然后根据条件输出专家的称呼。

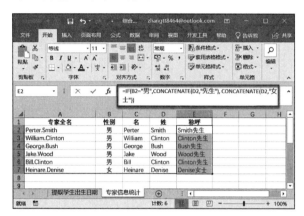

图　11-38

第12章

逻辑函数应用技巧

逻辑函数是用来判断真假值或进行复合检验的函数，此类函数应用比较广泛，而且逻辑函数经常和其他函数联合起来使用，处理一些比较复杂的问题。根据逻辑函数的用途可将它分为两类，一类用于判断真假值，一类用于进行复合检验。本章将通过实例来说明逻辑函数的应用技巧。

- 判断真假值的逻辑函数
- 进行复合检验的逻辑函数
- 综合实战：制作分段函数散点坐标图

12.1 判断真假值的逻辑函数

在逻辑函数中，用于判断真假值的函数主要有 AND 函数、FALSE 函数、NOT 函数、OR 函数、TRUE 函数和 XOR 函数等。本节将通过实例来介绍其中几个函数的功能。

12.1.1 AND 函数：进行交集运算

AND 函数是用于对多个逻辑值进行交集的运算。当所有参数的逻辑值为真时，返回结果为 TRUE；只要一个参数的逻辑值为假，返回结果即为 FALSE。其语法是：AND(logical1,logical2, ...)。其中参数 logical1、logical2…是 1 ～ 255 个要进行检测的条件，它们可以是 TRUE 或 FALSE。

知识补充：在 AND 函数功能的讲解中，提到了一个概念——交集。一般地，由所有属于集合 A 且属于集合 B 的元素所组成的集合，叫作 A 与 B 的交集，记作 A ∩ B（读作 "A 交 B"），符号语言表达式为：A ∩ B={x|x ∈ A，且 x ∈ B}，如图 12-1 所示。

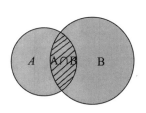

图　12-1

下面通过实例具体讲解该函数的操作技巧。

例如，某班级记录了学生的三科成绩，要判断每个学生是否满足 "三门功课均在 80 分以上（含 80 分）" 的条件。

打开工作表，单击选中单元格 F4，在公式编辑栏中输入公式 " =AND(C4>79,D4>79,E4>79)"，按 "Enter" 键即可返回判断结果，如图 12-2 所示。然后利用自动填充功能，对其他单元格进行自动填充即可。

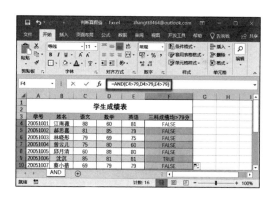

图　12-2

注意：对于 AND 函数来说，在实际应用中，当两个或多个条件必须同时成立时才判定为真。其参数必须是逻辑值 TRUE 或 FALSE，也可以是包含逻辑值的数组或引用。如果在数组或引用参数中包含了文本或空白单元格，则这些值将被忽略。如果指定的单元格区域内包含了非逻辑值，则 AND 函数将返回错误值 "#VALUE!"。

12.1.2 NOT 函数：计算反函数

NOT 函数是用于对参数值进行求反的运算，当要保证一个值不等于某一特定值时，可以使用 NOT 函数。其语法是：NOT(logical)。参数 logical 是一个可以计算出 TRUE 或 FALSE 的逻辑值或逻辑表达式。

下面通过实例具体讲解该函数的操作技巧。

某培训机构统计了一部分学生的信息，要判断学生的年龄是否大于等于 33 岁。

打开工作表，单击选中单元格 E4，在公式编辑栏中输入公式 " =NOT(D4<33)"，按 "Enter" 键即可返回判断结果，如图 12-3 所示。然后利用自动填充功能，对其他单元格进行自动填充即可。

注意：对于 NOT 函数来说，如果逻辑值为 FALSE，NOT 函数的返回结果将为 TRUE；如果逻辑值为 TRUE，NOT 函数的返回结果将为 FALSE。

12.1.3　OR 函数：进行并集运算

OR 函数是用于对多个逻辑值进行并集的运算。在其参数组中，任何一个参数逻辑值为 TRUE，即返回 TRUE；所有参数的逻辑值为 FALSE，即返回 FALSE。其语法是：OR(logical1,logical2, ...)。其中参数 logical1、logical2…是 1 ～ 255 个需要进行检测的条件，检测结果可以为 TRUE 或 FALSE。

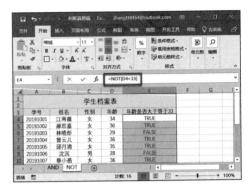

图　12-3

知识补充：在 OR 函数功能的讲解中，提到了一个概念——并集。一般地，由所有属于集合 A 或属于集合 B 的元素所组成的集合，叫作 A 与 B 的并集，记作 A ∪ B（读作 "A 并 B"），即 A ∪ B ＝ {x|x ∈ A，或 x ∈ B}，如图 12-4 所示。

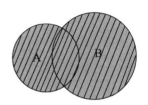

图　12-4

下面通过实例具体讲解该函数的操作技巧。

某班级统计了学生的成绩，并计算了总分，要判断学生的总分是否大于 250 分或小于 200 分。

打开工作表，单击选中单元格 G4，在公式编辑栏中输入公式 " =OR(F4<200,F4>250)"，按 "Enter" 键即可返回判断结果，如图 12-5 所示。然后利用自动填充功能，对其他单元格进行自动填充即可。

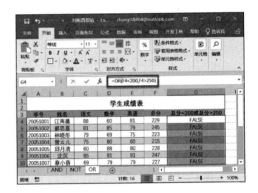

图　12-5

注意：对于 OR 函数来说，在实际应用中，两个或多个条件中只要有一个成立就判定为真。其参数必须能计算为逻辑值 TRUE 或 FALSE，或为包含逻辑值的数组或引用。如果数组或引用参数中包含文本或空白单元格，则这些值将被忽略。如果指定的区域中不包含逻辑值，则 OR 函数将返回错误值 "#VALUE!"。

12.2　进行复合检验的逻辑函数

进行复合检验的逻辑函数包括 IF 函数、IFS 函数、IFERROR 函数、SWITCH 函数等，其中 IFS 函数及 SWITCH 函数为 Excel 2019 新增或进行修改的函数。本节将通过实例来介绍这几个函数的功能。

12.2.1　IF 函数：判断真假函数

IF 函数用于根据条件计算结果的真假值 TRUE 或 FALSE 来进行逻辑判断，然后返回不同的结果。可以使用 IF 函数对数值和公式执行条件检测。其语法是：IF(logical_test,value_if_true,[value_if_false])。下面首先对其参数进行简单的介绍。

logical_test：必需。指定的判断条件。

value_if_true：必需。参数 logical_test 为 TRUE 时返回的值。

value_if_false：可选。参数 logical_test 为 FALSE 时返回的值。

下面通过实例具体讲解该函数的操作技巧。

例如，某辅导机构记录了学生的信息，要判断每个学生的年龄是否大于33，大于33返回"是"，否则返回"否"。

打开工作表，单击选中单元格 E4，在公式编辑栏中输入公式 " =IF(D4>33," 是 "," 否 ")"，按"Enter"键即可返回判断结果，如图 12-6 所示。然后利用自动填充功能，对其他单元格进行自动填充即可。

注意：IF 函数用来进行逻辑判断，并根据真假值返回不同的结果。在实际应用中，最多可以使用 64 个 IF 函数作为参数 value_if_true 和 value_if_false 进行嵌套，以便进行更详尽的判断。在计算参数 value_if_true 和 value_if_false 时，IF 函数会返回相应语句执行后的返回值。如果 IF 函数的参数包含数组，则在执行 IF 语句时，数组中的每一个元素都将进行计算。

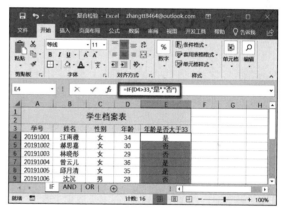

图　12-6

12.2.2　IFS 函数：判断多条件真假函数

IFS 函数用于检查是否满足一个或多个条件，并返回与相应条件 TRUE 对应的值。IFS 函数可以替换多个嵌套的 IF 语句，并且更易于在多个条件下读取。其语法是：IFS(logical_test1,value_if_true1,[logical_test2,value_if_true2],[logical_test3,value_if_true3],…)。要注意，IFS 函数允许用户测试最多 127 个不同的条件。下面首先对其参数进行简单的介绍。

logical_test1：必需。指定的判断条件。

value_if_true1：必需。参数 logical_test1 为 TRUE 时返回的值，可以为空。

logical_test2…logical_test127：可选。指定的判断条件。

value_if_true2…value_if_true127：可选。参数 logical_testN 为 TRUE 时对应返回的值，可以为空。

下面通过实例具体讲解该函数的操作技巧。

例如，某班级统计了学生的各科成绩，要计算学生的语文成绩等级（90 ～ 100：等级 A，80 ～ 89：等级 B，70 ～ 79：等级 C，60 ～ 69：等级 D，60 分以下：等级 F）。

打开工作表，单击选中单元格 F4，在公式编辑栏中输入公式 "=IFS(C4>89,"A",C4>

79,"B",C4>69,"C",C4>59,"D",TRUE,"F")"，按"Enter"键即可返回学生语文成绩等级，
如图 12-7 所示。然后利用自动填充功
能，对其他单元格进行自动填充即可。

注意：IFS 函数用来进行多条件逻辑
判断。在实际应用中，最多允许用户测
试 127 个不同的条件。若要指定默认结
果，请对最后一个 logical_test 参数输入
TRUE。如果不满足其他任何条件，则将
返回相应值。如果提供了 logical_test 参数，
但未提供相应的 value_if_true，则此函数
显示"你为此函数输入的参数过少"错误
消息；如果 logical_test 参数经计算解析为
TRUE 或 FALSE 以外的值，则此函数返回
"#VALUE！"错误；如果找不到 TRUE 条件，则此函数返回"#N/A"错误。

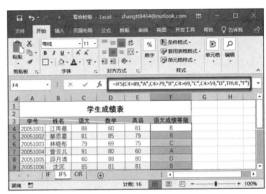

图　12-7

12.2.3 IFERROR 函数：自定义公式错误提示

IFERROR 函数是一个自定义公式错误时的提示函数。如果公式计算出错则返回指
定的值，否则返回公式结果。其语法是：IFERROR(value,value_if_error)。参数 value
为需要检查是否存在错误的参数；参数 value_if_error 为公式计算错误时要返回的值。
计算得到的错误类型有：#N/A、#VALUE！、#REF！、#DIV/0！、#NUM！、#NAME？ 或
#NULL！。

下面通过几个除法运算具体讲解该函数的操作技巧。

打开工作表，单击选中单元格 C2，在公式编辑栏中输入公式" =IFERROR(A2/
B2,"计算中存在错误")"，按"Enter"
键即可返回自定义的公式错误提示，如
图 12-8 所示。然后利用自动填充功能，
对其他单元格进行自动填充即可。

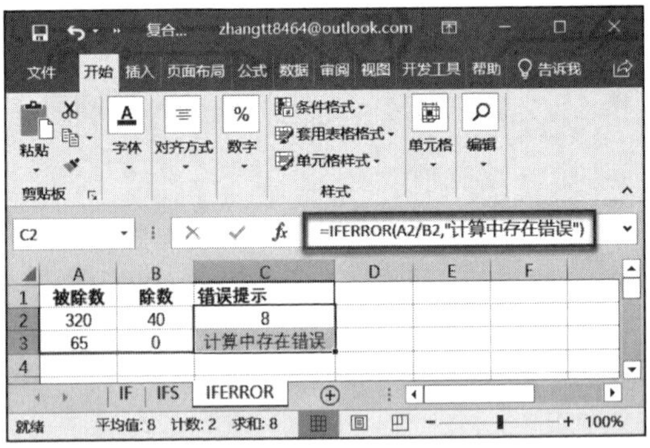

320 除以 40 的结果是 8，计算过程
中没有错误，所以单元格 C2 的返回结果
为"8"。

65 除以 0，除数为"0"，而"0"不
能当除数，所以单元格 C3 的返回结果
为"计算中存在错误"。

图　12-8

注意：IFERROR 函数可以用来查找和
处理公式中的错误。对 IFERROR 函数来说，如果参数 value 或参数 value_if_error 是空单元
格，则 IFERROR 函数将其视为空字符串值 ("")；如果参数 value 是数组公式，则 IFERROR
函数为参数 value 中指定区域的每个单元格返回一个结果数组。

12.2.4 SWITCH 函数

SWITCH 函数用于根据值列表计算一个值（称为表达式），并返回与第 1 个匹配

值对应的结果。如果不匹配，则可能返回可选默认值。其语法是：SWITCH(表达式 ,value1,result1,[default 或 value2,result2],…[default 或 value3,result3])。下面首先对其参数进行简单的介绍。

表达式：必需。将与 value1…value126 比较的值（如数字、日期或某些文本）。

value1…value126：将与表达式比较的值。

result1…result126 : resultN 是在对应 valueN 参数与表达式匹配时返回的值。必须为每个 valueN 参数提供对应的 resultN。

default : 可选。default 是当在 valueN 表达式中没有找到匹配值时要返回的值。当没有对应的 resultN 表达式时，则标识为 default 参数。default 必须是函数中的最后一个参数。

由于函数最多可包含 254 个参数，所以最多可以使用 126 对值和结果参数。

下面通过示例简单讲解该函数的操作技巧。

打开工作表，单击选中单元格 B2，在公式编辑栏中输入公式 "=SWITCH(WEEKDAY(A2),1,"Sunday",2,"Monday",3,"Tuesday","No match")"，按 " Enter" 键即可返回表达式的匹配值，如图 12-9 所示。然后利用自动填充功能，对其他单元格进行自动填充即可。公式 " =WEEKDAY(A2)" 的结果是 7，但是在公式中未找到匹配值，所以返回默认值 " No match"。公式 " =WEEKDAY(A3)" 的结果是 1，在公式中可找到匹配值，所以返回结果 "Sunday"。

单击选中单元格 B6，在公式编辑栏中输入公式 " =SWITCH(A6,1," 星期天 ",2," 星期一 ",3," 星期二 ")"，按 " Enter" 键即可返回表达式的匹配值，如图 12-10 所示。由于单元格 A6 中的值 99 在公式中未找到匹配值，且公式为设置默认值，所以返回结果 "#N/A"。

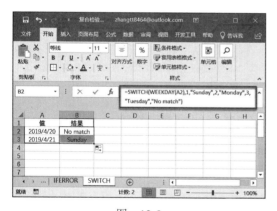

图　12-9

图　12-10

12.3　综合实战：制作分段函数散点坐标图

逻辑函数在各个领域中的应用非常广泛。本节将通过一个简单的分段函数实例来介绍逻辑函数在实际中的应用技巧。

某分段函数要满足的条件如下：

❑ 当 $-10 \leqslant x \leqslant 10$ 时，$y=x^3$；

❑ 当 $10<x<20$ 或 $-20<x<-10$ 时，$y=x$；

❑ 当 $x \geqslant 20$ 或 $x \leqslant$ 时，$y=x^2$。

如果要在工作表中计算随 x 变化而变化的 y 值，并制作出坐标图，则可以使用下面的方法进行操作。

步骤 1：在单元格区域 A2:A32 内输入所需数据，即 $-15 \sim 15$，如图 12-11 所示。

步骤 2：在单元格 B2 中输入满足以上分段函数的表达式 " =IF(AND(A2>=-10, A2<=10),A2^3,IF(OR(A2>=20, A2<=-20),(A2)^2,A2))"，按 "Enter" 键即可得到公式的结果值。然后利用自动填充功能，对其他单元格进行自动填充即可，如图 12-12 所示。

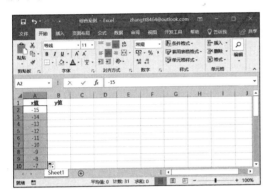

图　12-11　　　　　　　　　　图　12-12

步骤 3：选中单元格区域 B2:B32，切换至 "插入" 选项卡，单击 "图表" 组中的 "散点图" 按钮，如图 12-13 所示。

步骤 4：此时在工作表中即可看到该分段函数的散点坐标图，如图 12-14 所示。

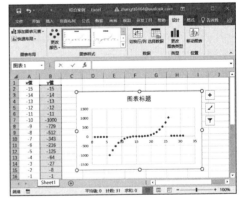

图　12-13　　　　　　　　　　图　12-14

提示：有关图表的制作方法将在第 19 章中详细介绍。

第13章
数学与三角函数应用技巧

Excel 中提供了大量的数学与三角函数，以帮助用户提高运算效率。本章将介绍 Excel 2019 中数学与三角函数的用途、语法及参数的详细说明，并结合实例介绍函数在实际中的应用。本章最后提供一个综合案例，以帮助读者理解数学与三角函数的具体用法。

- 数学函数
- 三角函数
- 综合实战：计算个人所得税

13.1 数学函数

数学函数主要用于数学计算，在日常的工作和学习中有着广泛的用途。本节将以实例的形式来介绍这几十个数学函数的应用。

13.1.1 ABS 函数：计算绝对值

ABS 函数用于计算数字的绝对值，绝对值是没有符号的。其语法是：ABS(number)。参数 number 为需要计算其绝对值的实数。

知识补充：函数的功能中提到一个概念——绝对值。绝对值在数轴上表示为一个数与原点间的距离。一个正实数的绝对值是它本身；一个负实数的绝对值是它的相反数；零的绝对值是零。

下面通过实例具体讲解该函数的操作技巧。例如，某工厂生产一批产品，要根据产品的标准重量与实际重量的数值计算误差百分率，那么首先要计算两者之间的差值。

打开工作表，单击选中单元格 D2，在公式编辑栏中输入公式"=ABS (C2-B2)"，按"Enter"键即可得到标准重量与实际重量的差值，如图 13-1 所示。然后利用自动填充功能，对其他单元格进行自动填充即可。

图 13-1

注意：在求取数字的绝对值时会用到 ABS 函数。对 ABS 函数来说，如果参数 number 不是数值，而是一些字符（如 A，b 等），则 ABS 函数将返回错误值"#NAME？"。

13.1.2 按条件舍入数值

1. CEILING 函数：按条件向上舍入数值

CEILING 函数用于将某个数值按照条件向上舍入（沿绝对值增大的方向），结果为最接近参数 significance 的倍数。其语法是：CEILING(number,significance)。其中，参数 number 为要舍入的数值，参数 significance 为用以进行舍入计算的倍数，也就是舍入的基准。

下面通过实例具体讲解该函数的操作技巧。例如，某粮油公司要用卡车向外地运输一批粮食。每种粮食的重量不同，需要的卡车数量也不相同。现在要根据每种卡车的载货量计算出运输每种粮食所需要的最少卡车数。

打开工作表，单击选中单元格 D2，在公式编辑栏中输入公式" =CEILING(B2/ C2,1)"，按"Enter"键即可计算出所需卡车数量，如图 13-2 所示。然后利用自动填充功能，对其他单元格进行自动填充即可。

注意：在 CEILING 函数中，如果参数为非数值型，CEILING 函数将返回错误值"#VALUE!"。无论数字符号如何，都按远离 0 的方向向上舍入。如果数字已经为参数 significance 的倍数，则不进行舍入。如果参数 number 和参数 significance 的符号不同，CEILING 函数将返回错误值"#NUM!"。

2. EVEN 函数：计算取整后最接近的偶数

EVEN 函数用于计算沿数值绝对值增大的方向进行取整后最接近的偶数。其语法是：EVEN(number)。参数 number 是要进行四舍五入的数值。

下面通过实例具体讲解该函数的操作技巧。例如，某语文老师统计了学生入学以来 3 次语文考试的成绩，为方便统计，要按偶数形式统计学生的平均分。

打开工作表，单击选中单元格 F4，在公式编辑栏中输入公式"=EVEN(SUM(C4:E4)/3)"，按"Enter"键即可计算学生 3 次考试的平均分，如图 13-3 所示。然后利用自动填充功能，对其他单元格进行自动填充即可。

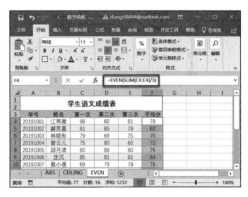

图　13-2　　　　　　　　　　　图　13-3

注意：使用 EVEN 函数可以处理那些成对出现的对象。例如，一个包装箱一行可以装一宗或两宗货物，只有当这些货物的宗数向上取整到最近的偶数，与包装箱的容量相匹配时，包装箱才会装满。在 EVEN 函数中，如果参数 number 为非数值参数，则 EVEN 函数将返回错误值"#VALUE!"。不论参数 number 的正负号如何，函数都向远离零的方向舍入，如果参数 number 恰好是偶数，则无需进行任何舍入处理。

3. FLOOR 函数：计算向下舍入最接近的倍数

FLOOR 函数用于将某数值向下舍入（向零的方向）到最接近的倍数。其语法是：FLOOR(number,significance)。其中，参数 number 为进行四舍五入的数值，参数 significance 为用以进行舍入计算的倍数。

下面通过实例具体讲解该函数的操作技巧。例如，某学校的会计部门为了统计方便，对所收的书本费结果取两位小数，同时统计单位为"千元"。

打开工作表，单击选中单元格 E2，在公式编辑栏中输入公式"=FLOOR(D2/1000,0.01)"，按"Enter"键即可计算出书本费总额，如图 13-4 所示。然后利用自动填充功能，对其他单元格进行自动填充即可。

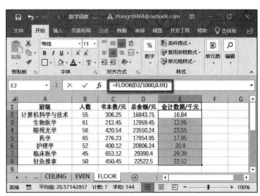

图　13-4

注意：在 FLOOR 函数中，如果任一参数为非数值型，则 FLOOR 函数将返回错误值"#VALUE!"；如果参数 number 和参数 significance 的符号相反，则 FLOOR 函数将返回错误值"#NUM!"。不论参数 number 的正负号如何，舍入时参数的绝对值都将减小。如果参数 number 已经为参数 significance 的倍数，则不需要进行任何舍入。

4. INT 函数：将数字向下舍入到最接近的整数

INT 函数用于将数字向下舍入到最接近的整数。其语法是：INT(number)。参数 number 为需要进行向下舍入取整的实数。

下面通过实例具体讲解该函数的操作技巧。例如，某旅游公司新进了几辆旅游车，每辆车的载重不一样，所能乘载的乘客数也不一样。现在假设每个乘客的重量为 50kg，要计算每辆车的可载乘客数。

打开工作表，单击选中单元格 C2，在公式编辑栏中输入公式"=INT(A2/B2)"，按"Enter"键即可计算出客车可载乘客数，如图 13-5 所示。然后利用自动填充功能，对其他单元格进行自动填充即可。

图　13-5

注意：在 INT 函数中，如果参数为非数值型，INT 函数将返回错误值"#VALUE!"。

5. MROUND 函数：计算按指定基数舍入后的数值

MROUND 函数用于计算参数按指定基数舍入后的数值。其语法是：MROUND(number,multiple)。其中，参数 number 是要进行四舍五入的数值，参数 multiple 是要对数值 number 进行四舍五入的基数。

下面通过实例具体讲解该函数的操作技巧。例如，某学校要进行卫生大扫除，需要分配卫生工具给不同的小组，只有小组全部获得卫生工具才能开始大扫除，因此要计算分配多余或缺少的工具数。

步骤 1：打开工作表，单击选中单元格 C2，在公式编辑栏中输入公式"=MROUND(A2,B2)"，按"Enter"键即可计算出需要分配的工具数，如图 13-6 所示。然后利用自动填充功能，对其他单元格进行自动填充即可。

步骤 2：单击选中单元格 D2，在公式编辑栏中输入公式"=ABS(A2-C2)"，按"Enter"键即可计算出剩余或缺少的工具数，如图 13-7 所示。然后利用自动填充功能，对其他单元格进行自动填充即可。

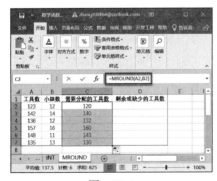

图　13-6

图　13-7

注意：在 MROUND 函数中，如果参数 number 除以基数的余数大于或等于基数的一半，则 MROUND 函数将向远离零的方向舍入。如果该函数不可用，并返回错误值"#NAME?"，那么必须安装并加载"分析工具库"来加载宏。

6. ODD 函数：计算对指定数值向上舍入后的奇数

ODD 函数用于计算对指定数值进行向上舍入后的奇数。其语法是：ODD(number)。参数 number 是要进行四舍五入的数值。使用 ODD 函数也可以来判断数字的奇偶性。

下面通过实例具体讲解该函数的操作技巧。已知某行数据，判断这些数据的奇偶性。

步骤 1：打开工作表，单击选中单元格 B2，在公式编辑栏中输入公式"=ODD(B1)"，按"Enter"键即可计算出向上舍入后的奇数，如图 13-8 所示。然后利用自动填充功能，对其他单元格进行自动填充即可。

步骤 2：单击选中单元格 B3，在公式编辑栏中输入公式"=IF(B1=B2," 奇数 "," 偶数 ")"，按"Enter"键即可判断数据的奇偶性，如图 13-9 所示。然后使用自动填充功能，对其他单元格进行自动填充即可。

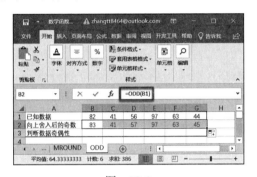
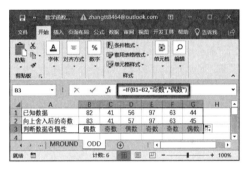

图　13-8　　　　　　　　　　　　　　图　13-9

注意：对 ODD 函数来说，如果参数 number 为非数值参数，则 ODD 函数将返回错误值"#VALUE!"。如果参数 number 恰好是奇数，则不必进行任何舍入处理。无论数字符号如何，都按远离 0 的方向向上舍入。

7. ROUND 函数、ROUNDDOWN 函数、ROUNDUP：按位数舍入

ROUND 函数用于计算某个数字按指定位数取整后的数字；ROUNDDOWN 函数用于向靠近零值的方向向下（绝对值减小的方向）舍入数字；ROUNDUP 函数用于向远离零值的方向向上（绝对值增大的方向）舍入数字。其语法分别是：ROUND(number,num_digits)、ROUNDDOWN(number,num_digits)、ROUNDUP(number,num_digits)。其中参数 number 为需要舍入的任意实数，参数 num_digits 为四舍五入后的数字的位数。

下面通过实例具体讲解该函数的操作技巧。某网通经营商对家用座机的收费标准如下：每月的座机费为 18 元，打电话时间在 3 分钟以内，收费均为 0.22 元，超过 3 分钟后，每分钟的通话费为 0.1 元，并按整数计算。要求计算某家庭在一个月内的电话总费用。

步骤 1：打开工作表，单击选中单元格 C2，在公式编辑栏中输入公式"=IF(B2<3,0.22,0.22+ROUNDUP((B2-3),0)*0.1)"，按"Enter"键即可计算出第 1 次通话所用的费用，如图 13-10 所示。然后利用自动填充功能，对其他单元格进行自动填充即可。

步骤 2：单击选中合并单元格 D2，在公式编辑栏中输入公式"=18+SUM(C2:C7)"，

按"Enter"键即可计算出本月的通话总费用，如图 13-11 所示。

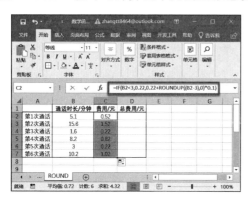

图　13-10

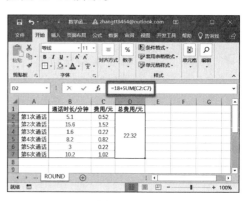

图　13-11

注意：上面的 3 个函数，拥有相同的参数。如果参数 num_digits 大于 0，则四舍五入到指定的小数位；如果参数 num_digits 等于 0，则四舍五入到最接近的整数；如果参数 num_digits 小于 0，则在小数点左侧进行四舍五入。

13.1.3　COMBIN 函数：计算给定数目对象的组合数

COMBIN 函数用于计算从给定数目的对象集合中，提取若干对象的组合数。其语法是：COMBIN(number,number_chosen)。其中参数 number 表示项目的数量，参数 number_chosen 表示每一个组合中项目的数量。

下面通过两个小计算具体讲解该函数的操作技巧。

1）某工厂车间有 5 个人，分别是张静、李平、苏刚、王辉和吕丽。现在要从这 5 人中抽出 4 人进行技能比赛，计算可以搭配的组合数。

打开工作表，单击选中单元格 C2，输入公式" =COMBIN(A2,B2)"，按" Enter"键即可计算出可组合数目，如图 13-12 所示。

2）某班级进行班委选举，要从 8 个候选人中选举两个候选人，计算可能出现的结果总数。

单击选中单元格 C3，输入公式" =COMBIN(A3,B3)"，按" Enter"键即可计算出可能出现的结果总数，如图 13-13 所示。

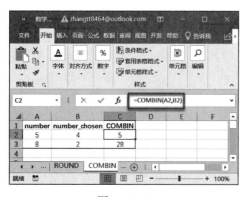

图　13-12

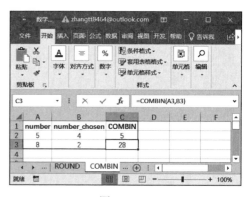

图　13-13

注意：使用 COMBIN 函数可以确定一组对象所有可能的组合数。在 COMBIN 函数中的数字参数将截尾取整。如果参数为非数值型，则 COMBIN 函数将返回错误值"#VALUE!"；如 果 参 数 number<0、参 数 number_chosen<0 或 参 数 number< 参 数 number_chosen，则 COMBIN 函数将返回错误值"#NUM!"。

13.1.4　EXP 函数：计算 e 的 n 次幂

EXP 函数用于计算 e 的 n 次幂。其语法是：EXP(number)，参数 number 为应用于底数 e 的指数。

知识补充：常数 e 等于 2.71828182845904，是自然对数的底数。

下面通过两个小计算具体讲解该函数的操作技巧。已知某函数表达式 $y=e^x$，现求解 x 的取值在 −5 ～ 5 之间的函数曲线。

步骤 1：在单元格区域内正序输入 x 值：−5 ～ 5，单击选中单元格 B2，在公式编辑栏中输入公式"=EXP(A2)"，按"Enter"键即可求出 $y=e^{-5}$ 的值，如图 13-14 所示。然后利用自动填充功能，对其他单元格进行自动填充即可。

步骤 2：选中单元格区域 B2:B12，切换至"插入"选项卡，单击"图表"组中的"散点图"按钮，然后在弹出的菜单列表中单击选择"带平滑线的散点图"，如图 13-15 所示。

步骤 3：返回 Excel 主界面，即可看到系统已自动生成函数曲线，如图 13-16 所示。

图　13-14

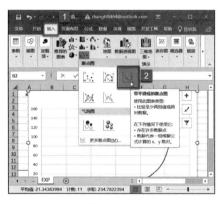

图　13-15

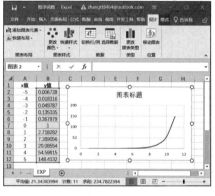

图　13-16

注意：用 EXP 函数可以计算不同参数的指数数值。e = 2.71828182…是微积分中两个常用极限之一，因为它有一些特殊的性质，使得它在数学、物理等学科中被广泛应用。在使用 EXP 函数时，如果要计算以其他常数为底的幂，必须使用指数操作符 (^)。EXP 函数是计算自然对数的 LN 函数的反函数。

13.1.5　计算数字阶乘

1. FACT 函数：计算数字阶乘

FACT 函数用于计算某正数的阶乘。其语法是：FACT(number)。参数 number 为要计算其阶乘的数值。

知识补充：一个数 N 的阶乘等于 1*2*3*...*N。

FACT 函数主要用来计算不同参数的阶乘数值。接下来详细介绍下该函数的使用技巧。

步骤 1：单击选中单元格 A2，在公式编辑栏中输入公式"=FACT(5)"，按"Enter"键即可得到 5 的阶乘，如图 13-17 所示。

步骤 2：单击选中单元格 A3，在公式编辑栏中输入公式"=FACT(8.6)"，按"Enter"键即可得到 8.6 截尾后取整的阶乘，如图 13-18 所示。

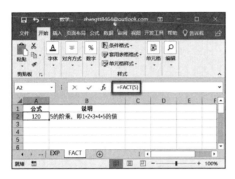

图　13-17

图　13-18

步骤 3：单击选中单元格 A4，在公式编辑栏中输入公式"=FACT(-6)"，按"Enter"键返回错误值"#NUM!"，如图 13-19 所示。这是因为 FACT 函数的参数 number 不能是负数，是负数则返回错误值。

步骤 4：单击选中单元格 A5，在公式编辑栏中输入公式"=FACT(171)"，按"Enter"键返回错误值"#NUM!"，如图 13-20 所示。这是因为 FACT 函数的参数 number 最大为 170，超过 170 后会返回错误值。

图　13-19

图　13-20

注意：阶乘主要用于排列和组合的计算。在用 FACT 函数计算阶乘时，如果参数 number 不是整数，将对参数截尾取整后进行计算。如果参数为负数，将会返回错误值"#NUM!"。因为计算阶乘时，参数越大，结果越大，Excel 2019 目前只能支持 170 以下的正数阶乘的计算，超过 170 后，FACT 函数将会返回错误值"#NUM!"。

2. FACTDOUBLE 函数：计算数字双倍阶乘

FACTDOUBLE 函数用于计算数字的双倍阶乘。其语法是：FACTDOUBLE (number)。参数 number 为要计算其双倍阶乘的数值。如果 number 不是整数，将截尾取整。

知识补充：参数的奇偶性不同，双倍阶乘的计算方法也不同。如果参数 number 为偶数，计算公式为：n!!=n(n−2)(n−4)···(4)(2)。如果参数 number 为奇数，计算公式为：n!!=n(n−2)(n−4)···(3)(1)。

FACTDOUBLE 函数主要用来计算不同参数的阶乘数值。接下来详细介绍该函数的使用技巧。

步骤 1：单击选中单元格 A2，在公式编辑栏中输入公式"=FACTDOUBLE(9)"，按"Enter"键即可得到 9 的双倍阶乘，如图 13-21 所示。

步骤 2：单击选中单元格 A3，在公式编辑栏中输入公式"=FACTDOUBLE(8)"，按"Enter"键即可得到 8 的双倍阶乘，如图 13-22 所示。

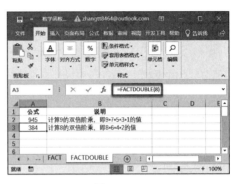

图　13-21　　　　　　　　　　　　　图　13-22

注意：在用 FACTDOUBLE 函数计算双倍阶乘时，如果参数 number 为非数值型，FACTDOUBLE 函数将返回错误值"#VALUE!"；如果参数 number 为负值，FACTDOUBLE 函数将返回错误值"#NUM!"。

13.1.6　MULTINOMIAL 函数：计算一组数字的多项式

MULTINOMIAL 函数用于计算参数和的阶乘与各参数阶乘乘积的比值。其语法是：MULTINOMIAL(number1,number2,···)。其中参数 number1、number2···是用于进行函数 MULTINOMIAL 运算的 1～255 个值。

下面通过实例具体讲解该函数的操作技巧。例如，某车间小组共有 8 人，现从 8 人中任选 3 人进行组合，以小组为单位进行值班，求解所有的组合数。

步骤 1：打开工作表，选中单元格 C2，在公式编辑栏中输入公式"=A2-B2"，按"Enter"键得到去除组合人数后的剩余人数，如图 13-23 所示。

步骤 2：选中单元格 B4，在公式编辑栏中输入公式"=MULTINOMIAL(B2,C2)"，按"Enter"键得到组合数，如图 13-24 所示。

图　13-23　　　　　　　　　　　　　图　13-24

步骤 3：使用 COMBIN 函数来再次计算组合数，以验证结果。选中单元格 B5，在公式编辑栏中输入公式 "=COMBIN(A2,B2)"，按 "Enter" 键得到组合数，如图 13-25 所示。

注意：对 MULTINOMIAL 函数来说，如果有些参数为非数值型，则 MULTINOMIAL 函数将返回错误值 "#VALUE!"；如果有小于 0 的参数，则 MULTINOMIAL 函数返回错误值 "#NUM!"。

图 13-25

13.1.7 GCD 函数和 LCM 函数：计算整数的最大公约数和最小公倍数

GCD 函数用于返回两个或多个整数的最大公约数，即能够分别将参数 number1 和 number2 等除尽的最大整数。

LCM 函数用于返回两个或多个整数的最小公倍数，即所有整数参数 number1、number2 等的最小正整数倍数。

这两个函数的语法分别是：GCD(number1,number2,…) 和 LCM(number1,number2,…)。其中，参数 number1、number2…为 1 ～ 255 个参数。如果参数不是整数，则截尾取整。

下面通过实例具体讲解该函数的操作技巧。例如给出两个参数数值，求解其最大公约数和最小公倍数。

步骤 1：打开工作表，选中单元格 B2，在公式编辑栏中输入公式 "=GCD(B1:C1)"，按 "Enter" 键即可得到 72 和 48 的最大公约数，如图 13-26 所示。

步骤 2：选中单元格 B3，在公式编辑栏中输入公式 "=LCM(B1:C1)"，按 "Enter" 键即可得到 72 和 48 的最小公倍数，如图 13-27 所示。

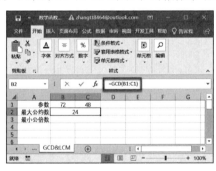

图 13-26

图 13-27

注意：LCM 函数可以用于将分母不同的分数相加。对两函数来说，如果参数为非数值型，则两函数都将返回错误值 "#VALUE!"；如果参数小于零，则两函数都将返回错误值 "#NUM!"。

13.1.8 LN 函数、LOG 函数和 LOG10 函数：计算对数

LN 函数用于计算一个数的自然对数，自然对数以常数项 e（2.71828182845904）

为底。LOG 函数用于计算指定底数的对数。LOG10 函数用于计算以 10 为底的对数。其函数语法分别是：LN(number)、LOG(number,base)、LOG10(number)。其中，参数 number 为用于计算对数的正实数，base 为对数的底数。如果省略底数，假定其值为 10。

下面通过实例具体讲解该函数的操作技巧。例如，已知有 4 家上市企业，分别是 AC 钢铁、DF 制药、ER 玩具和 QI 服装，并已知从 2019 年 1 月到 2019 年 6 月的 4 家企业股票指数数据，投资分析人员需要计算股票的月收益率，以连续复利计。

打开工作表，选中单元格 G3，在公式编辑栏中输入公式"=LN(B3/B2)"，按"Enter"键即可得到 AC 钢铁企业在 2019 年 2 月的股票收益率。然后使用纵向自动填充功能来计算本公司其他月份的收益率，使用横向自动填充功能来计算其他企业的收益率，如图 13-28 所示。

图　13-28

注意：LN 函数是 EXP 函数的反函数。在 LOG 函数中，如果省略参数 base，假定其值为 10。

13.1.9　矩阵的相关计算

1. MDETERM 函数：计算矩阵行列式的值

MDETERM 函数用于计算一个数组的矩阵行列式的值。其语法是：MDETERM(array)。参数 array 为行数和列数相等的数值数组。

知识补充：矩阵行列式的值是由数组中的各元素计算而来的。对于一个 3 行、3 列的数组 A1:C3，其行列式的值定义如下：

MDETERM(A1:C3)=A1*(B2*C3-B3*C2)+A2*(B3*C1-B1*C3)+A3*(B1*C2-B2*C1)

下面通过实例具体讲解该函数的操作技巧。例如，已知某矩阵，求解矩阵的行列式，并根据行列式判断矩阵是否可逆。

步骤 1：打开工作表，单击选中单元格 B6，在公式编辑栏中输入公式"=MDETERM(A1:D4)"，按"Enter"键即可计算该矩阵行列式，如图 13-29 所示。

步骤 2：单击选中单元格 B7，在公式编辑栏中输入公式"=IF(MDETERM(A1:D4)<>0," 可逆 "," 不可逆 ")"，按"Enter"键判断矩阵是否可逆，如图 13-30 所示。

注意：矩阵的行列式值常被用来求解多元联立方程。MDETERM 函数的精确度可达 16 位有效数字，因此运算结果因位数的取舍可能会导致某些微小误差。在 MDETERM 函数中，参数 array 可以是单元格区域，或区域或数组常量的名称。如果参数 array 中的单元格为空、包含文字，或行和列的数目不相等，MDETERM 函数将返回错误值"#VALUE!"。

图 13-29

图 13-30

2. MINVERSE 函数、MMULT 函数：计算逆矩阵和矩阵乘积

MINVERSE 函数用于计算数组中存储的矩阵的逆矩阵。其语法是：MINVERSE(array)。参数 array 是行数和列数相等的数值数组。

MMULT 函数用于计算两个数组的矩阵乘积。结果矩阵的行数与参数 array1 的行数相同，矩阵的列数与参数 array2 的列数相同。其语法是：MMULT(array1,array2)。其中参数 array1、array2 是要进行矩阵乘法运算的两个数组，可以是单元格区域、数组常量或引用。

知识补充：在 MINVERSE 函数中，提到了一个概念——逆矩阵。如图 13-31 所示即二阶方阵逆矩阵的计算过程。

$$\begin{bmatrix} a & b \\ c & d \end{bmatrix}^{-1} = \begin{pmatrix} \dfrac{d}{ad-bc} & -\dfrac{b}{ad-bc} \\ -\dfrac{c}{ad-bc} & \dfrac{a}{ad-bc} \end{pmatrix}, \ ad-bc \neq 0$$

图 13-31

下面通过实例具体讲解该函数的操作技巧。

例如，使用 MINVERSE 函数和 MMULT 函数，求下面的三元一次方程组的解。

$$\begin{cases} 3x + 4y + 5z = 26 \\ 4x + 2y + z = 11 \\ 7x + 3y + 2z = 19 \end{cases}$$

步骤1：求解系数矩阵的逆矩阵。选中单元格区域 A12:C14，在公式编辑栏中输入公式 "=MINVERSE(A7:C9)"，然后按 "Ctrl+Shift+Enter" 组合键，即可计算出系数矩阵的逆矩阵，结果如图 13-32 所示。

步骤2：求三元一次方程组的数值矩阵。选中单元格区域 E12:E14，在公式编辑栏中输入公式 "=MMULT(A12:C14,E7:E9)"，然后按 "Ctrl+Shift+Enter" 组合键，即可计算出方程组的数值矩阵，即方程组的解，结果如图 13-33 所示。

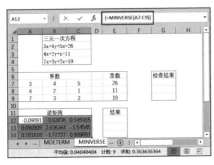
图 13-32

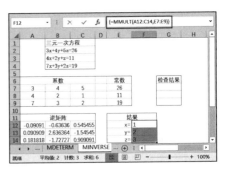
图 13-33

步骤 3：检查方程组的解是否正确。单击选中单元格 G7，在公式编辑栏中输入公式"=A7*\$F\$12+B7*\$F\$13+C7*\$F\$14 =E7"，按"Enter"键即可返回方程组的解是否满足第 1 个方程的检查结果，然后利用自动填充功能来检查下面的两个方程，检查结果如图 13-34 所示。

注意：与求行列式的值一样，求解逆矩阵常被用于求解多元联立方程组。所以将 MINVERSE 函数和 MMULT 函数合在一起，求解一个方程组。

在 MINVERSE 函数中，参数 array 可以是单元格区域，或单元格区域和数组常量的名称。如果参数 array 中的单

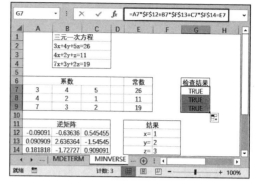

图　13-34

元格为空、包含文字或是行和列的数目不相等，则函数 MINVERSE 将返回错误值"#VALUE!"。对于一些不能求逆的矩阵，MINVERSE 函数将返回错误值"#NUM!"。不能求逆的矩阵的行列式值为零。

在 MMULT 函数中，参数 array1 的列数与参数 array2 的行数必须相同，而且两个数组中都只能包含数值。如果参数 array1 和参数 array2 中的单元格为空、包含文字，或行和列的数目不相等，MMULT 函数将返回错误值"#VALUE!"。

■ 13.1.10　MOD 函数：求余

MOD 函数用于计算两数相除的余数，结果的正负号与除数相同。其语法是：MOD(number,divisor)。其中参数 number 为被除数，divisor 为除数。

使用 MOD 函数可以判断数字的奇偶性。下面通过实例具体讲解该函数的操作技巧。

步骤 1：计算数据除以 2 的余数。单击选中单元格 B2，在公式编辑栏中输入公式"=MOD(B1,5)"，按"Enter"键即可得到 15 除以 5 后的余数，如图 13-35 所示。然后利用自动填充功能，对其他单元格进行自动填充即可。

步骤 2：单击选中单元格 B3，在编辑公式栏中单输入公式"=IF(MOD(B1,2)=1," 奇数 "," 偶数 ")"，按"Enter"键即可返回数据的奇偶性，如图 13-36 所示。然后利用自动填充功能，对其他单元格进行自动填充即可。

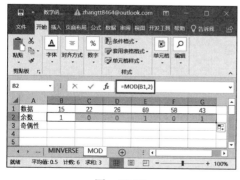

图　13-35

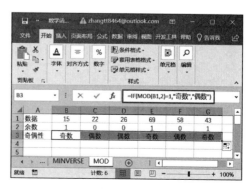

图　13-36

注意：在 MOD 函数中，如果参数 divisor 为零，MOD 函数将返回错误值"#DIV/0!"。MOD 函数可以借用函数 INT 来表示：MOD(n,d)=n-d*INT(n/d)。

13.1.11 PI 函数：计算 π 值

PI 函数用于返回数字 3.14159265358979，即数学常量 π，精确到小数点后 14 位。其语法是：PI()。

下面通过实例具体讲解该函数的操作技巧。已知圆的半径，求圆的面积。

打开工作表，单击选中单元格 B3，在公式编辑栏中输入公式"=PI()*(A2^2)"，按"Enter"键即可得到圆的面积，如图 13-37 所示。然后利用自动填充功能，对其他单元格进行计算即可。

注意：PI 函数的作用就是返回常量 π，可以用于与常量 π 相关的计算。

图　13-37

13.1.12 SQRT 函数：计算正平方根

SQRT 函数用于返回正数的平方根。其语法是：SQRT(number)。参数 number 是要计算其平方根的数字。

下面通过几个小计算具体讲解该函数的操作技巧。

已知圆的面积（π 取值 PI()），求圆的半径。打开工作表，单击选中单元格 B2，在公式编辑栏中输入公式"=SQRT(A2/PI())"，按"Enter"键即可得到圆的半径，如图 13-38 所示。然后利用自动填充功能，对其他单元格进行计算即可。

已知平方数，求其平方根。单击选中单元格 D2，在公式编辑栏中输入公式"=SQRT(C2)"，按"Enter"键即可得到平方根，如图 13-39 所示。然后利用自动填充功能，对其他单元格进行计算即可。

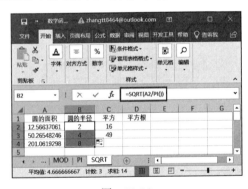

图　13-38

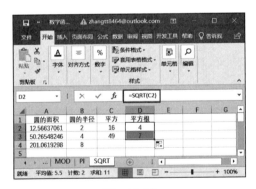

图　13-39

注意：如果 number 为负数，则 SQRT 返回错误值"#NUM!"。

13.1.13 POWER 函数：计算乘幂

POWER 函数用于计算给定数字的乘幂。其语法是：POWER(number,power)。其中参数 number 为底数，可以为任意实数；参数 power 为指数，底数按该指数次幂乘方。

下面通过几个小计算具体讲解该函数的操作技巧。

打开工作表，单击选中单元格 A2，在公式编辑栏中输入公式"=POWER(5,-2)"，按"Enter"键计算 5 的 -2 次幂，如图 13-40 所示。

单击选中单元格 A3，在公式编辑栏中输入公式"=POWER(3.5,2.5)"，按"Enter"键计算 3.5 的 2.5 次幂，如图 13-41 所示。

图　13-40

图　13-41

注意：POWER 函数主要用来计算不同数据的乘幂。可以用"^"运算符代替函数 POWER 函数来表示对底数乘方的幂次，例如，7^2 的结果等同于公式"=POWER(7,2)"的结果。

13.1.14　PRODUCT 函数：计算数值乘积

PRODUCT 函数用于将所有以参数形式给出的数字相乘，并返回乘积值。其语法是：PRODUCT(number1,number2,…)。其中参数 number1、number2…是要相乘的 1 ～ 255 个数字。

下面通过几个小计算具体讲解该函数的操作技巧。

打开工作表，单击选中单元格 B2，在公式编辑栏中输入公式"=PRODUCT(A2:A4)"，按"Enter"键得到单元格区域 A2:A4 内数值的乘积，如图 13-42 所示。

单击选中单元格 B3，在公式编辑栏中输入公式"=PRODUCT(B2,2,3)"，按"Enter"键得到单元格 B2 内数值与数值 2、3 的乘积，如图 13-43 所示。

图　13-42

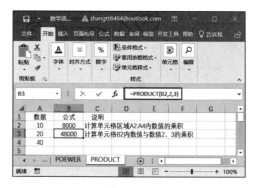
图　13-43

注意：PRODUCT 函数主要用于计算各种情况下数字的乘积。对 PRODUCT 函数来说，当参数为数字、逻辑值或数字的文字型表达式时可以被计算；当参数为错误值或不能转换为数字的文字时，将导致错误。如果参数为数组或引用，只有其中的数字将被计算，数组或引用中的空白单元格、逻辑值、文本或错误值将被忽略。

13.1.15　QUOTIENT 函数：计算商的整数部分

QUOTIENT 函数用于计算商的整数部分，该函数可用于舍掉商的小数部分。其语法是：QUOTIENT(numerator,denominator)。其中参数 number 为被除数，参数 denominator 为除数。

下面通过实例具体讲解该函数的操作技巧。例如，某旅游景点准备架设几座吊桥，为了游客的安全，每座吊桥都有对应的承重量，以限制上桥人数。假设游客的平均体重为 50kg，求解每座吊桥能承载的游客人数。

打开工作表，单击选中单元格 C2，在公式编辑栏中输入公式"=QUOTIENT(A2,B2)"，按"Enter"键得到吊桥可承载游客数，如图 13-44 所示。然后利用自动填充功能，计算其他吊桥的可承载游客数。

图　13-44

注意：对 QUOTIENT 函数来说，如果任一参数为非数值型，则 QUOTIENT 函数返回错误值"#VALUE!"。

13.1.16　RAND 函数和 RANDBETWEEN 函数：生成随机实数和随机整数

RAND 函数用于计算大于等于 0 及小于 1 的均匀分布的随机实数，每次计算工作表时都将返回一个新的随机实数。RANDBETWEEN 函数用于计算位于指定的两个数之间的一个随机整数，每次计算工作表时都将返回一个新的随机整数。这两个函数的语法分别是：RAND()、RANDBETWEEN(bottom,top)。其中，参数 bottom 为 RANDBETWEEN 函数将返回的最小整数，参数 top 为 RANDBETWEEN 函数将返回的最大整数。

下面通过实例具体讲解该函数的操作技巧。因为这两个函数都能返回随机数，所以可以用来模仿一些掷骰子的游戏。要求随机返回 1 ~ 50 之间的整数，投掷次数为 5 次。

步骤 1：打开工作表，单击选中单元格 B3，在公式编辑栏中输入公式"=INT(RAND()*($B$1-$D$1)+$D$1)"，按"Enter"键生成随机数，如图 13-45 所示。

步骤 2：单击选中单元格 B3，在公式编辑栏中输入公式"=INT(RANDBETWEEN($D$1,$B$1))"，按"Enter"键生成随机数，如图 13-46 所示。

步骤 3：重新查看投掷结果。按"F9（Fn+F9）"键可以查看新生成的随机结果，如

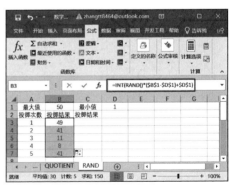

图　13-45

图 13-47 所示。

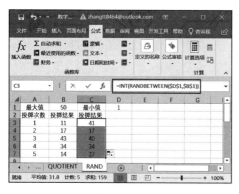

图　13-46

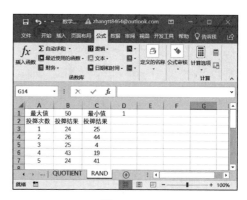

图　13-47

注意： 对 RAND 函数来说，如果要生成 a 与 b 之间的随机实数，必须使用 RAND()*(b-a)+a。如果要使用 RAND 函数生成一随机数，并且使之不随单元格计算而改变，可以在编辑栏中输入" =RAND()"，保持编辑状态，然后按" F9（Fn+F9）"键，将公式永久性地改为随机数。

13.1.17　ROMAN 函数：将阿拉伯数字转换为罗马数字

ROMAN 函数用于将阿拉伯数字转换为文本形式的罗马数字。其语法是 ROMAN(number,form)。其中，参数 number 为需要转换的阿拉伯数字，参数 form 为一数字，用于指定所需的罗马数字类型。罗马数字的样式范围可以从经典到简化，随着参数 form 值的增加趋于简单。

知识补充： 在 ROMAN 函数中，参数 form 的取值及罗马数字的类型如表 13-1 所示。

下面具体展示一下将给定的数字按不同的类型转换为罗马数字，如图 13-48 所示。

注意： 对 ROMAN 函数来说，如果数字为负，则 ROMAN 函数将返回错误值" #VALUE!"；如果数字大于 3999，则 ROMAN 函数也将返回错误值 " #VALUE!"。

表13-1　参数from的取值及罗马数字的类型

From 的取值	罗马数字的类型
0 或省略	经典
1	更简明
2	更简明
3	更简明
4	简化
TRUE	经典
FALSE	简化

13.1.18　SIGN 函数：计算数字符号

SIGN 函数用于返回数字的符号。当数字为正数时返回 1，为零时返回 0，为负数时返回 −1。其语法是：SIGN(number)。参数 number 为任意实数。

下面通过实例具体讲解该函数的操作技巧。例如，某班级进行了一次语文随堂小考，现在抽出了 7 位学生的成绩，判断他们的成绩是否及格。

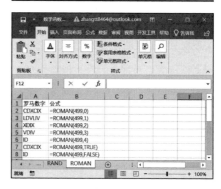

图　13-48

打开工作表，单击选中单元格 D2，在公式编辑栏中输入公式 " =IF(SIGN(C2-60)>=0," 及格 "," 不及格 ")"，按 " Enter " 键即可判断该学生语文成绩是否及格，如图 13-49 所示。然后利用自动填充功能，判断其他学生语文成绩是否及格。

注意：SIGN 函数除了用于在数学中返回数字的符号外，还可以进行某些判断，如判断某种产品的长度是否达标等。

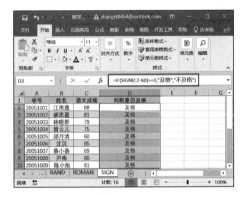

图 13-49

13.1.19 SUBTOTAL 函数：计算列表或数据库中的分类汇总

SUBTOTAL 函数用于计算列表或数据库中的分类汇总。通常可以使用"数据"选项卡下"排序和筛选"组中的"筛选"按钮来创建带有分类汇总的列表，如图 13-50 所示。一旦创建了分类汇总，就可以通过编辑 SUBTOTAL 函数对该列表进行修改。

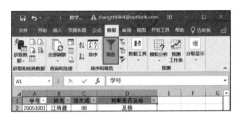

图 13-50

其语法是：SUBTOTAL(function_num,ref1, ref2,…)。下面首先对其参数进行简单的介绍。

function_num：必需。数字 1～11 或 101～111，用于指定使用何种函数在列表中进行分类汇总计算。如果使用 1 ～ 11，将包含手动隐藏的行，如果使用 101 ～ 111，则排除手动隐藏的行，始终排除已筛选掉的单元格。

ref1：必需。要进行分类汇总计算的第 1 个命名区域或引用。

ref2：可选。要进行分类汇总计算的第 2 ～第 254 个命名区域或引用。

SUBTOTAL 函数始终需要数字参数（1 ～ 11、101 ～ 111）作为它的第 1 个参数。该数字参数被应用于参数指定的值的分类汇总（单元格区域、命名区域）中。

SUBTOTAL 函数的参数数值和对应的函数如表 13-2 所示。

表13-2　SUBTOTAL函数的参数数值和对应的函数

Function_num（包含隐藏值）	Function_num（忽略隐藏值）	函数	Function_num（包含隐藏值）	Function_num（忽略隐藏值）	函数
1	101	AVERAGE	7	107	STDEV
2	102	COUNT	8	108	STDEVP
3	103	COUNTA	9	109	SUM
4	104	MAX	10	110	VAR
5	105	MIN	11	111	VARP
6	106	PRODUCT			

下面通过实例具体讲解该函数的操作技巧。

1. 对隐藏值的计算和忽略

在工作表中手动隐藏某列，此时 SUBTOTAL 函数的计算过程是怎样的？首先对这个情况进行介绍。例如，已知某学生的各科期末考试成绩，现在来计算该学生的期末成绩总分。

步骤1：打开工作表，选中单元格J5，在公式编辑栏中输入公式"=SUBTOTAL(9,C4:E4)"，然后按"Enter"键即可返回江雨薇同学的期末成绩总分，如图13-51所示。

步骤2：选中单元格D列后右键单击，在弹出的菜单列表中选择"隐藏"按钮，将数学成绩列手动隐藏。选中单元格J6，在公式编辑栏中输入公式"=SUBTOTAL(9,C4:E4)"，然后按"Enter"键即可，结果如图13-52所示。此时可以发现计算结果中包含隐藏列的值。

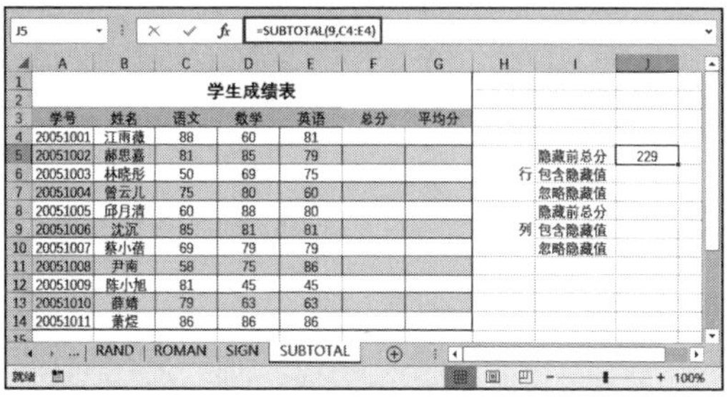

图 13-51

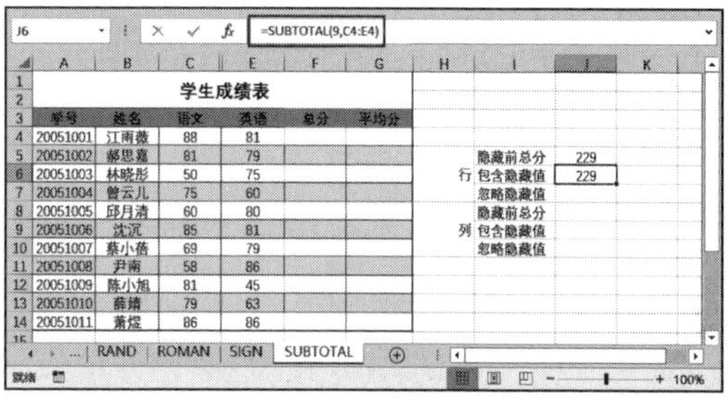

图 13-52

步骤3：选中单元格J7，在公式编辑栏中输入公式"=SUBTOTAL(109,C4:E4)"，然后按"Enter"键即可，结果如图13-53所示。此时可以发现计算结果中仍然包含隐藏列的值。

在工作表中手动隐藏某行，此时SUBTOTAL函数的计算过程是怎样的？接下来对这个情况进行介绍。例如，已知某班学生的期末考试各科成绩，现在来计算该班级期末考试的语文成绩总分。

步骤1：打开工作表，选中单元格J8，在公式编辑栏中输入公式"=SUBTOTAL(9,C4:C14)"，然后按"Enter"键即可返回该班级期末考试的语文成绩总分，如图13-54所示。

图 13-53

图 13-54

步骤2：选中单元格第12、13行后右键单击，在弹出的菜单列表中选择"隐藏"按钮，将陈小旭、薛婧的成绩所在行手动隐藏。选中单元格J9，在公式编辑栏中输入公式"=SUBTOTAL(9,C4:C14)"，然后按"Enter"键即可，结果如图13-55所示。此时可以发现计算结果中包含隐藏行的值。

步骤3：选中单元格J10，在公式编辑栏中输入公式"=SUBTOTAL(109,C4:C14)"，然后按"Enter"键即可，结果如图13-56所示。此时可以发现计算结果中不包含隐藏列的值。

| 图 | 13-55 | | 图 | 13-56 |

通过上述两个示例，可以得到以下结论：SUBTATAL 函数中的参数 function_num 为 101 ~ 111 时，可以忽略所隐藏的行，但不可忽略所隐藏的列。

2. 对筛选值的忽略

在工作表分类汇总中存在筛选条件时，SUBTOTAL 函数的计算过程是怎样的？下面对此进行具体介绍。

例如，已知某班学生的期末考试各科成绩，现在来计算该班级语文成绩得分在 60 分以上的学生的语文成绩总和。

步骤 1：选中单元格区域 A3:G3，切换至"数据"选项卡，单击"排序和筛选"组中的"筛选"按钮，对选中单元格区域进行分类汇总。

步骤 2：单击单元格 C2 中的下拉按钮，在打开的菜单列表中，单击取消勾选 60 以下数值前的复选框，然后单击"确定"按钮，如图 13-57 所示。

步骤 3：单击选中单元格 C16，在公式编辑栏中输入公式"=SUBTOTAL(9,C4:C14)"，然后按"Enter"键即可返回筛选条件下语文成绩总和，如图 13-58 所示。

图　13-57

步骤 4：单击选中单元格 C17，在公式编辑栏中输入公式"=SUBTOTAL(109,C4:C14)"，然后按"Enter"键即可，结果如图 13-59 所示。此时可以发现结果与包含筛选值时相同。

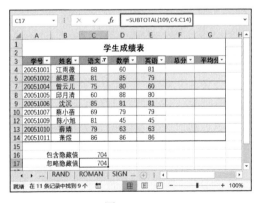

| 图 | 13-58 | | 图 | 13-59 |

通过图 13-57、图 13-58 及图 13-59 的计算结果，可以得到以下结论：不管 SUBTATAL 函数中的参数 function_num 是何种类型，计算结果忽略任何不包括在筛选结果中的行。

3. 永远连续的序号

在工作表中隐藏某行后，计算符合条件的数据个数时，可以利用 SUBTOTAL 函数进行统计计算。

步骤 1：计算隐藏前数据个数。选中单元格区域 B21:B31，在公式编辑栏中输入公式" =SUBTOTAL(3,A\$21:A21)"，然后按" Enter"键即可返回隐藏前数据个数为 11，如图 13-60 所示。

步骤 2：计算隐藏后数据个数。选中不符合条件的数据进行隐藏，此处我们将单元格 A25、A26 中的数据隐藏，即选中单元格第 25 行、第 26 行右键单击，在弹出的菜单列表中选择"隐藏"按钮。

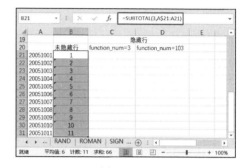

图 13-60

步骤 3：选中单元格区域 C21:C31，在公式编辑栏中输入公式" =SUBTOTAL (3,A\$21:A21)"，然后按" Enter"键，结果如图 13-61 所示。此时发现 SUBTOTAL 函数对隐藏行的数据进行了统计。

步骤 4：选中单元格区域 D21:D31，在公式编辑栏中输入公式" =SUBTOTAL (103,A\$21:A21)"，然后按" Enter"键，结果如图 13-62 所示。此时可以发现 SUBTOTAL 函数并未对隐藏行的数据进行统计，得出符合条件的数据个数为 9。

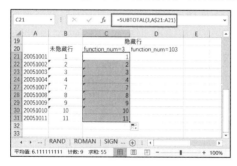

图 13-61

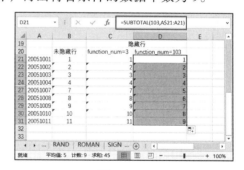

图 13-62

通过上述示例可以发现，公式" =SUBTOTAL(103,B\$3:B3)"统计的就是从 B3 开始到当前单元格累计非空单元格数。因此，在实际应用中，我们可以使用参数 function_num 为 103 的 SUBTOTAL 函数对隐藏后满足条件的数据个数进行统计计算。

注意：如果在参数 ref1、ref2…中有其他的分类汇总（嵌套分类汇总），将忽略这些嵌套分类汇总，以避免重复计算。SUBTOTAL 函数忽略任何不包括在筛选结果中的行，不论参数 function_num 取何值。SUBTOTAL 函数适用于数据列或垂直区域，不适用于数据行或水平区域。当参数 function_num 大于或等于 101 时需要分类汇总某个水平区域时，例如 SUBTOTAL(109,B2:G2)，则隐藏某一列不影响分类汇总，但是隐藏分类汇总的垂直区域中的某一行就会对其产生影响。如果所指定的某一引用为三维引用，函数 SUBTOTAL 将返回错误值 "#VALUE!"；如果所指定的某一引用为三维引用，函数 SUBTOTAL 将返回错误值"#REF!"。

13.1.20 求和

1. SUM 函数：求和

SUM 函数用于计算某一单元格区域中所有数字之和。其语法是：SUM(number1,number2,…)。其中参数 number1、number2…是要对其求和的 1～255 个参数。

下面通过实例具体讲解该函数的操作技巧。例如，已知某班级学生的各科成绩表，现在计算学生的总分。

打开工作表，单击选中单元格 F4，在公式编辑栏中输入公式"=SUM(C4:E4)"，按"Enter"键即可得到该学生的总分，如图 13-63 所示。然后利用自动填充功能，计算其他学生的总分即可。

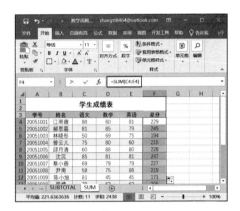

图　13-63

注意： SUM 函数的用途比较广泛。在学校中可以求学生的总成绩，在会计部门可以求账务的总和等。对 SUM 函数来说，直接键入参数表中的数字、逻辑值及数字的文本表达式将被计算。如果参数是一个数组或引用，则只计算其中的数字，数组或引用中的空白单元格、逻辑值或文本将被忽略。如果参数为错误值或为不能转换为数字的文本，将会导致错误。

2. SUMIF 函数：对指定单元格求和

SUMIF 函数用于按照给定条件对指定的单元格进行求和。其语法是：SUMIF(range,criteria,sum_range)。下面首先对其参数进行简单介绍。

range：必需。要根据条件计算的单元格区域，每个区域中的单元格都必须是数字，或者是包含数字的名称、数组或引用。空白和文本值将被忽略。所有区域可能包含标准 Excel 格式的日期。

criteria：必需。要对单元格添加的条件，其形式可以为数字、表达式、单元格引用、文本或函数等。

sum_range：可选。要相加的实际单元格（如果要添加的单元格不在参数 range 指定的单元格区域内）。如果省略参数 sum_range，则当区域中的单元格符合条件时，它们既按条件计算，也执行相加。

知识补充： 参数 sum_range 与区域的大小和形状可以不同。相加的实际单元格通过以下方法确定，使用 sum_range 中左上角的单元格作为起始单元格，然后包括与区域大小和形状相对应的单元格，如表 13-3 所示。

表13-3　确定相加的实际单元格

如果区域是	并且参数 sum_range 是	则需要求和的实际单元格是
A1:A5	B1:B5	B1:B5
A1:A5	B1:B3	B1:B5
A1:B4	C1:D4	C1:D4
A1:B4	C1:C2	C1:D4

下面通过实例具体讲解该函数的操作技巧。例如，某班级 6 名男生分成两组，进

行 1 分钟定点投篮比赛。A 组成员有张辉、徐鑫和郑明涛，B 组成员有王明、毛志强和李卫卫。比赛结束后，又来两名同学，分别是李波和王赐，也进行了定点 1 分钟投篮。现在要计算 A 组和 B 组的进球总数及其他人员的进球总数。

步骤 1：打开工作表，单击选中单元格 D2，在公式编辑栏中输入公式 " =SUMIF (A2:A9,"A*",B2:B9)"，按 "Enter" 键即可得到 A 组进球总数，如图 13-64 所示。

步骤 2：单击选中单元格 D3，在公式编辑栏中输入公式 " =SUMIF(A2:A9," B*",B2:B9)"，按 "Enter" 键即可得到 B 组进球总数，如图 13-65 所示。

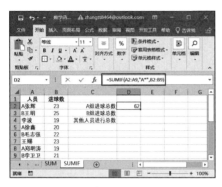

图　13-64

图　13-65

步骤 3：单击选中单元格 D4，在公式编辑栏中输入公式 " =SUM(B2:B9)-SUMIF (A2:A9,"A*",B2:B9)-SUMIF(A2:A9,"B*", B2:B9)"，按 "Enter" 键即可得到其他人员进球总数，如图 13-66 所示。

注意：SUMIF 函数主要用于有条件的求和，可以在 criteria 参数中使用通配符问号（?）和星号（*）。问号匹配任意单个字符；星号匹配任意一串字符。如果要查找实际的问号或星号，请在该字符前键入波形符（~）。使用 SUMIF 函数匹配超过 255 个字符的字符串或字符串时，将返回不正确的结果 "#VALUE!"。

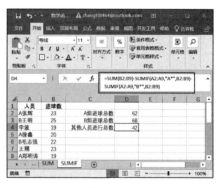

图　13-66

3. SUMIFS 函数：对某区域内满足多重条件的单元格求和

SUMIFS 函数用于对某一区域内满足多重条件的单元格进行求和。SUMIFS 函数和 SUMIF 函数的参数顺序不同。具体而言，参数 sum_range 在 SUMIFS 函数中是第 1 个参数，而在 SUMIF 函数中是第 3 个参数。如果要复制和编辑这些相似函数，需要确保按正确顺序放置参数。SUMIFS 函数的语法是：SUMIFS(sum_range,criteria_range1,criteria1,criteria_range2,criteria2,…)、下面首先对其参数进行简单介绍。

sum_range：必需。要求和的单元格区域，其中包括数字或者包含数字的名称、数组或引用。

criteria_range1：必需。使用 criteria1 测试的区域。criteria_range1 和 Criteria1 设置用于搜索某个区域是否符合特定条件的搜索对。一旦在该区域中找到了项，将计算 sum_range 中相应值的和。

criteria1：必需。定义将计算 criteria_range1 中的哪些单元格的和的条件。

criteria_range2，criteria2，… ：可选。附加区域及其关联条件。最多可以输入 127 个区域或条件对。

下面通过实例具体讲解该函数的操作技巧。例如，现有某地区周一至周五的上、下午的雨水、平均温度和平均风速的测量值，要对这 5 天中平均温度至少为 20 摄氏度且平均风速小于 10 公里 / 小时的日期的总降雨量求和。

打开工作表，单击选中单元格 A9，在公式编辑栏中输入公式 "=SUMIFS(B2:F3,B4:F5,">=20",B6:F7,"<10")"，按 "Enter" 键即可计算出满足条件的日期的总降水量，如图 13-67 所示。

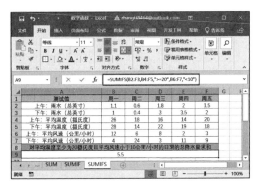

图　13-67

注意： 只有当参数 sum_range 中的每一单元格满足为其指定的所有关联条件时，才能对这些单元格进行求和。sum_range 中包含 TRUE 的单元格计算为 1；sum_range 中包含 FALSE 的单元格计算为 0。与 SUMIF 函数中的区域和条件参数不同的是，SUMIFS 中每个 criteria_range 的大小和形状必须与 sum_range 相同。criteria 参数中可以使用通配符问号（?）和星号（*）。问号匹配任一单个字符；星号匹配任一字符序列。如果要查找实际的问号或星号，则在字符前键入波形符（~）。

4. SUMPRODUCT 函数：计算数组间元素的乘积之和

SUMPRODUCT 函数用于在给定的几组数组中，将数组间对应的元素相乘，并计算乘积之和。其语法是：SUMPRODUCT(array1,array2,array3,…)。其中参数 array1、array2、array3…为 1 ～ 255 个数组，其相应元素需要进行相乘并求和。

下面通过实例具体讲解该函数的操作技巧。例如，某商场在某天将产品 A 和 B 拿出来搞促销，以带动其他产品的销售。结束促销后，商场要统计这两类产品的销售总额。

步骤 1： 打开工作表，单击选中单元格 F3，在公式编辑栏中输入公式 "=SUMPRODUCT((A2:A9="A")*(C2:C9)*(D2:D9))"，按 "Enter" 键即可计算出产品 A 的销售总额，如图 13-68 所示。

步骤 2： 打开工作表，单击选中单元格 F4，在公式编辑栏中输入公式 "=SUMPRODUCT((A2:A9="B")*(C2:C9)*(D2:D9))"，按 "Enter" 键即可计算出产品 B 的销售总额，如图 13-69 所示。

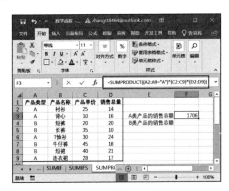

图　13-68

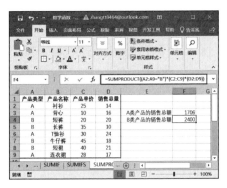

图　13-69

注意：数组参数必须具有相同的维数，否则，SUMPRODUCT 函数将返回错误值 "#VALUE!"。SUMPRODUCT 函数将非数值型的数组元素作为 0 处理。

5. SUMSQ 函数：计算参数的平方和

SUMSQ 函数用于计算参数的平方和。其语法是：SUMSQ(number1,number2,…)。其中参数 number、number2… 为 1 ～ 255 个需要求平方和的参数，也可以使用数组或对数组的引用来代替以逗号分隔的参数。

下面通过一个小计算具体讲解该函数的操作技巧。例如，已知一些正方形的边长，求这些正方形的面积总和。打开工作表，单击选中单元格 B2，在公式编辑栏中输入公式 "=SUMSQ(A2:A6)"，按"Enter"键即可得到所有正方形的面积总和，如图 13-70 所示。

图　13-70

6. SUMXMY2 函数：计算两数组中对应数值之差的平方和

SUMXMY2 函数用于计算两数组中对应数值之差的平方和。其语法是：SUMXMY2(array_x,array_y)。其中，参数 array_x 表示第 1 个数组或数值区域，参数 array_y 表示第 2 个数组或数值区域。

下面通过小计算具体讲解该函数的操作技巧。例如，已知某两列数据，求解两组数据的对应差值的平方和。

步骤 1：选中单元格 D3，在公式编辑栏中输入公式 "=SUMXMY2(A2:A7,B2:B7)"，按"Enter"键即可返回两数组对应差值的平方和，如图 13-71 所示。

步骤 2：选中单元格 D4，在公式编辑栏中输入公式 "=SUMXMY2({3,5,6,7,2,4},{8,5,2,6,5,2})"，按"Enter"键即可返回两数组对应差值的平方和，如图 13-72 所示。

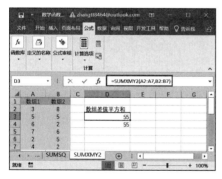

图　13-71

图　13-72

注意：对 SUMXMY2 函数来说，参数可以是数字、包含数字的名称、数组或引用。如果数组或引用参数包含文本、逻辑值或空白单元格，则这些值将被忽略。但包含零值的单元格将计算在内。如果参数 array_x 和参数 array_y 的元素数目不同，SUMXMY2 函数将返回错误值 "#N/A"。

7. SUMX2MY2 函数、SUMX2PY2：计算两数组中对应数值的平方差之和与平方和之和

SUMX2MY2 函数用于计算两数组中对应数值的平方差之和，SUMX2PY2 函数用

于计算两数组中对应数值的平方和之和。两函数的语法分别是：SUMX2MY2(array_x,array_y)、SUMX2PY2(array_x,array_y)。其中，参数 array_x 为第 1 个数组或数值区域，array_y 为第 2 个数组或数值区域。

下面通过小计算具体讲解该函数的操作技巧。例如，已知某两列数据，求解这两列数据的平方差之和及平方和之和。

步骤 1：选中单元格 D2，在公式编辑栏中输入公式"=SUMX2MY2(A2:A7,B2:B7)"，按"Enter"键即可返回两数组对应数值的平方差之和，如图 13-73 所示。

步骤 2：选中单元格 D4，在公式编辑栏中输入公式"=SUMX2PY2(A2:A7,B2:B7)"，按"Enter"键即可返回两数组对应数值的平方和之和，如图 13-74 所示。

图 13-73

图 13-74

13.1.21 TRUNC 函数：截去小数部分取整

TRUNC 函数用于将数字的小数部分截去，返回整数。其语法是：TRUNC(number,num_digits)。其中，参数 number 为需要截尾取整的数字，参数 num_digits 为用于指定取整精度的数字，参数 num_digits 的默认值为 0。

下面通过小计算具体讲解该函数的操作技巧。例如，已知原始数据，对原始数据进行取整运算。打开工作表，单击选中单元格 B2，在公式编辑栏中输入公式"=TRUNC(A2)"，按"Enter"键即可得到数据截尾取整后的结果，如图 13-75 所示。利用自动填充功能，对其他数据截尾取整即可。

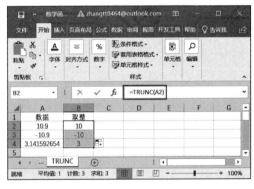

图 13-75

注意：TRUNC 函数和 INT 函数类似，都返回整数。TRUNC 函数直接去除数字的小数部分，而 INT 函数则是依照给定数的小数部分的值，将其四舍五入到最接近的整数。INT 函数和 TRUNC 函数在处理负数时有所不同：TRUNC(-4.3) 返回 -4，而 INT(-4.3) 返回 -5，因为 -5 是较小的数。

13.2 三角函数

三角函数主要用于三角函数的运算，和数学函数一样，同样可以提高用户的运算效率。本节将以实例的形式来介绍这十几个三角函数的应用。

13.2.1　ACOS 函数：计算数字的反余弦值

ACOS 函数用于计算数字的反余弦值。反余弦值是角度，它的余弦值为数字。返回的角度值以弧度表示，范围是 0 到 π。其语法是：ACOS(number)。参数 number 表示角度的余弦值，必须为 −1 ～ 1。

下面通过小计算具体讲解该函数的操作技巧。已知某角度的余弦值为 −1，求该角度的弧度和度数。

步骤 1：打开工作表，选中单元格 B2，在公式编辑栏中输入公式"=ACOS(B1)"，按"Enter"键即可求出余弦值为 −1 的角度的弧度数，结果如图 13-76 所示。

步骤 2：选中单元格 B3，在公式编辑栏中输入公式"=ACOS(B1)*180/PI()"，按"Enter"键即可求出余弦值为 −1 的角度的度数，结果如图 13-77 所示。

图　13-76

图　13-77

注意：如果要用度表示反余弦值，则将结果再乘以 180/PI() 或用 DEGREES 函数。

13.2.2　ACOSH 函数：计算数字的反双曲余弦值

ACOSH 函数用于计算数字的反双曲余弦值。其语法是：ACOSH(number)。参数 number 为大于等于 1 的实数。

下面通过小计算具体讲解该函数的操作技巧。求解已知数值的反双曲余弦值。

打开工作表，选中单元格 B5，在公式编辑栏中输入公式"=ACOSH(A5)"，按"Enter"键即可求出 1 的反双曲余弦值，结果如图 13-78 所示。利用自动填充功能，即可求出其他数值的反双曲余弦值。

注意：反双曲余弦值的双曲余弦即为该函数的参数 number，因此 ACOSH(COSH(number)) 等于 number。

图　13-78

■ 13.2.3 ASIN 函数：计算数字的反正弦值

ASIN 函数用于计算参数的反正弦值。反正弦值为一个角度，该角度的正弦值即等于此函数的参数 number。返回的角度值将以弧度表示，范围为 $-\pi/2 \sim \pi/2$。其语法是：ASIN(number)。参数 number 为角度的正弦值，必须为 $-1 \sim 1$。

下面通过小计算具体讲解该函数的操作技巧。已知某角度的正弦值为 -0.5，求该角度的弧度和度数。

步骤 1：打开工作表，选中单元格 B8，在公式编辑栏中输入公式"=ASIN(B7)"，按"Enter"键即可求出正弦值为 -0.5 的角度的弧度数，结果如图 13-79 所示。

步骤 2：选中单元格 B9，在公式编辑栏中输入公式"=ASIN(B7)*180/PI()"，按"Enter"键即可求出余弦值为 -0.5 的角度的度数，结果如图 13-80 所示。

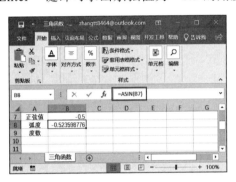

图 13-79

图 13-80

注意：如果要用度表示反正弦值，则将结果再乘以 180/PI() 或用 DEGREES 函数表示。

■ 13.2.4 ASINH 函数：计算数字的反双曲正弦值

ASINH 函数用于计算参数的反双曲正弦值。其语法是：ASINH(number)。参数 number 为任意实数。

下面通过小计算具体讲解该函数的操作技巧。求解已知数值的反双曲正弦值。

打开工作表，选中单元格 B11，在公式编辑栏中输入公式"=ASINH(A11)"，按"Enter"键即可求出 -2.5 的反双曲正弦值，结果如图 13-81 所示。利用自动填充功能，即可求出其他数值的反双曲正弦值。

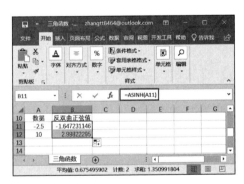

图 13-81

注意：反双曲正弦值的双曲正弦即等于此函数参数 number 的值，因此 ASINH(SINH(number)) 等于 number 参数值。

■ 13.2.5 ATAN 函数：计算数字的反正切值

ATAN 函数用于计算数字的反正切值。反正切值为角度，其正切值即等于参数的值。返回的角度值将以弧度表示，范围为 $-\pi/2 \sim \pi/2$。其语法是：ATAN(number)。参数 number 为角度的正切值。

下面通过小计算具体讲解该函数的操作技巧。已知某角度的正切值为1，求该角度的弧度和度数。

步骤1：打开工作表，选中单元格B14，在公式编辑栏中输入公式"=ATAN(B13)"，按"Enter"键即可求出正切值为1的角度的弧度数，结果如图13-82所示。

步骤2：选中单元格B15，在公式编辑栏中输入公式"=ATAN(B13)*180/PI()"，按"Enter"键即可求出正切值为1的角度的度数，结果如图13-83所示

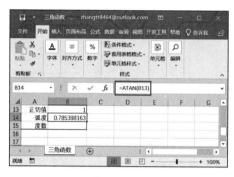

图　13-82

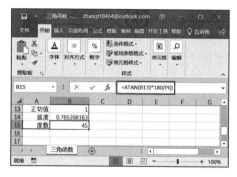

图　13-83

注意：如果要用度表示反正切值，则将结果再乘以180/PI()或使用DEGREES函数。

13.2.6　ATANH函数：计算数字的反双曲正切值

ATANH函数用于计算参数的反双曲正切值。其语法是：ATANH(number)。参数number为 $-1 \sim 1$ 的任意实数。

下面通过小计算具体讲解该函数的操作技巧。求解已知数值的反双曲正切值。

打开工作表，选中单元格B17，在公式编辑栏中输入公式"=ATANH(A17)"，按"Enter"键即可求出0.76159416的反双曲正切值，结果如图13-84所示。利用自动填充功能，即可求出其他数值的反双曲正切值。

注意：反双曲正切值的双曲正切即为该函数的number参数值，因此ATANH(TANH(number))等于number。

图　13-84

13.2.7　ATAN2函数：计算X及Y坐标值的反正切值

ATAN2函数用于计算给定的X及Y坐标值的反正切值。反正切的角度值等于X轴与通过原点和给定坐标点 (x_num,y_num) 的直线之间的夹角。结果以弧度表示并为 $-\pi \sim \pi$（不包括 $-\pi$）。其语法是：ATAN2(x_num,y_num)。其中，参数x_num表示点的X坐标，参数y_num表示点的Y坐标。

下面通过小计算具体讲解该函数的操作技巧。已知某坐标系中几个坐标点的值，求这些坐标点对应的角度。打开工作表，选中单元格C20，在公式编辑栏中输入公式

"=ATAN2(A20,B20)*180/PI()"，按"Enter"键即可求出坐标点 (2,2) 对应的角度，结果如图 13-85 所示。利用自动填充功能，即可求出其他坐标点对应的角度。

注意：用 ATAN2 函数的计算结果为正表示从 X 轴逆时针旋转的角度，结果为负表示从 X 轴顺时针旋转的角度。ATAN2(a,b) 等于 ATAN(b/a)，除非 ATAN2 值为零。如果 x_num 和 y_num 都为零，ATAN2 返回错误值 "#DIV/0!"。如果要用度表示反正切值，则将结果再乘以 180/PI( ) 或使用 DEGREES 函数。

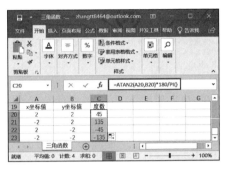

图 13-85

13.2.8 COS 函数：计算角度的余弦值

COS 函数用于计算给定角度的余弦值。其语法是：COS(number)。参数 number 为需要求余弦的角度，以弧度表示。

下面通过小计算具体讲解该函数的操作技巧。求解某弧度和某度数的余弦值。

步骤 1：打开工作表，选中单元格 B27，在公式编辑栏中输入公式 "=COS(A27)"，按"Enter"键即可计算弧度 3 的余弦值，结果如图 13-86 所示。

步骤 2：选中单元格 B29，在公式编辑栏中输入公式 "=COS(A29*PI()/180)"，按"Enter"键即可计算度数 60 的余弦值，结果如图 13-87 所示。

图 13-86

图 13-87

注意：如果角度以度表示，则可将其乘以 PI()/180 或使用 RADIANS 函数将其转换成弧度。

13.2.9 COSH 函数：计算数字的双曲余弦值

COSH 函数用于计算数字的双曲余弦值。其语法是：COSH(number)。参数 number 表示要求双曲余弦的任意实数。

下面通过小计算具体讲解该函数的操作技巧。求解某数值的双曲余弦值。

步骤 1：打开工作表，选中单元格 A32，在公式编辑栏中输入公式 "=COSH(3)"，按"Enter"键即可得到 3 的双曲余弦值，结果如图 13-88 所示。

步骤 2：选中单元格 B32，在公式编辑栏中输入公式 "=COSH(EXP(1))"，按"Enter"键即可得到自然对数的底数的双曲余弦值，结果如图 13-89 所示。

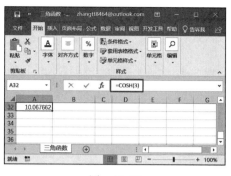

图　13-88

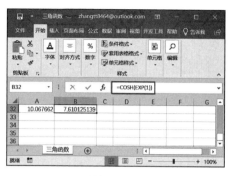

图　13-89

13.2.10　DEGREES 函数：将弧度转换为角度

DEGREES 函数的功能是将弧度转换为角度。其语法是：DEGREES(angle)。参数 angle 表示待转换的弧度角。

下面通过小计算具体讲解该函数的操作技巧。已知弧度值，求弧度值对应的角度值。

步骤 1：选中单元格 A35，在公式编辑栏中输入公式"=DEGREES(PI())"，按 "Enter"键即可得到弧度 π 对应的角度值，结果如图 13-90 所示。

步骤 2：选中单元格 B35，在公式编辑栏中输入公式"=DEGREES(PI()/4)"，按 "Enter"键即可得到弧度 π/4 对应的角度值，结果如图 13-91 所示。

图　13-90

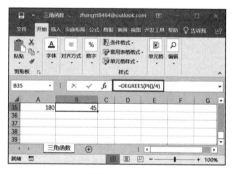

图　13-91

13.2.11　RADIANS 函数：将角度转换为弧度

RADIANS 函数功能是将角度转换为弧度。其语法是：RADIANS(angle)。参数 angle 表示待转换的角度值。

下面通过小计算具体讲解该函数的操作技巧。已知角度值，求角度值对应的弧度值。

步骤 1：选中单元格 B37，在公式编辑栏中输入公式"=RADIANS(A37)"，按 "Enter"键即可得到 45 度角对应的弧度值，如图 13-92 所示。然后利用自动填充功能，即可计算其他角度对应的弧度值。

步骤 2：选中单元格 C37，在公式编辑栏中输入公式"=RADIANS(A37)/PI()"，按 "Enter"键即可得到 45 度角对应的以 π 表示的弧度值，如图 13-93 所示。然后利用自动填充功能，即可计算其他角度对应的以 π 表示的弧度值。

图　13-92

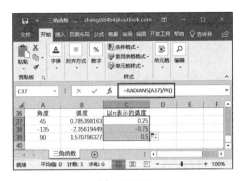

图　13-93

注意：RADIANS 函数用于将角度转换为弧度，与 DEGREES 函数作用相反。

13.2.12　SIN 函数：计算给定角度的正弦值

SIN 函数用于计算给定角度的正弦值。其语法是：SIN(number)。参数 number 为需要求正弦的角度，以弧度表示。

下面通过小计算具体讲解该函数的操作技巧。求已知角度的正弦值。

步骤 1：选中单元格 A42，在公式编辑栏中输入公式"=SIN(PI()/2)"，按"Enter"键即可得到 π/2 弧度的正弦值，如图 13-94 所示。

步骤 2：选中单元格 A43，在公式编辑栏中输入公式"=SIN(RADIANS(30))"，按"Enter"键即可得到 30 度的正弦值，如图 13-95 所示。

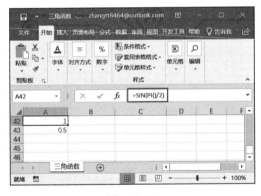

图　13-94

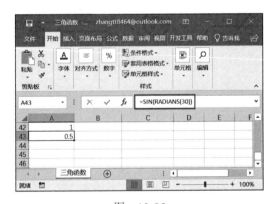

图　13-95

注意：如果参数的单位是度，则可以乘以 PI()/180 或使用 RADIANS 函数将其转换为弧度。

13.2.13　SINH 函数：计算某数字的双曲正弦值

SINH 函数用于计算某一数字的双曲正弦值。其语法是：SINH(number)。参数 number 为任意实数。

下面通过小计算具体讲解该函数的操作技巧。求解数值的双曲正弦值。

选中单元格 B46，在公式编辑栏中输入公式"=SINH(A46)"，按"Enter"键即可得到数值 1 的双曲正弦值，如图 13-96 所示。然后利用自动填充功能，即可计算其他数值的双曲正弦值。

图　　13-96

13.2.14　TAN 函数：计算给定角度的正切值

TAN 函数用于计算给定角度的正切值。其语法是：TAN(number)。参数 number 为要求正切的角度，以弧度表示。

下面通过小计算具体讲解该函数的操作技巧。求解已知角度的正切值。

步骤 1：选中单元格 A48，在公式编辑栏中输入公式"=TAN(PI()/3)"，按"Enter"键即可得到 π/3 弧度的正切值，如图 13-97 所示。

步骤 2：选中单元格 A49，在公式编辑栏中输入公式"=TAN(RADIANS(30))"，按"Enter"键即可得到 30 度的正切值，如图 13-98 所示。

图　　13-97

图　　13-98

注意：如果参数的单位是度，则可以乘以 PI()/180 或使用 RADIANS 函数将其转换为弧度。

13.2.15　TANH 函数：计算某一数字的双曲正切值

TANH 函数用于计算某一数字的双曲正切值。其语法是：TANH(number)。参数 number 为任意实数。

下面通过小计算具体讲解该函数的操作技巧。求解数值的双曲正切值。

选中单元格 B52，在公式编辑栏中输入公式"=TANH(A52)"，按"Enter"键即可得到数值 −2 的双曲正切值，如图 13-99 所示。然后利用自动填充功能，即可计算其他数值的双曲正切值。

图　　13-99

13.3 | 综合实战：计算个人所得税

某单位对员工的工资按不同级别计算个人所得税，按月扣除。个人所得税的计算公式是：个人所得税 = 每月纳税所得额 × 税率 – 速算扣除数。而税后工资的计算公式是：税后工资 = 税前工资 – 个人所得税。不同级别的工资的所得税率如表13-4所示。

表13-4　个人所得税率

级数	每月应纳税所得额	税率（%）	速算扣除数（元）
1	不超过 3000 元	3	0
2	超过 3000 元至 12000 元的部分	10	210
3	超过 12000 元至 25000 元的部分	20	1410
4	超过 25000 元至 35000 元的部分	25	2660
5	超过 35000 元至 55000 元的部分	30	4410
6	超过 55000 元至 80000 元的部分	35	7160
7	超过 80000 元的部分	45	15160

下面通过实例说明如何计算个人所得税。

步骤 1：计算计税工资（假设计算个人所得税的基准金额是 5000 元，5000元以下不计个税）。打开 Excel 工作表，单击选中单元格 D2，在公式编辑栏中输入公式 "=IF(C2>5000,C2–5000,0)"，按 "Enter" 键即可返回张大友的计税工资，如图 13-100 所示。然后利用自动填充功能，计算其他员工的计税工资。

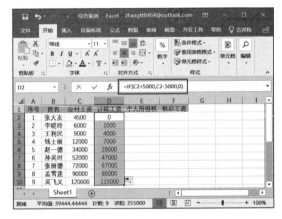

图　13-100

说明：以上公式判断单元格 C2 中的数值，如果大于 5000，则用该数值减去基准金额 5000 元，得到应付个人所得税的金额，否则返回 0，即不计税。

步骤 2：单击选中单元格 E2，在公式编辑栏中输入公式 "=IF(C2<>"",ROUND(IF(AND(C2>0,C2<=5000),0,SUM(IF((C25000>={0,3000,12000,25000,35000,55000,80000})+(C2-5000<{3000,12000,25000,35000,55000,80000,100000000000})=2,(C2-5000)*{0.03,0.1,0.2,0.25,0.3,0.35,0.45}-{0,210,1410,2660,4410,7160,15160},0))),2),"")"，按 "Shift+Ctrl+Enter" 组合键即可得到张大友的个人所得税，如图 3-101 所示。然后利用自动填充功能，计算其他员工的个人所得税。

说明：在以上数组公式中，使用 IF 函数结合数组公式来根据不同的工资级别计算个人所得税。使用数组公式的优点是可以对一组或多组值进行多重计算。

步骤 3：单击选中单元格 F2，在公式编辑栏中输入公式 "=C2-E2"，按 "Enter"键即可返回张大友的税后工资，如图 3-102 所示。然后利用自动填充功能，计算其他员工的税后工资。

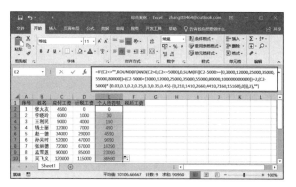

图　13-101

图　13-102

第14章
数据库函数应用技巧

在 Excel 中包含了一些工作表函数，用于对存储在数据清单或数据库中的数据进行分析，目的是分析数据库数据是否符合条件，这些函数统称为数据库函数。本章将通过实例来详细讲解各数据库函数的功能、表达式及参数。

- 数学库函数概述
- 本章的基础数据清单
- 数据库函数应用技巧
- 综合实战

14.1 | 数学库函数概述

14.1.1 数据库函数的共同特点

数据库函数具有下面 3 个共同特点。

❑ 每个函数均有 3 个参数：database、field 和 criteria，这些参数指向函数所使用的工作表区域。

❑ 除了 GETPIVOTDATA 函数之外，其余 12 个函数都以字母 D 开头。

❑ 如果将字母 D 去掉，可以发现其实大多数数据库函数已经在 Excel 的其他类型函数中出现过了。例如，将 DMAX 函数中的 D 去掉的话，就是求最大值的函数 MAX。

14.1.2 数据库函数的参数介绍

由于每个数据库函数均有相同的 3 个参数，因此本节先介绍这 3 个参数的含义，后面再以实例的形式介绍数据库函数的具体功能。数据库函数的语法形式为：

函数名称 (database,field,criteria)

对参数的说明如下：

❑ 参数 database 为构成数据清单或数据库的单元格区域。数据库是包含一组相关数据的数据清单，其中包含相关信息的行称为数据记录，而包含数据的列称为数据字段。其中，数据清单的第 1 行包含着每一列的标志项。

❑ 参数 field 为指定函数所使用的数据列。数据清单中的数据列必须在第 1 行具有标志项。参数 field 可以是文本，即两端带引号的标志项，如 "姓名" 或 "性别"；参数 field 也可以是代表数据清单中数据列位置的数字，如 1 表示第 1 列，2 表示第 2 列，等等。

❑ 参数 criteria 为一组包含给定条件的单元格区域。

14.1.3 对数据库函数的几点说明

1）可以为参数 criteria 指定任意区域，但是至少要包含一个列标志和列标志下方用于设定条件的单元格。

2）虽然条件区域可以在工作表的任意位置，但不要将条件区域置于数据清单的下方。

3）条件区域不能与数据清单相重叠。

4）如果要对数据库的整个列进行操作，需要在条件区域中的列标志下方输入一个空白行。

14.1.4 对条件区域的几点说明

每一个数据库函数都有条件区域，条件是指所指定的限制查询或筛选的结果集中包含哪些记录的条件；清单是指包含相关数据的一系列工作表行。建立条件区域要满足下面的条件：

1）在可用作条件区域的数据清单上插入至少三个空白行。

2）条件区域必须具有列标志。

3）确保在条件值与数据清单之间至少留了一个空白行。

14.2 本章的基础数据清单

根据上节的介绍可知，每个数据库函数都要有一个基础数据清单。本章中，为了方便介绍各数据库函数，也为了方便用户理解各数据库函数，将使用统一的数据清单。

打开工作簿“数据库函数.xlsx”，具体的数据记录如图 14-1 所示。该数据清单为某班学生的成绩表，数据字段包括：学号、姓名、性别、语文、数学、英语、总分和平均分。

学生成绩表

学号	姓名	性别	语文	数学	英语	总分	平均分
20051001	江雨薇	女	88	60	81	229	76.33
20051002	郝思嘉	男	81	85	79	245	81.67
20051003	林晓彤	女	50	69	75	194	64.67
20051004	曾云儿	女	75	80	60	215	71.67
20051005	邱月清	女	60	88	80	228	76.00
20051006	沈沉	男	85	81	81	247	82.33
20051007	蔡小蓓	女	69	79	79	227	75.67
20051008	尹南	男	58	75	86	219	73.00
20051009	陈小旭	女	81	45	45	171	57.00
20051010	薛婧	女	79	63	63	205	68.33
20051011	萧煜	男	86	86	86	258	86.00

图 14-1

在数据库函数中，条件区域是一个很重要的参数，在每一个数据库函数中均能用到。为了方便后面的介绍，本节中将演示条件区域的设置方法，以“性别”和“总分”条件为例，结果如图 14-2 所示。

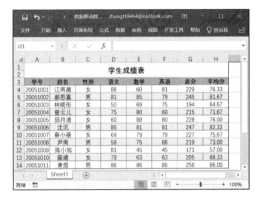

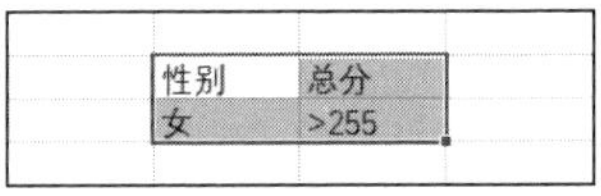

性别	总分
女	>255

图 14-2

提示： 在图 14-2 中，“性别”和“总分”为条件区域的列名部分，下面对应的数据就是数据库函数要查询的条件数据。对于条件区域中的列名部分，建议用户使用“复制”和“粘贴”命令，或使用公式引用列名所在的单元格，不建议通过手工输入，因为手工输入有可能产生误差，导致数据库函数无法得到数据记录。

14.3 数据库函数应用技巧

14.3.1 DAVERAGE 函数：计算条目的平均值

DAVERAGE 函数用于返回列表或数据库中满足指定条件的列中数值的平均值。其语法是：DAVERAGE(database,field,criteria)。

下面通过实例来说明 DAVERAGE 函数的应用。根据图 14-1 所示的基础数据清单，班主任想要了解：

- 所有女生总分的平均分。
- 英语大于 80 分的平均分。

步骤 1： 根据上面提出的查询条件，设置计算表格和条件区域，如图 14-3 所示。

步骤 2：单击选中单元格 E17，在公式编辑栏中输入公式"=DAVERAGE (A3:H14,G3,A21:A22)"，按"Enter"键即可计算出所有女生总分的平均分，如图 14-4 所示。

图　14-3

图　14-4

步骤 3：单击选中单元格 E18，在公式编辑栏中输入公式"=DAVERAGE (A3:H14,F3,B21:B22)"，按"Enter"键即可计算出英语大于 80 分的平均分，如图 14-5 所示。

14.3.2　DCOUNT 函数：计算包含数字的单元格的数量

DCOUNT 函数用于返回数据清单或数据库中满足指定条件的列中包含数字的单元格个数。参数 field 为可选项，

图　14-5

如果省略，DCOUNT 函数将返回数据库中满足条件 criteria 的所有记录数。其语法是：DCOUNT(database,field,criteria)。

下面通过实例来说明 DCOUNT 函数的应用。根据图 14-1 所示的基础数据清单，班主任想要了解：

❑ 语文大于 80 分的女生个数。

❑ 数学大于等于 80 小于 90 分的学生个数。

步骤 1：根据上面提出的查询条件，设置计算表格和条件区域，如图 14-6 所示。

步骤 2：单击选中单元格 F17，在公式编辑栏中输入公式"=DCOUNT (A3:H14,D3,A21:B22)"，按"Enter"键即可计算出语文大于 80 分的女生个数，如图 14-7 所示。

步骤 3：单击选中单元格 E18，在公式编辑栏中输入公式"=DCOUNT (A3:H14,E3,C21:D22)"，按"Enter"键即可计算出数学大于等于 80 小于 90 分的学生个数，如图 14-8 所示。

图　14-6

图 14-7　　　　　　　　　　　　　　　　　图 14-8

14.3.3　DCOUNTA 函数：计算非空单元格的数量

DCOUNTA 函数用于返回数据清单或数据库中满足指定条件的列中非空单元格的数量。参数 field 为可选项。如果省略，则 DCOUNTA 函数将返回数据库中满足条件的所有记录数。其语法是：DCOUNTA(database,field,criteria)。

下面通过实例来说明 DCOUNTA 函数的应用。根据图 14-1 所示的基础数据清单，班主任想要了解：

❑ 英语大于 80 分的男生个数。

❑ 总分大于等于 255 分的学生个数。

步骤 1：根据上面提出的查询条件，设置计算表格和条件区域，如图 14-9 所示。

步骤 2：单击选中单元格 E17，在公式编辑栏中输入公式"=DCOUNTA(A3:H14, F3,A21:B22)"，按"Enter"键即可计算出英语大于 80 分的男生个数，如图 14-10 所示。

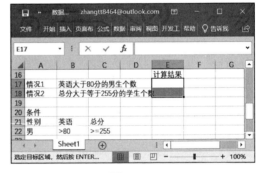

图 14-9

步骤 3：单击选中单元格 E18，在公式编辑栏中输入公式"=DCOUNTA(A3:H14,G3,C21:C22)"，按"Enter"键即可计算出总分大于等于 255 分的学生个数，如图 14-11 所示。

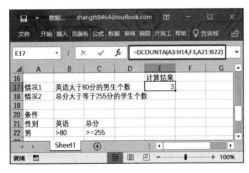

图 14-10　　　　　　　　　　　　　　　　图 14-11

14.3.4　DGET 函数：计算符合条件的记录

DGET 函数用于从数据清单或数据库的列中提取符合指定条件的单个值。其语法是：DGET(database,field,criteria)。

下面通过实例来说明 DGET 函数的应用。根据图 14-1 所示的基础数据清单，班主任想要了解：

❑ 姓名为"蔡小蓓"的平均分。

❑ 总分为 247 的学生姓名。

❑ 语文成绩为 81 的男生姓名。

步骤 1：根据上面提出的查询条件，设置计算表格和条件区域，如图 14-12 所示。

步骤 2：单击选中单元格 E17，在公式编辑栏中输入公式"=DGET(A3:H14,H3,A22:A23)"，按"Enter"键即可计算出姓名为"蔡小蓓"的平均分，如图 14-13 所示。

图 14-12

图 14-13

步骤 3：单击选中单元格 E18，在公式编辑栏中输入公式"=DGET(A3:H14,B3,B22:B23)"，按"Enter"键即可计算出总分为 247 的学生姓名，如图 14-14 所示。

步骤 4：单击选中单元格 E19，在公式编辑栏中输入公式"=DGET(A3:H14,B3,C22:D23)"，按"Enter"键即可计算出语文成绩为 81 的男生姓名，如图 14-15 所示。

图 14-14

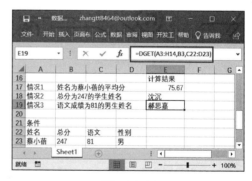

图 14-15

14.3.5　DMAX 函数：计算符合条件的最大数值

DMAX 函数用于返回数据清单或数据库中满足指定条件的列中的最大数值。其语法是：DMAX(database,field,criteria)。

下面通过实例来说明 DMAX 函数的应用。根据图 14-1 所示的基础数据清单，班主任想要了解：

❑ 英语成绩大于 80 分的最高成绩。

❑ 总分 >200 的成绩最高的女生成绩。

❑ 平均分 >80 的成绩最高的男生成绩。

步骤 1：根据上面提出的查询条件，设置计算表格和条件区域，如图 14-16 所示。

步骤 2：单击选中单元格 F17，在公式编辑栏中输入公式" = DMAX(A3:H14, F3,A22:A23)"，按" Enter"键即可计算出英语成绩大于 80 分的最高成绩，如图 14-17 所示。

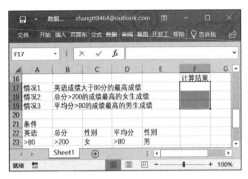

图　14-16

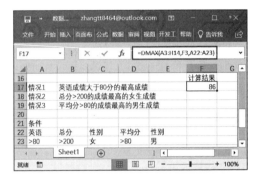

图　14-17

步骤 3：单击选中单元格 F18，在公式编辑栏中输入公式" = DMAX(A3:H14,G3, B22:C23)"，按" Enter"键即可计算出总分 >200 的成绩最高的女生成绩，如图 14-18 所示。

步骤 4：单击选中单元格 F19，在公式编辑栏中输入公式" = DMAX(A3:H14,H3, D22:E23)"，按" Enter"键即可计算出平均分 >80 的成绩最高的男生成绩，如图 14-19 所示。

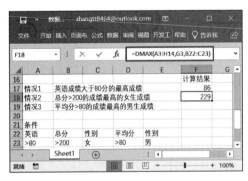

图　14-18

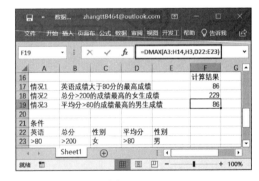

图　14-19

14.3.6　DMIN 函数：计算符合条件的最小数值

DMIN 函数用于返回数据清单或数据库中满足指定条件的列中的最小数值。其语法是：DMIN(database,field,criteria)。

下面通过实例来说明 DMIN 函数的应用。根据图 14-1 所示的基础数据清单，班主任想要了解：

❑ 英语成绩大于 80 分的最低成绩。

❑ 总分 >200 的成绩最低的女生成绩。

❑ 平均分 >80 的成绩最低的男生成绩。

步骤 1：根据上面提出的查询条件，设置计算表格和条件区域，如图 14-20 所示。

步骤 2：单击选中单元格 F17，在公式编辑栏中输入公式" = DMIN(A3:H14, F3,A22:A23)"，按" Enter"键即可计算出英语成绩大于 80 分的最低成绩，如图 14-21 所示。

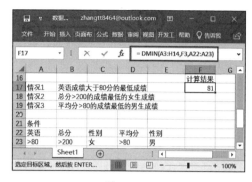

图　14-20　　　　　　　　　　　　图　14-21

步骤 3：单击选中单元格 F18，在公式编辑栏中输入公式" = DMIN(A3:H14,G3, B22:C23)"，按" Enter"键即可计算出总分 >200 的成绩最低的女生成绩，如图 14-22 所示。

步骤 4：单击选中单元格 F19，在公式编辑栏中输入公式" = DMIN(A3:H14,H3, D22:E23)"，按" Enter"键即可计算出平均分 >80 的成绩最低的男生成绩，如图 14-23 所示。

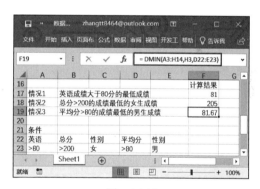

图　14-22　　　　　　　　　　　　图　14-23

14.3.7　DPRODUCT 函数：计算指定数值的乘积

DPRODUCT 函数用于返回数据清单或数据库中满足指定条件的列中数值的乘积。其语法是：DPRODUCT(database,field,criteria)。

下面通过实例来说明 DPRODUCT 函数的应用。根据图 14-1 所示的基础数据清单，班主任想要了解：

❑ 英语成绩 >80 分的成绩的乘积。

❑ 平均分 <78 分的成绩的乘积。

步骤 1：根据上面提出的查询条件，设置计算表格和条件区域，如图 14-24 所示。

步骤 2：单击选中单元格 E17，在公式

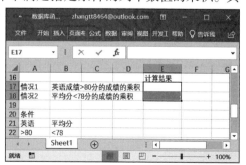

图　14-24

编辑栏中输入公式"=DPRODUCT(A3:H14,F3,A21:A22)",按"Enter"键即可计算出英语成绩 >80 分的成绩的乘积,如图 14-25 所示。

步骤 3:单击选中单元格 E18,在公式编辑栏中输入公式"=DPRODUCT(A3:H14,H3, B21:B22)",按"Enter"键即可计算出平均分 <78 分的成绩的乘积,如图 14-26 所示。

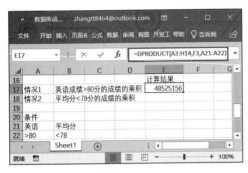

图　14-25

图　14-26

14.3.8　DSTDEV 函数:计算样本的估算标准偏差

DSTDEV 函数用于返回将列表或数据库中满足指定条件的列中数字作为一个样本,估算出的样本总体标准偏差。其语法是:DSTDEV(database,field,criteria)。

下面通过实例来说明 DSTDEV 函数的应用。根据图 14-1 所示的基础数据清单,班主任想要了解:

❑ 性别为女生的英语成绩标准偏差。

❑ 总分 >=240 分的男生成绩标准偏差。

步骤 1:根据上面提出的查询条件,设置计算表格和条件区域,如图 14-27 所示。

步骤 2:单击选中单元格 F17,在公式编辑栏中输入公式"=DSTDEV(A3:H14, F3,A21:A22)",按"Enter"键即可计算出性别为女生的英语成绩标准偏差,如图 14-28 所示。

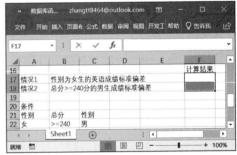

图　14-27

步骤 3:单击选中单元格 F18,在公式编辑栏中输入公式"=DSTDEV(A3:H14,G3, B21:C22)",按"Enter"键即可计算出总分 >=240 分的男生成绩标准偏差,如图 14-29 所示。

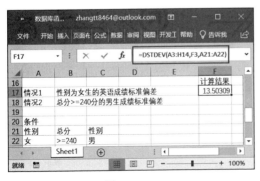

图　14-28

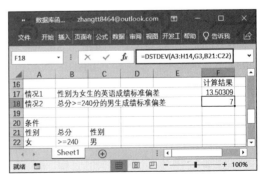

图　14-29

14.3.9　DSTDEVP 函数：计算总体样本的标准偏差

DSTDEVP 函数用于返回将列表或数据库中满足指定条件的列中数字作为样本总体，计算出的总体标准偏差。其语法是：DSTDEVP(database,field,criteria)。

下面通过实例来说明 DSTDEVP 函数的应用。根据图 14-1 所示的基础数据清单，班主任想要了解：

❏ 性别为女生的英语成绩总体标准偏差。

❏ 总分 >=240 分的男生成绩总体标准偏差。

步骤 1：根据上面提出的查询条件，设置计算表格和条件区域，如图 14-30 所示。

步骤 2：单击选中单元格 F17，在公式编辑栏中输入公式"=DSTDEVP(A3:H14, F3,A21:A22)"，按"Enter"键即可计算出性别为女生的英语成绩总体标准偏差，如图 14-31 所示。

步骤 3：单击选中单元格 F18，在公式编辑栏中输入公式"=DSTDEVP(A3:H14, G3,B21:C22)"，按"Enter"键即可计算出总分 >=240 分的男生成绩总体标准偏差，如图 14-32 所示。

图　14-30

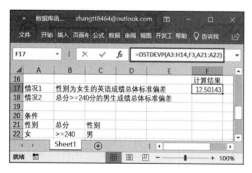

图　14-31

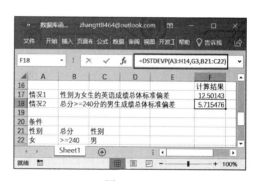

图　14-32

14.3.10　DSUM 函数：计算指定数值的和

DSUM 函数用于返回列表或数据库中满足指定条件的列中数值之和。其语法是：DSUM(database,field,criteria)。

下面通过实例来说明 DSUM 函数的应用。根据图 14-1 所示的基础数据清单，班主任想要了解：

❏ 所有男生的语文成绩的总和。

❏ 数学成绩在 80 到 90 之间的成绩总和。

步骤 1：根据上面提出的查询条件，设置计算表格和条件区域，如图 14-33 所示。

步骤 2：单击选中单元格 F17，在公式编辑

图　14-33

栏中输入公式"=DSUM(A3:H14,D3,A21:A22)",按"Enter"键即可计算出所有男生的语文成绩的总和,如图 14-34 所示。

步骤 3:单击选中单元格 F18,在公式编辑栏中输入公式"=DSUM(A3:H14,E3,B21:C22)",按"Enter"键即可计算出数学成绩在 80 到 90 之间的成绩总和,如图 14-35 所示。

图 14-34

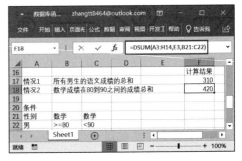

图 14-35

14.3.11 DVAR 函数:计算样本方差

DVAR 函数用于返回将列表或数据库中满足指定条件的列中数值作为一个样本,估算样本的总体方差。其语法是:DVAR(database,field,criteria)。

下面通过实例来说明 DVAR 函数的应用。根据图 14-1 所示的基础数据清单,班主任想要了解:

❏ 性别为女生的英语成绩的样本方差。

❏ 总分 >=240 分的男生成绩的样本方差。

步骤 1:根据上面提出的查询条件,设置计算表格和条件区域,如图 14-36 所示。

步骤 2:单击选中单元格 F17,在公式编辑栏中输入公式"=DVAR(A3:H14,F3,A21:A22)",按"Enter"键即可计算出性别为女生的英语成绩的样本方差,如图 14-37 所示。

图 14-36

步骤 3:单击选中单元格 F18,在公式编辑栏中输入公式"=DVAR(A3:H14,G3,B21:C22)",按"Enter"键即可计算出总分 >=240 分的男生成绩的样本方差,如图 14-38 所示。

图 14-37

图 14-38

14.3.12 DVARP 函数：计算总体方差

DVARP 函数用于返回将列表或数据库中满足指定条件的列中数值作为样本总体，计算出样本的总体方差。其语法是：DVARP(database,field,criteria)。

下面通过实例来说明 DVARP 函数的应用。根据图 14-1 所示的基础数据清单，班主任想要了解：

❏ 性别为女生的英语成绩的总体样本方差。

❏ 总分 >=240 分的男生成绩的总体样本方差。

步骤 1：根据上面提出的查询条件，设置的计算表格和条件区域，如图 14-39 所示。

步骤 2：单击选中单元格 F17，在公式编辑栏中输入公式"=DVARP(A3:H14, F3,A21:A22)"，按"Enter"键即可计算出性别为女生的英语成绩的总体样本方差，如图 14-40 所示。

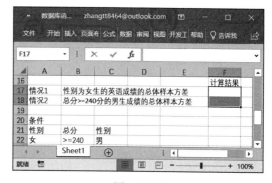

图 14-39

步骤 3：单击选中单元格 F18，在公式编辑栏中输入公式"=DVARP(A3:H14, G3,B21:C22)"，按"Enter"键即可计算出总分 >=240 分的男生成绩的总体样本方差，如图 14-41 所示。

图 14-40

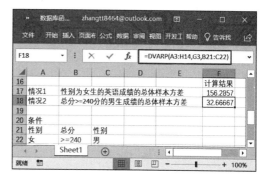

图 14-41

14.4 综合实战

使用数据库函数可以处理和分析数据清单中的数据，以得到用户想要的资料。本节将通过一个综合实例，来说明数据库函数的使用。

打开工作簿"员工工资表 .xlsx"。可以看到，该数据清单的数据字段包括编号、姓名、性别、所在部门、年龄及工资。基础数据如图 14-42 所示。

根据上面的基础数据清单，公司需要了解的信息如下：

❏ 销售部工资的最高值。

□ 工资在 2000 到 3000 之间的员工个数。

□ 女员工的平均年龄。

□ 人事部员工的工资总和。

□ 财务部蔡小蓓的工资。

□ 业务部中工资的最小值。

下面的步骤将详细讲解怎样使用数据库函数，对上面的信息进行统计。

步骤 1：根据公司的要了解的信息，设置的计算表格和条件区域，如图 14-43 所示。

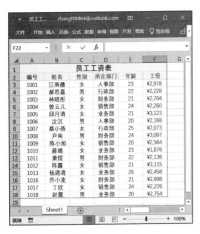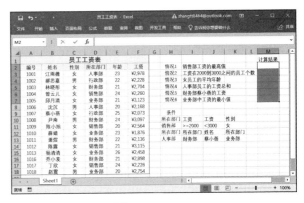

图 14-42   图 14-43

步骤 2：计算销售部工资的最高值。单击选中单元格 M2，在公式编辑栏中输入公式 "=DMAX(A2:F18,F2,H10:H11)"，按 "Enter" 键即可，如图 14-44 所示。

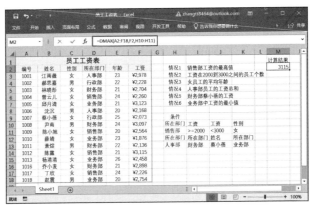

图 14-44

步骤 3：计算工资在 2000 到 3000 之间的员工个数。单击选中单元格 M3，在公式编辑栏中输入公式 "=DCOUNT(A2:F18,F2,I10:J11)"，按 "Enter" 键即可，如图 14-45 所示。

步骤 4：计算女员工的平均年龄。单击选中单元格 M4，在公式编辑栏中输入公式 "=DAVERAGE(A2:F18,E2,K10:K11)"，按 "Enter" 键即可，如图 14-46 所示。

步骤 5：计算人事部员工的工资总和。单击选中单元格 M5，在公式编辑栏中输入公式 "=DSUM(A2:F18,F2,H12:H13)"，按 "Enter" 键即可，如图 14-47 所示。

步骤 6：计算财务部蔡小蓓的工资。单击选中单元格 M6，在公式编辑栏中输入公

式 "=DGET(A2:F18,F2,J12:J13)"，按 "Enter" 键即可，如图 14-48 所示。

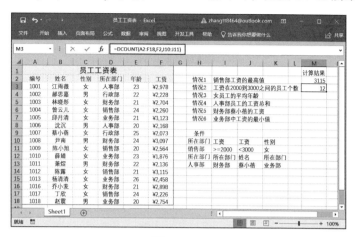

图　14-45

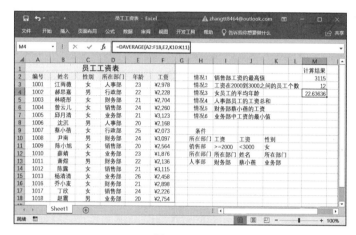

图　14-46

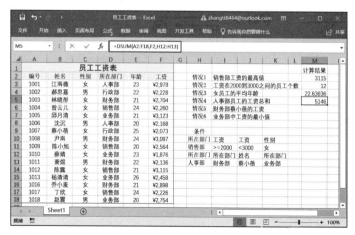

图　14-47

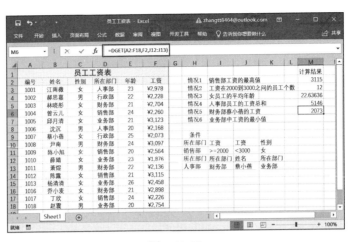

图　14-48

步骤7：计算业务部中工资的最小值。单击选中单元格M7，在公式编辑栏中输入公式"=DMIN(A2:F18,F2,K12:K13)"，按"Enter"键即可，如图14-49所示。

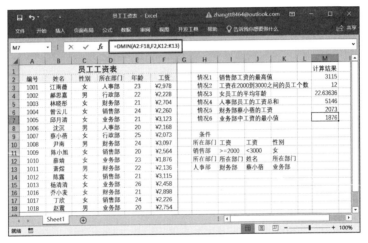

图　14-49

第15章
查找和引用函数应用技巧

使用 Excel 提供的查找和引用函数，可以在工作表中查找特定的数值，或者查找某一特别引用的函数。本章将通过实例说明查找和引用函数的功能及参数，并结合综合实战帮助用户理解查找和引用函数的使用方法。

- 查找与引用函数
- 综合实战：学生成绩查询

15.1 | 查找与引用函数

■ 15.1.1 ADDRESS 函数：以文本形式返回引用值

ADDRESS 函数用于按照给定的行号和列标，建立文本类型的单元格地址。其语法是：ADDRESS(row_num,column_num,abs_num,a1,sheet_text)。下面首先对其参数进行简单介绍。

row_num：必需。表示在单元格引用中使用的行号。

column_num：必需。表示在单元格引用中使用的列标。

abs_num：必需。用于指定返回的引用类型，参数 abs_num 返回的引用类型如表 15-1 所示。

a1：可选。用于指定 A1 或 R1C1 引用样式的逻辑值。如果 a1 为 TRUE 或省略，ADDRESS 函数返回 A1 样式的引用；如果 a1 为 FALSE，ADDRESS 函数返回 R1C1 样式的引用

sheet_text：可选。为一文本，用于指定作为外部引用的工作表的名称。如果省略 sheet_text，则不使用任何工作表名，并且该函数所返回的地址引用当前工作表上的单元格。

表15-1 参数abs_num返回的引用类型

abs_num 的取值	返回的引用类型
1 或省略	绝对引用
2	绝对行号，相对列标
3	相对行号，绝对列标
4	相对引用

下面通过实例具体讲解该函数的操作技巧。

要求以文本形式返回单元格地址引用值。

步骤 1：打开工作表，单击选中单元格 A1，在公式编辑栏中输入公式"=ADDRESS(6,8)"，按"Enter"键即可返回对单元格 H6 地址的绝对引用，如图 15-1 所示。

步骤 2：单击选中单元格 A2，在公式编辑栏中输入公式"=ADDRESS(6,8,2)"，按"Enter"键即可返回单元格 H6 的绝对行号、相对列标，如图 15-2 所示。

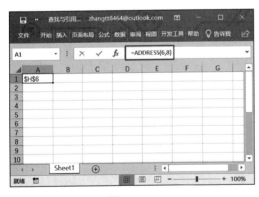

图 15-1

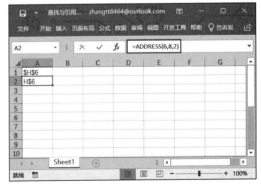

图 15-2

步骤 3：单击选中单元格 A3，在公式编辑栏中输入公式"=ADDRESS (6,8,2,FALSE)"，按"Enter"键即可返回在 R1C1 引用样式中单元格 H6 的绝对行号、

相对列标，如图 15-3 所示。

步骤 4：单击选中单元格 A4，在公式编辑栏中输入公式"=ADDRESS(6,8,1,FALSE,"[三角函数 .xlsx] 三角函数 !")"，按"Enter"键即可返回对其他工作簿或工作表中单元格 H6 的绝对引用，如图 15-4 所示。

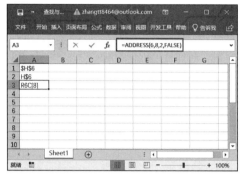

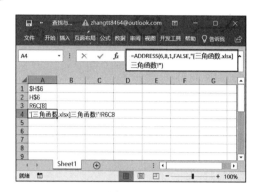

图 15-3

图 15-4

15.1.2 AREAS 函数：计算引用中的区域个数

AREAS 函数用于返回引用中包含的区域个数。区域表示连续的单元格区域或某个单元格。其语法是：AREAS(reference)。参数 reference 表示对某个单元格或单元格区域的引用，也可以引用多个区域。如果需要将几个引用指定为一个参数，则必须用括号括起来，以免 Excel 将逗号作为参数间的分隔符。

下面通过实例具体讲解该函数的操作技巧。

要求返回引用中包含的区域个数。

步骤 1：打开工作表，单击选中单元格 A1，在公式编辑栏中输入公式"=AREAS(B1:D5)"，按"Enter"键即可返回引用中的区域个数，如图 15-5 所示。

步骤 2：单击选中单元格 A2，在公式编辑栏中输入公式"=AREAS((B1:D5,D7,F4:F5,F7))"，按"Enter"键即可返回引用中的区域个数，如图 15-6 所示。

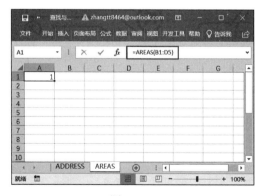

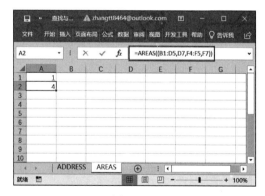

图 15-5

图 15-6

15.1.3 CHOOSE 函数：从列表中选择数值

CHOOSE 函数用于从数值参数列表中选择数值。使用 CHOOSE 函数可以根据索引号从最多 254 个数值中选择一个。例如，用 value1 到 value7 表示一周的 7 天，当将 1 ～ 7 用作 index_num 时，则 CHOOSE 返回其中的某一天。其语法是：CHOOSE (index_num,value1,value2,...)。其中，参数 index_num 用于指定所选定的值参数；参数 value1、value2、…为 1 ～ 254 个数值参数，CHOOSE 函数基于参数 index_num，从中选择一个数值或一项要执行的操作。参数可以为数字、单元格引用、定义名称、公式、函数或文本。

下面通过实例具体讲解该函数的操作技巧。

要求返回数值参数列标中的数值。打开工作表，单击选中单元格 C1，在公式编辑栏中输入公式 " =CHOOSE(6,A1, A2,A3,A4,A5,A6,A7)"，按 "Enter" 键即可返回数值参数列表中的第 6 个参数，如图 15-7 所示。

图　15-7

注意：参数 index_num 必须为 1 到 254 之间的数字，或者是包含数字 1 到 254 的公式或单元格引用。如果参数 index_ num 小于 1 或大于列表中最后一个值的序号，CHOOSE 函数返回错误值 " #VALUE!"；如果参数 index_num 为小数，则在使用前将被截尾取整。如果参数 index_num 为一个数组，则在计算 CHOOSE 函数时，将计算每一个值。CHOOSE 函数的数值参数不仅可以为单个数值，也可以为区域引用。例如，下面的公式：

=SUM(CHOOSE(2,A1:A10,B1:B10,C1:C10))

相当于：

=SUM(B1:B10)

然后基于单元格区域 B1:B10 中的数值返回值。CHOOSE 函数先被计算，返回引用 B1:B10。然后 SUM 函数用 B1:B10 进行求和计算，即 CHOOSE 函数的结果是 SUM 函数的参数。

15.1.4　COLUMN 函数：计算给定引用的列标

COLUMN 函数用于返回给定引用的列标。其语法是：COLUMN(reference)。参数 reference 为需要得到其列标的单元格或单元格区域。如果省略参数 reference，则假定为对函数 COLUMN 所在单元格的引用；如果参数 reference 为一个单元格区域，并且函数 COLUMN 作为水平数组输入，则 COLUMN 函数将参数 reference 中的列标以水平数组的形式返回。参数 reference 不能引用多个区域。

下面通过实例具体讲解该函数的操作技巧。要求返回给定引用的列标。

步骤 1：打开工作表，单击选中单元格 A1，在公式编辑栏中输入公式 "=COLUMN()"，按 "Enter" 键即可返回公式所在列的列标，如图 15-8 所示。

步骤 2：单击选中单元格 A2，在公式编辑栏中输入公式 "=COLUMN(B15:C16)"，按 "Enter" 键即可返回单元格区域首列的列标，如图 15-9 所示。

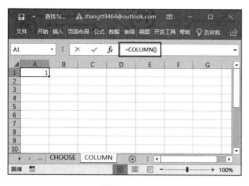

图 15-8

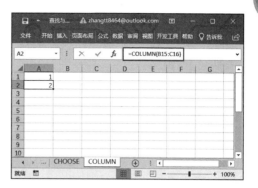

图 15-9

15.1.5 COLUMNS 函数：计算数组或引用的列数

COLUMNS 函数用于返回数组或引用的列数。其语法是：COLUMNS(array)。参数 array 为需要得到其列数的数组或数组公式，或对单元格区域的引用。

下面通过实例具体讲解该函数的操作技巧。要求返回数组或引用的列数。

步骤 1：打开工作表，单击选中单元格 A1，在公式编辑栏中输入公式 "=COLUMNS (A1:E4)"，按 "Enter" 键即可返回引用单元格区域的列数，如图 15-10 所示。

步骤 2：单击选中单元格 A2，在公式编辑栏中输入公式 "=COLUMNS({1,2,3,4;4,5,6, 7;5,6,7,8})"，按 "Enter" 键即可返回数组的列数，如图 15-11 所示。

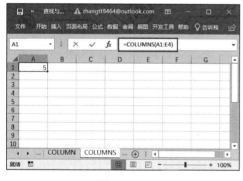

图 15-10

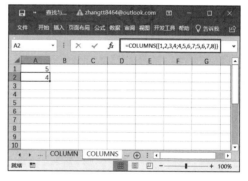

图 15-11

15.1.6 HLOOKUP 函数：实现水平查找

HLOOKUP 函数用于在表格或数值数组的首行查找指定的数值，并在表格或数组中指定行的同一列中返回一个数值。当比较值位于数据表的首行，并且要查找下面给定行中的数据时，可以使用 HLOOKUP 函数（HLOOKUP 中的 H 代表 "行"）。当比较值位于要查找的数据左边的一列时，则使用 VLOOKUP 函数（VLOOKUP 中的 V 代表 "列"）。

HLOOKUP 函数的语法是：HLOOKUP(lookup_value,table_array,row_index_num, range_lookup)。下面首先对其参数进行简单介绍。

lookup_value：必需。需要在数据表第 1 行中进行查找的数值。可以为数值、引用或文本字符串。

table_array：必需。需要在其中查找数据的数据表。使用对区域或区域名称的引用。

参数 table_array 的第 1 行数值可以为文本、数字或逻辑值。如果参数 range_lookup 为 TRUE，则 table_array 的第 1 行数值必须按升序排列：…−2、−1、0、1、2、…、A-Z、FALSE、TRUE；否则，HLOOKUP 函数将不能给出正确的数值；如果参数 range_lookup 为 FALSE，则 table_array 不必进行排序。文本不区分大小写。将数值从左到右按升序排序。

　　row_index_num：必需。table_array 中将返回的匹配值的行号。参数 row_index_num 为 1 时，返回 table_array 的第 1 行的值；参数 row_index_num 为 2 时，返回 table_array 第 2 行中的值，依此类推。如果参数 row_index_num 小于 1，则 HLOOKUP 函数返回错误值" #VALUE!"；如果参数 row_index_num 大于 table_array 的行数，则 HLOOKUP 函数返回错误值"#REF!"。

　　range_lookup：可选。为一个逻辑值，指明 HLOOKUP 函数查找时是精确匹配，还是近似匹配。如果为 TRUE 或省略，则返回近似匹配值。换言之，如果找不到精确匹配值，则返回小于 lookup_value 的最大值。如果为 FALSE，则 HLOOKUP 函数将查找精确匹配值，如果找不到精确匹配值，则返回错误值" #N/A"。

　　下面通过实例具体讲解该函数的操作技巧。

　　步骤 1：打开工作表，单击选中单元格 A9，在公式编辑栏中输入公式"=HLOOKUP("语文",A1:F7,2,TRUE)"，按" Enter"键在首行查找"语文"，并返回同列中第 2 行的值，如图 15-12 所示。

　　步骤 2：单击选中单元格 A18，在公式编辑栏中输入公式" =HLOOKUP("Y",A10:F16,2,TRUE)"，按" Enter"键在首行查找"Y"，并返回同列中第 2 行的值。由于 Y 不是精确匹配，因此将使用小于 Y 的最大值"XM"，并返回同列中第 2 行的值，如图 15-13 所示。

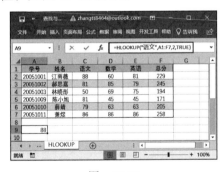
　　　　图　15-12

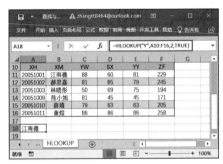
　　　　图　15-13

　　步骤 3：打开工作表，单击选中单元格 B18，在公式编辑栏中输入公式" =HLOOKUP("YY",A10:F16,3)"，按" Enter"键在首行查找"YY"，并返回同列中第 3 行的值，如图 15-14 所示。

　　步骤 4：单击选中单元格 D18，在公式编辑栏中输入公式" =HLOOKUP(2,{1,2,3;"a","b","c";"d","e","f"},2,TRUE)"，按" Enter"键在数组常量的第 1 行中查找 3，并返回同列中第 2 行的值，如图 15-15 所示。

　　注意：如果 HLOOKUP 函数找不到参数 lookup_value，且参数 range_lookup 为 TRUE，则使用小于 lookup_value 的最大值；如果 HLOOKUP 函数小于参数 table_array 第一行中的最小数值，HLOOKUP 函数将返回错误值" #N/A"；如果参数 range_lookup 为 FALSE 且参数 lookup_value 为文本，则可以在 lookup_value 中使用通配符（问号 (?) 和星号 (*)）。问号匹配任意单个字符；星号匹配任意一串字符。如果要查找实际的问号或星号，请在字符前键入波形符 (~)。

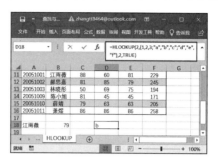

图　15-14　　　　　　　　　　　　　　　　图　15-15

15.1.7　INDEX 函数：计算表或区域中的值或值的引用

INDEX 函数用于返回表或区域中的值或值的引用。它有两种形式：数组形式和引用形式。

1. 数组形式

用于返回表格或数组中的元素值，此元素由行号和列标的索引值给定。当 INDEX 函数的第 1 个参数为数组常量时，使用数组形式。其语法是：INDEX(array,row_num,column_num)。下面首先对其参数进行简单介绍。

array：必需。单元格区域或数组常量。如果数组只包含一行或一列，则相对应的参数 row_num 或 column_num 为可选参数；如果数组有多行和多列，但只使用 row_num 或 column_num，INDEX 函数返回数组中的整行或整列，且返回值也为数组。

row_num：可选。数组中某行的行号，函数从该行返回数值。如果省略 row_num，则必须有 column_num。

column_num：可选。数组中某列的列标，函数从该列返回数值。如果省略 column_num，则必须有 row_num。

下面通过实例具体讲解该函数的操作技巧。返回表格或数组中的元素值。

步骤 1：打开工作表，单击选中单元格 A5，在公式编辑栏中输入公式 "=INDEX(A2:B3,2,2)"，按 "Enter" 键即可返回单元格区域内第 2 行和第 2 列交叉处的元素值，如图 15-16 所示。

步骤 2：单击选中单元格 A7，在公式编辑栏中输入公式 "=INDEX({1,2;3,4},2,2)"，按 "Enter" 键即可返回数组中第 2 行和第 2 列交叉处的元素值，如图 15-17 所示。

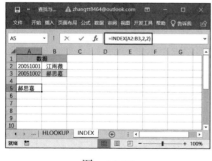

图　15-16

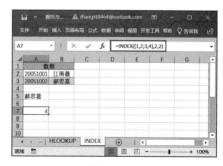

图　15-17

注意：如果同时使用参数 row_num 和 column_num，INDEX 函数返回 row_num 和 column_ num 交叉处的单元格中的值；如果将参数 row_num 或 column_num 设置为 0（零），INDEX 函数将分别返回整个列或行的数组数值。若要使用以数组形式返回值，请将 INDEX 函数以数组公式形式输入，对于行以水平单元格区域的形式输入，对于列以垂直单元格区域的形式输入。若要输入数组公式，请按"Ctrl+Shift+Enter"组合键。例如，选中单元格区域 B6:B7，在公式编辑栏中输入公式"=INDEX({1,2;3,4},0,2)"，按"Ctrl+Shift+Enter"组合键即可返回第 2 列的数组数值，如图 15-18 所示。参数 row_num 和 column_num 必须指向数组中的一个单元格；否则，INDEX 函数将返回"#REF!"错误值。

图 15-18

2. 引用形式

用于返回指定的行与列交叉处的单元格引用。如果引用由不连续的选定区域组成，可以选择某一选定区域。其语法是：INDEX(reference,row_num,column_num,area_num)。下面首先对其参数进行简单介绍。

reference：必需。对一个或多个单元格区域的引用。如果为引用输入一个不连续的区域，必须将其用括号括起来。如果引用中的每个区域只包含一行或一列，则相应的参数 row_num 或 column_num 分别为可选项。例如，对于单行的引用，可以使用函数 INDEX(reference,,column_num)。

row_num：必需。引用中某行的行号，函数从该行返回一个引用。

column_num：可选。引用中某列的列标，函数从该列返回一个引用。

area_num：可选。选择引用中的一个区域，返回该区域中参数 row_num 和 column_num 的交叉区域。选中或输入的第 1 个区域序号为 1，第 2 个为 2，依此类推。如果省略 area_num，则函数 INDEX 使用区域 1。此处列出的区域必须位于一个工作表上。如果指定的区域不在同一工作表上，将导致"#VALUE!"错误。如果需要使用彼此位于不同工作表上的区域，建议使用 INDEX 函数的数组形式，并使用另一个函数计算构成数组的区域。例如，可以使用 CHOOSE 函数计算将使用的范围。例如，引用描述的单元格为 (A1:C4,D1:E4,F1:H4)，则 area_num 1 为区域 A1:C4，area_num2 为区域 D1:E4，而 area_num3 为区域 F1:H4。

下面通过实例具体讲解该函数的操作技巧。返回指定的行与列交叉处的单元格引用。

步骤 1：单击选中单元格 E12，在公式编辑栏中输入公式"=INDEX(A11:C18,2,3)"，按"Enter"键即可返回单元格区域内第 2 行和第 3 列交叉处即单元格 C12 的内容，如图 15-19 所示。

步骤 2：单击选中单元格 E13，在公式编辑栏中输入公式"=INDEX((A11:C13,A15:C17),2,3,2)"，按"Enter"键即可返回第 2 个单元格区域 A15:C17 内第 2 行和第 3 列交叉处即 C16 的内容，如图 15-20 所示。

注意：参数 reference 和 area_num 选择了特定的区域后，参数 row_num 和 column_num 将进一步选择特定的单元格，row_num1 为区域的首行，column_num1 为区域的首列，依此类推。INDEX 函数返回的引用即为参数 row_num 和 column_num 的交叉区域。如果将 row_num 或 column_num 设置为 0，INDEX 函数分别返回对整列或整行的引用。参数 row_num、 column_num 和 area_num 必须指向引用中的单元格；否则，INDEX 函数将返回"#REF!"错误值。如果省略了参数 row_num 和 column_num，则 INDEX 函数返回由参数 area_num 指定的引用区域。INDEX 函数的结果为一个引用，且在其他公式中也被解释为引用。根据公式的需要，INDEX 函数的返回值可以作为引用或者数值。

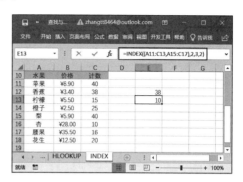

图　15-19　　　　　　　　　　　　图　15-20

15.1.8　INDIRECT 函数：计算指定的引用

INDIRECT 函数用于返回由文本字符串指定的引用。此函数立即对引用进行计算，并显示其内容。当需要更改公式中单元格的引用，而不更改公式本身时，则使用 INDIRECT 函数。其语法是：INDIRECT(ref_text,[a1])。首先对其参数进行简单介绍。

ref_text：必需。为对单元格的引用，此单元格可以包含 A1 样式的引用、R1C1 样式的引用、定义为引用的名称或对文本字符串单元格的引用。如果 ref_text 不是合法的单元格引用，INDIRECT 函数会返回错误值；如果 ref_text 是对另一个工作簿的引用，则被引用的工作簿必须已经打开，如果源工作簿没有打开，INDIRECT 函数会返回错误值"#REF!"；如果 ref_text 引用的单元格区域超出 1048576 这一行限制或 16384 这一列限制，INDIRECT 函数会返回错误值"#REF!"。

a1：可选。一个逻辑值，引用指定包含在单元格 ref_text 中的引用的类型。如果 a1 为 TRUE 或省略，ref_text 为 A1 样式的引用；如果 a1 为 FALSE，ref_text 为 R1C1 样式的引用。

下面通过实例具体讲解该函数的操作技巧。返回由文本字符串指定的引用。

步骤 1：单击选中单元格 A8，在公式编辑栏中输入公式"=INDIRECT(A5)"，按"Enter"键即可返回单元格 A5 中的引用值，即单元格 A2 中的内容，如图 15-21 所示。

步骤 2：单击选中单元格 B8，在公式编辑栏中输入公式"=INDIRECT("B2")"，按"Enter"键即可实现对单元格 B2 中内容的引用，如图 15-22 所示。

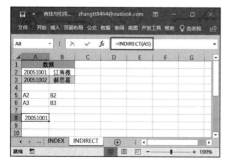

图　15-21

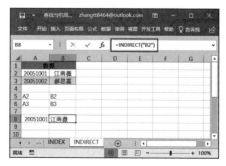

图　15-22

15.1.9 LOOKUP 函数：查找数据

LOOKUP 函数用于从单行或单列区域或者从一个数组中返回值。LOOKUP 函数具有两种语法形式：向量形式和数组形式。

1. 向量形式

向量是只含一行或一列的区域。LOOKUP 函数的向量形式在单行区域或单列区域（称为"向量"）中查找值，然后返回第 2 个单行区域或单列区域中相同位置的值。其语法是：LOOKUP(lookup_value,lookup_vector,result_vector)。下面首先对其参数进行简单介绍。

lookup_value：必需。LOOKUP 函数在第 1 个向量中搜索的值，可以是数字、文本、逻辑值、名称或对值的引用。

lookup_vector：必需。只包含一行或一列的区域，可以是文本、数字或逻辑值。参数 lookup_vector 中的值必须按升序排列：…,-2,-1,0,1,2,…,A ～ Z,FALSE,TRUE；否则，LOOKUP 函数可能无法返回正确值。文本不区分大小写。

result_vector：可选。只包含一行或一列的区域。必须与参数 lookup_vector 大小相同。

下面通过实例具体讲解该函数的操作技巧。从单行或单列区域或者从一个数组查找数据。

步骤 1：单击选中单元格 D1，在公式编辑栏中输入公式" =LOOKUP(A2,A2:A7,B2:B7)"，按" Enter"键即可在 A 列中查找"20051001"，并返回 B 列中同一行的内容，如图 15-23 所示。

步骤 2：单击选中单元格 D2，在公式编辑栏中输入公式" =LOOKUP(20051008,A2:A7,B2:B7)"，按" Enter"键即可在 A 列中查找"20051008"。由于 A 列中不存在该值，则与接近它的最小值"20051003"匹配，并返回 B 列中同一行的内容，如图 15-24 所示。

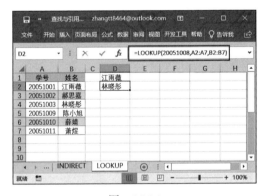

图 15-23   图 15-24

步骤 3：单击选中单元格 D3，在公式编辑栏中输入公式" =LOOKUP(0,A2:A7,B2:B7)"，按" Enter"键即可在 A 列中查找 0，由于 0 小于参数 lookup_vector 的最小值，返回错误值" #N/A"，如图 15-25 所示。

注意：如果 LOOKUP 函数找不到参数 lookup_value，则该函数会与参数 lookup_vector 中小于参数 lookup_value 的最大值进行匹配；如果参数 lookup_value 小于参数 lookup_vector 中的最小值，则 LOOKUP 函数会返回" #N/A"错误值。

2. 数组形式

数组形式在数组的第1行或第1列中查找指定的值，并返回数组最后一行或最后一列内同一位置的值。当要匹配的值位于数组的第1行或第1列中时，使用LOOKUP函数的数组形式。当要指定列或行的位置时，则须使用LOOKUP函数的向量形式。

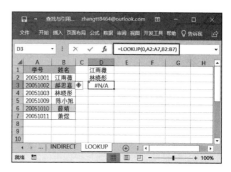

图　15-25

说明：一般情况下，最好使用HLOOKUP函数或VLOOKUP函数而不是LOOKUP函数的数组形式。因为LOOKUP的这种形式是为了与其他电子表格程序兼容而提供的。

LOOKUP函数的数组形式语法是：LOOKUP(lookup_value,array)。下面首先对其参数进行简单介绍。

lookup_value：必需。LOOKUP函数在数组中搜索的值，可以是数字、文本、逻辑值、名称或对值的引用。如果函数LOOKUP函数找不到参数lookup_value的值，会使用数组中小于它的最大值；如果参数lookup_value的值小于第1行或第1列中的最小值，会返回"#N/A"错误值。

array：必需。包含要与参数lookup_value进行比较的文本、数字或逻辑值的单元格区域。

下面通过实例具体讲解该函数的操作技巧。在数组的第1行或第1列中查找指定的值，并返回数组最后一行或最后一列内同一位置的值。

步骤1：单击选中单元格A10，在公式编辑栏中输入公式" =LOOKUP("B",{"A","B","C","D";5,6,7,8})"，按" Enter"键即可在数组的第1行中查找" B"，或查找小于它（"B"）的最大值，然后返回最后一行中同一列内的值，如图15-26所示。

步骤2：单击选中单元格A11，在公式编辑栏中输入公式"=LOOKUP("apple",{"A",3;"B",4;"C",5})"，按" Enter"键即可在数组的第1行中查找" apple"，查找小于它（"A"）的最大值，然后返回最后一列中同一行内的值，如图15-27所示。

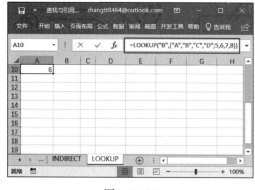

图　15-26

图　15-27

注意：LOOKUP函数的数组形式与HLOOKUP函数和VLOOKUP函数非常相似。区别在于，HLOOKUP函数在第1行中搜索参数lookup_value的值，VLOOKUP函数在第1列中搜索，而LOOKUP函数根据数组维度进行搜索。如果数组包含宽度比高度大的区域（列数多于行数），LOOKUP 函数会在第 1 行中搜索参数 lookup_value 的值；如果数组是正方的或者高度大于宽度（行数多于列数），LOOKUP 函数会在第 1 列中进行搜索。使用 HLOOKUP 和 VLOOKUP 函数，可以通过索引向下或遍历的方式搜索，但是 LOOKUP 函数始终选择行或列中的最后一个值。

■ 15.1.10　MATCH 函数：在数组中进行查找

MATCH 函数用于返回在指定方式下与指定数值匹配的数组中元素的相应位置。如果需要找出匹配元素的位置而不是匹配元素本身，则应该使用 MATCH 函数而不是 LOOKUP 函数。其语法是：MATCH(lookup_value,lookup_array,[match_type])。下面首先对其参数进行简单介绍。

lookup_value：必需。需要在 lookup_array 中匹配的值，可以是数字、文本、逻辑值或对数字、文本、逻辑值的单元格引用。

lookup_array：必需。要搜索的单元格区域。

match_type：可选。可以是数字 −1、0 或 1。参数 match_type 指定 Excel 如何将参数 lookup_array 与 lookup_value 中的值匹配，其数值与类型如表 15-2 所示。该参数默认值为 1。

表15-2　参数match_type的数值与类型

match_type 的取值	匹　配　方　式
1 或省略	MATCH 函数查找小于或等于参数 lookup_value 的最大值。参数 lookup_array 的值必须以升序排列，例如：…,−2,−1,0,1,2,…,A ～ Z,FALSE,TRUE
0	MATCH 函数查找完全等于参数 lookup_value 的第 1 个值。参数 lookup_array 的值可按任何顺序排列
−1	MATCH 函数查找大于或等于参数 lookup_value 的最小值。参数 lookup_array 的值必须以降序排序，例如：TRUE,FALSE,Z ～ A, …,2,1,0,−1,−2,…

下面通过实例具体讲解该函数的操作技巧。查找在指定方式下与指定数值匹配的数组中元素的相应位置。

步骤 1：单击选中单元格 D2，在公式编辑栏中输入公式" =MATCH(20051008, A2:A7,1)"，按" Enter"键在单元格区域内查找"20051008"。由于此处无正确的匹配值，返回与其最接近的最大值的位置，如图 15-28 所示。

步骤 2：单击选中单元格 D3，在公式编辑栏中输入公式" =MATCH(20051009, A2:A7,0)"，按"Enter"键即可返回单元格区域内"20051009"的位置，如图 15-29 所示。

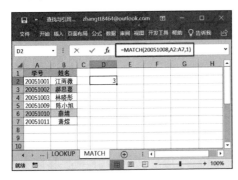

图　15-28

图　15-29

步骤 3：单击选中单元格 D4，在公式编辑栏中输入公式"=MATCH(20051007, A2:A7,-1)"，按"Enter"键在单元格区域内查找"20051007"。由于此处无正确的匹配值，且单元格区域内数据不是按降序排序，所以返回错误值"#N/A"，如图 15-30 所示。

注意：匹配文本值时，MATCH 函数不区分大小写字母。如果 MATCH 函数查找匹配项不成功，它会返回错误值"#N/A"。如果参数 match_type 为 0 且 lookup_value 为文本字符串，可以在参数 lookup_value 中使用通配符：问号 (?) 和星号 (*)。问号匹配任意单个字符；星号匹配任意一串字符。如果要查找实际的问号或星号，请在字符前键入波形符 (~)。

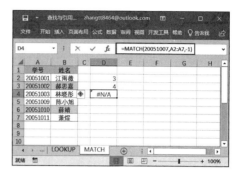

图　15-30

15.1.11　OFFSET 函数：调整新的引用

OFFSET 函数的功能是以指定的引用为参照系，通过给定偏移量得到新的引用。返回的引用可以为一个单元格或单元格区域。并可以指定返回的行数或列数。其语法是：OFFSET(reference,rows,cols,height,width)。下面首先对其参数进行简单介绍。

reference：必需。要以其为偏移量的底数的引用。引用必须是对单元格或相邻的单元格区域的引用；否则 OFFSET 函数返回错误值"#VALUE!"。

rows：必需。相对于偏移量参照系的左上角单元格，上（下）偏移的行数。

cols：必需。相对于偏移量参照系的左上角单元格，左（右）偏移的列数。

height：可选。要返回的引用区域的行数，必须为正数。

width：可选。要返回的引用区域的列数，必须为正数。

下面通过实例具体讲解该函数的操作技巧。以指定的引用为参照系，通过给定偏移量得到新的引用。

步骤 1：单击选中单元格 A8，在公式编辑栏中输入公式"=OFFSET(B2,2,3,1,1)"，按"Enter"键即可返回单元格 E4 中的内容，如图 15-31 所示。

步骤 2：单击选中单元格 B8，在公式编辑栏中输入公式"=SUM(OFFSET(C2,2,1,2,2))"，按"Enter"键即可返回单元格区域 D4:E5 内值的总和，如图 15-32 所示。

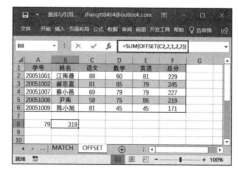

图　15-31　　　　　　　　　　　图　15-32

步骤 3：单击选中单元格 C8，在公式编辑栏中输入公式"=OFFSET(B2,1,−3,1,1)"，按"Enter"键返回错误值"#REF!",因为引用区域不在工作表内,如图15-33所示。

注意:如果参数 rows 和 cols 的偏移使引用区域超出了工作表边缘,则 OFFSET 函数返回错误值"#REF!"。如果省略参数 height 或 width,则假设其高度或宽度与参数 reference 相同。OFFSET 函数实际上并不移动任何单元格或更改选定区域,它只是返回一个引用。OFFSET 函数可以与任何期待引用参数的函数一起使用。

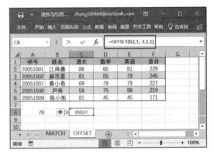

图 15-33

15.1.12 ROW 函数:返回单元格行号

ROW 函数用于返回引用的行号。其语法是:
ROW(reference)。参数 reference 为需要得到其行号的单元格或单元格区域。如果省略参数 reference,则假定是对函数 ROW 所在单元格的引用;如果参数 reference 为一个单元格区域,并且 ROW 函数作为垂直数组输入,则 ROW 函数将参数 reference 的行号以垂直数组的形式返回。参数 reference 不能引用多个区域。

下面通过实例具体讲解该函数的操作技巧。返回引用的行号。

步骤 1:单击选中单元格 A1,在公式编辑栏中输入公式"=ROW()",按"Enter"键即可返回公式所在行的行号,如图15-34所示。

步骤 2:单击选中单元格 A2,在公式编辑栏中输入公式"=ROW(D19)",按"Enter"键即可返回引用所在行的行号,如图15-35所示。

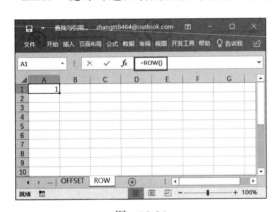

图 15-34

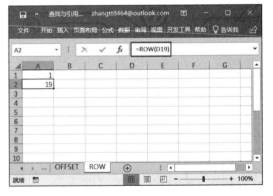

图 15-35

15.1.13 ROWS 函数:计算引用的行数

ROWS 函数用于返回引用或数组的行数。其语法是:ROWS(array)。参数 array 为需要得到其行数的数组、数组公式或对单元格区域的引用。

下面通过实例具体讲解该函数的操作技巧。返回引用的行数。

步骤 1:单击选中单元格 A4,在公式编辑栏中输入公式"=ROWS(A1:A7)",按"Enter"键即可返回引用的行数,如图15-36所示。

步骤 2:单击选中单元格 A5,在公式编辑栏中输入公式"=ROWS({1,2,3,4;5,6,7,8;2,3,4,5})",按"Enter"键即可返回数组常量的行数,如图15-37所示。

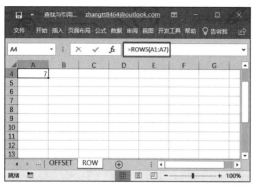
图　15-36

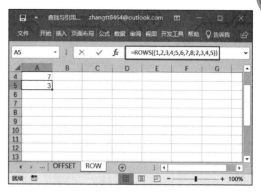
图　15-37

15.1.14　TRANSPOSE 函数：计算转置单元格区域

TRANSPOSE 函数用于返回转置单元格区域，即将一行单元格区域转置成一列单元格区域，反之亦然。在行列数分别与数组的行列数相同的区域中，必须将 TRANSPOSE 函数输入为数组公式。使用 TRANSPOSE 可在工作表中转置数组的垂直和水平方向。其语法是：TRANSPOSE(array)。

参数 array 为需要进行转置的数组或工作表中的单元格区域。所谓数组的转置就是，将数组的第 1 行作为新数组的第 1 列，数组的第 2 行作为新数组的第 2 列，依此类推。

下面通过实例具体讲解该函数的操作技巧。返回转置单元格区域。打开工作表，单击选中单元格区域 A5:C7，在公式编辑栏中输入公式" =TRANSPOSE(A1:C3))"，按" Enter"键即可返回转置后的单元格区域，如图 15-38 所示。

图　15-38

15.1.15　VLOOKUP 函数：实现垂直查找

VLOOKUP 函数用于在表格数组的首列查找指定的值，并由此返回表格数组当前行中其他列的值，VLOOKUP 中的 V 表示垂直方向。当比较值位于需要查找的数据左边的一列时，可以使用 VLOOKUP 函数而不是 HLOOKUP 函数。其语法是：VLOOKUP(lookup_value,table_array,col_index_num,range_lookup)。下面首先对其参数进行简单介绍。

lookup_value：必需。需要在数据表第 1 列中进行查找的数值。可以为数值、引用或文本字符串。

table_array：必需。两列或多列数据。

col_index_num：必需。table_array 中将返回的匹配值的列标。

range_lookup：可选。为一逻辑值，指明 VLOOKUP 函数查找时是精确匹配还是近似匹配。

下面通过实例具体讲解该函数的操作技巧。实现竖直查找。

打开工作表，单击选中单元格 A9，在公式编辑栏中输入公式" =VLOOKUP(200510

233

01,A2:F7,3,TRUE)",按"Enter"键在首列查找"20051001"并返回同行中第 3 列的值，如图 15-39 所示。

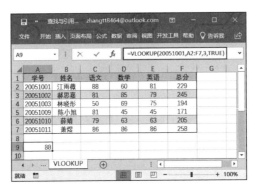

图　15-39

15.2 综合实战：学生成绩查询

某班级考试学生成绩表如图 15-40 所示。现在需要实现只输入学生姓名，就能够查询其各科成绩。

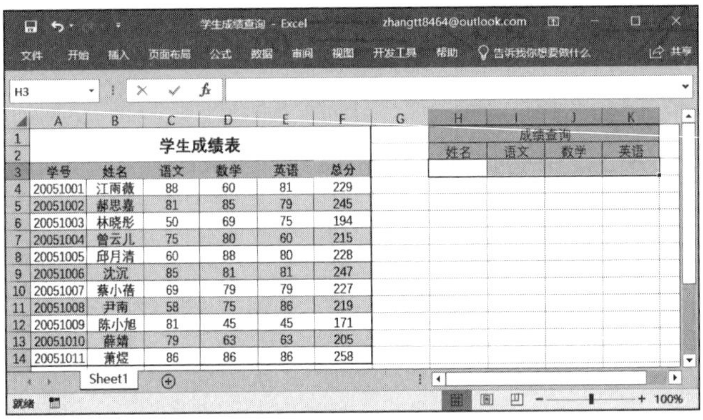

图　15-40

下面介绍如何使用查找与引用函数中的 INDEX 函数和 MATCH 函数来实现这种查询功能。

步骤 1：打开工作表，单击选中单元格 I3，在公式编辑栏中输入公式"=INDEX(C:C,MATCH($H$3,$B:$B,0))"，按"Enter"键，如图 15-41 所示。

说明：该公式使用 MATCH 函数在成绩表 B 列中查找与单元格 $H$3 相同的值，然后使用 INDEX 函数返回成绩表中该值所在行对应 C 列的值。

步骤 2：同理，在单元格 J3 内输入公式"=INDEX(D:D,MATCH($H$3,$B:$B,0))"，在单元格 K3 内输入公式"=INDEX(E:E,MATCH($H$3,$B:$B,0))"。

步骤 3：单击选中单元格 H3，输入学生姓名，然后按"Enter"键即可在单元格区域 I3:K3 内显示其各科成绩，如图 15-42 所示。

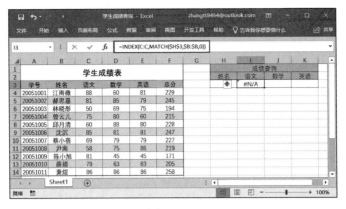

图　15-41

图　15-42

第16章

统计函数应用技巧

Excel 中的统计函数主要用于对数据区域进行各种分类统计与分析。统计函数包括了许多统计学领域的函数，具体包括平均值函数、Beta 分布函数、概率函数、单元格数量计算函数、指数与对数函数、最大值与最小值函数、标准偏差函数、方差函数、正态累积分布函数、数据集相关函数、Pearson 乘积矩函数、t 分布函数等。本章将通过实例介绍统计函数的基本语法、参数用法，以及统计函数在实际中的应用。

- 平均值函数
- Beta 分布函数
- 概率函数
- 单元格数量计算函数
- 指数与对数函数
- 最大值与最小值函数
- 标准偏差与方差函数
- 正态分布函数
- 线性回归线函数
- 数据集函数
- Pearson 乘积矩函数
- t 分布函数
- 其他函数
- 综合实战

16.1 平均值函数

平均值函数主要用于计算给定数值的平均值，具体包括 AVEDEV、AVERAGE、AVERAGEA、AVERAGEIF、AVERAGEIFS、COVAR、CONFIDENCE.T、GEOMEAN、HARMEAN 函数，它们用于各种不同情况下计算平均值。

16.1.1 AVEDEV 函数：计算数据与其均值的绝对偏差平均值

AVEDEV 函数用于返回一组数据与其均值的绝对偏差的平均值，AVEDEV 用于评测这组数据的离散度。其语法是：AVEDEV(number1,number2,…)，其中参数 number1、number2…是用于计算绝对偏差平均值的一组参数，参数的个数可以有 1 ～ 255 个，可以用单一数组（即对数组区域的引用）代替用逗号分隔的参数。

下面通过实例具体讲解该函数的操作技巧。例如，某公司的市场拓展部统计了最近 7 个月以来每个月所开拓新区域的数量，为了能够对未来的拓展数量进行预测，需要了解区域数量的离散度，因此需要计算一组区域数量与其均值的绝对偏差平均值。

打开工作表，单击选中单元格 A5，在公式编辑栏中输入公式" =AVEDEV(A2:G2)"，按"Enter"键即可返回上面一组数据与其均值的绝对偏差平均值，结果如图 16-1 所示。

注意：输入数据所使用的计量单位会影响 AVEDEV 函数的计算结果。参数必须是数字或者包含数字的名称、数组或引用。

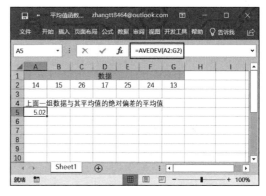

图   16-1

逻辑值和直接键入参数列表中代表数字的文本会被计算在内。如果数组或引用参数包含文本、逻辑值或空白单元格，则这些值将被忽略；但包含零值的单元格将计算在内。

16.1.2 AVERAGE 函数：计算参数的平均值

AVERAGE 函数用于返回参数的（算术）平均值。其语法是：AVERAGE (number1、number2…) 其中参数 number1、number2…是要计算其平均值的 1 ～ 255 个数字参数。

下面通过实例具体讲解该函数的操作技巧。例如，某机械车间统计了该车间装配 5 台大型设备各自所需要的时间，需要按不同的类型统计装配设备的平均时间，因此需要计算 5 组给定参数的平均值。此外，另有一台装备未列入表中，需要将所提供的数据与该装备所需时间单独计算平时时间。

步骤 1：打开工作表，单击选中单元格 A5，在公式编辑栏中输入公式" =AVERAGE(A2:E2)"，按"Enter"键即可返回上面一组数据的平均值，结果如图 16-2 所示。

步骤 2：单击选中单元格 A7，在公式编辑栏中输入公式" =AVERAGE(A2:E2,5)"，按"Enter"键即可返回上面一组数据与 5 的平均值，结果如图 16-3 所示。

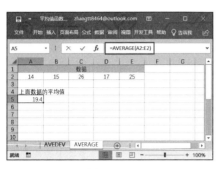

图　16-2　　　　　　　　　　　　　　图　16-3

注意：参数可以是数字或者是包含数字的名称、数组或引用。逻辑值和直接键入参数列表中代表数字的文本被计算在内。如果数组或引用参数包含文本、逻辑值或空白单元格，则这些值将被忽略；但包含零值的单元格将计算在内。如果参数为错误值或为不能转换为数字的文本，将会导致错误。如果要使计算包括引用中的逻辑值和代表数字的文本，则须使用AVERAGEA函数。

■ 16.1.3　AVERAGEA 函数：计算参数列表中数值的平均值

AVERAGEA 函数用于计算参数列表中数值的（算术）平均值。其语法是：AVERAGEA(value1,value2,…)，其中参数 value1、value2…为需要计算平均值的 1 ～ 255 个单元格、单元格区域或数值。字符串和 FALSE 相当于 0,TRUE 相当于 1。

下面通过实例具体讲解该函数的操作技巧。例如某机械车间统计了该车间装配 5 台大型设备各自所需要的时间，其中一台不需要装备，所以将装备时间设置为"不可用"，现在需要按不同的类型统计装配设备的平均时间，并且计算所提供数据与空白数据的平均值。

步骤 1：打开工作表，单击选中单元格 A5，在公式编辑栏中输入公式"=AVERAGEA(A2:E2)"，按"Enter"键即可返回上面一组数据的平均值。由于单元格 E2 内容为字符串，相当于 0，结果如图 16-4 所示。

步骤 2：单击选中单元格 A7，在公式编辑栏中输入公式"=AVERAGEA(A2:D2,F2)"，按"Enter"键即可返回单元格区域 A2:D2 与空白单元格 F2 的平均值。由于单元格 F2 为空白单元格，将被忽略，结果如图 16-5 所示。

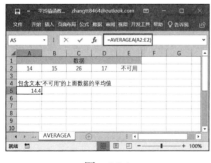

图　16-4　　　　　　　　　　　　　　图　16-5

■ 16.1.4　AVERAGEIF 函数：计算满足条件的单元格的平均值

AVERAGEIF 函数用于返回某个区域内满足给定条件的所有单元格的（算术）平均

值。其语法是：AVERAGEIF(range,criteria,average_range)。参数 range 是要计算平均值的一个或多个单元格，其中包括数字或包含数字的名称、数组或引用；参数 criteria 是数字、表达式、单元格引用或文本形式的条件，用于定义要对哪些单元格计算平均值；参数 average_range 是要计算平均值的实际单元格集，如果忽略，则使用 range。

下面通过实例具体讲解该函数的操作技巧。例如，某老师统计了几名学生的考试成绩，需要计算男生的语文成绩平均分。打开工作表，单击选中单元格 A9，在公式编辑栏中输入公式"=AVERAGEIF(C2:C7," 男 "，D2:D7)"，按" Enter "键即可，结果如图 16-6 所示。

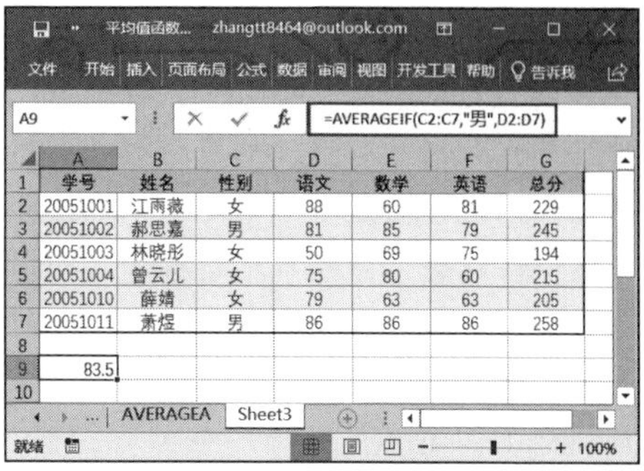

图 16-6

16.1.5 AVERAGEIFS 函数：计算满足多重条件的平均值

AVERAGEIFS 函数用于返回满足多重条件的所有单元格的（算术）平均值。其语法是：AVERAGEIFS(average_range,criteria_range1,criteria1,criteria_range2,criteria2,…)。其中，参数 average_range 是要计算平均值的一个或多个单元格，其中包括数字或包含数字的名称、数组或引用；参数 criteria_range1、criteria_range2…是计算关联条件的 1 ~ 127 个区域；参数 criteria1、criteria2…是数字、表达式、单元格引用或文本形式的 1 ~ 127 个条件，用于定义要对哪些单元格求平均值。

下面通过实例具体讲解该函数的操作技巧。例如，某老师统计了几名学生的考试成绩，需要计算数学成绩 >80 分的女生的总分平均分。打开工作表，单击选中单元格 A8，在公式编辑栏中输入公式" =AVERAGEIFS (G2:G6,C2:C6," 女 ",E2:E6,">80") "，按" Enter "键即可，结果如图 16-7 所示。

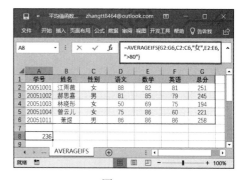

图 16-7

16.1.6 COVAR 函数：计算协方差

COVAR 函数用于计算协方差，即每对数据点的偏差乘积的平均数，利用协方差可以决定两个数据集之间的关系。例如，可利用它来检验受教育程度与收入档次之间的关系。COVAR 函数的语法是：COVAR(array1,array2)。其中，参数 array1 为第 1 个所含数据为整数的单元格区域，参数 array2 为第 2 个所含数据为整数的单元格区域。

知识补充：协方差计算公式如下。

$$Cov(X,Y) = \frac{1}{n}\sum_{j-10}^{n}(x_j - \mu_N)(y_j - \mu_y)$$

其中 X 和 Y 是样本平均值 AVERAGE(array1) 和 AVERAGE(array2)，且 n 是样本大小。

下面通过实例具体讲解该函数的操作技巧。例如，某工厂统计了不同加工条件（数据1）下设备的成品数量（数据2），需要计算两组数据的协方差。打开工作表，单击选中单元格 A8，在公式编辑栏中输入公式"=COVAR(A2:A6,B2:B6)"，按"Enter"键即可，结果如图 16-8 所示。

注意：参数必须是数字，或者是包含数字的名称、数组或引用。如果数组或引用参数包含文本、逻辑值或空白单元格，则这些值将被忽略；但包含零值的单元格将计算在内。如果参数 array1 和 array2 所含数据点的个数不等，则 COVAR 函数返回错误值"#N/A"；如果参数 array1 和 array2 中有一个为空，则 COVAR 函数返回错误值"#DIV/0!"。

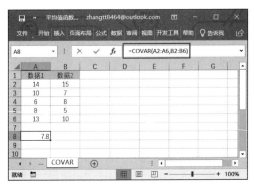

图 16-8

16.1.7 CONFIDENCE.T 函数：计算总体平均值的置信区间

CONFIDENCE.T 函数可以返回一个值，可以使用该值构建总体平均值的置信区间。其语法是：CONFIDENCE.T(alpha,standard_dev,size)。其中，参数 alpha 是用于计算置信度的显著水平参数。置信度等于100*(1-alpha)%，也就是说，如果 alpha 为0.05，则置信度为95%。参数 standard_dev 为数据区域的总体标准偏差，假设为已知。参数 size 为样本容量。

知识补充：置信区间是一个值区域。样本平均值 x 位于该区域的中间，区域范围为 $x \pm \text{CONFIDENCE.T}$。例如，如果通过邮购的方式定购产品，其交付时间的样本平均值为 x，则总体平均值的区域范围为 $x \pm \text{CONFIDENCE.T}$。对于任何包含在本区域中的总体平均值 μ_0，从 μ_0 到 x，获取样本平均值的概率大于 alpha；对于任何未包含在本区域中的总体平均值 μ_0，从 μ_0 到 x，获取样本平均值的概率小于 alpha。换句话说，假设使用 x、standard_dev 和 size 构建一个双尾检验，假设的显著性水平为 alpha，总体平均值为 μ_0。如果 μ_0 包含在置信区间中，则不能拒绝该假设；如果 μ_0 未包含在置信区间中，则将拒绝该假设。置信区间不允许进行概率为 1-alpha 的推断，此时下一件包裹的交付时间将肯定位于置信区间内。

下面通过实例具体讲解该函数的操作技巧。假设样本取自100名某生产车间的工人，他们平均每小时加工的零件数量为20个，总体标准偏差为3个。假设 alpha=0.05，计算总体平均值的置信区间。打开工作表，单击选中单元格 A7，在公式编辑栏中输入公式"=CONFIDENCE.T(A2,A3,A4)"，按"Enter"键即可，结果如图 16-9 所示。

注意：如果任意参数为非数值型，CONFIDENCE.T 函数返回错误值 #VALUE!；如果 alpha ≤ 0 或 alpha ≥ 1，CONFIDENCE.T 函数返回错误值"#NUM!"；如果 standard_

图 16-9

dev ≤ 0，CONFIDENCE.T 函数返回错误值"#NUM!"；如果参数 size 不是整数，将被截尾取整；如果参数 size<1，CONFIDENCE.T 函数返回错误值"#NUM!"。如果假设 alpha 等于 0.05，则需要计算等于 (1-alpha) 或 95% 的标准正态分布曲线之下的面积，其面积值为 ±1.96，因此置信区间为：

$$\bar{x} \pm 1.96 \left(\frac{\sigma}{\sqrt{n}} \right)$$

■ 16.1.8 GEOMEAN 函数：计算几何平均值

GEOMEAN 函数用于计算正数数组或区域的几何平均值。可以使用 GEOMEAN 函数计算可变复利的平均增长率。GEOMEAN 函数的语法是：GEOMEAN(number1, number2,…)。其中参数 number1、number2…是用于计算平均值的 1 ~ 255 个参数，也可以不用以逗号分隔参数的形式，而用单个数组或对数组的引用。

下面通过实例具体讲解该函数的操作技巧。计算一个数据集的几何平均值。打开工作表，单击选中单元格 A5，在公式编辑栏中输入公式" =GEOMEAN(A2:F2)"，按"Enter"键即可，结果如图 16-10 所示。

注意：参数可以是数字或者是包含数字的名称、数组或引用。逻辑值和直接键入参数列表中代表数字的文本被计算在内。如果数组或引用参数包含文本、逻辑值或空白单元格，则这些值

图 16-10

将被忽略；但包含零值的单元格将计算在内。如果参数为错误值或为不能转换为数字的文本，将会导致错误。如果任何数据点小于 0，GEOMEAN 函数返回错误值"#NUM!"。几何平均值的计算公式如下：

$$GM_{\bar{y}} = \sqrt[n]{y_1 y_2 y_3 \cdots y_n}$$

■ 16.1.9 HARMEAN 函数：计算调和平均值

HARMEAN 函数返回数据集合的调和平均值。调和平均值与倒数的算术平均值互为倒数。HARMEAN 函数的语法是：HARMEAN(number1,number2,…)。其中参数 number1、number2…是用于计算平均值的 1 ~ 255 个参数，也可以不用以逗号分隔参数的形式，而用单个数组或对数组的引用。

下面通过实例具体讲解该函数的操作技巧。已知一组原始数据，计算该组数据的调和平均值。打开工作表，单击选中单元格 A5，在公式编辑栏中输入公式" =HARMEAN(A2:F2)"，按"Enter"键即可，结果如图 16-11 所示。

图 16-11

注意：调和平均值总小于几何平均值，而几何平均值总小于算术平均值。参数可以是数字或者是包含数字的名称、数组或引用。逻辑值和直接键入参数列表中代表数字的文本被计算在内。如果数组或引用参数包含文本、逻辑值或空白单元格，则这些值将被忽略；但包含零值的单元格将计算在内。如果参数为错误值或为不能转换为数字的文本，将会导致错误。如果任何数据点小于等于 0，HARMEAN 函数返回错误值"#NUM!"。调和平均值的计算公式如下：

$$\frac{1}{H_y} = \frac{1}{n}\sum\frac{1}{Y_j}$$

16.2 Beta 分布函数

Beta 分布函数包括 BETADIST 函数和 BETAINV 函数。下面通过典型案例说明这两个函数的用法。

16.2.1 BETADIST 函数：计算 Beta 累积分布函数

BETADIST 函数返回累积 Beta 分布的概率密度函数。累积 Beta 分布函数通常用于研究样本中一定部分的变化情况。例如，人们一天中看电视的时间比率。BETADIST 函数的语法是：BETADIST(x,alpha,beta,A,B)。其中参数 x 为用来进行函数计算的值，居于可选性上下界（A 和 B）之间。参数 alpha 为分布参数。参数 beta 为分布参数。参数 A 为数值 x 所属区间的可选下界，参数 B 为数值 x 所属区间的可选上界。

下面通过实例具体讲解该函数的操作技巧。已知 Beta 分布的相关参数，计算 Beta 累积分布的函数。打开工作表，单击选中单元格 A8，在公式编辑栏中输入公式" =BETADIST(A2,A3,A4,A5,A6)"，按"Enter"键即可，结果如图 16-12 所示。

注意：如果任意参数为非数值型，BETADIST 函数返回错误值 #VALUE!；如果参数 alpha ≤ 0 或参数 beta ≤ 0，BETADIST 函数返回错误值" #NUM!"；如果 x<A、x>B 或 A=B，BETADIST 函数返回错误值"#NUM!"。如果省略 A 或 B 值，BETADIST 函数使用标准 Beta 分布的累积函数，即 A=0，B=1。

图 16-12

16.2.2 BETAINV 函数：计算指定 Beta 分布的累积分布函数的反函数

BETAINV 函数用于返回指定的 Beta 分布累积 beta 分布的概率密度函数的反函数值。即，如果 probability=BETADIST(x,…)，则 BETAINV(probability,…)=x。Beta 分布函数可用于项目设计，在给定期望的完成时间和变化参数后，模拟可能的完成时间。

BETAINV 函数的语法是：BETAINV(probability,alpha,beta,A,B)。其中，参数

probability 为 Beta 分布的概率值；参数 alpha 为分布参数；参数 beta 为分布参数；参数 A 为数值 x 所属区间的可选下界，参数 B 为数值 x 所属区间的可选上界。

下面通过实例具体讲解该函数的操作技巧。已知 Beta 分布的相关参数，返回指定 Beta 分布的累积分布函数的反函数。打开工作表，单击选中单元格 A8，在公式编辑栏中输入公式"=BETAINV(A2,A3,A4,A5,A6)"，按"Enter"键即可，结果如图 16-13 所示。

注意：如果任意参数为非数值型，BETAINV 函数返回错误值"#VALUE!"；如果参数 alpha ≤ 0 或参数 beta ≤ 0，BETAINV 函数返回错误值"#NUM!"；如果 probability ≤ 0 或 probability>1，BETAINV 函数返回错误值"#NUM!"；如果省略 A 或 B 值，BETAINV 函数使用标准的累积 Beta 分布，即 A=0，B=1。

图　16-13

如果已给定概率值，则 BETAINV 使用 BETADIST(x,alpha,beta,A,B)=probability 求解数值 x。因此，BETAINV 函数的精度取决于 BETADIST 函数的精度。BETAINV 函数使用迭代搜索技术，如果搜索在 100 次迭代之后没有收敛，则函数返回错误值"#N/A"。

16.3　概率函数

本节介绍与概率计算相关的函数，包括 CHIDIST、CHIINV、CHITEST、BINOMDIST、FDIST、FINV、FREQUENCY、FTEST、HYPGEOMDIST、PROB、TTEST、ZTEST 函数。

16.3.1　CHIDIST 函数：计算 x^2 分布的单尾概率

CHIDIST 函数用于返回 x^2 分布的单尾概率。x^2 分布与 x^2 检验相关，使用 x^2 检验可以比较观察值和期望值。例如，某项遗传学实验假设下一代植物将呈现出某一组颜色。使用此函数比较观测结果和期望值，可以确定初始假设是否有效。

CHIDIST 函数的语法是：CHIDIST(x,degrees_freedom)。其中，参数 x 为用来计算分布的数值，参数 degrees_freedom 为自由度的数值。

下面通过实例具体讲解该函数的操作技巧。给定用来计算分布的数值和自由度，计算 x^2 分布的单尾概率。打开工作表，单击选中单元格 A5，在公式编辑栏中输入公式"=CHIDIST(A2,A3)"，按"Enter"键即可，结果如图 16-14 所示。

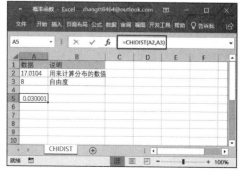

注意：如果任一参数为非数值型，CHIDIST 函数返回错误值"#VALUE!"；如果

图　16-14

x 为负数，CHIDIST 函数返回错误值"#NUM!"；如果参数 degrees_freedom 不是整数，将被截尾取整；如果 degrees_freedom<1 或 degrees_freedom>10^10，则 CHIDIST 函数返回错误值"#NUM!"。CHIDIST 函数按 CHIDIST=P(X>x) 计算，式中 X 为 x^2 随机变量。

■ 16.3.2 CHIINV 函数：计算 x^2 分布的单尾概率的反函数

CHIINV 函数用于返回 x^2 分布单尾概率的反函数值。如果 probability=CHIDIST(x,…)，则 CHIINV(probability,…)=x。使用此函数可比较观测结果和期望值，可确定初始假设是否有效。

CHIINV 函数的语法是：CHIINV(probability,degrees_freedom)。其中，参数 probability 为与 x^2 分布相关的概率，参数 degrees_freedom 为自由度的数值。

下面通过实例具体讲解该函数的操作技巧。给定用来计算分布的数值和自由度，计算 x^2 分布的单尾概率的反函数。打开工作表，单击选中单元格 A5，在公式编辑栏中输入公式"=CHIINV(A2,A3)"，按"Enter"键即可，结果如图 16-15 所示。

注意：如果任一参数为非数字型，则 CHIINV 函数返回错误值"#VALUE!"；如果 probability<0 或 probability>1，则 CHIINV 函数返回错误值"#NUM!"；如果参数 degrees_freedom 不是整数，将被截尾取整；如果 degrees_freedom<1 或 degrees_freedom ≥ 10^10，CHIINV 函数返回错误值"#NUM!"。如果已给定概率值，则 CHIINV 使用 CHIDIST(x,degrees_freedom)=probability 求解数值 x。因此，CHIINV 函数的精度取决于 CHIDIST 函数的精度。CHIINV 函数使用迭代搜索技术，如果搜索在 100 次迭代之后没有收敛，则函数返回错误值"#N/A"。

图 16-15

■ 16.3.3 CHITEST 函数：计算独立性检验值

CHITEST 函数用于计算独立性检验值。CHITEST 函数返回 x^2 分布的统计值及相应的自由度。可以使用 x^2 检验值确定假设值是否被实验所证实。

CHITEST 函数的语法是：CHITEST(actual_range,expected_range)。其中参数 actual_range 为包含观察值的数据区域，将对期望值做检验，参数 expected_range 为包含行列汇总的乘积与总计值之比率的数据区域。

下面通过实例具体讲解该函数的操作技巧。某班统计班中男生与女生去某地旅游的意向，已知统计的实际数值与期望数值，计算相关性检验值。打开工作表，单击选中单元格 A10，在公式编辑栏中输入公式"=CHITEST(A2:B4,A6:B8)"，按"Enter"键即可，结果如图 16-16 所示。

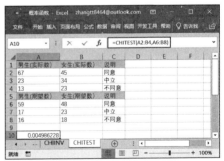

图 16-16

注意:

1)如果参数 actual_range 和 expected_range 数据点的个数不同,则 CHITEST 函数返回错误值 #N/A。x^2 检验首先使用下面的公式计算 x^2 统计。

$$x^2 = \sum_{j-1}^{i} \sum_{j-1}^{G} \frac{\left(A_{ij} - E_{ij}\right)^2}{E_y}$$

式中,

$A_{ij}=$ 第 i 行、第 j 列的实际频率

$E_{ij}=$ 第 i 行、第 j 列的期望频率

$i=$ 行数

$j=$ 列数

2)x^2 的低值是独立的指示。从公式中可看出,x^2 总是正数或 0,且为 0 的条件是,对于每个 i 和 j,如果 $A_{ij}=E_{ij}$。

3)CHITEST 函数返回在独立的假设条件下意外获得特定情况的概率,即 x^2 统计值至少和由上面的公式计算出的值一样大的情况。在计算此概率时,CHITEST 函数使用具有相应自由度 df 的个数的 x^2 分布。如果 $j>1$ 且 $i>1$,则 df=$(j-1)(i-1)$。如果 $j=1$ 且 $i>1$,则 df=$i-1$。或者如果 $j>1$ 且 $i=1$,则 df=$j-1$。CHITEST 函数不允许出现 $j=i=1$ 的情况,否则返回 "#N/A"。

4)当 E_{ij} 的值不太小时,使用 CHITEST 函数最合适。某些统计人员建议每个 E_{ij} 应该大于等于 5。

■ 16.3.4 BINOM.DIST 函数:计算一元二项式分布的概率值

BINOM.DIST 函数可以返回一元二项式分布的概率值。BINOM.DIST 函数适用于固定次数的独立试验,当试验的结果只包含成功或失败二种情况,且当成功的概率在实验期间固定不变。例如,BINOM.DIST 函数可以计算 3 个婴儿中两个是男孩的概率。

其语法是:BINOM.DIST(number_s,trials,probability_s,cumulative)。其中,参数 number_s 为试验成功的次数;参数 trials 为独立试验的次数;参数 probability_s 为每次试验中成功的概率;参数 cumulative 为一逻辑值,决定函数的形式,如果参数 cumulative 为 TRUE,BINOM.DIST 函数返回累积分布函数,即至多 number_s 次成功的概率;如果为 FALSE,返回概率密度函数,即 number_s 次成功的概率。

下面通过实例具体讲解该函数的操作技巧。已知工厂中某次产品试验的成功次数为 8,独立试验次数为 12,每次试验的成功概率为 0.6,要计算 12 次试验中成功 6 次的概率。打开工作表,单击选中单元格 A6,在公式编辑栏中输入公式 " =BINOM.DIST(A2,A3,A4,FALSE) ",按 "Enter" 键即可,结果如图 16-17 所示。

注意:参数 number_s 和 trials 如果为小数,将被截尾取整;如果参数 number_s、trials 或 probability_s 为非数值型,BINOM.DIST 函数返回错误值 " #VALUE!";如果

图 16-17

number_s<0 或 number_s>trials，BINOM.DIST 函数返回错误值"#NUM!"；如果 probability_s<0 或 probability_s>1，BINOM.DIST 函数返回错误值"#NUM!"。一元二项式概率密度函数的计算公式如下。

$$b(x;n,p) = \binom{n}{x} p^n (1-p)^{n-N}$$

式中，$\binom{n}{x}$ 等于 COMBIN(n,x)。

一元二项式累积分布函数的计算公式如下。

$$B(x;n,p) = \sum_{y=0}^{N} b(y;n,p)$$

16.3.5　FDIST 函数：计算 F 概率分布

FDIST 函数用于返回 F 概率分布。使用此函数可以确定两个数据集是否存在变化程度上的不同。例如，分析进入高中的男生、女生的考试分数，确定女生分数的变化程度是否与男生不同。

FDIST 函数的语法是：FDIST(x,degrees_freedom1,degrees_freedom2)。其中，参数 x 为参数值，参数 degrees_freedom1 为分子的自由度，参数 degrees_freedom2 为分母的自由度。

下面通过实例具体讲解该函数的操作技巧。已知给定的参数值、分子自由度、分母自由度，计算 F 概率分布。打开工作表，单击选中单元格 A6，在公式编辑栏中输入公式"=FDIST(A2,A3,A4)"，按"Enter"键即可，结果如图 16-18 所示。

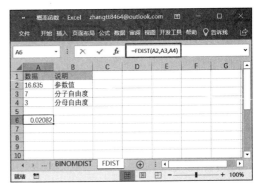

图　16-18

注意：如果任何参数都为非数值型，FDIST 函数返回错误值"#VALUE!"；如果 x 为负数,FDIST 函数返回错误值"#NUM!"；如果参数 degrees_freedom1 或 degrees_freedom2 不是整数，将被截尾取整；如果 degrees_freedom1<1 或 degrees_freedom1 ≥ 10^10，FDIST 函数返回错误值"#NUM!"；如果 degrees_freedom2<1 或 degrees_freedom2 ≥ 10^10，FDIST 函数返回错误值"#NUM!"。FDIST 函数的计算公式为 FDIST=P(F>x)，其中 F 为呈 F 分布且带有 degrees_freedom1 和 degrees_freedom2 自由度的随机变量。

16.3.6　FINV 函数：计算 F 概率分布的反函数值

FINV 函数用于计算 F 概率分布的反函数值。如果 p=FDIST(x,…)，则 FINV(p,…)=x。在 F 检验中，可以使用 F 分布比较两个数据集的变化程度。例如，可以分析前半年和后半年的收入分布，判断两段时间是否有相似的收入变化程度。

FINV 函数的语法是：FINV(probability,degrees_freedom1,degrees_freedom2)。其

中，参数 probability 为与 F 累计分布相关的概率值，参数 degrees_freedom1 为分子的自由度，参数 degrees_freedom2 为分母的自由度。

下面通过实例具体讲解该函数的操作技巧。已知与 F 累积分布相关的概率值、分子自由度和分母自由度，计算这些条件下 F 概率分布的反函数值。打开工作表，单击选中单元格 A6，在公式编辑栏中输入公式"=FINV(A2,A3,A4)"，按"Enter"键即可，结果如图 16-19 所示。

注意：如果任何参数都为非数值型，则 FINV 函数返回错误值"#VALUE!"；如果 probability<0 或 probability>1，FINV 函数返回错误值"#NUM!"；如果 degrees_freedom1 或 degrees_freedom2 不是整数，将被截尾取

图 16-19

整；如果 degrees_freedom1<1 或 degrees_freedom1 $\geq$ 10^10，FINV 函数返回错误值"#NUM!"；如果 degrees_freedom2<1 或 degrees_freedom2 $\geq$ 10^10，FINV 函数返回错误值"#NUM!"；FINV 函数可用于返回 F 分布的临界值。例如，ANOVA 计算的结果常常包括 F 统计值、F 概率和显著水平参数为 0.05 的 F 临界值等数据。若要返回 F 的临界值，可用显著水平参数作为 FINV 函数的参数 probability。

如果已给定概率值，则 FINV 函数使用 FDIST(x,degrees_freedom1,degrees_freedom2) = probability 求解数值 x。因此，FINV 函数的精度取决于 FDIST 函数的精度。FINV 函数使用迭代搜索技术，如果搜索在 100 次迭代之后没有收敛，则函数返回错误值"#N/A"。

■ 16.3.7 FREQUENCY 函数：计算以垂直数组的形式返回频率分布

FREQUENCY 函数用于计算一个值，可以使用该值构建总体平均值的置信区间。其语法是：FREQUENCY(data_array,bins_array)。其中，参数 data_array 是一个数组或对一组数值的引用，要为它计算频率。如果参数 data_array 中不包含任何数值，FREQUENCY 函数将返回一个零数组。参数 bins_array 是一个区间数组或对区间的引用，该区间用于对参数 data_array 中的数值进行分组。如果参数 bins_array 中不包含任何数值，FREQUENCY 函数返回的值与参数 data_array 中的元素个数总和相等。

下面通过实例具体讲解该函数的操作技巧。已知在单元格区域中的若干分数，以及区间分割点，计算各区间内的分数个数。打开工作表，选中单元格区域 D2:D5，在公式编辑栏中输入公式"=FREQUENCY(A2:A10,B2:B4)"，按"Shift+Ctrl+Enter"组合键即可，结果如图 16-20 所示。

注意：在选择了用于显示返回的分布结果的相邻单元格区域后，FREQUENCY 函数应以数组公式的形式输入。返回的数组中

图 16-20

的元素个数比参数 bins_array 中的元素个数多 1 个。多出来的元素表示最高区间之上的数值个数。例如，如果要为 3 个单元格中输入的 3 个数值区间计数，请务必在 4 个单元格中输入 FREQUENCY 函数获得计算结果。多出来的单元格将返回参数 data_array 中第 3 个区间值以上的数值个数。FREQUENCY 函数将忽略空白单元格和文本。对于返回结果为数组的公式，必须以数组公式的形式输入。

16.3.8 FTEST 函数：计算 F 检验的结果

FTEST 函数用于计算 F 检验的结果。F 检验返回的是当数组 1 和数组 2 的方差无明显差异时的单尾概率。可以使用 FTEST 函数来判断两个样本的方差是否不同。例如，给定几个不同学校的测试成绩，可以检验学校间测试成绩的差别程度。

FTEST 函数的语法是：FTEST(array1,array2)。其中，参数 array1 为第 1 个数组或数据区域，参数 array2 为第 2 个数组或数据区域。

下面通过实例具体讲解该函数的操作技巧。已知在两个数据区域中，给定了两个不同学校、不同科目在某一测试中成绩达到优秀分数线的学生数目，计算学校间测试成绩的差别程度。打开工作表，选中单元格 A8，在公式编辑栏中输入公式" =FTEST(A2:A6,B2:B6)"，按" Enter "键即可，结果如图 16-21 所示。

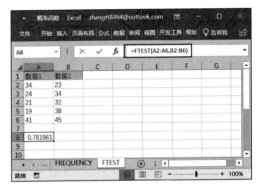

图　16-21

注意：参数可以是数字，或者是包含数字的名称、数组或引用。如果数组或引用参数包含文本、逻辑值或空单元格，则这些值将被忽略；但包含零值的单元格将计算在内。如果数组 1 或数组 2 中数据点的个数少于 2 个，或者数组 1 或数组 2 的方差为 0，FTEST 函数返回错误值" #DIV/0!"。

16.3.9 HYPGEOMDIST 函数：计算超几何分布

HYPGEOMDIST 函数用于计算超几何分布。给定样本容量、样本总体容量和样本总体中成功的次数，HYPGEOMDIST 函数返回样本取得给定成功次数的概率。使用 HYPGEOMDIST 函数可以解决有限总体的问题，其中每个观察值或者为成功或者为失败，且给定样本容量的每一个子集有相等的发生概率。语法是：HYPGEOMDIST(sample_s,number_sample,population_s,number_population)。其中，参数 sample_s 为样本中成功的次数，参数 number_sample 为样本容量，参数 population_s 为样本总体中成功的次数，参数 number_population 为样本总体的容量。

知识补充：超几何分布的计算公式如下。

$$P(X=x)=h(x;n,M,N)=\frac{\binom{M}{x}\binom{N-m}{n-x}}{\binom{N}{n}}$$

式中：

x=sample_s

n=number_sample

M=population_s

N=number_population

下面通过实例具体讲解该函数的操作技巧。已知样本中成功的次数、样本容量、样本总体中成功的次数、样本总体的容量，计算样本总体的超几何分布。打开工作表，选中单元格 A7，在公式编辑栏中输入公式"=HYPGEOMDIST(A2,A3,A4,A5)"，按"Enter"键即可，结果如图 16-22 所示。

注意：所有参数将被截尾取整。如果任一参数为非数值型，HYPGEOMDIST 函数返回错误值"#VALUE!"；如果 sample_s<0 或 sample_s 大于 number_sample 和 population_s 中的较小值，HYPGEOMDIST 函数返回错误值"#NUM!"；如果 sample_s 小于 0 或 (number_sample-number_population+population_s) 中的

图　16-22

较大值，HYPGEOMDIST 函数返回错误值"#NUM!"；如果 number_sample ≤ 0 或 number_sample>number_population，HYPGEOMDIST 函数返回错误值"#NUM!"；如果 population_s ≤ 0 或 population_s>number_population，HYPGEOMDIST 函数返回错误值"#NUM!"；如果 number_population ≤ 0，HYPGEOMDIST 函数返回错误值"#NUM!"。

HYPGEOMDIST 函数用于在有限样本总体中进行不退回抽样的概率计算。

16.3.10　PROB 函数：计算区域中的数值落在指定区间内的概率

PROB 函数用于返回区域中的数值落在指定区间内的概率。如果没有给出上限（upper_limit），则返回区间 x_range 内的值等于下限 lower_limit 的概率。PROB 函数的语法是：PROB(x_range,prob_range,lower_limit,upper_limit)。其中，参数 x_range 为具有各自相应概率值的 x 数值区域，参数 prob_range 为与参数 x_range 中的值相对应的一组概率值，参数 lower_limit 为用于计算概率的数值下界，参数 upper_limit 为用于计算概率的可选数值上界。

下面通过实例具体讲解该函数的操作技巧。已知具备各自相应概率值的 x 数值区域，计算区域中的数值落在指定区间中的概率。

步骤 1：打开工作表，选中单元格 A7，在公式编辑栏中输入公式"=PROB(A2:A5,B2:B5,2)"，按"Enter"键即可返回 x 为 2 的概率，结果如图 16-23 所示。

步骤 2：选中单元格 A8，在公式编辑栏中输入公式"=PROB(A2:A5,B2:B5,1,3)"按"Enter"键即可返回 x 在 1 到 3 区间内的概率，结果如图 16-24 所示。

注意：如果参数 prob_range 中的任意值 ≤ 0 或 >1，PROB 函数返回错误值"#NUM!"；如果参数 prob_range 中所有值之和不等于 1，PROB 函数返回错误值"#NUM!"；如果省略 upper_limit，PROB 函数返回值等于 lower_limit 时的概率；如果参数 x_range 和 prob_range 中

的数据点个数不同，PROB 函数返回错误值"#N/A"。

图　16-23

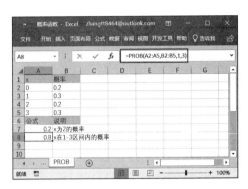

图　16-24

16.3.11　TTEST 函数：计算与学生的 t 检验相关的概率

TTEST 函数用于返回与学生的 t 检验相关的概率。可以使用函数 TTEST 判断两个样本是否可能来自两个具有相同平均值的总体。TTEST 函数的语法是：TTEST(array1,array2,tails,type)。其中，参数 array1 为第 1 个数据集，参数 array2 为第 2 个数据集。参数 tails 指示分布曲线的尾数，如果 tails=1，函数 TTEST 使用单尾分布；如果 tails=2，函数 TTEST 使用双尾分布。参数 type 为 t 检验的类型，如果 type 等于 1，则检验类型为成对；如果 type 等于 2，则检验类型为等方差双样本检验；如果 type 等于 3，则检验类型为异方差双样本检验。

下面通过实例具体讲解该函数的操作技巧。已知两个数据集，计算与学生的 t 检验相关的概率。打开工作表，选中单元格 D3，在公式编辑栏中输入公式"=TTEST(A2:A10,B2:B10,2,1)"，按"Enter"键即可，结果如图 16-25 所示。

图　16-25

注意： 如果参数 array1 和 array2 的数据点个数不同，且 type=1（成对），TTEST 函数返回错误值"#N/A"；参数 tails 和 type 将被截尾取整；如果参数 tails 或 type 为非数值型，TTEST 函数返回错误值"#VALUE!"；如果参数 tails 不为 1 或 2，TTEST 函数返回错误值"#NUM!"。TTEST 函数使用 array1 和 array2 中的数据计算非负值 t 检验。如果参数 tails=1，假设参数 array1 和 array2 为来自具有相同平均值的总体的样本，则 TTEST 函数返回 t 检验的较高值的概率。假设"总体平均值相同"，则当参数 tails=2 时返回的值是当参数 tails=1 时返回的值的两倍，且符合 t 检验的较高绝对值的概率。

16.3.12　ZTEST 函数：计算 z 检验的单尾概率值

ZTEST 函数用于计算 z 检验的单尾概率值。对于给定的假设总体平均值 μ_0，ZTEST 函数返回样本平均值大于数据集（数组）中观察平均值的概率，即观察样本平均值。ZTEST 函数的语法是：ZTEST(array,μ_0,sigma)。其中，参数 array 为用来检验 μ_0 的数组或数据区域，参数 μ_0 为被检验的值，参数 sigma 为样本总体（已知）的标准偏差，如果省略，则使用样本标准偏差。

下面通过实例具体讲解该函数的操作技巧。已知一组数据，计算 z 检验的单尾概率值。

步骤 1：打开工作表，选中单元格 C2，在公式编辑栏中输入公式"=ZTEST(A2:A10,4)"按"Enter"键即可计算总体平均值为 4 时数据集的 z 检验单尾概率值，结果如图 16-26 所示。

步骤 2：选中单元格 C3，在公式编辑栏中输入公式"=2*MIN(ZTEST(A2:A10,4),1-ZTEST(A2:A10,4))"，按"Enter"键即可计算总体平均值为 4 时数据集的 z 检验双尾概率值，结果如图 16-27 所示。

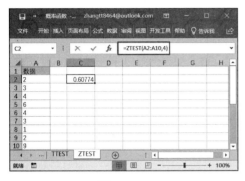

图　16-26

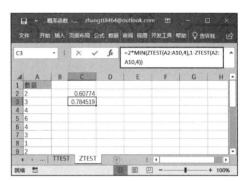

图　16-27

注意：如果参数 array 为空，ZTEST 函数返回错误值 #N/A。不省略参数 sigma 时，ZTEST 函数的计算公式如下。

$$ZTEST\left(array,x\right)=1-NORMSDIST\left(\frac{\mu-x}{\sigma+\sqrt{n}}\right)$$

省略参数 sigma 时，ZTEST 函数的计算公式如下。

$$ZTEST\left(array,\mu_0\right)=1-NORMSDIST\left(\bar{x}-\mu_0\right)/\left(s/\sqrt{n}\right)$$

其中，x 为样本平均值 AVERAGE(array)；s 为样本标准偏差 STDEV(array)；n 为样本中的观察值个数 COUNT(array)。

ZTEST 表示当基础总体平均值为 μ_0 时，样本平均值大于观察值 AVERAGE(array) 的概率。由于正态分布是对称的，如果 AVERAGE(array)<μ_0，则 ZTEST 的返回值将大于 0.5。

当基础总体平均值为 μ_0，样本平均值从 μ_0（沿任一方向）变化到 AVERAGE(array) 时，下面的 Excel 公式可用于计算双尾概率：

```
=2*MIN(ZTEST(array,μ0,sigma),1-ZTEST(array,μ0,sigma))
```

16.4 | 单元格数量计算函数

本节介绍与单元格数量计算有关的函数，包括 COUNT、COUNTA、COUNTBLANK、COUNTIF、COUNTIFS 函数。

■ 16.4.1　COUNT 函数：计算参数列表中数字的个数

COUNT 函数用于计算返回包含数字的单元格的个数以及返回参数列表中的数字个数。利用 COUNT 函数可以计算单元格区域或数字数组中数字字段的输入项个数。其

语法是：COUNT(value1,value2,…)；其中
参数 value1、value2…是可以包含或引用
各种类型数据的 1 ～ 255 个参数，但只有
数字类型的数据才被计算在内。

下面通过实例具体讲解该函数的操
作技巧。已知一组数据，计算数据中
包含数字的单元格的个数并返回参数列
表中的数字个数。打开工作表，选中
单元格 C3，在公式编辑栏中输入公式
"=COUNT(A2:A7)"，按"Enter"键即
可计算上列数据中包含数字的单元格的个
数，结果如图 16-28 所示。

图　16-28

注意：数字参数、日期参数或者代表数字的文本参数被计算在内，逻辑值和直接键入参数列表中代表数字的文本被计算在内。如果参数为错误值或不能转换为数字的文本，将被忽略。如果参数是一个数组或引用，则只计算其中的数字。数组或引用中的空白单元格、逻辑值、文本或错误值将被忽略。如果要统计逻辑值、文本或错误值，则需要使用 COUNTA 函数。

■ 16.4.2　COUNTA 函数：计算参数列表中非空单元格的个数

COUNTA 函数用于计算参数列表中非空值的单元格个数。利用函数 COUNTA 可以计算单元格区域或数组中包含数据的单元格个数。其语法是：COUNTA(value1,value2,…)。其中，参数 value1、
value2…代表要计数其值的 1 ～ 255 个
参数。

下面通过实例具体讲解该函数的操作
技巧。已知一组数据，计算参数列表中
非空值的单元格个数。打开工作表，选
中单元格 C3，在公式编辑栏中输入公式
"=COUNTA(A2:A9)"，按"Enter"键即
可计算上列数据中非空单元格的个数，结
果如图 16-29 所示。

注意：数值是任何类型的信息，包括错

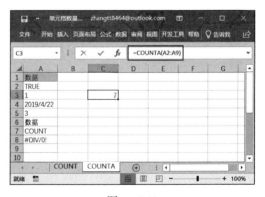

图　16-29

误值和空文本 ("")。数值不包括空单元格。如果参数为数组或引用，则只使用其中的数值。数组或引用中的空白单元格和文本值将被忽略。如果不需要对逻辑值、文本或错误值进行计数，则需要使用 COUNT 函数。

16.4.3　COUNTBLANK 函数：计算区域内空白单元格的数量

COUNTBLANK 函数用于计算指定单元格区域中空白单元格的个数。其语法是：COUNTBLANK(range)。参数 range 为需要计算其中空白单元格个数的区域。

下面通过实例具体讲解该函数的操作技巧。已知一个单元格区域，计算该区域中空白单元格的个数。打开工作表，选中单元格 C3，在公式编辑栏中输入公式"=COUNTBLANK(A2:A9)"，按"Enter"键即可计算区域内空白单元格的数量，结果如图 16-30 所示。

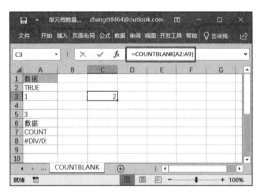

图　16-30

注意：即使单元格中含有返回值为空文本 ("") 的公式，该单元格也会被计算在内，但包含零值的单元格不计算在内。

16.4.4　COUNTIF 函数：计算区域中满足给定条件的单元格数量

COUNTIF 函数用于计算区域中满足给定条件的单元格的个数。其语法是：COUNTIF(range,criteria)。其中，参数 range 是一个或多个要计数的单元格，可包括数字或名称、数组或包含数字的引用，空值和文本值将被忽略；参数 criteria 为确定哪些单元格将被计算在内的条件，其形式可以为数字、表达式、单元格引用或文本。

下面通过实例具体讲解该函数的操作技巧。已知一组数据，计算区域中满足给定条件的单元格的个数。打开工作表，选中单元格 D2，在公式编辑栏中输入公式"=COUNTIF(A2:A7,"range1")"，按"Enter"键即可计算区域内"range1"所在单元格的数量，结果如图 16-31 所示。

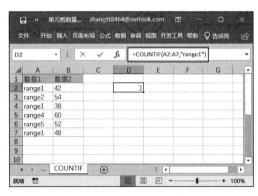

图　16-31

注意：可以在条件中使用通配符、问号 (?) 和星号 (*)。问号匹配任意单个字符；星号匹配任意一串字符。如果要查找实际的问号或星号，请在该字符前键入波形符 (~)。

16.4.5　COUNTIFS 函数：计算区域中满足多重条件的单元格数量

COUNTIFS 函数用于计算某个区域中满足多重条件的单元格数量。其语法是：COUNTIFS(range1, criteria1,range2, criteria2,…)。其中参数 range1、range2…是计算关联条件的 1 ～ 127 个区域。每个区域中的单元格必须是数字或包含数字的名称、数组或引用。空值和文本值会被忽略。参数 criteria1、criteria2…是数字、表达式、单元格引用或文本形式的 1 ～ 127 个条件，用于定义要对哪些单元格进行计算。

下面通过实例具体讲解该函数的操作技巧。已知一组数据，计算区域中满足多重条件的单元格数量。打开工作表，选中单元格 D3，在公式编辑栏中输入公式"=COUNTIFS(A2:A7,"range1",B2:B7,">40")"，按"Enter"键即可计算区域内大于 40 的"range1"的单元格数量，结果如图 16-32 所示。

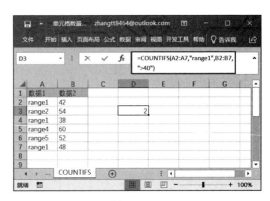

图　16-32

注意：仅当区域中的每一单元格满足为其指定的所有相应条件时才对其进行计算。如果条件为空单元格，COUNTIFS 函数将视其为 0 值。可以在条件中使用通配符，即问号 (?) 和星号 (*)。问号匹配任一单个字符；星号匹配任一字符序列。如果要查找实际的问号或星号，则需要在字符前键入波形符 (~)。

16.5 指数与对数函数

本节通过实例介绍与指数和对数运算相关的函数，包括 EXPON.DIST、GAMMALN、GROWTH、LOGNORM.INV、LOGNORM.DIST 函数。

■ 16.5.1 EXPON.DIST 函数：计算指数分布

EXPON.DIST 函数用于返回指数分布。使用 EXPON.DIST 函数可以建立事件之间的时间间隔模型，例如，在计算银行自动提款机支付一次现金所花费的时间时，可通过 EXPON.DIST 函数来确定这一过程最长持续一分钟的发生概率。其语法是：EXPON.DIST(x,lambda,cumulative)。其中，参数 x 为函数的值，参数 Lambda 为参数值，参数 cumulative 为一逻辑值，指定指数函数的形式。如果 cumulative 为 TRUE，EXPON.DIST 函数返回累积指数分布函数；如果 cumulative 为 FALSE，EXPON.DIST 函数返回概率指数分布函数。

下面通过实例具体讲解该函数的操作技巧。已知函数的值与参数值，试返回累积指数分布函数和概率指数分布函数。

步骤 1：打开工作表，选中单元格 A5，在公式编辑栏中输入公式"=EXPON.DIST(A2,A3,TRUE)"，按"Enter"键即可返回累积指数分布函数，结果如图 16-33 所示。

步骤 2：选中单元格 A6，在公式编辑栏中输入公式"=EXPON.DIST(0.2,10,FALSE)"，按"Enter"键即可返回概率指数分布函数，结果如图 16-34 所示。

注意：如果参数 x 或 lambda 为非数值型，EXPON.DIST 函数返回错误值"#VALUE!"；如果 x<0，EXPON.DIST 函数返回错误值"#NUM!"；如果参数 lambda ≤ 0，EXPON.DIST 函数返回错误值"#NUM!"。

概率指数分布函数的计算公式如下。

$$f(x;\lambda) = \lambda e^{-\lambda x}$$

累积指数分布函数的计算公式如下。

$$F(x;\lambda) = 1 - e^{-\lambda x}$$

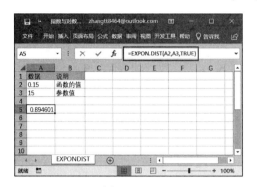

图　16-33

图　16-34

16.5.2　GAMMALN 函数：计算 γ 函数的自然对数 Γ(x)

GAMMALN 函数用于计算一个值，可以使用该值构建总体平均值的置信区间。其语法是：GAMMALN(x)，其中参数 x 为需要计算函数 GAMMALN 的数值。

下面通过实例具体讲解该函数的操作技巧。计算 7 的 γ 函数的自然对数。打开工作表，选中单元格 A1，在公式编辑栏中输入公式"=GAMMALN(7)"，按"Enter"键即可计算 7 的 γ 函数的自然对数，结果如图 16-35 所示。

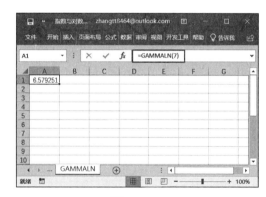

图　16-35

注意： 如果 x 为非数值型，GAMMALN 函数返回错误值"#VALUE!"；如果 x ≤ 0，函数 GAMMAIN 返回错误值"#NUM!"。数字 e 的 GAMMALN(i) 次幂等于 (i-1)!，其中 i 为整数。

GAMMALN 函数的计算公式如下。

$$GAMMALN = LN(\Gamma(X))$$

式中，

$$\Gamma(X) = \int_0^\infty e^{-u} u^{x-1} du$$

16.5.3　GROWTH 函数：计算沿指数趋势的值

GROWTH 函数用于根据现有的数据预测指数增长值。根据现有的 x 值和 y 值，GROWTH 函数返回一组新的 x 值对应的 y 值。可以使用 GROWTH 工作表函数来拟合满足现有 x 值和 y 值的指数曲线。GROWTH 函数的语法是：GROWTH(known_ y's,known_x's,new_x's,const)。其中，参数 known_y's 满足指数回归拟合曲线 $y=b*m^x$ 的一组已知的 y 值；参数 known_x's 满足指数回归拟合曲线 $y=b*m^x$ 的一组已知的 x 值，为可选参数；参数 new_x's 为需要通过 GROWTH 函数返回的对应 y 值的一组新 x 值；参数 const 为一逻辑值，用于指定是否将常数 b 强制设为 1。

下面通过实例具体讲解该函数的操作技巧。已知一组数据，根据现有数据预测指数增长值。

步骤 1：打开工作表，选中单元格区域 C2:C7，在公式编辑栏中输入公式" =GROWTH(B2:B7,A2:A7)"，按" Shift+Ctrl+Enter"组合键即可，结果如图 16-36 所示。

步骤 2：选中单元格区域 A9:A10，在公式编辑栏中输入公式" =GROWTH(B2:B7,A2:A7,A9:A10)"，按"Shift+Ctrl+Enter"组合键即可，结果如图 16-37 所示。

图 16-36

图 16-37

注意：

1）如果数组 known_y's 在单独一列中，则 known_x's 的每一列被视为一个独立的变量。

2）如果数组 known_y's 在单独一行中，则 known_x's 的每一行被视为一个独立的变量。

3）如果 known_y's 中的任何数为 0 或为负数，GROWTH 函数将返回错误值" #NUM!"。

4）数组 known_x's 可以包含一组或多组变量。如果仅使用一个变量，那么只要 known_x's 和 known_y's 具有相同的维数，则它们可以是任何形状的区域。如果用到多个变量，则 known_y's 必须为向量（即必须为一行或一列）。

5）如果省略 known_x's，则假设该数组为 {1,2,3,…}，其大小与 known_y's 相同。

6）new_x's 与 known_x's 一样，对每个自变量必须包括单独的一列（或一行）。因此，如果 known_y's 是单列的，known_x's 和 new_x's 应该有同样的列数。如果 known_y's 是单行的，known_x's 和 new_x's 应该有同样的行数。

7）如果省略 new_x's，则假设它和 known_x's 相同。

8）如果 known_x's 与 new_x's 都被省略，则假设它们为数组 {1,2,3,…}，其大小与 known_y's 相同。

9）如果 const 为 TRUE 或省略，b 将按正常计算。

10）如果 const 为 FALSE，b 将设为 1，m 值将被调整以满足 $y=m^x$。

11）对于返回结果为数组的公式，在选定正确的单元格个数后，必须以数组公式的形式输入。

12）当为参数（如 known_x's）输入数组常量时，应当使用逗号分隔同一行中的数据，用分号分隔不同行中的数据。

16.5.4 LOGNORM.INV 函数：返回对数累计分布的反函数

LOGNORM.INV 函数用于返回 x 的对数累积分布函数的反函数值，此处的 $\ln(x)$ 是服从参数 mean 与 standard_dev 的正态分布。如果 p=LOGNORM.DIST(x,…)，则 LOGNORM.INV（p,…）=x。使用对数分布可分析经过对数变换的数据。其语法是：LOGNORM.INV(probability,mean,standard_dev)。其中，参数 probability 是与对数分布相关的概率，参数 mean 为 $\ln(x)$ 的平均值，参数 standard_dev 为 $\ln(x)$ 的标准偏差。

下面通过实例具体讲解该函数的操作技巧。已知与对数分布相关的概率，$\ln(x)$ 的平均值，$\ln(x)$ 的标准偏差，计算对数累计分布的反函数值。打开工作表，单击选中单元格 A6，在公式编辑栏中输入公式"=LOGNORM.INV(A2,A3,A4)"，按"Enter"键即可计算对数累计分布的反函数值，结果如图 16-38 所示。

图 16-38

注意：如果任一参数为非数值类型，则 LOGNORM.INV 函数返回错误值"#VALUE!"；如果参数 probability<0 或 probability>1，则 LOGNORM.INV 函数返回错误值"#NUM!"；如果参数 standard_dev ≤ 0，则 LOGNORM.INV 函数返回错误值 #NUM!。

16.5.5 LOGNORM.DIST 函数：返回 x 的对数分布函数

LOGNORM.DIST 函数用于返回 x 的对数分布函数，其中 $\ln(x)$ 是服从参数 mean 和 standard_dev 的正态分布。使用此函数可以分析经过对数变换的数据。其语法是：LOGNORM.DIST(x,mean,standard_dev,cumulative)。其中，参数 x 为用来计算函数的值，参数 mean 为 $\ln(x)$ 的平均值，参数 standard_dev 为 $\ln(x)$ 的标准偏差。参数 cumulative 为决定函数形式的逻辑值，如果为 TRUE，则返回累积分布函数；如果为 FALSE，则返回概率密度函数。

下面通过实例具体讲解该函数的操作技巧。已知参数值 x，$\ln(x)$ 的平均值，$\ln(x)$ 的标准偏差，计算在此条件下 4.000025 的对数分布函数。

步骤 1：打开工作表，单击选中单元格 A6，在公式编辑栏中输入公式"=LOGNORM.DIST(A2,A3,A4,TRUE)"，按"Enter"键即可返回 x 的对数累积分布函数，结果如图 16-39 所示。

步骤 2：单击选中单元格 A7，在公式编辑栏中输入公式："=LOGNORM.DIST(A2,A3,A4,FALSE)"，按"Enter"键即可返回 x 的对数概率密度函数，结果如图 16-40 所示。

注意：如果任一参数为非数值型，LOGNORM.DIST 函数返回错误值"#VALUE!"；如果 x ≤ 0 或 standard_dev ≤ 0，LOGNORM.DIST 函数返回错误值 #NUM!。

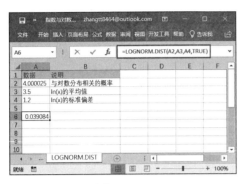

图 16-39

图 16-40

16.6 最大值与最小值函数

本节介绍与最大值和最小值计算相关的函数，包括 CRITBINOM、LARGE、MAX、MAXA、MAXIFS、MEDIAN、MIN、MINA、MINIFS、MODE.SNGL、SMALL 函数。

16.6.1 CRITBINOM 函数：计算使累积二项式分布小于或等于临界值的最小值

CRITBINOM 函数用于计算使得累积二项式分布的函数值大于等于临界值 α 的最小整数。此函数可以用于质量检验。例如，使用 CRITBINOM 函数来决定最多允许出现多少个有缺陷的部件，才可以保证当整个产品在离开装配线时检验合格。其语法是：CRITBINOM(trials,probability_s,alpha)。其中，参数 trials 为伯努利试验次数，参数 probability_s 为每次试验中成功的概率，参数 alpha 为临界值。

下面通过实例具体讲解该函数的操作技巧。已知伯努利试验次数、每次试验成功的概率和临界值，计算累积二项式分布大于或等于临界值的最小值。打开工作表，单击选中单元格 A6，在公式编辑栏中输入公式"=CRITBINOM(A2,A3,A4)"，按"Enter"键即可计算总体平均值的置信区间，结果如图 16-41 所示。

注意：如果任意参数为非数值型，CRITBINOM 函数返回错误值"#VALUE!"；如果参数 trials 不是整数，将被截尾取整；如果参数 trial<0，CRITBINOM 函数返回错误值"#NUM!"；如果参数 probability_s<0 或 probability_s>1，CRITBINOM 函数返回错误值"#NUM!"；如果参数 alpha<0 或 alpha>1，CRITBINOM 函数返回错误值"#NUM!"。

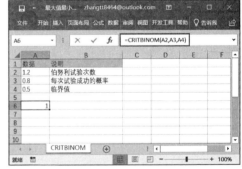

图 16-41

16.6.2 LARGE 函数：计算数据集中第 k 个最大值

LARGE 函数用于计算数据集中第 k 个最大值。使用此函数可以根据相对标准来选择数值。例如，可以使用 LARGE 函数得到第 1 名、第 2 名或第 3 名的得分。其语法是：LARGE(array,k)。其中，参数 array 为需要从中选择第 k 个最大值的数组或数据区域，参数 k 为返回值在数组或数据单元格区域中的位置（从大到小排列）。

下面通过实例具体讲解该函数的操作技巧。已知一组给定的数据，计算给定条件下的第 k 个最大值。打开工作表，单击选中单元格 C3，在公式编辑栏中输入公式"=LARGE(A2:A7,2)"，按"Enter"键计算所给数据中的第 2 个最大值，结果如图 16-42 所示。

注意：

1）如果数组为空，LARGE 函数返回错误值"#NUM!"；如果 k ≤ 0 或 k 大于数据点的个数，LARGE 函数返回错误值"#NUM!"；如果区域中数据点的个数为 n，则函数 LARGE(array,1) 返回最大值，函数 LARGE(array,n) 返回最小值。

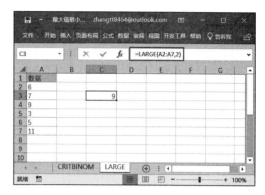

图   16-42

2）SMALL 函数用于计算数据集中第 k 个最小值。其语法及操作技巧与 LAGRE 函数相似。由于篇幅限制，此处不赘述。

16.6.3   MAX 函数：计算参数列表中的最大值

MAX 函数用于计算一组值中的最大值。其语法是：MAX(number1,number2,…)。其中参数 number1、number2… 是要从中找出最大值的 1 ～ 255 个数字参数。

下面通过实例具体讲解该函数的操作技巧。已知一组给定的数据，计算数据列表中的最大值。打开工作表，单击选中单元格 C3，在公式编辑栏中输入公式"=MAX(A2:A7)"，按"Enter"键计算数据列表中的最大值，结果如图 16-43 所示。

注意：

1）参数可以是数字或者是包含数字的名称、数组或引用。逻辑值和直接键入参数列表中代表数字的文本被计算在内。如果参数

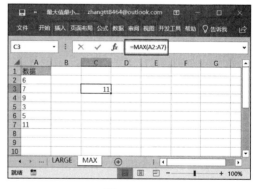

图   16-43

为数组或引用，则只使用该数组或引用中的数字。数组或引用中的空白单元格、逻辑值或文本将被忽略。如果参数不包含数字，MAX 函数返回 0（零）。如果参数为错误值或为不能转换为数字的文本，将会导致错误。如果要使计算包括引用中的逻辑值和代表数字的文本，则需要使用 MAXA 函数。

2）MIN 函数用于计算参数列表中的最小值，其语法及操作技巧与 MAX 函数一致、由于篇幅限制，此处不赘述。

16.6.4 MAXA 函数：计算参数列表中的最大值

MAXA 函数用于返回参数列表中的最大值（包括数字、文本和逻辑值）。其语法是：MAXA(value1,value2,…)。其中参数 value1、value2…是需要从中找出最大值的 1 ～ 255 个参数。

下面通过实例具体讲解该函数的操作技巧。已知一组数据，计算数据列表中的最大值。打开工作表，单击选中单元格 C3，在公式编辑栏中输入公式" =MAXA(A2:A6)"，按" Enter"键计算数据列表中的最大值，结果如图 16-44 所示。由于逻辑值表示 1，所以上面数据的最大值是 1。

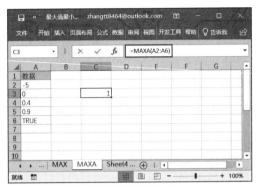

图 16-44

注意：

1）参数可以是下列形式，数值，包含数值的名称、数组或引用，数字的文本表示，或者引用中的逻辑值，例如 TRUE 和 FALSE。逻辑值和直接键入参数列表中代表数字的文本被计算在内。如果参数为数组或引用，则只使用其中的数值。数组或引用中的空白单元格和文本值将被忽略。如果参数为错误值或为不能转换为数字的文本，将会导致错误。包含 TRUE 的参数作为 1 来计算；包含文本或 FALSE 的参数作为 0（零）来计算。如果参数不包含任何值，MAXA 函数返回 0。如果要使计算不包括引用中的逻辑值和代表数字的文本，则需要使用 MAX 函数。

2）MINA 函数用于返回参数列表中的最小值（包括数字、文本和逻辑值），其语法及操作技巧与 MAXA 函数一致。由于篇幅限制，此处不赘述。

16.6.5 MAXIFS 函数：返回一组给定条件或标准指定的单元格之间的最大值

MAXIFS 函数用于返回一组给定条件或标准指定的单元格中的最大值。其语法是：MAXIFS(max_range, criteria_range1, criteria1, [criteria_range2, criteria2],…)。其中，参数 max_range 为确定最大值的实际单元格区域，参数 criteria_rangeN、criteriaN 为用于条件计算的单元格区域及关联条件，参数 criteria 可以为数字、表达式或文本。最多可以输入 126 个区域 / 条件对。

下面通过实例具体讲解该函数的操作技巧。例如，某教师统计了学生的考试成绩，要得到女生的总分最高成绩。打开工作表，单击选中单元格 A10，在公式编辑栏中输入公式" =MAXIFS(G2:G8,C2:C8," 女 ")"，按" Enter"键即可，结果如图 16-45 所示。

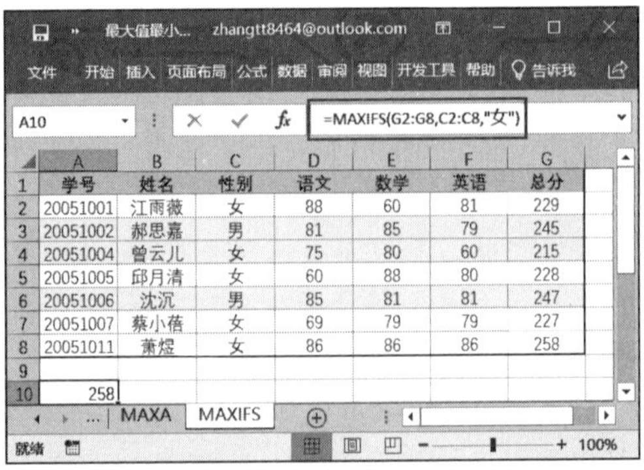

注意：

1）参数 max_range 和 criteria_rangeN 的大小和形状必须相同，否则 MAXIFS 函数会

图 16-45

返回"#VALUE!"错误。

2）MINIFS 函数用于返回一组给定条件或标准指定的单元格中的最小值，其语法及操作技巧与 MAXIFS 函数一致。由于篇幅限制，此处不赘述。

16.6.6　MEDIAN 函数：计算给定数值集合的中值

MEDIAN 函数用于计算给定数值的中值。中值是在一组数值中居于中间的数值。其语法是：MEDIAN(number1,number2,…)。其中参数 number1、number2…是要计算中值的 1 ～ 255 个数字。

知识补充：MEDIAN 函数用于计算趋中性，趋中性是统计分布中一组数中间的位置。3 种最常见的趋中性计算方法如下。

- ❏ 平均值：平均值是算术平均数，由一组数相加然后除以这些数的个数计算得出。例如，2、3、3、5、7 和 10 的平均数是 30 除以 6，结果是 5。
- ❏ 中值：中值是一组数中间位置的数，即一半数的值比中值大，另一半数的值比中值小。例如，2、3、3、5、7 和 10 的中值是 4。
- ❏ 众数：众数是一组数中最常出现的数。例如，2、3、3、5、7 和 10 的众数是 3。

对于对称分布的一组数来说，这 3 种趋中性计算方法是相同的。对于偏态分布的一组数来说，这 3 种趋中性计算方法可能不同。

下面通过实例具体讲解该函数的操作技巧。已知一组数据，计算数值的中值。打开工作表，单击选中单元格 C3，在公式编辑栏中输入公式"=MEDIAN(A2:A7)"，按"Enter"键即可返回数据列表的中值，结果如图 16-46 所示。由于数据列表中共有 6 个数值，所以其中值为 6 和 7 的平均值。

注意：如果参数集合中包含偶数个数字，MEDIAN 函数将返回位于中间的两个数的平均值。参数可以是数字或者包含数字的名称、数组或引用。逻辑值和直接键入参数列表中代表数字的文本被计算在内。如果数组或引用参数包含文本、逻辑值或空白单元格，则这些值将被忽略；但包含零值的单元格将被计算在内。如果参数为错误值或为不能转换为数字的文本，将会导致错误。

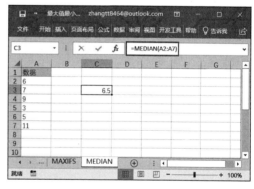

图　16-46

16.6.7　MODE.SNGL 函数：计算在数据集内出现次数最多的值

MODE.SNGL 函数用于计算在某一数组或数据区域中出现次数最多的数值（众数）。其语法如下：MODE.SNGL(number1,number2,…)。其中参数 number1、number2…是用于计算众数的 1 ～ 255 个参数，也可以不用这种用逗号分隔参数的形式，而用单个数组或对数组的引用。

下面通过实例具体讲解该函数的操作技巧。已知一组数据，计算这些数据中的众数，即出现频率最高的数。打开工作表，单击选中单元格 C3，在公式编辑栏中输入公式" =MODE.SNGL(A2:A7)", 按" Enter"键即可返回数据列表的众数, 结果如图 16-47 所示。

注意：参数可以是数字或者是包含数字的名称、数组或引用。如果数组或引用参数包含文本、逻辑值或空白单元格，则这些值将被忽略；但包含零值的单元格将计算在内。如果参数为错误值或为不能转换为数字的文本，将会导致错误。如果数据集合中不含有重复的数据，则 MODE.SNGL 函数返回错误值"#N/A"。

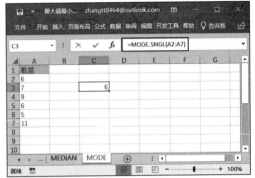

图 16-47

16.7 标准偏差与方差函数

本节通过实例介绍与标准偏差和方差计算相关的函数，包括 DEVSQ、STDEV.S、STDEVA、STDEV.P、STDEVPA、VARPA、VAR.S、VARA、VAR.P 函数。

16.7.1 DEVSQ 函数：计算偏差的平方和

DEVSQ 函数用于计算数据点与各自样本平均值偏差的平方和。其语法是：DEVSQ(number1,number2,…)。其中参数 number1、number2…为 1 ~ 255 个需要计算偏差平方和的参数。也可以不使用这种用逗号分隔参数的形式，而用单个数组或对数组的引用。

下面通过实例具体讲解该函数的操作技巧。已知一组数据，计算数据点与各自样本平均值偏差的平方和。打开工作表，单击选中单元格 C3，在公式编辑栏中输入公式" =DEVSQ(A2:A7)", 按" Enter"键即可返回上面数据点与各自样本平均值偏差的平方和，结果如图 16-48 所示。

图 16-48

注意：参数可以是数字或者是包含数字的名称、数组或引用。逻辑值和直接键入参数列表中代表数字的文本被计算在内。如果数组或引用参数包含文本、逻辑值或空白单元格，则这些值将被忽略；但包含零值的单元格将被计算在内。如果参数为错误值或为不能转换为数字的文本，将会导致错误。偏差平方和的计算公式如下。

$$DEVSQ = \sum (x - \bar{x})^2$$

16.7.2 STDEV.S 函数：计算基于样本估算标准偏差

STDEV.S 函数用于估算基于样本的标准偏差（忽略样本中的逻辑值和文本）。标准偏差反映数值在平均值（中值）附近分布的范围大小。STDEV.S 函数的语法是：STDEV.S(number1,number2,…)。其中参数 number1、number2…为对应于总体样本的 1 ～ 255 个参数。也可以不使用这种用逗号分隔参数的形式，而用单个数组或对数组的引用。

下面通过实例具体讲解该函数的操作技巧。某工厂有 8 种产品在制造过程中是由同一台机器制造出来的，并取样为随机样本进行抗断强度检验。打开工作表，单击选中单元格 C3，在公式编辑栏中输入公式"=STDEV.S(A2:A9)"，按"Enter"键即可计算抗断强度的标准偏差，结果如图 16-49 所示。

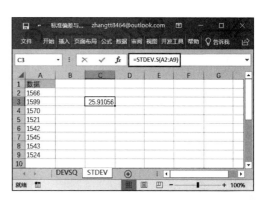

图　16-49

注意：

1）STDEV.S 函数假设其参数是总体中的样本。如果数据代表全部样本总体，则应该使用 STDEV.P 函数来计算标准偏差。此处标准偏差的计算使用"n-1"方法。参数可以是数字或者是包含数字的名称、数组或引用。逻辑值和直接键入参数列表中代表数字的文本被计算在内。如果参数是一个数组或引用，则只计算其中的数字。数组或引用中的空白单元格、逻辑值、文本或错误值将被忽略。如果参数为错误值或为不能转换成数字的文本，将会导致错误。如果要使计算包含引用中的逻辑值和代表数字的文本，则需要使用 STDEVA 函数。STDEV.S 函数的计算公式如下。

$$\sqrt{\frac{n\sum x^2 - \left(\sum x\right)^2}{n(n-1)}}$$

其中 x 为样本平均值 AVERAGE(number1,number2,…)，n 为样本大小。

2）STDEVA 函数计算基于样本（包括数字、文本和逻辑值）估算标准偏差。其语法及操作技巧与 STDEV.S 函数一致，不过参数除数字、包含数字的名称、数组或引用外，还可以是文本或逻辑值。其中包含 TRUE 的参数作为 1 来计算，包含文本或 FALSE 的参数作为 0 来计算。由于篇幅限制，此处不赘述。

16.7.3　STDEV.P 函数：计算基于样本总体的标准偏差

STDEV.P 函数用于计算以参数形式给出的整个样本总体的标准偏差（忽略样本中的逻辑值和文本）。标准偏差反映数值在平均值（中值）附近分布的范围大小。STDEV.P 函数的语法是：STDEV.P(number1,number2,…)。其中参数 number1、number2…为对应于样本总体的 1 ～ 255 个参数。也可以不使用这种用逗号分隔参数的形式，而用单个数组或对数组的引用。

下面通过实例具体讲解该函数的操作技巧。假定某工厂仅生产了 8 种产品，取样为随机样本进行抗断强度检验。打开工作表，单击选中单元格 C3，在公式编辑栏中输入公式"=STDEV.P(A2:A9)"，按"Enter"键即可计算基于整个样本总体的抗断强度的标准偏差，结果如图 16-50 所示。

注意：

1）STDEV.P 函数假设其参数为整个样本总体。如果数据代表样本总体中的样本，应使用 STDEV.S 函数来计算标准偏差。对于大样本容量，函数 STDEV.S 和 STDEV.P 计算结果大致相等。此处标准偏差的计算使用"n"方法。参数可以是数字或者是包含数字的名称、数组或引用。逻辑值和直接键入参数列表中代表数字的文本被计算在内。如果参数是一个数组或引用，则只计算其中的数字。数组或引用中的空白单元格、逻辑值、文本或错误值将被忽略。如果参数为错误值或为不能转换成数字的文本，将会导致错误。

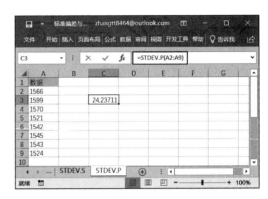

图 16-50

如果要使计算包含引用中的逻辑值和代表数字的文本，则需要使用 STDEVPA 函数。STDEV.P 函数的计算公式如下。

$$\sqrt{\frac{n\sum x^2-\left(\sum x\right)^2}{n^2}}$$

其中 x 为样本平均值 AVERAGE(number1,number2,…)，n 为样本大小。

2）STDEVPA 函数计算基于样本（包括数字、文本和逻辑值）估算标准偏差。其语法及操作技巧与 STDEV.S 函数一致，不过参数除数字、包含数字的名称、数组或引用外，还可以是文本或逻辑值。其中包含 TRUE 的参数作为 1 来计算，包含文本或 FALSE 的参数作为 0 来计算。由于篇幅限制，此处不赘述。

■ 16.7.4 VAR.S 函数：计算基于样本估算方差

VAR.S 函数用于计算基于给定样本的方差。其语法是：VAR.S(number1, number2,…)。其中参数 number1、number2…为对应于总体样本的 1 ~ 255 个参数。

下面通过实例具体讲解该函数的操作技巧。假定某工厂仅生产了 8 种产品，取样为随机样本进行抗断强度检验。打开工作表，单击选中单元格 C3，在公式编辑栏中输入公式"=VAR.S(A2:A9)"，按"Enter"键即可计算工具抗断强度的方差，结果如图 16-51 所示。

注意：

1）VAR.S 函数假设其参数是样本总体中的一个样本。如果数据为整个样本总体，则应使用 VAR.P 函数来计算方差。参数可以是数字或者包含数字的名称、数组或引用。逻辑值和直接键入参数列表中代表数字的文本被计算在内。如果参数是一个数组或引用，则只计算其中的数字。数组或引用中的空白单元格、逻辑值、文本或错误值将被忽略。如果参数为错误值或为不能转换为数字

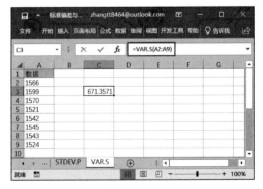

图 16-51

的文本，将会导致错误。如果要使计算包含引用中的逻辑值和代表数字的文本，则需要使用 VARA 函数。VAR.S 函数的计算公式如下。

$$\frac{n\sum x^2-\left(\sum x\right)^2}{n(n-1)}$$

其中 x 为样本平均值 AVERAGE(number1,number2,…)，n 为样本大小。

2）VARA 函数计算基于样本（包括数字、文本和逻辑值）估算方差。其语法及操作技巧与 VAR.S 函数一致，不过参数除数字、包含数字的名称、数组或引用外，还可以是文本或逻辑值。其中包含 TRUE 的参数作为 1 来计算，包含文本或 FALSE 的参数作为 0 来计算。由于篇幅限制，此处不赘述。

■ 16.7.5　VAR.P 函数：计算基于样本总体的方差

VAR.P 函数用于计算基于整个样本总体的方差。其语法是：VAR.P(number1, number2,…)。其中参数 number1、number2…为对应于样本总体的 1 ～ 255 个参数。

下面通过实例具体讲解该函数的操作技巧。假定某工厂仅生产了 8 种产品，取样为随机样本进行抗断强度检验。打开工作表，单击选中单元格 C3，在公式编辑栏中输入公式"=VAR.P(A2:A9)"，按"Enter"键即可计算全部工具抗断强度的方差，结果如图 16-52 所示。

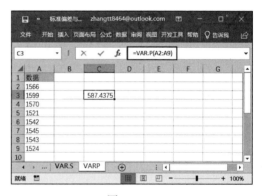

图　16-52

注意：

1）VAR.P 函数假设其参数为样本总体。如果数据只是代表样本总体中的一个样本，则使用 VAR.S 函数计算方差。参数可以是数字或者包含数字的名称、数组或引用。逻辑值和直接键入参数列表中代表数字的文本被计算在内。如果参数是一个数组或引用，则只计算其中的数字。数组或引用中的空白单元格、逻辑值、文本或错误值将被忽略。如果参数为错误值或为不能转换为数字的文本，将会导致错误。如果要使计算包含引用中的逻辑值和代表数字的文本，则需要使用 VARPA 函数。VAR.P 函数的计算公式如下。

$$\frac{n\sum x^2-\left(\sum x\right)^2}{n^2}$$

其中 x 为样本平均值 AVERAGE(number1,number2,…)，n 为样本大小。

2）VARPA 函数计算整个样本总体（包括数字、文本和逻辑值）的估算方差。其语法及操作技巧与 VAR.P 函数一致，不过参数除数字、包含数字的名称、数组或引用外，还可以是文本或逻辑值。其中包含 TRUE 的参数作为 1 来计算，包含文本或 FALSE 的参数作为 0 来计算。由于篇幅限制，此处不赘述。

16.8 正态分布函数

本节通过实例介绍正态分布函数，包括 NORM.DIST、NORM.INV、NORM.S.DIST、NORM.S.INV、STANDARDIZE。

16.8.1 NORM.DIST 函数：计算正态分布函数

NORM.DIST 函数用于计算指定平均值和标准偏差的正态分布函数。此函数在统计方面范围广泛（包括假设检验）。NORM.DIST 函数的语法是：NORM.DIST(x,mean,standard_dev,cumulative)。其中，参数 x 为需要计算其分布的数值，参数 mean 为分布的算术平均值，参数 standard_dev 为分布的标准偏差，参数 cumulative 为一逻辑值，决定函数的形式。如果 cumulative 为 TRUE，返回累积分布函数值；如果为 FALSE，返回概率密度函数值。

下面通过实例具体讲解该函数的操作技巧。已知需要计算其分布的数值、分布的算术平均值和分布的标准偏差，计算累积分布函数值和概率密度函数值。

步骤 1：打开工作表，单击选中单元格 A6，在公式编辑栏中输入公式"=NORM.DIST(A2,A3,A4,TRUE)"，按"Enter"键即可计算累积分布函数值，结果如图 16-53 所示。

步骤 2：单击选中单元格 A7，在公式编辑栏中输入公式"=NORM.DIST(A2,A3,A4,FALSE)"，按"Enter"键即可计算概率密度函数值，结果如图 16-54 所示。

图　16-53　　　　　　　　　　　　　　图　16-54

注意：如果参数 mean 或 standard_dev 为非数值型，NORM.DIST 函数返回错误值"#VALUE!"。如果参数 standard_dev ≤ 0，NORM.DIST 函数返回错误值"#NUM!"。如果 mean=0，standard_dev=1，且 cumulative=TRUE，则 NORM.DIST 函数返回标准正态分布，即 NORM.S.DIST 函数。正态分布概率密度函数 (cumulative=FALSE) 的计算公式如下。

$$f\left(x;\mu,\sigma\right)=\frac{1}{\sqrt{2\pi}\sigma}\mathrm{e}^{-\left(\frac{(x-\mu)^2}{2\sigma^2}\right)}$$

如果 cumulative=TRUE，则公式为从负无穷大到公式中给定的 X 的积分。

16.8.2 NORM.INV 函数：计算正态累积分布函数的反函数

NORM.INV 函数用于计算指定平均值和标准偏差的正态累积分布函数的反函数。

其语法是：NORM.INV(probability,mean,standard_dev)。其中，参数 probability 为正态分布的概率值，参数 mean 为分布的算术平均值，参数 standard_dev 为分布的标准偏差。

下面通过实例具体讲解该函数的操作技巧。已知需要计算其分布的数值、分布的算术平均值和分布的标准偏差，计算在这些条件下正态累积分布函数的反函数值。打开工作表，单击选中单元格 A6，在公式编辑栏中输入公式"=NORM.INV(A2,A3,A4)"，按"Enter"键即可计算正态累积分布函数的反函数值，结果如图 16-55 所示。

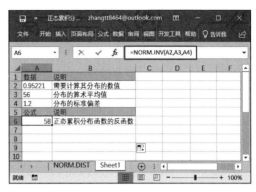

图　16-55

注意：如果任一参数为非数值型，NORM.INV 函数返回错误值"#VALUE!"；如果 probability<0 或 probability>1，NORM.INV 函数返回错误值"#NUM!"。如果 standard_dev ≤ 0，NORM.INV 函数返回错误值"#NUM!"。如果 mean=0 且 standard_dev=1，NORM.INV 函数使用标准正态分布。如果已给定概率值，则 NORM.INV 函数使用 NORM.DIST(x,mean,standard_dev,TRUE)=probability 求解数值 x。因此，NORM.INV 函数的精度取决于 NORM.DIST 函数的精度。NORM.INV 函数使用迭代搜索技术，如果搜索在 100 次迭代之后没有收敛，则函数返回错误值"#N/A"。

16.8.3　NORM.S.DIST 函数：计算标准正态分布函数

NORM.S.DIST 函数用于计算标准正态分布函数，该分布的平均值为 0，标准偏差为 1。可以使用该函数代替标准正态曲线面积表。其语法是：NORM.S.DIST(z,cumulative)。其中，参数 z 为需要计算其分布的数值，参数 cumulative 为一逻辑值，决定函数的形式。如果 cumulative 为 TRUE，返回累积分布函数；如果为 FALSE，返回概率密度函数。

下面通过实例具体讲解该函数的操作技巧。计算 1.66667 的标准正态分布函数值。

步骤 1：打开工作表，单击选中单元格 A1，在公式编辑栏中输入公式"=NORM.S.DIST(1.66667,TRUE)"，按"Enter"键即可计算 1.66667 的标准正态累积分布函数值，结果如图 16-56 所示。

步骤 2：单击选中单元格 A2，在公式编辑栏中输入公式"=NORM.S.DIST(1.66667,FALSE)"，按"Enter"键即可计算 1.66667 的标准正态概率密度函数值，结果如图 16-57 所示。

注意：如果参数 z 为非数值型，函数 NORM.S.DIST 返回错误值"#VALUE!"。标准正态概率密度函数（cumulative=FALSE）计算公式如下。

$$f(z;0,1) = \frac{1}{\sqrt{2\pi}} e^{-\frac{z^2}{2}}$$

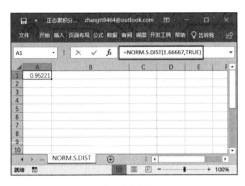 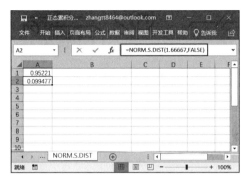

图 16-56　　　　　　　　　　　　图 16-57

16.8.4　NORM.S.INV 函数：计算标准正态累积分布函数的反函数

NORM.S.INV 函数用于计算标准正态累积分布函数的反函数。该分布的平均值为 0，标准偏差为 1。其语法是：NORM.S.INV(probability)。参数 probability 为正态分布的概率值。

下面通过实例具体讲解该函数的操作技巧。计算概率为 0.95221 时标准正态累积分布函数的反函数值。打开工作表，单击选中单元格 A1，在公式编辑栏中输入公式"=NORM.S.INV(0.95221)"，按"Enter"键即可计算概率为 0.95221 时标准正态累积分布函数的反函数值，结果如图 16-58 所示。

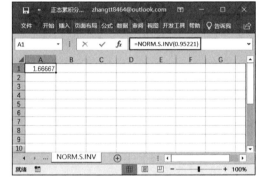

图 16-58

注意：如果参数 probability 为非数值类型，NORM.S.INV 函数返回错误值"#VALUE!"；如果 probability<0 或 probability>1，NORM. S.INV 函数返回错误值"#NUM!"。如果已给定概率值，则 NORM.S.INV 函数使用 NORM. S.DIST(z)=probability 求解数值 z。因此，NORM.S.INV 函数的精度取决于 NORM.S.DIST 函数的精度。NORM.S.INV 函数使用迭代搜索技术，如果搜索在 100 次迭代之后没有收敛，则函数返回错误值"#N/A"。

16.8.5　STANDARDIZE 函数：计算正态化数值

STANDARDIZE 函数用于计算以 mean 为平均值、以 standard_dev 为标准偏差的分布的正态化数值。其语法是：STANDARDIZE(x,mean,standard_dev)。其中，参数 x 为需要进行正态化的数值，参数 mean 为分布的算术平均值，参数 standard_dev 为分布的标准偏差。

下面通过实例具体讲解该函数的操作技巧。已知要正态化的数值、分布的算术平均值和分布的标准偏差，计算符合上述条件的 58 的正态化数值。打开工作表，单击选中单元格 A6，在公式编辑栏中输入公式"=STANDARDIZE(A2,A3,A4)"，按"Enter"键即可计算正态化数值，结果如图 16-59 所示。

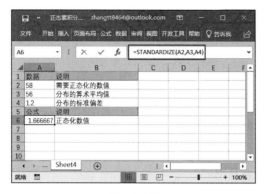

图　16-59

注意：如果参数 standard_dev ≤ 0，STANDARDIZE 函数返回错误值"#NUM!"。正态化数值的计算公式如下。

$$Z = \frac{X - \mu}{\sigma}$$

16.9 | 线性回归线函数

本节通过实例介绍与线性回归线相关的函数，包括 SLOPE、STEYX、INTERCEPT、LINEST、FORECAST.LINEAR 函数。

16.9.1　SLOPE 函数：计算线性回归线的斜率

SLOPE 函数用于计算根据 known_y's 和 known_x's 中的数据点拟合的线性回归直线的斜率。斜率为直线上任意两点的垂直距离与水平距离的比值，也就是回归直线的变化率。SLOPE 函数的语法是：SLOPE(known_y's,known_x's)。其中，参数 known_y's 为数字型因变量数据点数组或单元格区域，参数 known_x's 为自变量数据点集合。

下面通过实例具体讲解该函数的操作技巧。已知一组 x、y 值，根据这些数据点计算拟合的线性回归直线的斜率。打开工作表，单击选中单元格 D3，在公式编辑栏中输入公式"=SLOPE(A2:A8,B2:B8)"，按"Enter"键即可计算线性回归直线的斜率，结果如图 16-60 所示。

注意：

1）参数可以是数字或者包含数字的名称、数组或引用。

2）如果数组或引用参数包含文本、逻辑值或空白单元格，则这些值将被忽略；但包含零值的单元格将被计算在内。

图　16-60

3）如果参数 known_y's 和 known_x's 为空或其数据点个数不同，SLOPE 函数返回错误值"#N/A"。回归直线的斜率计算公式如下。

$$b = \frac{n\sum xy - \left(\sum x \sum y\right)}{n\sum x^2 - \left(\sum x\right)^2}$$

其中 x 和 y 是样本平均值 AVERAGE(known_x's) 和 AVERAGE(known_y's)。

4）SLOPE 函数和 INTERCEPT 函数中使用的下层算法与 LINEST 函数中使用的下层算法不同。当数据未定且共线时，这些算法之间的差异会导致不同的结果。例如，如果参数 known_y's 的数据点为 0，参数 known_x's 的数据点为 1。

❏ SLOPE 函数和 INTERCEPT 函数返回错误"#DIV/0!"。SLOPE 和 INTERCEPT 算法用来查找一个且仅一个答案，在这种情况下可能有多个答案。

❏ LINEST 函数返回值 0。LINEST 算法用来返回共线数据的合理结果，在这种情况下至少可以找到一个答案。

■ 16.9.2 STEYX 函数：计算通过线性回归法计算每个 x 的 y 预测值时所产生的标准误差

STEYX 函数用于计算通过线性回归法计算每个 x 的 y 预测值时所产生的标准误差。标准误差用来度量根据单个 x 变量计算出的 y 预测值的误差量。STEYX 函数的语法是：STEYX(known_y's,known_x's)。其中，参数 known_y's 为因变量数据点数组或区域，参数 known_x's 为自变量数据点数组或区域。

下面通过实例具体讲解该函数的操作技巧。已知一组 x、y 值，用线性回归法计算每个 x 的 y 预测值时所产生的标准误差。打开工作表，单击选中单元格 D3，在公式编辑栏中输入公式"=STEYX(A2:A8,B2:B8)"，按"Enter"键即可计算每个 x 的 y 预测值时所产生的标准误差，结果如图 16-61 所示。

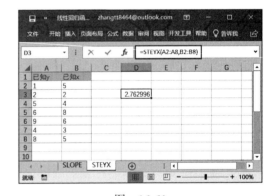

图 16-61

注意：参数可以是数字或者包含数字的名称、数组或引用。逻辑值和直接键入参数列表中代表数字的文本被计算在内。如果数组或引用参数包含文本、逻辑值或空白单元格，则这些值将被忽略；但包含零值的单元格将被计算在内。如果参数为错误值或为不能转换成数字的文本，将会导致错误。如果参数 known_y's 和 known_x's 的数据点个数不同，STEYX 函数返回错误值"#N/A"。如果参数 known_y's 和 known_x's 为空或其数据点个数小于 3，STEYX 函数返回错误值"#DIV/0!"。预测值 y 的标准误差计算公式如下。

$$S_{y-x} = \sqrt{\frac{1}{n(n-2)}\left[n\sum y^2 - \left(\sum y\right)^2 - \frac{\left[n\sum xy - \left(\sum x\right)\left(\sum y\right)\right]^2}{n\sum x^2 - \left(\sum x\right)^2}\right]}$$

其中 x 和 y 是样本平均值 AVERAGE(known_x's) 和 AVERAGE(known_y's)，且 n 是样本大小。

16.9.3　INTERCEPT 函数：计算线性回归线的截距

INTERCEPT 函数用于利用现有的 x 值与 y 值计算直线与 y 轴的截距。截距为穿过已知的 known_x's 和 known_y's 数据点的线性回归线与 y 轴的交点。当自变量为 0（零）时，使用 INTERCEPT 函数可以决定因变量的值。例如，当所有的数据点都是在室温或更高的温度下取得的，可以用 INTERCEPT 函数预测在 0°C 时金属的电阻。INTERCEPT 函数的语法是：INTERCEPT(known_y's,known_x's)。其中，参数 known_y's 为因变量的观察值或数据集合，参数 known_x's 为自变量的观察值或数据集合。

下面通过实例具体讲解该函数的操作技巧。已知一组 x、y 值，计算直线与 y 轴的截距。打开工作表，单击选中单元格 D3，在公式编辑栏中输入公式"=INTERCEPT(A2:A8,B2:B8)"，按"Enter"键即可计算直线与 y 轴的截距，结果如图 16-62 所示。

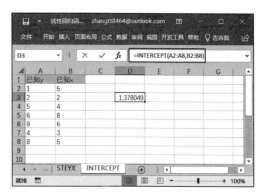

注意：参数可以是数字或者包含数字的名称、数组或引用。如果数组或引用参数包含文本、逻辑值或空白单元格，则这些值将被忽略；但包含零值的单元格将被计算在内。如果参数 known_y's 和 known_x's 所包含的

图　16-62

数据点个数不相等或不包含任何数据点，则 INTERCEPT 函数返回错误值"#N/A"。回归线 a 的截距公式为。

$$a = \overline{Y} - b\overline{X}$$

公式中斜率 b 计算如下：

$$b = \frac{n\sum xy - \left(\sum x\right)\left(\sum y\right)}{n\sum x^2 - \left(\sum x\right)^2}$$

其中 x 和 y 是样本平均值 AVERAGE(known_x's) 和 AVERAGE(known_y's)。

16.9.4　LINEST 函数：计算线性趋势的参数

LINEST 函数用于使用最小二乘法对已知数据进行最佳直线拟合，然后返回描述此直线的数组。也可以将 LINEST 函数与其他函数结合，以便计算未知参数中其他类型的线性模型的统计值，包括多项式、对数、指数和幂级数。因为此函数返回数值数组，所以必须以数组公式的形式输入。LINEST 函数的语法是：LINEST(known_y's,known_x's,const,stats)。其中参数 known_y's 是关系表达式 $y=mx+b$ 中已知的 y 值集合。

❑ 如果数组 known_y's 在单独一列中，则 known_x's 的每一列被视为一个独立的变量。

❑ 如果数组 known_y's 在单独一行中，则 known_x's 的每一行被视为一个独立的变量。

❑ known_x's 是关系表达式 $y=mx+b$ 中已知的可选 x 值集合。

❑ 数组 known_x's 可以包含一组或多组变量。如果仅使用一个变量，那么只要

known_x's 和 known_y's 具有相同的维数，则它们可以是任何形状的区域。如果用到多个变量，则 known_y's 必须为向量（即必须为一行或一列）。

❏ 如果省略 known_x's，则假设该数组为 {1,2,3,⋯}，其大小与 known_y's 相同。

const 为一逻辑值，用于指定是否将常量 b 强制设为 0。

❏ 如果 const 为 TRUE 或省略，b 将按正常计算。

❏ 如果 const 为 FALSE，b 将被设为 0，并同时调整 m 值使 y=mx。

stats 为一逻辑值，指定是否返回附加回归统计值。

❏ 如果 stats 为 TRUE，则 LINEST 函数返回附加回归统计值，这时返回的数组为 {mn,mn-1,⋯,m1,b;sen,sen-1,⋯,se1,seb;r2,sey;F,df;ssreg,ssresid}。

❏ 如果 stats 为 FALSE 或省略，LINEST 函数只返回系数 m 和常量 b。

知识补充： 直线的公式为 y=mx+b 或 y=m1x1+m2x2+...+b（如果有多个区域的 x 值）。其中，因变量 y 是自变量 x 的函数值。m 值是与每个 x 值相对应的系数，b 为常量。注意 y、x 和 m 可以是向量。LINEST 函数返回的数组为 {mn,mn-1,...,m1,b}。LINEST 函数还可返回附加回归统计值。附加回归统计值如表 16-1 所示。

表16-1　附加回归统计值

统计值	说明
se1,se2,...,sen	系数 m1,m2,⋯,mn 的标准误差值
seb	常量 b 的标准误差值（当 const 为 FALSE 时，seb=#N/A）
r2	判定系数。Y 的估计值与实际值之比，范围为 0 ～ 1。如果为 1，则样本有很好的相关性，Y 的估计值与实际值之间没有差别。如果为 0，则回归公式不能用来预测 Y 值
sey	Y 估计值的标准误差
F	F 统计或 F 观察值。使用 F 统计可以判断因变量和自变量之间是否偶尔发生过可观察到的关系
df	自由度。用于在统计表上查找 F 临界值。将从表中查得的值与 LINEST 函数返回的 F 统计值进行比较，可确定模型的置信度
ssreg	回归平方和
ssresid	残差平方和

下面通过实例具体讲解该函数的操作技巧。已知某公司 1 ～ 6 月的产品销售额，估算 7 月的销售额。打开工作表，单击选中单元格 A9，在公式编辑栏中输入公式 " =SUM(LINEST(B2:B7,A2:A7)*{7,1})"， 按 "Enter"键即可估算 7 月的销售额，结果如图 16-63 所示。

几点说明如下：

1）可以使用斜率和 y 轴截距描述任何直线。

❏ 斜率 (m)：通常记为 m，如果需要计算斜率，则选取直线上的两点，(x1,y1) 和 (x2,y2)；斜率等于 (y2-y1)/(x2-x1)。

❏ Y 轴截距 (b)：通常记为 b，直线的

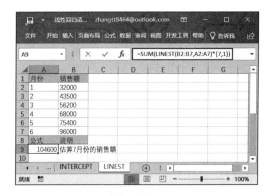

图　16-63

y轴的截距为直线通过y轴时与y轴交点的数值。直线的公式为$y=mx+b$。如果知道了 m 和 b 的值，将y或x的值代入公式就可计算出直线上的任意一点。还可以使用 TREND 函数。

2）当只有一个自变量x时，可直接利用下面公式得到斜率和y轴截距值。

❏ 斜率 "=INDEX(LINEST(known_y's,known_x's),1)"

❏ Y 轴截距 "=INDEX(LINEST(known_y's,known_x's),2)"

3）数据的离散程度决定了 LINEST 函数计算的精确度。数据越接近线性，LINEST 模型就越精确。LINEST 函数使用最小二乘法来判定最适合数据的模型。当只有一个自变量x时，m 和 b 是根据下面的公式计算出的。

$$m = \frac{n\left(\sum xy\right) - \left(\sum x\right)\left(\sum y\right)}{n\left(\sum (x^2)\right) - \left(\sum x\right)^2}$$

$$b = \frac{\left(\sum y\right)\left(\sum (x)^2\right) - \left(\sum x\right)\left(\sum xy\right)}{n\left(\sum (x^2)\right) - \left(\sum x\right)^2}$$

其中x和y是样本平均值，例如x=AVERAGE(knownx's) 和y=AVERAGE (known_y's)。

4）直线和曲线函数 LINEST 和 LOGEST 可用来计算与给定数据拟合程度最高的直线或指数曲线。但需要判断两者中哪一个更适合数据。可以用函数 TREND(known_y's,known_x's) 来计算直线，或用函数 GROWTH(known_y's,known_x's) 来计算指数曲线。这些不带参数 new_x's 的函数可在实际数据点上根据直线或曲线来返回y的数组值，然后可以将预测值与实际值进行比较。还可以用图表方式来直观地比较二者。

5）回归分析时，Excel 计算每一点的y的估计值和实际值的平方差。这些平方差之和称为残差平方和 (ssresid)。然后 Excel 计算总平方和 (sstotal)。当 const=TRUE 或被删除时，总平方和是y的实际值和平均值的平方差之和。当 const=FALSE 时，总平方和是y的实际值的平方和（不需要从每个y值中减去平均值）。回归平方和 (ssreg) 可通过公式 ssreg=sstotal-ssresid 计算出来。残差平方和与总平方和的比值越小，判定系数 r2 的值就越大，r2 是表示回归分析公式的结果反映变量间关系的程度的标志。r2 等于 ssreg/sstotal。

6）在某些情况下，一个或多个 X 列可能没有出现在其他 X 列中的预测值（假设 Y's 和 X's 位于列中）。换句话说，删除一个或多个 X 列可能导致同样精度的y预测值。在这种情况下，这些多余的 X 列应该从回归模型中删除。这种现象被称为"共线"，因为任何多余的 X 列可表示为多个非多余 X 列的和。LINEST 将检查是否存在共线，并在识别出来之后从回归模型中删除任何多余的 X 列。由于包含 0 系数以及 0se's，所以已删除的 X 列能在 LINEST 输出中被识别出来。如果一个或多个多余的列被删除，则将影响 df，原因是 df 取决于被实际用于预测目的的 X 列的个数。如果由于删除多余的 X 列而更改了 df，则也会影响 sey 和 F 的值。

实际上，出现共线的情况应该相对很少。但是，如果某些 X 列仅包含 0's 和 1's 作为一个实验中的对象是否属于某个组的指示器，则很可能引起共线。如果 const=TRUE 或被删除，则 LINEST 函数可有效地插入所有 1's 的其他 X 列以便模型化截取。如果在一列中，1 对应于男性对象，0 对应于非男性对象；而在另一列中，1 对应于女性对象，0 对应于非女性对象，那么后一列就是多余的，因为其中的项可通过从所有 1's（由

LINEST 添加）的另一列中减去"男性指示器"列中的项来获得。

7）df 的计算方法如下所示（没有 X 列由于共线而从模型中被删除）：如果存在 known_x's 的 k 列和 const=TRUE 或被删除，那么 df=n–k–1。如果 const=FALSE，那么 df=n-k。在这两种情况下，每次由于共线而删除一个 X 列都会使 df 加 1。

8）对于返回结果为数组的公式，必须以数组公式的形式输入。当输入一个数组常量（如 known_x's）作为参数时，以逗号作为同一行中各数值的分隔符，以分号作为不同行中各数值的分隔符。分隔符可能因"控制面板"的"区域和语言选项"中区域设置的不同而有所不同。

9）如果 y 的回归分析预测值超出了用来计算公式的 y 值的范围，它们可能是无效的。

10）除了使用 LOGEST 函数计算其他回归分析类型的统计值外，还可以使用 LINEST 函数计算其他回归分析类型的范围，方法是将 x 和 y 变量的函数作为 LINEST 的 x 和 y 系列输入。例如，下面的公式：

```
=LINEST(yvalues,xvalues^COLUMN($A:$C))
```

将在使用 y 值的单个列和 x 值的单个列计算下面的方程式的近似立方（多项式次数 3）值时运行：

```
y=m1*x+m2*x^2+m3*x^3+b
```

可以调整此公式以计算其他类型的回归，但是在某些情况下，需要调整输出值和其他统计值。

16.9.5　FORECAST.LINEAR 函数：计算沿线性趋势的值

FORECAST.LINEAR 函数用于根据已有的数值计算或预测未来值。此预测值为基于给定的 x 值推导出的 y 值。已知的数值为已有的 x 值和 y 值，再利用线性回归对新值进行预测。可以使用该函数对未来销售额、库存需求或消费趋势进行预测。FORECAST.LINEAR 函数的语法是：FORECAST.LINEAR(x,known_y's,known_x's)。其中，参数 x 为需要进行预测的数据点，参数 known_y's 为因变量数组或数据区域，参数 known_x's 为自变量数组或数据区域。

下面通过实例具体讲解该函数的操作技巧。已知一组给定的 x 和 y 值，基于给定的 x 值 25 预测一个 y 值。打开工作表，单击选中单元格 A8，在公式编辑栏中输入公式"=FORECAST.LINEAR(25,A2:A6,B2:B6)"，按"Enter"键即可基于给定的 x 值 25 预测一个 y 值，结果如图 16-64 所示。

注意：如果参数 x 为非数值型，FORECAST.LINEAR 函数返回错误值"#VALUE!"；如果参数 known_y's 和 known_x's 为空或含有不同个数的数据点，FORECAST.LINEAR 函数返回错误值"#N/A"；如果参数 known_x's 的方差为 0，FORECAST.LINEAR 函数返回错误值"#DIV/0!"。FORECAST.LINEAR 函数的计算公式为 a+bx。式中，

$$a = \overline{Y} - b\overline{X}$$

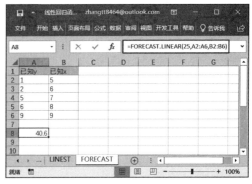

图　16-64

$$b = \frac{n\sum xy - (\sum x)(\sum y)}{n\sum x^2 - (\sum x)^2}$$

且其中 x 和 y 是样本平均值 AVERAGE(known_x's) 和 AVERAGE(known_y's)。

16.10 数据集函数

本节通过实例介绍与数据集相关的函数，包括 CORREL、KURT、PERCENTRANK.EXC、PERCENTRANK.INC、QUARTILE.EXC、QUARTILE.INC、RANK.EQ、RANK.AVG、TRIMMEAN 函数。

16.10.1 CORREL 函数：计算两个数据集之间的相关系数

CORREL 函数用于计算单元格区域 array1 和 array2 之间的相关系数。使用相关系数可以确定两种属性之间的关系。例如，可以检测某地的平均温度和空调使用情况之间的关系。CORREL 函数的语法是：CORREL(array1,array2)。其中，参数 array1 为第1 组数值单元格区域，参数 array2 为第 2 组数值单元格区域。

下面通过实例具体讲解该函数的操作技巧。已知数据区域 1 和数据区域 2，计算两个数据集的相关系数。打开工作表，单击选中单元格 A8，在公式编辑栏中输入公式“=CORREL(A2:A6,B2:B6)”，按“Enter”键即可计算两个数据集的相关系数，结果如图 16-65 所示。

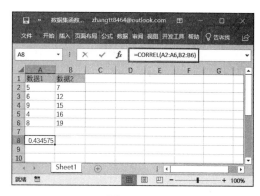

图 16-65

注意：如果数组或引用参数包含文本、逻辑值或空白单元格，则这些值将被忽略；但包含零值的单元格将被计算在内。如果 array1 和 array2 的数据点的个数不同，CORREL 函数返回错误值“#N/A”；如果 array1 或 array2 为空，或者其数值的 s（标准偏差）等于 0，CORREL 函数返回错误值“#DIV/0!”。相关系数的计算公式如下。

$$\rho_{x,y} = \frac{Cov(X,Y)}{\sigma_x, \sigma_y}$$

其中 x 和 y 是样本平均值 AVERAGE(array1) 和 AVERAGE(array2)。

16.10.2 KURT 函数：计算数据集的峰值

KURT 函数用于返回数据集的峰值。峰值反映与正态分布相比某一分布的尖锐度或平坦度。正峰值表示相对尖锐的分布，负峰值表示相对平坦的分布。KURT 函数的语法是：KURT(number1,number2,…)。其中参数 number1,number2…是用于计算峰值的 1～255 个参数。也可以不用这种用逗号分隔参数的形式，而用单个数组或对数组的引用。

下面通过实例具体讲解该函数的操作技巧。已知一组数据，计算数据集的峰值。打开工作表，单击选中单元格C3，在公式编辑栏中输入公式"=KURT(A2:A10)"，按"Enter"键即可计算给定数据集的峰值，结果如图16-66所示。

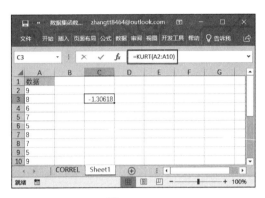

注意：参数可以是数字或者是包含数字的名称、数组或引用。逻辑值和直接键入参数列表中代表数字的文本被计算在内。如果数组或引用参数包含文本、逻辑值或空白单元格，则这些值将被忽略；但包含零值的单元格将被计算在内。如果参数为错误值或为不能转换为数字的文本，将会导致错误。如果数据点少于4个，或样本标准偏差等于0，KURT函数返回错误值"#DIV/0!"。峰值的计算公式如下。

图 16-66

$$\left\{ \frac{n(n+1)}{(n-1)(n-2)(n-3)} \sum \left(\frac{x_j - \bar{x}}{s} \right)^4 \right\} - \frac{3(n-1)^2}{(n-2)(n-3)}$$

s 为样本的标准偏差。

16.10.3 PERCENTRANK.EXC函数：计算数据集中值的百分比排位

PERCENTRANK.EXC函数用于计算特定数值在一个数据集中的百分比排位（为0～1，不含0与1）。此函数可用于查看特定数据在数据集中所处的位置。例如，可以使用PERCENTRANK.EXC函数计算某个特定的能力测试得分在所有的能力测试得分中的位置。PERCENTRANK.EXC函数的语法是：PERCENTRANK.EXC(array,x,significance)。其中，参数array为定义相对位置的数组或数字区域，参数x为数组中需要得到其排位的值，参数significance为可选项，表示返回的百分数值的有效位数。如果省略，PERCENTRANK.EXC函数保留3位小数。

下面通过实例具体讲解该函数的操作技巧。已知一组数据列表，计算指定的数字在列表中的百分比排位。打开工作表，单击选中单元格C3，在公式编辑栏中输入公式"=PERCENTRANK.EXC(A2:A9,8,2)"按"Enter"键即可计算8在数据列表中的百分比排位，结果如图16-67所示。

注意：如果数组为空，PERCENTRANK.EXC函数返回错误值"#NUM!"；如果significance<1，PERCENTRANK.EXC函数返回错误值"#NUM!"。如果数组里没有与x相匹配的值，PERCENTRANK.EXC函数将进行插值以返回正确的百分比排位。如果要计算特定数值在一个数据集中的百分比排位（为0～1，含0与1），则使用PERCENTRANK.INC函数。该函数的语法与操作技巧与PERCENTRANK.EXC函数相同，

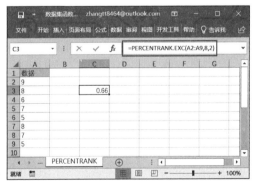

图 16-67

由于篇幅限制，此处不赘述。

16.10.4   QUARTILE.EXC 函数：计算数据集的四分位数

QUARTILE.EXC 函数用于计算从 0 到 1 之间（不含 0 与 1）的百分点值，返回数据集的四分位数。四分位数通常用于销售额和测量数据中对总体进行分组。例如，可以使用 QUARTILE.EXC 函数求得总体中前 25% 的收入值。QUARTILE.EXC 函数的语法是：QUARTILE.EXC(array,quart)。其中，参数 array 为需要求得四分位数值的数组或数字型单元格区域，参数 quart 用于决定返回哪一个四分位值，quart 的值与函数返回类型的关系如表 16-2 所示。

表16-2   quart的值与函数返回类型对应关系

统计值	说 明
1	第 1 个四分位数（第 25 个百分点值）
2	中分位数（第 50 个百分点值）
3	第 3 个四分位数（第 75 个百分点值）

下面通过实例具体讲解该函数的操作技巧。已知一组数据，计算第 1 个四分位数，即第 25 个百分点值。打开工作表，单击选中单元格 C3，在公式编辑栏中输入公式"=QUARTILE.EXC(A2:A9,1)"，按"Enter"键即可计算第 1 个四分位数，结果如图 16-68 所示。

注意：如果数组为空，QUARTILE.EXC 函数返回错误值"#NUM!"；如果参数 quart 不为整数，将被截尾取整；如

图   16-68

果参数 quart<1 或 quart>3，QUARTILE.EXC 函数返回错误值"#NUM!"。如果用户想计算从 0 到 1 之间（含 0 与 1）的百分点值，返回数据集的四分位数，则使用 QUARTILE.INC 函数。该函数的语法与操作技巧与 QUARTILE.EXC 函数相同，由于篇幅限制，此处不赘述。

16.10.5   RANK.EQ 函数：计算一列数字的数字排位

RANK.EQ 函数用于返回一列数字的数字排位。其大小与列表中其他值相关；如果多个值具有相同的排位，则返回该组值的最高排位。如果要对列表进行排序，则数字排位可作为其位置。RANK.EQ 函数的语法是：RANK.EQ(number,ref,[order])。其中，参数 number 为需要找到排位的数字，参数 ref 为数字列表数组或对数字列表的引用，ref 中的非数值型参数将被忽略。参数 order 为一数字，指明排位的方式。如果 order 为 0（零）或省略，Excel 对数字的排位是基于 ref 为按照降序排列的列表；如果 order 不为零，Excel 对数字的排位是基于 ref 为按照升序排列的列表。

下面通过实例具体讲解该函数的操作技巧。已知一组数据，计算指定数值在数据集中的排位。打开工作表，单击选中单元格 C3，在公式编辑栏中输入公式"=RANK.EQ(A5,A2:A9,1)"按"Enter"键即可计算 7 在数据列表中的排位，结果如图 16-69 所示。

注意：

1）RANK.EQ 函数赋予重复数相同的排位。但重复数的存在将影响后续数值的排位。例如，在按升序排序的整数列表中，如果数字 10 出现两次，且其排位为 5，则 11 的排位为 7（没有排位为 6 的数值）。

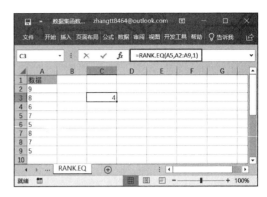

2）由于某些原因，用户可能使用考虑重复数字的排位定义。在前面的示例中，用户可能要将整数 10 的排位改为 5.5。这可以通过向 RANK.EQ 函数返回的值添加以下修正系数来实现。此修正系数适用于按降序排序（order=0 或省略）和按升序排序（order= 非零值）计算排位的情况。

关联排位的修正系数 =[COUNT(ref)+1–RANK.EQ(number,ref,0)–RANK.EQ (number, ref, 1)]/2

3）当多个值具有相同的排位时，如果用户想返回平均排位，则使用 RANK.AVG 函数。该函数的语法与操作技巧与 RANK.EQ 函数相同，由于篇幅限制，此处不赘述。

16.10.6 TRIMMEAN 函数：计算数据集的内部平均值

TRIMMEAN 函数用于计算数据集的内部平均值。TRIMMEAN 函数先从数据集的头部和尾部除去一定百分比的数据点，然后再求平均值。当希望在分析中剔除一部分数据的计算时，可以使用此函数。TRIMMEAN 函数的语法是：TRIMMEAN(array,percent)。其中，参数 array 为需要进行整理并求平均值的数组或数值区域，参数 percent 为计算时所要除去的数据点的比例，例如，如果 percent=0.2，在 20 个数据点的集合中，就要除去 4 个数据点 (20×0.2)：头部除去 2 个，尾部除去 2 个。

下面通过实例具体讲解该函数的操作技巧。已知一组数据，计算其内部平均值。打开工作表，单击选中单元格 C3，在公式编辑栏中输入公式 " =TRIMMEAN (A2:A9,0.2)"，按 "Enter" 键即可计算数据集的内部平均值（从数据点中除去 20%），结果如图 16-70 所示。

注意：如果参数 percent<0 或 percent>1，TRIMMEAN 函数返回错误值 "#NUM!"。TRIMMEAN 函数将除去的数据点数目向下

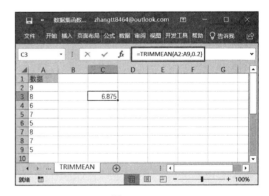

图　16-70

舍入为最接近的 2 的倍数。如果参数 percent=0.1，30 个数据点的 10% 等于 3 个数据点，那么 TRIMMEAN 函数将对称地在数据集的头部和尾部各除去一个数据。

16.11 Pearson 乘积矩函数

本节通过实例介绍 Pearson 乘积矩相关函数，包括 PEARSON 函数和 RSQ 函数。

16.11.1 PEARSON 函数：计算 Pearson 乘积矩相关系数

PEARSON 函数用于返回 Pearson（皮尔生）乘积矩相关系数 r，这是一个范围为 -1.0 ～ 1.0（包括 -1.0 和 1.0 在内）的无量纲指数，反映了两个数据集合之间的线性相关程度。PEARSON 函数的语法是：PEARSON(array1,array2)。其中，参数 array1 为自变量集合，参数 array2 为因变量集合。

下面通过实例具体讲解该函数的操作技巧。已知一组自变量值和因变量值，计算数据集的 Pearson 乘积矩相关系数。打开工作表，单击选中单元格 A8，在公式编辑栏中输入公式"=PEARSON(A2:A6,B2:B6)"，按"Enter"键即可计算数据集的 Pearson 乘积矩相关系数，结果如图 16-71 所示。

注意：参数可以是数字或者包含数字的名称、数组常量或引用。如果数组或引用参数包含文本、逻辑值或空白单元格，则这些值将被忽略；但包含零值的单元格将被计算在内。如果参数 array1 和 array2 为空或其数据点个数不同，PEARSON 函数返回错误值"#N/A"。Pearson 乘积矩相关系数 r 的公式如下。

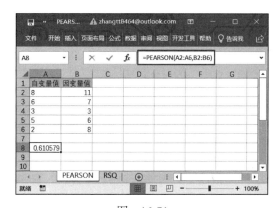

图 16-71

$$r = \frac{n\left(\sum XY\right) - \left(\sum X\right)\left(\sum Y\right)}{\sqrt{\left[n\sum X^2 - \left(\sum X^2\right)\right]\left[n\sum Y^2 - \left(\sum Y\right)^2\right]}}$$

其中 x 和 y 是样本平均值 AVERAGE(array1) 和 AVERAGE(array2)。

16.11.2 RSQ 函数：计算 Pearson 乘积矩相关系数的平方

RSQ 函数用于根据 known_y's 和 known_x's 中数据点计算得出的 Pearson 乘积矩相关系数的平方。R 平方值可以解释为 y 方差与 x 方差的比例。RSQ 函数的语法是：RSQ(known_y's,known_x's)。其中，参数 known_y's 为数组或数据点区域，参数 known_x's 为数组或数据点区域。

下面通过实例具体讲解该函数的操作技巧。已知一组 x 值和 y 值，计算 Pearson 乘积矩相关系数的平方。打开工作表，单击选中单元格 A8，在公式编辑栏中输入公式"=RSQ(A2:A6,B2:B6)"，按"Enter"键即可根据以上数据点计算得出的 Pearson 乘积矩相关系数的平方，结果如图 16-72 所示。

注意：参数可以是数字或者包含数字的名称、数组或引用。逻辑值和直接键入参数列表中代表数字的文本被计算在内。如果数组或引用参数包含文本、逻辑值或空白单元格，则这些值将被忽略；但包含零值的单元格将被计算在内。如果参数为错误值或为不能转换成数字的文本，将会导致错误。如果参数 known_y's 和 known_x's 为空或其数据点个数不同，RSQ 函数返回错误值 "#N/A"；如果参数 known_y's 和 known_x's 函数只包含 1 个数据点，则 RSQ 函数返回错误值 "#DIV/0!"。Pearson 乘积矩相关系数 r 的计算公式如下。

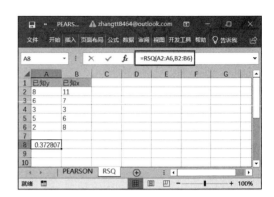

图 16-72

$$r = \frac{n\left(\sum XY\right) - \left(\sum X\right)\left(\sum Y\right)}{\sqrt{\left[n\sum X^2 - \left(\sum X^2\right)\right]\left[n\sum Y^2 - \left(\sum Y\right)^2\right]}}$$

其中 x 和 y 是样本平均值 AVERAGE(known_x's) 和 AVERAGE(known_y's)。RSQ 返回 r2，即相关系数的平方。

16.12 t 分布函数

本节通过实例介绍 t 分布相关函数，包括 T.DIST、T.DIST.2T、T.DIST.RT、T.INV、T.INV.2T。

■ 16.12.1　T.DIST 函数：返回左尾学生 t 分布

T.DIST 函数用于返回学生的左尾 t 分布。t 分布用于小型样本数据集的假设检验。可以使用该函数代替 t 分布的临界值表。T.DIST 函数的语法是：TDIST(x,deg_freedom,cumulative)。其中，参数 x 是需要计算分布的数值，参数 deg_freedom 是一个表示自由度的整数，参数 cumulative 是决定函数形式的逻辑值，如果为 TRUE，则返回累积分布函数，如果为 FALSE，则返回概率密度函数。

下面通过实例具体讲解该函数的操作技巧。已知需要计算分布的数值和自由度，计算左尾学生 t 分布。

步骤 1：打开工作表，单击选中单元格 A5，在公式编辑栏中输入公式 " =T.DIST (A2,A3,TRUE)"，按 "Enter" 键即可得到左尾学生 t 累积分布函数，结果如图 16-73 所示。

步骤 2：单击选中单元格 A6，在公式编辑栏中输入公式 " =T.DIST (A2,A3, FALSE)"，按 "Enter" 键即可得到左尾学生 t 概率密度函数，结果如图 16-74 所示。

注意：如果任一参数为非数字类型，则 T.DIST 函数返回错误值 "#VALUE!"；如果参数 deg_freedom<1，则 T.DIST 函数返回错误值 "#NUM!"；参数 deg_freedom 和 cumulative 将被截尾取整；如果参数 cumulative 不为 1 或 2，则 T.DIST 函数返回错误值 "#NUM!"；如果参数 x<0，T.DIST 返回错误值 "#NUM!"。

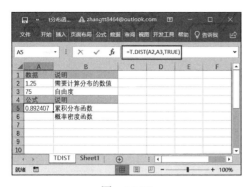

图 16-73

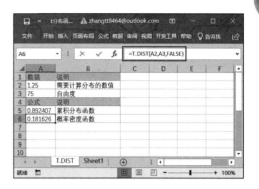

图 16-74

16.12.2 T.DIST.2T 函数：返回学生的双尾 t 分布

T.DIST.2T 函数用于返回学生的双尾 t 分布。t 分布用于小型样本数据集的假设检验。可以使用该函数代替 t 分布的临界值表。T.DIST.2T 函数的语法是：TDIST.2T (x,deg_freedom)。其中，参数 x 是需要计算分布的数值，参数 deg_freedom 是一个表示自由度的整数。

下面通过实例具体讲解该函数的操作技巧。已知需要计算分布的数值和自由度，计算学生的双尾 t 分布。打开工作表，单击选中单元格 A5，在公式编辑栏中输入公式" =T.DIST.2T(A2,A3)"，按" Enter"键即可得到学生的双尾 t 分布，结果如图 16-75 所示。

注意：

1）如果任一参数为非数字类型，则T.DIST.2T 函数返回错误值" #VALUE!"；如果参数 deg_freedom<1，则 T.DIST.2T 函数返回错误值" #NUM!"；如果参数 x<0，T.DIST.2T 返回错误值" #NUM!"。

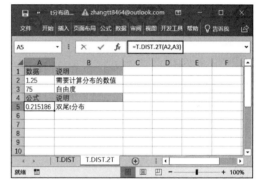

图 16-75

2）T.DIST.RT 函数用于返回学生的右尾 t 分布。该函数的语法与操作技巧与 T.DIST.2T 函数相同，由于篇幅限制，此处不赘述。

16.12.3 T.INV 函数：返回 t 分布的左尾反函数

T.INV 函数用于返回学生的 t 分布的左尾反函数。其语法是：T.INV (probability,deg_freedom)。其中，参数 probability 为对应于学生的 t 分布相关的概率，参数 deg_freedom 为分布的自由度数值。

下面通过实例具体讲解该函数的操作技巧。已知对应于学生 t 分布的概率和自由度，计算学生 t 分布的左尾反函数。打开工作表，单击选中单元格 A5，在公式编辑栏中输入公式" =T.INV(A2,A3)"按" Enter"键即可返回学生 t 分布的左尾反函数，结果如图 16-76 所示。

注意：

1）如果任一参数为非数值型，T.INV 函数返回错误值" #VALUE!"；如果 probability ≤ 0

或 probability>1，函数 T.INV 返回错误值"#NUM!"；如果 deg_freedom 不是整数，将被截尾取整；如果 degrees_freedom<1，T.INV 函数返回错误值"#NUM!"。

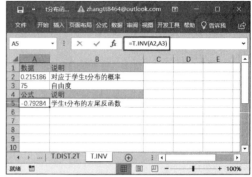

图 16-76

2）T.INV.2T 函数用于返回学生 t 分布的双尾反函数。该函数的语法与操作技巧与 T.DIST.2T 函数相同，由于篇幅限制，此处不赘述。不过，T.INV.2T 函数返回 t 值，P(|X|>t)=probability，其中 X 为服从 t 分布的随机变量，且 P(|X|>t)=P(X<-t or X>t)。通过将 probability 替换为 2*probability，可以返回单尾 t 值。对于概率为 0.05 以及自由度为 10 的情况，使用 T.INV.2T(0.05,10)（返回 2.28139）计算双尾值。对于相同概率和自由度的情况，可以使用 T.INV.2T(2*0.05,10)（返回 1.812462）计算单尾值。如果已给定概率值，则 T.INV.2T 函数使用 T.DIST.2T(x,deg_freedom,2)=probability 求解数值 x。因此，T.INV.2T 函数的精度取决于 T.DIST.2T 函数的精度。

16.13 其他函数

本节通过实例介绍其他统计函数，包括 FISHER、FISHERINV、GAMMA.DIST、GAMMA.INV、NEGBINOM.DIST、PERCENTILE.EXC、PERMUT、POISSON.DIST、SKEW、TREND。

16.13.1 FISHER 函数：计算 Fisher 变换值

FISHER 函数用于计算点 x 的 Fisher 变换。该变换生成一个正态分布而非偏斜的函数。使用此函数可以完成相关系数的假设检验。FISHER 函数的语法是：FISHER(x)，参数 x 为要对其进行变换的数值。

下面通过实例具体讲解该函数的操作技巧。计算 0.35 的 Fisher 变换值。打开工作表，单击选中单元格 A1，在公式编辑栏中输入公式"=FISHER(0.35)"，按"Enter"键即可计算 0.35 的 Fisher 变换值，结果如图 16-77 所示。

注意：如果参数 x 为非数值型，FISHER 函数返回错误值"#VALUE!"；如果参数 $x \leqslant -1$ 或 $x \geqslant 1$，FISHER 函数返回错误值"#NUM!"。Fisher 变换的计算公式如下。

$$z' = \frac{1}{2}\ln\left(\frac{1+x}{1-x}\right)$$

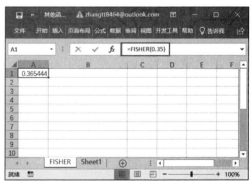

图 16-77

16.13.2　FISHERINV 函数：计算 Fisher 变换的反函数值

FISHERINV 函数用于计算 Fisher 变换的反函数值。使用此变换可以分析数据区域或数组之间的相关性。如果 y=FISHER(x)，则 FISHERINV(y)=x。FISHERINV 函数的语法是：FISHERINV(y)。参数 y 为要对其进行反变换的数值。

下面通过实例具体讲解该函数的操作技巧。计算 Fisher 变换的反函数在 0.365463754 上的值。打开工作表，单击选中单元格 A3，在公式编辑栏中输入公式 "=FISHERINV (0.365443754)"，按 "Enter" 键即可计算 Fisher 变换的反函数在 0.365463754 上的值，结果如图 16-78 所示。

注意： 如果参数 y 为非数值型，FISHERINV 函数返回错误值 "#VALUE!"。Fisher 变换反函数的计算公式如下。

$$x = \frac{e^{2y}-1}{e^{2y}+1}$$

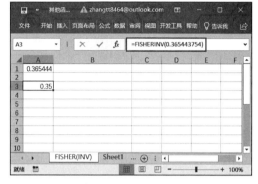

图　16-78

16.13.3　GAMMA.DIST 函数：计算 γ 分布

GAMMA.DIST 函数用于返回伽玛（γ）分布函数的函数值。可以使用此函数来研究呈斜分布的变量。伽玛分布通常用于排队分析。GAMMA.DIST 函数的语法是：GAMMA.DIST(x,alpha,beta,cumulative)。其中，参数 x 为用来计算分布的数值；参数 alpha 为分布参数；参数 beta 为分布参数，如果 beta=1，GAMMA.DIST 函数返回标准伽玛分布；参数 cumulative 为一逻辑值，决定函数的形式，如果为 TRUE，返回累积分布函数；如果为 FALSE，返回概率密度函数。

下面通过实例具体讲解该函数的操作技巧。已知用来计算分布的数值、alpha 分布参数、beta 分布参数，计算这些条件下的伽玛累积分布函数和伽玛概率密度函数。

步骤 1： 打开工作表，单击选中单元格 A6，在公式编辑栏中输入公式 "=GAMMA. DIST(A2,A3,1,TRUE)"，按 "Enter" 键即可返回伽玛累积分布函数值，结果如图 16-79 所示。

步骤 2： 单击选中单元格 A7，在公式编辑栏中输入公式 "=GAMMA.DIST (A2,A3,1,FALSE)"，按 "Enter" 键即可返回伽玛概率密度函数值，结果如图 16-80 所示。

图　16-79

图　16-80

注意：如果参数 x、alpha 或 beta 为非数值型，GAMMA.DIST 函数返回错误值 #VALUE！；如果参数 x<0，GAMMA.DIST 函数返回错误值 #NUM！；如果参数 alpha ≤ 0 或 beta ≤ 0，GAMMA.DIST 函数返回错误值"#NUM！"。伽玛概率密度函数的计算公式如下。

$$f(x;\alpha,\beta) = \frac{1}{\beta^{\alpha}\Gamma(\alpha)}x^{\alpha-1}e^{-\frac{N}{\beta}}$$

标准伽玛概率密度函数如下。

$$f(x;\alpha) = \frac{x^{\alpha-1}e^{-N}}{\Gamma(\alpha)}$$

当 alpha=1 时，GAMMA.DIST 函数返回如下的指数分布。

$$\lambda = \frac{1}{\beta}$$

对于正整数 n，当 alpha=n/2，beta=2 且 cumulative=TRUE 时，GAMMA.DIST 函数以自由度 n 返回 (1-CHIDIST(X))。当 alpha 为正整数时，GAMMA.DIST 函数也称为爱尔朗（Erlang）分布。

■ 16.13.4 GAMMA.INV 函数：计算 γ 累积分布函数的反函数

GAMMA.INV 函数用于计算伽玛（γ）累积分布函数的反函数。如果 P=GAMMA.DIST(x,…)，则 GAMMA.INV(p,…)=x。GAMMA.INV 函数的语法是：GAMMA.INV(probability,alpha,beta)。其中，参数 probability 为伽玛分布的概率值；参数 alpha 为分布参数；参数 beta 为分布参数，如果 beta=1，GAMMA.INV 函数返回标准伽玛分布。

下面通过实例具体讲解该函数的操作技巧。已知用来计算分布的数值、alpha 分布参数、beta 分布参数，计算这些条件下的伽玛累积分布函数的反函数。打开工作表，单击选中单元格 A6，在公式编辑栏中输入公式"=GAMMA.INV(A2,A3,A4)"，按"Enter"键即可返回在上述条件下伽玛累积分布函数的反函数，结果如图 16-81 所示。

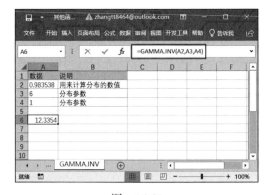

图 16-81

注意：如果任一参数为文本型，GAMMA.INV 函数返回错误值"#VALUE！"；如果参数 probability<0 或者 probability>1，GAMMA.INV 函数返回错误值"#NUM！"；如果参数 alpha ≤ 0 或 beta ≤ 0，GAMMA.INV 函数返回错误值"#NUM！"。如果已给定概率值，则 GAMMA.INV 函数使用 GAMMA.DIST(x,alpha,beta,TRUE)=probability 求解数值 x。因此，GAMMA.INV 函数的精度取决于 GAMMA.DIST 函数的精度。GAMMA.INV 函数使用迭代搜索技术，如果搜索在 100 次迭代之后没有收敛，则函数返回错误值"#N/A"。

■ 16.13.5 NEGBINOM.DIST 函数：计算负二项式分布

NEGBINOM.DIST 函数用于计算负二项式分布，即当成功概率为 probability_s 时，在 number_s 次成功之前出现 number_f 次失败的概率。此函数与二项式分布相似，只是它的成功次数固定，试验次数为变量。与二项式分布类似的是，二者均假定试验是独立的。NEGBINOM.DIST 函数的语法是：NEGBINOM.DIST(number_f,number_s,probability_s,cumulative)。其中，参数 number_f 为失败次数，参数 number_s 为成功的极限次数，参数 probability_s 为成功的概率。参数 cumulative 为决定函数形式的逻辑值，如果为 TRUE，返回累积分布函数值；如果为 FALSE，返回概率密度函数值。

下面通过实例具体讲解该函数的操作技巧。已知某种化学药剂试验的失败次数、成功的极限次数、成功的概率，计算在这些条件下的负二项式分布值。

步骤 1：打开工作表，单击选中单元格 A6，在公式编辑栏中输入公式"=NEGBINOM.DIST (A2,A3,A4,TRUE)"，按"Enter"键即可返回在这些条件下的负二项式累积分布函数值，结果如图 16-82 所示。

步骤 2：单击选中单元格 A7，在公式编辑栏中输入公式"=NEGBINOM.DIST(A2,A3,A4,FALSE)"，按"Enter"键即可返回在这些条件下的负二项式概率密度函数值，结果如图 16-83 所示。

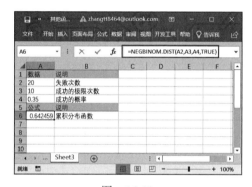

图   16-82

图   16-83

注意：number_f 和 number_s 将被截尾取整。如果任一参数为非数值型，NEGBINOM.DIST 函数返回错误值"#VALUE!"；如果 probability_s<0 或 probability>1，NEGBINOM.DIST 函数返回错误值"#NUM!"；如果 number_f<0 或 number_s<1，NEGBINOM.DIST 函数返回错误值"#NUM!"。负二项式分布的计算公式如下。

$$nb(x;r,p) = \binom{x+r-1}{r-1} p'(1-p)^x$$

其中，x 是 number_f，r 是 number_s，且 p 是 probability_s。

16.13.6 PERCENTILE.EXC 函数：返回数组的 K 百分点值

PERCENTILE.EXC 函数用于返回数组的 K 百分点值。其语法是：PERCENTILE.EXC(array,k)。其中，参数 array 为定义相对位置的数组或数据区域，参数 k 为 0 ~ 1 的百分点值，不包含 0 和 1。

下面通过实例具体讲解该函数的操作技巧。已知一组数据，计算数据在第 30 个百分点的值。打开工作表，单击选中单元格 A7，在公式编辑栏中输入公式"=PERCENTILE.EXC(A2:A5,0.3)"，按"Enter"键即可返回数组的第 30 个百分点值，结果如图 16-84 所示。

注意：

1）如果参数 array 为空或其数据点超过 8191 个，PERCENTILE.EXC 函数返回错误值"#NUM!"；如果参数 k 为非数字型，PERCENTILE.EXC 函数返回错误值"#VALUE!"；如果参数 k<0 或 k>1，PERCENTILE.EXC 函数返回错误值"#NUM!"。如果 k 不是 1/(n-1) 的倍数，PERCENTILE.EXC 函数使用插值法来确定第 k 个百分点的值。

2）如果需要返回数组的 K 百分点值（0～1，包括 0 到 1），则使用 PERCENTILE.INV 函数。该函数的语法与操作技巧与 PERCENTILE.EXC 函数相同，由于篇幅限制，此处不赘述。

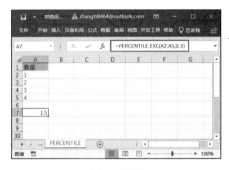

图 16-84

16.13.7　PERMUT 函数：计算给定数目对象的排列数

PERMUT 函数用于从给定数目的对象集合中选取的若干对象的排列数。排列为有内部顺序的对象或事件的任意集合或子集。排列与组合不同，组合的内部顺序无意义。此函数可用于彩票抽奖的概率计算。PERMUT 函数的语法是：PERMUT (number,number_chosen)。其中，参数 number 表示对象总数，参数 number_chosen 表示每个排列中的对象数。

下面通过实例具体讲解该函数的操作技巧。已知有 30 个数，从中选取 7 个数，计算所有可能的排列数量。打开工作表，单击选中单元格 A5，在公式编辑栏中输入公式"=PERMUT(A2,A3)"，按"Enter"键即可返回所有可能的排列数量，结果如图 16-85 所示。

注意：两个参数将被截尾取整。如果参数 number 或 number_chosen 为非数值型，PERMUT 函数返回错误值"#VALUE!"；如果参数 number ≤ 0 或 number_chosen<0，PERMUT 函数返回错误值

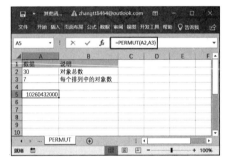

图 16-85

"#NUM!"；如果 number<number_chosen，PERMUT 函数返回错误值"#NUM!"。排列数的计算公式如下。

$$P_{k,n} = \frac{n!}{(n-k)!}$$

16.13.8　POISSON.DIST 函数：计算泊松分布

POISSON.DIST 函数用于返回泊松分布。泊松分布通常用于预测一段时间内事件发生的次数，比如 1 分钟内通过收费站的轿车的数量。POISSON.DIST 函数的语法是：POISSON.DIST(x,mean,cumulative)。其中，参数 x 为事件数，参数 mean 期望值。参数 cumulative 为一逻辑值，确定所返回的概率分布形式，如果为 TRUE，返回泊松累积分布函数，即随机事件发生的次数为 0 ～ x（包含 0 和 1）；如果为 FALSE，返回泊松

概率密度函数，即随机事件发生的次数恰好为 x。

下面通过实例具体讲解该函数的操作技巧。已知事件数和期望值，计算符合这些条件的泊松累积分布概率和泊松概率密度函数的结果。

步骤 1：打开工作表，单击选中单元格 A5，在公式编辑栏中输入公式"=POISSON.DIST (A2,A3,TRUE)"，按"Enter"键即可返回泊松累积分布函数值，结果如图 16-86 所示。

步骤 2：单击选中单元格 A6，在公式编辑栏中输入公式"=POISSON.DIST (A2,A3,FALSE)"，按"Enter"键即可返回泊松概率密度函数值，结果如图 16-87 所示。

图 16-86

图 16-87

注意：如果参数 x 不为整数，将被截尾取整；如果参数 x 或 mean 为非数值型，POISSON.DIST 函数返回错误值"#VALUE!"；如果参数 x<0，POISSON.DIST 函数返回错误值"#NUM!"；如果参数 mean<0，POISSON.DIST 函数返回错误值"#NUM!"。POISSON. DIST 函数的计算公式如下。

假设 cumulative=FALSE。

$$POISSON = \frac{e^{-\lambda}\lambda^x}{x!}$$

假设 cumulative=TRUE。

$$CUMPOISSON = \sum_{k=0}^{x}\frac{e^{-\lambda}\lambda^x}{k!}$$

■ 16.13.9　SKEW 函数：计算分布的不对称度

SKEW 函数用于计算分布的不对称度。不对称度反映以平均值为中心的分布的不对称程度。正不对称度表示不对称部分的分布更趋向正值；负不对称度表示不对称部分的分布更趋向负值。SKEW 函数的语法是：SKEW(number1,number2,…)。其中参数 number1、number2…为需要计算偏斜度的 1 ～ 255 个参数。也可以不使用这种用逗号分隔参数的形式，而用单个数组或对数组的引用。

下面通过实例具体讲解该函数的操作技巧。给定一组数据，计算其分布的不对称度。打开工作表，单击选中单元格 C3，在公式编辑栏中输入公式"=SKEW(A2:A9)"，按"Enter"键即可返回其分布的不对称度，结果如图 16-88 所示。

注意：参数可以是数字或者包含数字的名称、数组或引用。逻辑值和直接键入参数列表中代表数字的文本被计算在内。如果数组或引用参数包含文本、逻辑值或空白单元格，则这些值将被忽略；但包含零值的单元格被计算在内。如果参数为错误值或为不能转换为数字的文本，将会导致错误。如果数据点个数少于 3 个，或样本标准偏差为零，SKEW 函数返回错误值"#DIV/0!"。不对称度的计算公式定义如下。

$$\frac{n}{(n-1)(n-2)}\sum\left(\frac{x_j - \overline{x}}{s}\right)^3$$

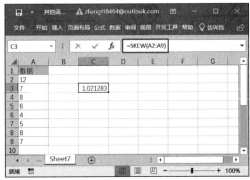

图　16-88

16.13.10　TREND 函数：计算沿线性趋势的值

TREND 函数用于计算一条线性回归拟合线的值。即找到适合已知数组 known_y's 和 known_x's 的直线（用最小二乘法），并返回指定数组 new_x's 在直线上对应的 y 值。TREND 函数的语法是：TREND(known_y's,known_x's,new_x's,const)。其中，参数 known_y's 是关系表达式 y=mx+b 中已知的 y 值集合。

- ❑ 如果数组 known_y's 在单独一列中，则 known_x's 的每一列被视为一个独立的变量。
- ❑ 如果数组 known_y's 在单独一行中，则 known_x's 的每一行被视为一个独立的变量。known_x's 是关系表达式 y=mx+b 中已知的可选 x 值集合。
- ❑ 数组 known_x's 可以包含一组或多组变量。如果仅使用一个变量，那么只要 known_x's 和 known_y's 具有相同的维数，则它们可以是任何形状的区域。如果用到多个变量，则 known_y's 必须为向量（即必须为一行或一列）。
- ❑ 如果省略 known_x's，则假设该数组为 {1,2,3,…}，其大小与 known_y's 相同。new_x's 为需要函数 TREND 返回对应 y 值的新 x 值。
- ❑ new_x's 与 known_x's 一样，对每个自变量必须包括单独的一列（或一行）。因此，如果 known_y's 是单列的，known_x's 和 new_x's 应该有同样的列数。如果 known_y's 是单行的，known_x's 和 new_x's 应该有同样的行数。
- ❑ 如果省略 new_x's，将假设它和 known_x's 一样。
- ❑ 如果 known_x's 和 new_x's 都省略，将假设它们为数组 {1,2,3,…}，大小与 known_y's 相同。const 为一逻辑值，用于指定是否将常量 b 强制设为 0。
- ❑ 如果 const 为 TRUE 或省略，b 将按正常计算。
- ❑ 如果 const 为 FALSE，b 将被设为 0（零），m 将被调整以使 y=mx。

下面通过实例具体讲解该函数的操作技巧。已知某工厂上半年的生产成本，预测 7 月、8 月的资产原值。

步骤 1：打开工作表，选中单元格区域 C2:C7，在公式编辑栏中输入公式"=TREND (B2:B7,A2:A7)"，按"Shift+Ctrl+Enter"组合键即可返回上半年各月的资产原值，结果如图 16-89 所示。

步骤 2：选中单元格区域 A9:A10，在公式编辑栏中输入公式"=TREND (B2:B7,A2:A7,A9:A10)"，按"Shift+Ctrl+Enter"组合键即可返回 7 月、8 月的预测资产原值，结果如图 16-90 所示。

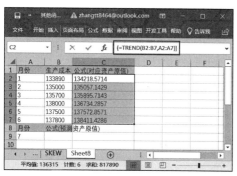

图 16-89

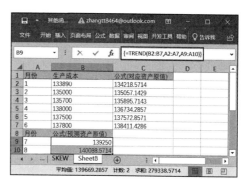

图 16-90

注意：可以使用 TREND 函数计算同一变量的不同乘方的回归值来拟合多项式曲线。例如，假设 A 列包含 y 值，B 列含有 x 值。可以在 C 列中输入 x^2，在 D 列中输入 x^3，等等，然后根据 A 列，对 B 列～D 列进行回归计算。对于返回结果为数组的公式，必须以数组公式的形式输入。当为参数（如 known_x's）输入数组常量时，应当使用逗号分隔同一行中的数据，用分号分隔不同行中的数据。

16.14 综合实战

16.14.1 学生成绩分析

某老师统计了学生期末考试的成绩进行分析。现在想了解语文成绩最低分、数学成绩最高分、英语成绩众数、总分中数、总分平均值，以及总分分段成绩的频率。"学生成绩表"如图 16-91 所示。

图 16-91

下面根据图 16-91 详细介绍如何得到上述数据。

步骤 1：单击选中单元格 L1，在公式编辑栏中输入公式"=MIN(D4:D14)"，按 "Enter"键即可返回语文成绩最低分，如图 16-92 所示。

步骤 2：单击选中单元格 L2，在公式编辑栏中输入公式"=MAX(E4:E14)"，按 "Enter"键即可返回数学成绩最高分，如图 16-92 所示。

步骤3：单击选中单元格L3，在公式编辑栏中输入公式"=MODE.SNGL (F4:F14)"，按"Enter"键即可返回英语成绩众数，如图16-92所示。

步骤4：单击选中单元格L4，在公式编辑栏中输入公式"=MEDIAN(G4:G14)"，按"Enter"键即可返回总分中数，如图16-92所示。

步骤5：单击选中单元格L5，在公式编辑栏中输入公式"=AVERAGE(G4:G14)"，按"Enter"键即可返回总分平均值，如图16-92所示。

图 16-92

步骤6：计算总分分段成绩频率。选中单元格区域K9:K12，在公式编辑栏中输入公式"=FREQUENCY(G4:G14,J9:J12)"，按"Shift+Ctrl+Enter"组合键以数组公式输入，结果如图16-93所示。

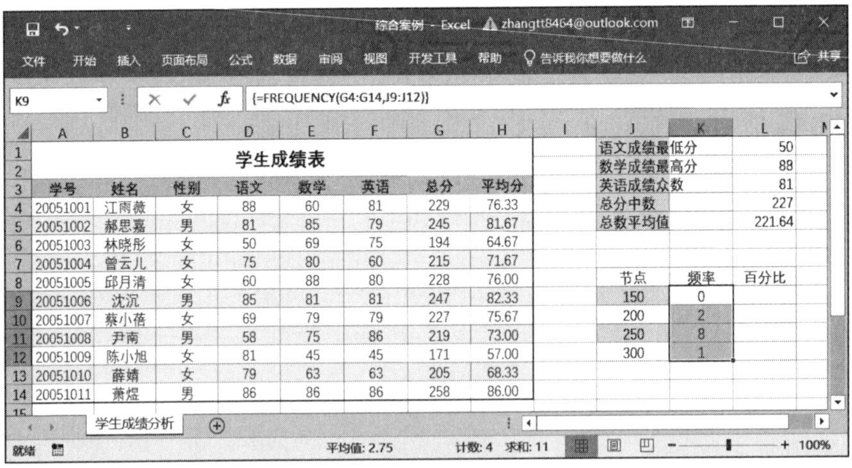

图 16-93

步骤7：计算总分分段成绩的百分比。选中单元格区域L9:L12，按F2键，在公式编辑栏中输入公式"=FREQUENCY(G4:G14,J9:J12)/COUNT(G4:G14)"，按"Shift+Ctrl+Enter"组合键以数组公式输入，结果如图16-94所示。

步骤8：保持单元格区域L9:L12的选中状态，按"Ctrl+1"键打开"设置单元格格式"对话框，切换至"百分比"分类，然后将小数位数设置为"2"，如图16-95所示。

步骤9：单击"确定"按钮，结果如图16-96所示。

图　16-94

图　16-95

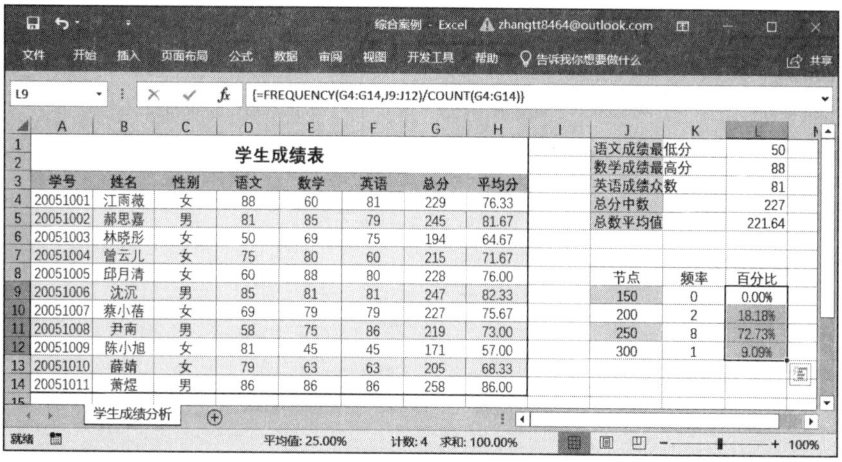

图　16-96

16.14.2 统计奖金发放人数

某公司于2019年4月22日发放了上月员工奖金，包括销售奖励与全勤奖励两种。现在需要对奖金发放人数进行统计。有的员工不只发放了销售奖金，还发放了全勤奖，所以统计时应该考虑到重复出现的员工姓名。“奖金发放表”如图16-97所示。

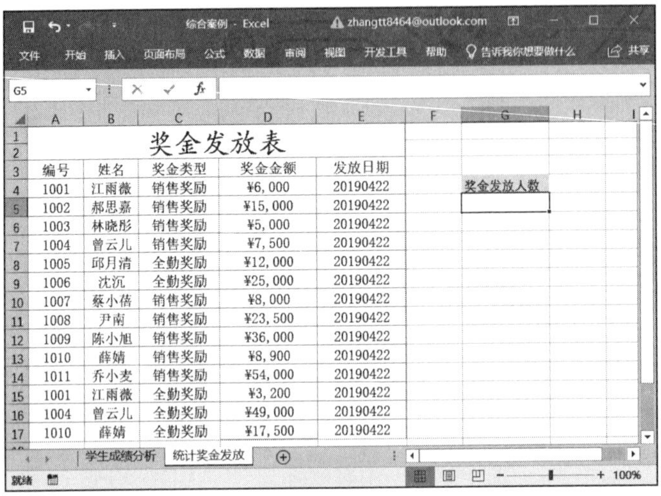

编号	姓名	奖金类型	奖金金额	发放日期
1001	江雨薇	销售奖励	¥6,000	20190422
1002	郝思嘉	销售奖励	¥15,000	20190422
1003	林晓彤	销售奖励	¥5,000	20190422
1004	曾云儿	销售奖励	¥7,500	20190422
1005	邱月清	全勤奖励	¥12,000	20190422
1006	沈沉	全勤奖励	¥25,000	20190422
1007	蔡小蓓	销售奖励	¥8,000	20190422
1008	尹南	销售奖励	¥23,500	20190422
1009	陈小旭	销售奖励	¥36,000	20190422
1010	薛婧	销售奖励	¥8,900	20190422
1011	乔小麦	销售奖励	¥54,000	20190422
1001	江雨薇	全勤奖励	¥3,200	20190422
1004	曾云儿	全勤奖励	¥49,000	20190422
1010	薛婧	全勤奖励	¥17,500	20190422

图 16-97

单击选中单元格G5，在公式编辑栏中输入公式“=SUM(1/COUNTIF(B4:B17,B4:B17))”，按“Shift+Ctrl+Enter”组合键以数组公式形式输入，结果如图16-98所示。

说明：以上公式先利用COUNTIF函数返回单元格区域内某记录出现的次数的数组，取倒数，然后求和。如果姓名不重复出现，则得到1；如果重复出现2次，则得到1/2，求和之后仍然是1，这样可以实现不重复统计。

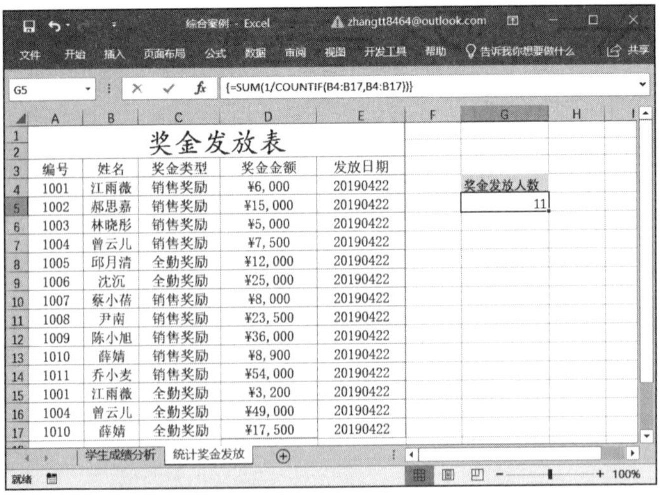

编号	姓名	奖金类型	奖金金额	发放日期
1001	江雨薇	销售奖励	¥6,000	20190422
1002	郝思嘉	销售奖励	¥15,000	20190422
1003	林晓彤	销售奖励	¥5,000	20190422
1004	曾云儿	销售奖励	¥7,500	20190422
1005	邱月清	全勤奖励	¥12,000	20190422
1006	沈沉	全勤奖励	¥25,000	20190422
1007	蔡小蓓	销售奖励	¥8,000	20190422
1008	尹南	销售奖励	¥23,500	20190422
1009	陈小旭	销售奖励	¥36,000	20190422
1010	薛婧	销售奖励	¥8,900	20190422
1011	乔小麦	销售奖励	¥54,000	20190422
1001	江雨薇	全勤奖励	¥3,200	20190422
1004	曾云儿	全勤奖励	¥49,000	20190422
1010	薛婧	全勤奖励	¥17,500	20190422

图 16-98

第**17**章
财务函数应用技巧

像数学和三角函数、统计函数一样，Excel 还提供了许多财务函数。财务函数是指计算财务数据时所用到的函数，用户可以利用财务函数进行一般的财务计算，如计算贷款的支付额、投资、本金和利息、折旧、债券的价值等。使用财务函数不需要理解高级财务知识，只要填写变量值即可。本章将通过实例的形式详细介绍财务函数的使用。

- 利息与利率函数
- 折旧值函数
- 天数与付息日函数
- 收益与收益率函数
- 价格转换函数
- 未来值函数
- 本金函数
- 现价函数
- 净现值与贴现率函数
- 期限与期数函数
- 其他函数
- 综合实战：年数总和法计算固定资产折旧

17.1 利息与利率函数

本节通过实例介绍与利息和利率计算相关的函数，包括 ACCRINT、ACCRINTM、COUPNUM、CUMIPMT、EFFECT、INTRATE、IPMT、ISPMT、NOMINAL、RATE 函数。

17.1.1 ACCRINT 函数：返回定期支付利息的债券的应计利息

ACCRINT 函数用于返回定期支付利息的债券的应计利息。其语法是：ACCRINT (issue,first_interest,settlement,rate,par,frequency,[basis],[calc_method])。

下面首先对其参数进行简单介绍。

issue：表示有价证券的发行日。

first_interest：表示证券的首次计息日。

settlement：表示证券的结算日。结算日是指在发行日之后，证券卖给购买者的日期。

rate：表示有价证券的年息票利率。

par：表示证券的票面值，如果该参数被省略，则 ACCRINT 函数将使用 1000。

frequency：表示年付息次数，如果按年支付，参数 frequency=1；按半年期支付，参数 frequency=2；按季支付，参数 frequency=4。

basis：表示日计数基准类型。参数 basis 的日计数基准如表 17-1 所示。

calc_method：表示逻辑值，指定当结算日期晚于首次计息日期时，用于计算总应计利息的方法。如果值为 TRUE(1)，则计算从发行日到结算日的总应计利息；如果值为 FALSE(0)，则计算从首次计息日到结算日的应计利息。如果此参数被省略，则默认值为 TRUE。

表17-1　参数basis的日计数基准

basis	日计数基准
0 或省略	US(NASD)30/360
1	实际天数 / 实际天数
2	实际天数 /360
3	实际天数 /365
4	欧洲 30/360

下面通过实例具体讲解该函数的操作技巧。已知国债的发行日、首次计息日、结算日、票息率、票面值等信息，计算定期支付利息的债券的应计利息。

步骤1：打开工作表，单击选中单元格 D2，在公式编辑栏中输入公式"=ACCRINT (A2,A3,A4,A5,A6,A7,A8)"，按"Enter"键即可计算满足上述条件的国债应计利息，结果如图 17-1 所示。

步骤2：单击选中单元格 D4，在公式编辑栏中输入公式"=ACCRINT(DATE(2018, 3,5),A3,A4,A5,A6,A7,A8)"，按"Enter"键即可计算满足上述条件（除发行日为 2018 年 3 月 5 日之外）的应计利息，结果如图 17-2 所示。

步骤3：单击选中单元格 D6，在公式编辑栏中输入公式"=ACCRINT(DATE(2018,5, 20),A3,A4,A5,A6,A7,A8,FALSE)"，按"Enter"键即可计算满足上述条件（除发行日为 2018 年 5 月 20 日且应计利息从首次计息日计算到结算日之外）的应计利息，结果如图 17-3 所示。

图　17-1

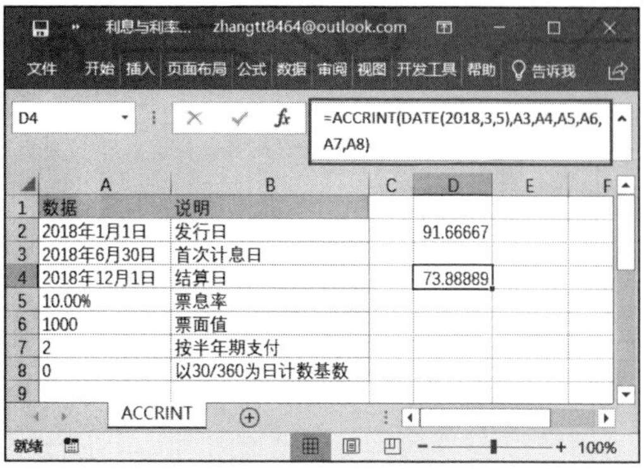

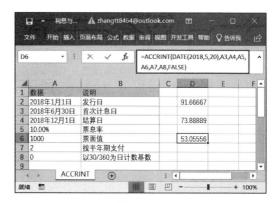

图　17-2

注意：参数 issue、first_interest、settlement、frequency 和 basis 将被截尾取整。如果参数 issue、first_interest 或 settlement 不 是有效日期，则 ACCRINT 函数将返回错误值"#VALUE!"；如果参数 rate ≤ 0 或参数 par ≤ 0，则 ACCRINT 函数将返回错误值"#NUM!"；如果参数 frequency 不是数字1、2 或 4，则 ACCRINT 将返回错误值"#NUM!"；如果参数 basis<0 或 basis>4，则 ACCRINT 函数将返回错误值"#NUM!"；如果参数 issue ≥ settlement，则 ACCRINT 函数将返回错误"#NUM!"。

ACCRINT 函数的计算公式如下：

图　17-3

$$ACCRINT = par \times \frac{rate}{frequency} \times \sum_{i=1}^{NC} \frac{A_i}{NLi}$$

其中：

A_i= 奇数期内第 i 个准票息期的应计天数。

NC= 奇数期内的准票息期期数。如果该数含有小数位，则向上进位至最接近的整数。

NL_i= 奇数期内第 i 个准票息期的正常天数。

17.1.2　ACCRINTM 函数：返回在到期日支付利息的债券的应计利息

ACCRINTM 函数用于计算到期一次性付息有价证券的应计利息。其语法是：ACCRINTM(issue,settlement,rate,par,[basis])。

下面首先对其参数进行简单介绍。

issue：有价证券的发行日。

settlement：有价证券的到期日。

rate：有价证券的年息票利率。

par：有价证券的票面价值，如果省略 par，ACCRINTM 函数视 par 为 1000。

basis：日计数基准类型。

下面通过实例具体讲解该函数的操作技巧。已知某债券的发行日、到期日、息票利率、票面值等信息，计算满足这些条件的应计利息。打开工作表，单击选中单元格 A8，在公式编辑栏中输入公式"=ACCRINTM(A2,A3,A4,A5,A6)"，按"Enter"键即可计算满足上述条件的国债应计利息，结果如图 17-4 所示。

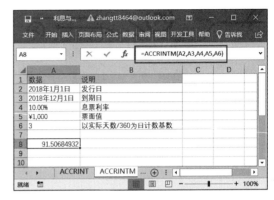

注意：参数 Issue、settlement 和 basis 将被截尾取整。如果参数 issue 或 settlement 不是有效日期，ACCRINTM 函数返回错误值"#VALUE!"。如果利率为 0 或票面价值为 0，ACCRINTM 函数返回错误值"#NUM!"；如果参数 basis<0 或 basis>4，ACCRINTM 函数返回错误值"#NUM!"。如果参数 issue ≥ settlement，ACCRINTM 函数返回错误值"#NUM!"。ACCRINTM 函数的计算公式如下：

图 17-4

$$ACCRINTM = par \times rate \times \frac{A}{D}$$

式中：

$A=$ 按月计算的应计天数。在计算到期付息的利息时指发行日与到期日之间的天数。

$D=$ 年基准数。

17.1.3　COUPNUM 函数：返回结算日和到期日之间的可支付的票息数

COUPNUM 函数用于计算结算日和到期日之间的可支付的票息数。其语法是：COUPNUM(settlement,maturity,frequency,[basis])。

下面首先对其参数进行简单介绍。

settlement：证券的结算日。结算日是在发行日之后，证券卖给购买者的日期。

maturity：有价证券的到期日。到期日是有价证券有效期截止时的日期。

frequency：年付息次数，如果按年支付，frequency=1；按半年期支付，frequency=2；按季支付，frequency=4。

basis：日计数基准类型。

下面通过实例具体讲解该函数的操作技巧。已知某债券的结算日、到期日等信息，计算满足这些条件的债券的付息次数。打开工作表，单击选中单元格 A7，在公式编辑栏中输入公式"=COUPNUM(A2,A3,A4,A5)"，按"Enter"键即可计算债券的付息次数，结果如图 17-5 所示。

注意："结算日"是购买者买入息票（如债券）的日期。到期日是息票有效期截止时的日期。例如，在 2008 年 1 月 1 日

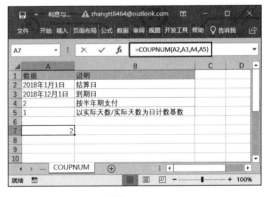

图 17-5

发行的 30 年期债券，6 个月后被购买者买走。则发行日为 2008 年 1 月 1 日，结算日为 2008 年 7 月 1 日，而到期日是在发行日 2008 年 1 月 1 日的 30 年后，即 2038 年 1 月 1 日。所有参数将被截尾取整。如果参数 settlement 或 maturity 不是合法日期，则 COUPNUM 函数将返回错误值"#VALUE!"；如果参数 frequency 不为 1、2 或 4，则 COUPNUM 函数将返回错误值"#NUM!"；如果参数 basis<0 或者 basis>4，则 COUPNUM 函数返回错误值"#NUM!"；如果参数 settlement ≥ maturity，则 COUPNUM 函数返回错误值"#NUM!"。

17.1.4　CUMIPMT 函数：计算两个付款期之间为贷款累积支付的利息

CUMIPMT 函数用于计算一笔贷款在给定的 start_period 到 end_period 期间累计偿还的利息数额。其语法是：CUMIPMT(rate,nper,pv,start_period,end_period,type)，其中参数 rate 为利率，参数 nper 为总付款期数，参数 pv 为现值，参数 start_period 为计算中的首期，付款期数从 1 开始计数，参数 end_period 为计算中的末期，参数 type 为付款时间类型，为 0 时付款类型为期末付款，为 1 时付款类型为期初付款。

下面通过实例具体讲解该函数的操作技巧。已知某笔贷款的年利率、贷款期限、现值，计算该笔贷款在第 1 个月所付的利息。打开工作表，单击选中单元格 A6，在公式编辑栏中输入公式"=CUMIPMT(A2/12,A3*12,A4,1,1,0)"，按"Enter"键即可返回该笔贷款在第 1 个月所付的利息，结果如图 17-6 所示。

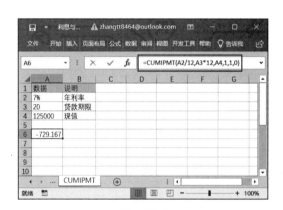

图　17-6

注意：应确认所指定的 rate 和 nper 的单位一致性。例如，同样是 4 年期年利率为 12% 的贷款，如果按月支付，rate 应为 12%/12，nper 应为 4*12；如果按年支付，rate 应为 12%，nper 为 4。参数 nper、start_period、end_period 和 type 将被截尾取整。如果参数 rate ≤ 0、nper ≤ 0 或 pv ≤ 0，CUMIPMT 函数返回错误值"#NUM!"；如果参数 start_period<1、end_period<1 或 start_period>end_period，CUMIPMT 函数返回错误值"#NUM!"；如果参数 type 不是数字 0 或 1，CUMIPMT 函数返回错误值"#NUM!"。

17.1.5　EFFECT 函数：计算年有效利率

EFFECT 函数利用给定的名义年利率和每年的复利期数，计算有效的年利率。其语法是：EFFECT(nominal_rate,npery)，其中参数 nominal_rate 为名义利率，参数 npery 为每年的复利期数。

下面通过实例具体讲解该函数的操作技巧。已知某贷款的名义利率与每年的复利期数，计算满足这些条件的有效利率。打开工作表，单击选中单元格 A5，在公式编辑栏中输入公式"=EFFECT(A2,A3)"，按"Enter"键即可返回年有效利率，结果如图 17-7 所示。

注意：参数 npery 将被截尾取整。如果任一参数为非数值型，EFFECT 函数返回错误值

"#VALUE！"；如果参数 nominal_rate ≤ 0 或 npery<1，EFFECT 函数返回错误值"#NUM！"。EFFECT 函数的计算公式为：

$$EFFECT = \left(1+\frac{Normal\_rate}{Npery}\right)^{Npery}-1$$

■ 17.1.6 INTRATE 函数：计算完全投资型有价证券的利率

INTRATE 函数用于计算一次性付息有价证券的利率。其语法是：INTRATE(settlement,maturity,investment,redemption,[basis])。

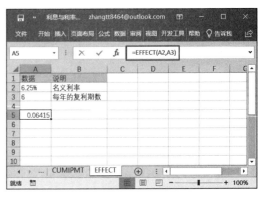

图 17-7

其中参数 settlement 为证券的结算日，结算日是在发行日之后，证券卖给购买者的日期；参数 maturity 为有价证券的到期日，到期日是有价证券有效期截止时的日期；参数 investment 为有价证券的投资额；参数 redemption 为有价证券到期时的清偿价值；参数 basis 为日计数基准类型。

下面通过实例具体讲解该函数的操作技巧。已知某债券的结算日、到期日、投资额、清偿价值等信息，计算在此债券期限的贴现率。打开工作表，单击选中单元格 A8，在公式编辑栏中输入公式"=INTRATE(A2,A3,A4,A5,A6)"，按"Enter"键即可返回在此债券期限的贴现率，结果如图 17-8 所示。

注意：参数 settlement、maturity 和 basis 将被截尾取整。如果参数 settlement 或 maturity 不是合法日期，INTRATE 函数返回错误值"#VALUE！"；如果参数 investment ≤ 0 或 redemption ≤ 0，INTRATE 函数返回错误值"#NUM！"；如果参数 basis<0 或 basis>4，INTRATE 函数

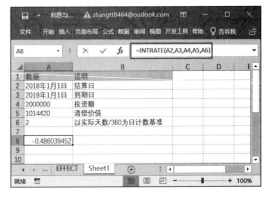

图 17-8

返回错误值"#NUM！"；如果参数 settlement ≥ maturity，INTRATE 函数返回错误值"#NUM！"。INTRATE 函数的计算公式如下：

$$INTRATE = \frac{redemption-investment}{investment} \times \frac{B}{DIM}$$

式中：
B= 一年之中的天数，取决于年基准数。
DIM= 结算日与到期日之间的天数。

■ 17.1.7 IPMT 函数：计算一笔投资在给定期间内的利息偿还额

IPMT 函数用于基于固定利率及等额分期付款方式，计算给定期数内对投资的利息

偿还额。其语法是：IPMT(rate,per,nper,pv,fv,type)。

下面首先对其参数进行简单介绍。

rate：为各期利率。

per：用于计算其利息数额的期数，必须为 1 ～ nper。

nper：为总投资期，即该项投资的付款期总数。

pv：为现值，或一系列未来付款的当前值的累积和。

fv：为未来值，或在最后一次付款后希望得到的现金余额。如果省略 fv，则假设其值为 0（例如，一笔贷款的未来值即为 0）。

type：数字 0 或 1，用以指定各期的付款时间是在期初还是期末。如果省略 type，则假设其值为 0。

下面通过实例具体讲解该函数的操作技巧。已知某贷款的年利率、用于计算其利息数额的期数、贷款的年限、贷款的现值，计算在这些条件下贷款第 1 个月的利息和贷款最后一年的利息。

步骤 1：打开工作表，单击选中单元格 A7，在公式编辑栏中输入公式" =IPMT(A2/12,A3*3,A4,A5)"，按" Enter"键即可返回贷款第 1 个月的利息，结果如图 17-9 所示。

步骤 2：单击选中单元格 A8，在公式编辑栏中输入公式" =IPMT(A2,3,A4,A5)"，按" Enter"键即可返回贷款最后一年的利息（按年支付），结果如图 17-10 所示。

图　17-9

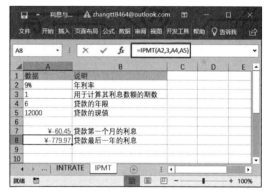

图　17-10

注意：应确认所指定的参数 rate 和 nper 的单位一致性。例如，同样是 4 年期年利率为 12% 的贷款，如果按月支付，rate 应为 12%/12，nper 应为 4*12；如果按年支付，rate 应为 12%，nper 为 4。对于所有参数，支出的款项，如银行存款，表示为负数；收入的款项，如股息收入，表示为正数。

17.1.8　ISPMT 函数：计算特定投资期内要支付的利息

ISPMT 函数用于计算特定投资期内要支付的利息。Excel 提供此函数是为了与 Lotus1-2-3 兼容。其语法是：ISPMT(rate,per,nper,pv)。其中参数 rate 为投资的利率，参数 per 为要计算利息的期数，此值必须为 1 ～ nper，参数 nper 为投资的总支付期数，参数 pv 为投资的当前值（对于贷款，pv 为贷款数额）。

下面通过实例具体讲解该函数的操作技巧。已知某贷款的年利率、利息的期数、投资的年限、贷款额，计算在这些条件下对贷款第 1 个月支付的利息和对贷款第 1 年支付的利息。

步骤1：打开工作表，单击选中单元格A7，在公式编辑栏中输入公式"=ISPMT(A2/12,A3,A4*12,A5)"，按"Enter"键即可返回贷款第1个月支付的利息，结果如图17-11所示。

步骤2：单击选中单元格A8，在公式编辑栏中输入公式"=ISPMT(A2,1,A4,A5)"，按"Enter"键即可返回贷款第1年支付的利息，结果如图17-12所示。

图 17-11

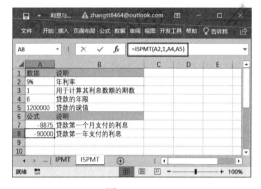

图 17-12

注意：应确认所指定的参数rate和nper的单位一致性。例如，同样是4年期年利率为12%的贷款，如果按月支付，rate应为12%/12，nper应为4*12；如果按年支付，rate应为12%，nper为4。对所有参数，都以负数代表现金支出（如存款或他人取款），以正数代表现金收入（如股息分红或他人存款）。

17.1.9　NOMINAL 函数：计算年度的名义利率

NOMINAL 函数用于基于给定的实际利率和年复利期数，计算名义年利率。其语法是：NOMINAL(effect_rate,npery)，其中参数 effect_rate 为实际利率，参数 npery 为每年的复利期数。

下面通过实例具体讲解该函数的操作技巧。已知某债券的实际利率、每年的复利期数，计算这些条件下的名义利率。打开工作表，单击选中单元格A5，在公式编辑栏中输入公式"=NOMINAL(A2,A3)"，按"Enter"键即可返回年度的名义利率，结果如图17-13所示。

图 17-13

注意：参数 npery 将被截尾取整。如果任一参数为非数值型，NOMINAL 函数返回错误值"#VALUE!"；如果参数 effect_rate ≤ 0 或 npery<1，NOMINAL 函数返回错误值"#NUM!"。NOMINAL 函数与 EFFECT 函数相关，如下式所示：

$$EFFECT = \left(1 + \frac{Normal\_rate}{Npery}\right)^{Npery} - 1$$

17.1.10　RATE 函数：计算年金的各期利率

RATE 函数用于计算年金的各期利率。RATE 函数通过迭代法计算得出，并且可能无解或有多个解。如果在进行 20 次迭代计算后，RATE 函数的相邻两次结果没有收敛于 0.0000001，RATE 函数将返回错误值"#NUM!"。其语法是：RATE(nper,pmt,pv,[fv],[type],[guess])。

下面首先对其参数进行简单介绍。

nper：为总投资期，即该项投资的付款期总数。

pmt：为各期所应支付的金额，其数值在整个年金期间保持不变。通常，pmt 包括本金和利息，但不包括其他费用或税款。如果忽略 pmt，则必须包含 fv 参数。

pv：为现值，即从该项投资开始计算时已经入账的款项，或一系列未来付款当前值的累积和，也称为本金。

fv：为未来值，或在最后一次付款后希望得到的现金余额。如果省略 fv，则假设其值为 0。

type：数字 0 或 1，用以指定各期的付款时间是在期初还是期末。

guess：为预期利率。如果省略预期利率，则假设该值为 10%。如果 RATE 函数不收敛，则需要改变 guess 的值。通常当 guess 为 0 ~ 1 时，RATE 函数是收敛的。

下面通过实例具体讲解该函数的操作技巧。已知贷款期限、每月支付额和贷款额，计算这些条件下的贷款月利率和年利率。

步骤 1：打开工作表，单击选中单元格 A6，在公式编辑栏中输入公式"=RATE (A2*12,A3,A4)"，按"Enter"键即可返回上述条件下贷款的月利率，结果如图 17-14 所示。

步骤 2：单击选中单元格 A7，在公式编辑栏中输入公式"=RATE (A2*12, A3,A4)*12"，按"Enter"键即可返回上述条件下贷款的年利率，结果如图 17-15 所示。

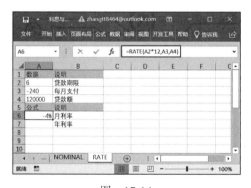

图　17-14

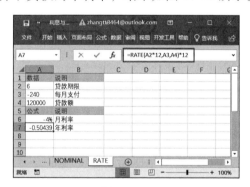

图　17-15

注意：应确认所指定的参数 guess 和 nper 的单位一致性，对于年利率为 12% 的 4 年期贷款，如果按月支付，guess 为 12%/12，nper 为 4*12；如果按年支付，guess 为 12%，nper 为 4。

17.2 折旧值函数

本节通过实例介绍折旧值计算相关函数，包括 AMORDEGRC、DB、DDB、SLN、

SYD、VDB 函数。

■ 17.2.1 AMORDEGRC 函数：计算每个结算期间的折旧值

AMORDEGRC 函数用于计算每个结算期间的折旧值。该函数主要为法国会计系统提供。如果某项资产是在该结算期的中期购入的，则按直线折旧法计算。该函数与 AMORLINC 函数相似，不同之处在于该函数中用于计算的折旧系数取决于资产的寿命。其语法是：AMORDEGRC(cost,date_purchased,first_period,salvage,period,rate,basis)，其中参数 cost 为资产原值，参数 date_purchased 为购入资产的日期，参数 first_period 为第 1 个期间结束时的日期，参数 salvage 为资产在使用寿命结束时的残值，参数 period 为期间，参数 rate 为折旧率，参数 basis 为所使用的年基准。

下面通过实例具体讲解该函数的操作技巧。已知资产原值、购入资产的日期、第 1 个期间结束时的日期、资产残值、期间、折旧率、使用的年基准，计算第 1 个期间的折旧值。打开工作表，单击选中单元格 D3，在公式编辑栏中输入公式"=AMORDEGRC(A2,A3,A4,A5,A6,A7,A8)"，按"Enter"键即可返回第 1 个期间的折旧值，结果如图 17-16 所示。

注意： 此函数返回折旧值，截止到资产生命周期的最后一个期间，或直到累积折旧值大于资产原值减去残值后的成本价。折旧系数如表 17-2 所示。

最后一个期间之前的那个期间的折旧率将增加到 50%，最后一个期间的折旧率将增加到 100%。如果资产的生命周期为 0～1、1～2、2～3 或 4～5，将返回错误值"#NUM!"。

图　17-16

表17-2　折旧系数

资产的生命周期（1/rate）	折旧系数
3～4 年	1.5
5～6 年	2
6 年以上	2.5

■ 17.2.2 DB 函数：用固定余额递减法计算折旧值

DB 函数用于使用固定余额递减法，计算一笔资产在给定期间内的折旧值。其语法是：DB(cost,salvage,life,period,[month])，其中参数 cost 为资产原值，参数 salvage 为资产在折旧期末的价值（有时也称为资产残值），参数 life 为折旧期限（有时也称作资产的使用寿命），参数 period 为需要计算折旧值的期间（period 必须使用与 life 相同的单位），参数 month 为第 1 年的月份数，如省略，则假设为 12。

下面通过实例具体讲解该函数的操作技巧。已知某机械厂一种大型设备的资产原值、资产残值和使用寿命，计算指定时间内的折旧值。

步骤 1： 打开工作表，单击选中单元格 A6，在公式编辑栏中输入公式"=DB(A2,A3,A4,1,8)"，按"Enter"键即可返回第 1 年 8 个月内的折旧值，结果如图 17-17 所示。

步骤 2： 单击选中单元格 A7，在公式编辑栏中输入公式"=DB(A2,A3,A4,3)"，按"Enter"键即可返回第 3 年的折旧值，结果如图 17-18 所示。

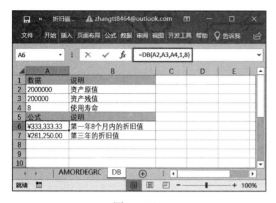

| 图 | 17-17 | 图 | 17-18 |

注意：固定余额递减法用于计算固定利率下的资产折旧值，DB 函数使用下列计算公式来计算一个期间的折旧值：

(cost- 前期折旧总值)*rate

式中：rate=1−((salvage/cost)^(1/life))，保留 3 位小数。

第 1 个周期和最后一个周期的折旧属于特例。对于第 1 个周期，DB 函数的计算公式为：

cost*rate*month/12

对于最后一个周期，DB 函数的计算公式为：

((cost- 前期折旧总值)*rate*(12-month))/12

17.2.3　DDB 函数：使用双倍余额递减法或其他指定方法计算折旧值

DDB 函数用于使用双倍余额递减法或其他指定方法，计算一笔资产在给定期间内的折旧值。其语法是：DDB(cost,salvage,life,period,[factor])。

下面首先对其参数进行简单介绍。

cost：为资产原值。

salvage：为资产在折旧期末的价值（有时也称为资产残值）。此值可以是 0。

life：为折旧期限（有时也称作资产的使用寿命）。

period：为需要计算折旧值的期间。period 必须使用与 life 相同的单位。

factor：为余额递减速率。如果 factor 被省略，则假设为 2（双倍余额递减法）。

这 5 个参数都必须为正数。

下面通过实例具体讲解该函数的操作技巧。已知某机械厂一大型设备的资产原值、资产残值和使用寿命，计算给定时间内的折旧值。

步骤 1：打开工作表，单击选中单元格 A6，在公式编辑栏中输入公式 " =DDB (A2,A3,A4*365,1)"，按 "Enter" 键即可返回第 1 天的折旧值，结果如图 17-19 所示。

步骤 2：单击选中单元格 A7，在公式编辑栏中输入公式 " =DDB (A2,A3,A4*12,1)"，按 "Enter" 键即可返回第 1 个月的折旧值，结果如图 17-20 所示。

步骤 3：单击选中单元格 A8，在公式编辑栏中输入公式 " =DDB(A2,A3,A4,1)"，按 "Enter" 键即可返回第 1 年的折旧值，结果如图 17-21 所示。

步骤 4：单击选中单元格 A9，在公式编辑栏中输入公式 " =DDB(A2,A3,A4,2, 1.5)"，按 "Enter" 键即可返回使用 1.5 的余额递减速率计算的第 2 年的折旧值，结果如图 17-22 所示。

图 17-19

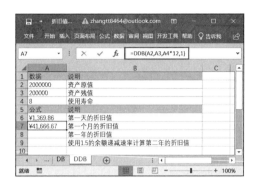

图 17-20

图 17-21

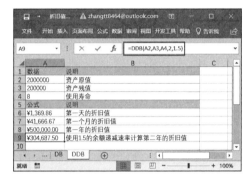

图 17-22

注意：双倍余额递减法以加速的比率计算折旧。折旧在第 1 阶段是最高的，在后继阶段中会减少。DDB 函数使用下面的公式计算一个阶段的折旧值：

Min((cost-total depreciation from prior periods)*(factor/life),(cost-salvage-
total depreciation from prior periods))

如果不想使用双倍余额递减法，可更改余额递减速率。当折旧大于余额递减计算值时，如果希望转换到直线余额递减法，则需要使用 VDB 函数。

17.2.4　SLN 函数：计算固定资产的每期线性折旧费

SLN 函数用于计算某项资产在一个期间中的线性折旧值。其语法是：SLN(cost,salvage,life)，其中参数 cost 为资产原值，参数 salvage 为资产在折旧期末的价值（有时也称为资产残值），参数 life 为折旧期限（有时也称为资产的使用寿命）。

下面通过实例具体讲解该函数的操作技巧。已知某机械厂一大型设备的资产原值、资产残值和使用寿命，计算该设备每年的折旧值。打开工作表，单击选中单元格 A6，在公式编辑栏中输入公式"=SLN(A2,A3,A4)"，按"Enter"键即可计算该设备每年的折旧值，结果如图 17-23 所示。

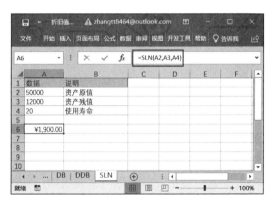

图 17-23

17.2.5　SYD 函数：计算某项固定资产按年限总和折旧法计算的每期折旧金额

SYD 函数用于计算某项资产按年限总和折旧法计算的指定期间的折旧值。其语法是：SYD(cost,salvage,life,per)。其中，参数 cost 为资产原值，参数 salvage 为资产在折旧期末的价值（有时也称为资产残值），参数 life 为折旧期限（有时也称为资产的使用寿命），参数 per 为期间，其单位与 life 相同。

下面通过实例具体讲解该函数的操作技巧。已知某机械厂一大型设备的资产原值、资产残值和使用寿命，计算指定时间内的折旧值。打开工作表，单击选中单元格 A6，在公式编辑栏中输入公式"=SYD(A2,A3,A4,2)"，按"Enter"键即可返回第 2 年的折旧值，结果如图 17-24 所示。

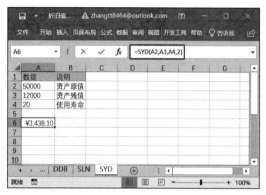

图　17-24

SYD 函数的计算公式如下：

$$SYD = \frac{(\cos t - salvage) \times (life - per + 1) \times 2}{(life)(life + 1)}$$

17.2.6　VDB 函数：使用余额递减法计算给定期间或部分期间内的折旧值

VDB 函数用于使用双倍余额递减法或其他指定的方法，计算指定的任何期间内（包括部分期间）的资产折旧值。VDB 函数代表可变余额递减法。其语法是：VDB(cost,salvage,life,start_period,end_period,factor,no_switch)。

下面首先对其参数进行简单介绍。

cost：为资产原值。

salvage：为资产在折旧期末的价值（有时也称为资产残值）。此值可以是 0。

life：为折旧期限（有时也称为资产的使用寿命）。

start_period：为进行折旧计算的起始期间，start_period 必须与 life 的单位相同。

end_period：为进行折旧计算的截止期间，end_period 必须与 life 的单位相同。

factor：为余额递减速率（折旧因子），如果 factor 被省略，则假设为 2（双倍余额递减法）。如果不想使用双倍余额递减法，可改变参数 factor 的值。

no_switch：为一逻辑值，指定当折旧值大于余额递减计算值时，是否转用直线折旧法。

注意：如果参数 no_switch 为 TRUE，即使折旧值大于余额递减计算值，Excel 也不转用直线折旧法。如果参数 no_switch 为 FALSE 或被忽略，且折旧值大于余额递减计算值时，Excel 将转用线性折旧法。

除 no_switch 外的所有参数必须为正数。

下面通过实例具体讲解该函数的操作技巧。已知某机械厂一大型设备的资产原值、资产残值和使用寿命，计算给定时间内的折旧值。使用 VDB 函数计算第 1 天、第 1 个月、第 1 年的折旧值的操作跟 DDB 函数相同。下面介绍 VDB 函数的其他操作技巧。

步骤1：打开工作表，单击选中单元格 A6，在公式编辑栏中输入公式"=VDB (A2,A3,A4*12,6,10)"，按"Enter"键即可返回第 6 个月～第 10 个月期间的折旧值，结果如图 17-25 所示。

步骤2：单击选中单元格 A7，在公式编辑栏中输入公式"=VDB(A2,A3, A4*12,6,10,1.5)"，按"Enter"键即可返回使用 1.5 的余额递减速率计算第 6 个月～第 10 个月期间的折旧值，结果如图 17-26 所示。

步骤3：单击选中单元格 A8，在公式编辑栏中输入公式"=VDB(A2,A3, A4,0,0.875)"，按"Enter"键即可计算拥有资产的第 1 个财政年的折旧值，资产在财政年的第 1 个季度中间购买。结果如图 17-27 所示。

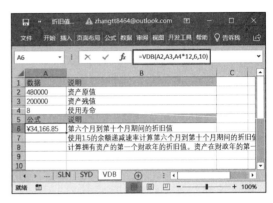

图 17-25

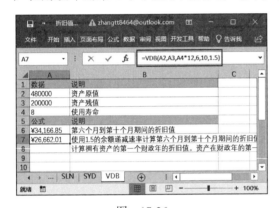

图 17-26

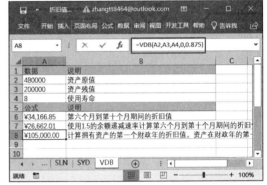

图 17-27

17.3 天数与付息日函数

本节通过实例介绍与天数和付息日计算相关的函数，包括 COUPDAYBS、COUPDAYS、COUPDAYSNC、COUPNCD、COUPPCD 函数。这 5 个函数除计算的日期区间稍有不同外，语法与操作技巧相同。由于篇幅限制，本章节以 COUPDAYBS 函数为例进行详细介绍，其他函数不赘述。

COUPDAYBS 函数用于计算当前付息期内截止到结算日的天数。其语法是：COUPDAYBS(settlement,maturity,frequency,[basis])，其中参数 settlement 为证券的结算日，参数 maturity 为有价证券的到期日，参数 frequency 为年付息次数，如果按年支付，frequency=1，按半年期支付，frequency=2，按季支付，frequency=4，参数 basis 为日计数基准类型。

下面通过实例具体讲解该函数的操作技巧。已知某债券的结算日、到期日、支付方式等信息，计算在这些条件下从债券付息期开始到结算日的天数。打开工作表，单击选中单元格 A7，在公式编辑栏中输入公式"=COUPDAYBS(A2,A3,A4,A5)"，按"Enter"键即可返回从债券付息期开始到结算日的天数，结果如图 17-28 所示。

注意：所有参数将被截尾取整。如果参数 settlement 或 maturity 不是合法日期，COUPDAYBS 函数返回错误值"#VALUE!"；如果参数 frequency 不是数字 1、2 或 4，COUPDAYBS 函数返回错误值"#NUM!"；如果参数 basis<0 或 basis>4，COUPDAYBS 函数返回错误值"#NUM!"；如果参数 settlement ≥ maturity，COUPDAYBS 函数返回错误值"#NUM!"。

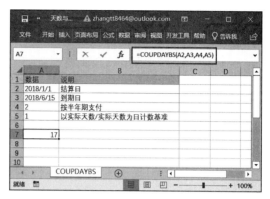

图 17-28

17.4 收益与收益率函数

本节通过实例介绍收益与收益率计算相关函数，包括 IRR、MIRR、ODDFYIELD、ODDLYIELD、TBILLEQ、TBILLYIELD、YIELD、YIELDDISC、YIELDMAT、XIRR 函数。

17.4.1 IRR 函数：计算一系列现金流的内部收益率

IRR 函数用于计算由数值代表的一组现金流的内部收益率。这些现金流不必为均衡的，但作为年金，它们必须按固定的间隔产生，如按月或按年。内部收益率为投资的回收利率，其中包含定期支付（负值）和定期收入（正值）。

IRR 函数的语法是：IRR(values,guess)，其中参数 values 为数组或单元格的引用，包含用来计算返回的内部收益率的数字，参数 guess 为对函数 IRR 计算结果的估计值。

下面通过实例具体讲解该函数的操作技巧。已知某公司某项业务的初期成本费用、前 5 年的净收入，计算投资若干年后的内部收益率。

步骤 1：打开工作表，单击选中单元格 A9，在公式编辑栏中输入公式"=IRR(A2:A6)"，按"Enter"键即可返回投资 4 年后的内部收益率，结果如图 17-29 所示。

步骤 2：单击选中单元格 A10，在公式编辑栏中输入公式"=IRR(A2:A4,-10%)"，按"Enter"键即可返回投资 2 年后的内部收益率（使用估计值），结果如图 17-30 所示。

注意以下几点：

1）参数 values 必须包含至少一个正值和一个负值，以计算返回的内部收益率。IRR 函数根据数值的顺序来解释现金流的顺序，故应确定按需要的顺序输入了支付和收入的数值。如果数组或引用包含文本、逻辑值或空白单元格，这些数值将被忽略。Excel 使用迭代法计算

IRR 函数。从参数 guess 开始，IRR 函数进行循环计算，直至结果的精度达到 0.00001%。如果 IRR 函数经过 20 次迭代仍未找到结果，则返回错误值 "#NUM!"。

2）在大多数情况下，并不需要为 IRR 函数的计算提供参数 guess 值。如果省略参数 guess，假设它为 0.1(10%)。如果 IRR 函数返回错误值 "#NUM!"，或结果没有靠近期望值，可用另一个参数 guess 值再试一次。

图　17-29

图　17-30

17.4.2　MIRR 函数：计算正和负现金流以不同利率进行计算的内部收益率

MIRR 函数用于计算某一连续期间内现金流的修正内部收益率。函数 MIRR 同时考虑了投资的成本和现金再投资的收益率。其语法是：MIRR(values,finance_rate,reinvest_rate)。

下面首先对其参数进行简单介绍。

values：为一个数组或对包含数字的单元格的引用。这些数值代表各期的一系列支出（负值）及收入（正值）。参数 values 中必须至少包含一个正值和一个负值，才能计算修正后的内部收益率，否则函数 MIRR 会返回错误值 #DIV/0!。如果数组或引用参数包含文本、逻辑值或空白单元格，则这些值将被忽略；但包含零值的单元格将计算在内。

finance_rate：为现金流中使用的资金支付的利率。

reinvest_rate：为将现金流再投资的收益率。

下面通过实例具体讲解该函数的操作技巧。已知某公司某项资产的原值、前 5 年每年的收益，计算 5 年后投资的修正收益率。打开工作表，单击选中单元格 D3，在公式编辑栏中输入公式"=MIRR(A2:A7,A8,A9)"，按"Enter"键即可返回 5 年后投资的修正收益率，结果如图 17-31 所示。

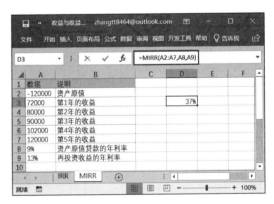

图　17-31

注意：MIRR 函数根据输入值的次序来解释现金流的次序。所以，务必按照实际的顺序输入支出和收入数额，并使用正确的正负号（现金流入用正值，现金流出用负值）。如果现金流的次数为 n，finance_rate 为 frate，而 reinvest_rate 为 rrate，则 MIRR 函数的计算公式为：

$$\left(\frac{-NPV\left(rrate,values[positive]\right)\times\left(1+rrate\right)^{n}}{NPV\left(frate,values[negative]\right)\times\left(1+frate\right)}\right)^{\frac{1}{n-1}}-1$$

■ 17.4.3　ODDFYIELD 函数：计算第一期为奇数的债券的收益

ODDFYIELD 函数用于计算首期付息日不固定的有价证券（长期或短期）的收益率。其语法是：ODDFYIELD(settlement,maturity,issue,first_coupon,rate,pr,redemption,frequency,[basis])。

其中参数 settlement 为有价证券的结算日，参数 maturity 为有价证券的到期日，参数 issue 为有价证券的发行日，参数 first_coupon 为有价证券的首期付息日，参数 rate 为有价证券的利率，参数 pr 为有价证券的价格，参数 redemption 为面值 100 的有价证券的清偿价值，参数 frequency 为年付息次数，如果按年支付，值为 1，如果按半年支付，值为 2，如果按季支付，值为 4，参数 basis 为日计数基准。

下面通过实例具体讲解该函数的操作技巧。已知某债券的结算日、到期日、发行日、首期付息日、息票利率、价格、清偿价值等信息，计算在这些条件下的债券首期付息日不固定的有价证券的收益率。打开工作表，单击选中单元格 D3，在公式编辑栏中输入公式"=ODDFYIELD(A2,A3,A4,A5,A6,A7,A8,A9,A10)"，按"Enter"键即可返回上述条件下的债券首期付息日不固定的有价证券的收益率，结果如图 17-32 所示。

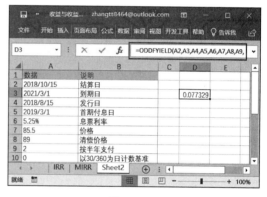

图　17-32

注意：参数 settlement、maturity、issue、first_coupon 和 basis 将被截尾取整。如果参数 settlement、maturity、issue 或 first_coupon 不是合法日期，ODDFYIELD 函数返回错误值"#VALUE!"；如果参数 rate<0 或 pr≤0，ODDFYIELD 函数返回错误值"#NUM!"；如果参数 basis<0 或 basis>4，ODDFYIELD 函数返回错误值"#NUM!"。必须满足下列日期条件：maturity>first_coupon>settlement>issue，否则，ODDFYIELD 函数返回错误值"#NUM!"。Excel 使用迭代法计算 ODDFYIELD 函数，该函数基于 ODDFPRICE 中的公式进行牛顿迭代演算。在 100 次迭代过程中，收益率不断变化，直到按给定收益率导出的估计价格接近实际价格为止。

■ 17.4.4　ODDLYIELD 函数：计算最后一期为奇数的债券的收益

ODDLYIELD 函数用于计算末期付息日不固定的有价证券（长期或短期）的收益率。其语法是：ODDLYIELD(settlement,maturity,last_interest,rate,pr,redemption,frequency,basis)。

其中参数 settlement 为有价证券的结算日，参数 maturity 为有价证券的到期日，参数 last_interest 为有价证券的末期付息日，参数 rate 为有价证券的利率，参数 pr 为有价证券的价格，参数 redemption 为面值 100 的有价证券的清偿价值，参数 frequency 为年付息次数，如果按年支付，frequency=1，按半年期支付，frequency=2，按季支付，frequency=4，参数 basis 为日计数基准类型。

下面通过实例具体讲解该函数的操作技巧。已知某债券的结算日、到期日、末期付息日、息票利率、价格、清偿价值等信息，计算对于上述条件下的债券，末期付息日不固定的有价证券的收益率。打开工作表，单击选中单元格 D3，在公式编辑栏中输入公式"=ODDLYIELD(A2,A3,A4,A5,A6,A7,A8,A9)"，按"Enter"键即可返回上述条件下的债券末期付息日不固定的有价证券的收益率，结果如图 17-33 所示。

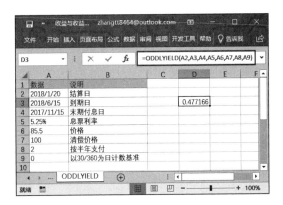

图　17-33

注意：参数 settlement、maturity、last_interest 和 basis 将被截尾取整。如果参数 settlement、maturity 或 last_interest 不是合法日期，ODDLYIELD 函数返回错误值"#VALUE!"；如果参数 rate<0 或 pr≤0，ODDLYIELD 函数返回错误值"#NUM!"；如果参数 basis<0 或 basis>4，ODDLYIELD 函数返回错误值"#NUM!"。日期参数必须满足下列日期条件：maturity>settlement>last_interest，否则，ODDLYIELD 函数返回错误值"#NUM!"。

■ 17.4.5　TBILLEQ 函数：计算国库券的等价债券收益

TBILLEQ 函数用于计算国库券的等价债券收益率。其语法是：TBILLEQ(settlement,maturity,discount)，其中参数 settlement 为国库券的结算日，参数 maturity 为国库券的到期日，参数 discount 为国库券的贴现率。

下面通过实例具体讲解该函数的操作技巧。已知国库券的结算日、到期日、贴现率，计算国库券在这些条件下的等价债券收益率。打开工作表，单击选中单元格 A6，在公式编辑栏中输入公式"=TBILLEQ(A2,A3,A4)"，按"Enter"键即可返回国库券在这些条件下的等价债券收益率，结果如图 17-34 所示。

图　17-34

注意：参数 settlement 和 maturity 将截尾取整。如果参数 settlement 或 maturity 不是合法日期，TBILLEQ 函数返回错误值"#VALUE!"；如果参数 discount≤0，TBILLEQ 函数返回错误值"#NUM!"。如果参数 settlement>maturity 或 maturity 在 settlement 之后超过一年，TBILLEQ 函数返回错误值"#NUM!"。TBILLEQ 函数的计算公式为 TBILLEQ=(365×rate)/(360-(rate×DSM))，

式中 DSM 是按每年 360 天的基准计算的 settlement 与 maturity 之间的天数。

17.4.6　TBILLYIELD 函数：计算国库券的收益率

TBILLYIELD 函数用于计算国库券的收益率。其语法是：TBILLYIELD(settlement,maturity,pr)，其中参数 settlement 为国库券的结算日，参数 maturity 为国库券的到期日，参数 pr 为面值 100 元的国库券的价格。

下面通过实例具体讲解该函数的操作技巧。已知国库券的结算日、到期日、每 100 元面值的价格，计算在这些条件下国库券的等效收益率。打开工作表，单击选中单元格 A6，在公式编辑栏中输入公式"=TBILLYIELD(A2,A3,A4)"，按"Enter"键即可返回国库券在这些条件下的等效收益率，结果如图 17-35 所示。

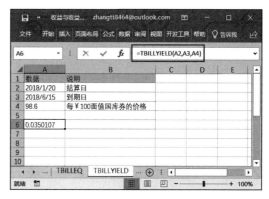

图　17-35

注意：参数 settlement 和 maturity 将截尾取整。如果参数 settlement 或 maturity 不是合法日期，TBILLYIELD 函数返回错误值"#VALUE"；如果参数 pr ≤ 0，则 TBILLYIELD 函数返回错误值"#NUM!"；如果参数 settlement ≥ maturity 或 maturity 在 settlement 一年之后，TBILLYIELD 函数返回错误值"#NUM!"。TBILLYIELD 函数的计算公式如下：

$$TBILLYIELD = \frac{100 - par}{par} \times \frac{360}{DSM}$$

式中：

DSM= 结算日与到期日之间的天数。如果结算日与到期日相隔超过一年，则无效。

17.4.7　YIELD 函数：计算定期支付利息的债券的收益

YIELD 函数用于计算定期支付利息的债券的收益率。其语法是：YIELD(settlement,maturity,rate,pr,redemption,frequency,basis)。

其中参数 settlement 为证券的结算日，参数 maturity 为有价证券的到期日，参数 rate 为有价证券的年息票利率，参数 pr 为面值 100 的有价证券的价格，参数 redemption 为面值 100 的有价证券的清偿价值，参数 frequency 为年付息次数，如果按年支付，frequency=1，按半年期支付，frequency=2，按季支付，frequency=4，参数 basis 为日计数基准类型。

下面通过实例具体讲解该函数的操作技巧。已知某债券的结算日、到期日、年票利率、价格、清偿价值、支付方式等信息，计算在这些条件下债券的收益率。打开工作表，单击选中单元格 D3，在公式编辑栏中输入公式"=YIELD(A2,A3,A4,A5,A6,A7,A8)"，按"Enter"键即可返回债券收益率，结果如图 17-36 所示。

注意：参数 settlement、maturity、frequency 和 basis 将被截尾取整。如果参数 settlement 或 maturity 不是合法日期，YIELD 函数返回错误值"#VALUE!"；如果参数 rate<0，YIELD

函数返回错误值"#NUM!"。如果参数 pr ≤ 0 或 redemption ≤ 0，YIELD 函数返回错误值"#NUM!"；如果参数 frequency 不为 1、2 或 4，YIELD 函数返回错误值"#NUM!"；如果参数 basis<0 或 basis>4，YIELD 函数返回错误值"#NUM!"；如果参数 settlement ≥ maturity，YIELD 函数返回错误值"#NUM!"。如果在清偿日之前只有一个或是没有付息期间，YIELD 函数的计算公式为：

$$YIELD = \frac{\left(\dfrac{redemption}{100} + \dfrac{rate}{frequency}\right) - \left(\dfrac{par}{100} + \left(\dfrac{A}{E} \times \dfrac{rate}{frequency}\right)\right)}{\dfrac{par}{100} + \left(\dfrac{A}{E} \times \dfrac{rate}{frequency}\right)} \times \frac{frequency \times E}{DSR}$$

式中：

A= 付息期的第 1 天到结算日之间的天数（应计天数）。

DSR= 结算日与清偿日之间的天数。

E= 付息期所包含的天数。

如果在参数 redemption 之前尚有多个付息期间，则通过 100 次迭代来计算 YIELD 函数。基于 PRICE 函数中给出的公式，并使用牛顿迭代法不断修正计算结果，直到在给定的收益率下的计算价格逼近于实际价格。

图 17-36

■ 17.4.8 YIELDDISC 函数：计算已贴现债券的年收益

YIELDDISC 函数用于计算折价发行的有价证券的年收益率。其语法是：YIELDDISC(settlement,maturity,pr,redemption,basis)，其中参数 settlement 为证券的结算日，参数 maturity 为有价证券的到期日，参数 pr 为面值 100 的有价证券的价格，参数 redemption 为面值 100 的有价证券的清偿价值，参数 basis 为日计数基准类型。

下面通过实例具体讲解该函数的操作技巧。已知某债券的结算日、到期日、价格、清偿价值等信息，计算在这些条件下债券的收益率。打开工作表，单击选中单元格 A8，在公式编辑栏中输入公式" =YIELDDISC(A2,A3,A4,A5,A6)"，按"Enter"键即可返回债券收益率，结果如图 17-37 所示。

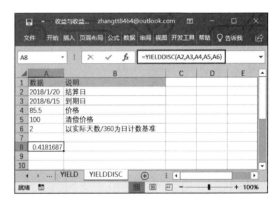

图 17-37

注意：参数 settlement、maturity 和 basis 将被截尾取整。如果参数 settlement 或 maturity 不是有效日期，YIELDDISC 函数返回错误值"#VALUE!"；如果参数 pr ≤ 0 或 redemption ≤ 0，YIELDDISC 函数返回错误值"#NUM!"。如果参数 basis<0 或 basis>4，YIELDDISC 函数返回错误值"#NUM!"；如果参数 settlement ≥ maturity，YIELDDISC 函数

返回错误值"#NUM!"。

17.4.9 YIELDMAT 函数：计算在到期日支付利息的债券的年收益

YIELDMAT 函数用于计算到期付息的债券的年收益率。其语法是：YIELDMAT(settlement,maturity,issue,rate,pr,basis)，其中参数 settlement 为证券的结算日，参数 maturity 为债券的到期日，参数 issue 为债券的发行日（以时间序列号表示），参数 rate 为债券在发行日的利率，参数 pr 为面值 100 的债券的价格，参数 basis 为日计数基准类型。

下面通过实例具体讲解该函数的操作技巧。已知某债券的结算日、到期日、发行日、息票半年利率、价格等信息，计算在这些条件下债券的收益率。打开工作表，单击选中单元格 A9，在公式编辑栏中输入公式"=YIELDMAT(A2,A3,A4,A5,A6,A7)"，按"Enter"键即可返回债券收益率，结果如图 17-38 所示。

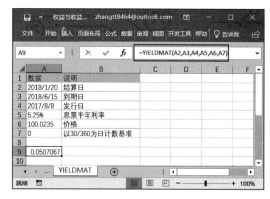

图　17-38

注意：参数 settlement、maturity、issue 和 basis 将被截尾取整。如果参数 settlement、maturity 或 issue 不是合法日期，YIELDMAT 函数返回错误值"#VALUE!"；如果参数 rate<0 或 pr ≤ 0，YIELDMAT 函数返回错误值"#NUM!"；如果参数 basis<0 或 basis>4，YIELDMAT 函数返回错误值"#NUM!"；如果参数 settlement ≥ maturity，YIELDMAT 函数返回错误值"#NUM!"。

17.4.10 XIRR 函数：计算一组现金流的内部收益率

XIRR 函数用于计算一组现金流的内部收益率，这些现金流不一定定期发生。如果要计算一组定期现金流的内部收益率，则需要使用 IRR 函数。XIRR 函数的语法是：XIRR(values,dates,guess)。

下面对其参数进行简单介绍。

values：为与 dates 中的支付时间相对应的一系列现金流。首期支付是可选的，并与投资开始时的成本或支付有关。如果第 1 个值是成本或支付，则它必须是负值。所有后续支付都基于 365 天 / 年贴现。系列中必须包含至少一个正值和一个负值。

dates：为与现金流支付相对应的支付日期表。第 1 个支付日期代表支付表的开始，其他日期应迟于该日期，但可按任何顺序排列。应使用 DATE 函数输入日期，或者将函数作为其他公式或函数的结果输入。例如，使用函数 DATE(2008,5,23) 输入 2008 年 5 月 23 日。如果日期以文本形式输入，则会出现问题。

guess：为对函数 XIRR 计算结果的估计值。

下面通过实例具体讲解该函数的操作技巧。已知现金流的值与支付时间，计算其内部收益率。打开工作表，单击选中单元格 A8，在公式编辑栏中输入公式"=XIRR(A2:A6,B2:B6,0.1)"，按"Enter"键即可返回现金流的内部收益率，结果如

图 17-39 所示。

注意：参数 dates 中的数值将被截尾取整。XIRR 函数要求至少有一个正现金流和一个负现金流，否则 XIRR 函数返回错误值"#NUM!"。如果参数 dates 中的任一数值不是合法日期，XIRR 函数返回错误值"#VALUE"；如果参数 dates 中的任一数字先于开始日期，XIRR 函数返回错误值"#NUM!"；如果参数 values 和 dates 所含数值的数目不同，XIRR 函数返回错误值"#NUM!"。多数情况下，不必为 XIRR 函数的计算提供参数 guess 值，如果省略，guess 值假定为 0.1(10%)。XIRR 函数与净

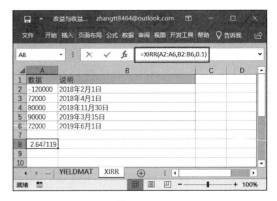

图 17-39

现值 XNPV 函数密切相关。XIRR 函数计算的收益率即为 XNPV 函数 =0 时的利率。Excel 使用迭代法计算 XIRR 函数。通过改变收益率（从 guess 开始），不断修正计算结果，直至其精度小于 0.000001%。如果 XIRR 函数运算 100 次，仍未找到结果，则返回错误值"#NUM!"。

17.5 价格转换函数

本节通过实例介绍价格转换相关函数，包括 DOLLARDE、DOLLARFR、TBILLPRICE 函数。

17.5.1 DOLLARDE 函数：将以分数表示的价格转换为以小数表示的价格

DOLLARDE 函数用于将以分数表示的价格转换为以小数表示的价格。其语法是：DOLLARDE(fractional_dollar,fraction)，其中参数 fractional_dollar 为以分数表示的数字，参数 fraction 为分数中的分母，为一个整数。

下面通过实例具体讲解该函数的操作技巧。将以分数表示的价格转换为以小数表示的价格。打开工作表，单击选中单元格 A1，在公式编辑栏中输入公式"=DOLLARDE(1.5,16)"，按"Enter"键即可将按分数表示的价格 1.5（读作四又十六分之二）转换为按小数表示的价格，结果如图 17-40 所示。

注意：

1）如果参数 fraction 不是整数，将被截尾取整。如果参数 fraction 小于 0，DOLLARDE 函数返回错误值"#NUM!"；如果参数 fraction 为 0，DOLLARDE 函数返回错误值"#DIV/0!"。

2）DOLLARFR 函数用于将按小数表

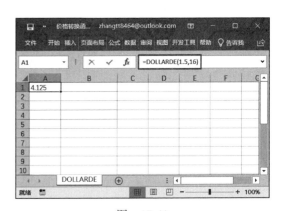

图 17-40

示的价格转换为按分数表示的价格。该函数的语法与操作技巧与 DOLLARDE 函数类似，由于篇幅限制，此处不赘述。

17.5.2　TBILLPRICE 函数：计算面值￥100 的国库券的价格

TBILLPRICE 函数用于计算面值￥100 的国库券的价格。其语法是：TBILLPRICE (settlement,maturity,discount)。其中，参数 settlement 为国库券的结算日，参数 maturity 为国库券的到期日，参数 discount 为国库券的贴现率。

下面通过实例具体讲解该函数的操作技巧。已知国库券的结算日、到期日、贴现率，计算在这些条件下国库券的价格。打开工作表，单击选中单元格 A6，在公式编辑栏中输入公式"=TBILLPRICE (A2,A3,A4)"，按"Enter"键即可返回条件下国库券的价格，结果如图 17-41 所示。

图　17-41

注意：参数 settlement 和 maturity 将截尾取整。如果参数 settlement 或 maturity 不是合法日期，TBILLPRICE 函数返回错误值"#VALUE"；如果参数 discount ≤ 0，TBILLPRICE 函数返回错误值"#NUM!"；如果参数 settlement> maturity 或 maturity 在 settlement 之后超过一年，TBILLPRICE 函数返回错误值"#NUM!"。TBILLPRICE 函数的计算公式如下：

$$TBILLPRICE = 100 \times \left(\frac{1 - discount \times DSM}{360} \right)$$

式中：
DSM= 结算日与到期日之间的天数。如果结算日与到期日相隔超过一年，则无效。

17.6　未来值函数

本节通过实例介绍未来值计算相关函数，包括 FV 函数和 FVSCHEDULE 函数。

17.6.1　FV 函数：计算一笔投资的未来值

FV 函数可以基于固定利率及等额分期付款方式，计算某项投资的未来值。其语法是：FV(rate,nper,pmt,[pv],[type])。

下面对其参数进行简单介绍。

rate：为各期利率。

nper：为总投资期，即该项投资的付款期总数。

pmt：为各期所应支付的金额，其数值在整个年金期间保持不变。通常，pmt 包括本金和利息，但不包括其他费用或税款。如果省略 pmt，则必须包括 pv 参数。

pv：为现值，或一系列未来付款的当前值的累积和。如果省略 pv，则假设其值为0，并且必须包括 pmt 参数。

type：为数字 0 或 1，用以指定各期的付款时间是在期初还是期末。如果省略 type，则假设其值为 0。

下面通过实例具体讲解该函数的操作技巧。已知某项投资的年利率、付款期总数、各期应付金额、现值等信息，计算在这些条件下投资的未来值。打开工作表，单击选中单元格 A8，在公式编辑栏中输入公式"=FV(A2,A3,A4,A5,A6)"，按"Enter"键即可返回当前条件下投资的未来值，结果如图 17-42 所示。

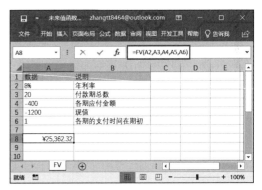

图 17-42

注意：应确认所指定的参数 rate 和 nper 的单位一致性。例如，同样是 4 年期年利率为 12% 的贷款，如果按月支付，rate 应为12%/12，nper 应为 4*12；如果按年支付，rate 应为 12%，nper 为 4。对于所有参数，支出的款项，如银行存款，表示为负数；收入的款项，如股息收入，表示为正数。

17.6.2 FVSCHEDULE 函数：计算一系列复利率计算的初始本金的未来值

FVSCHEDULE 函数用于计算基于一系列复利率返回本金的未来值，用于计算某项投资在变动或可调利率下的未来值。其语法是：FVSCHEDULE(principal,schedule)。其中，参数 principal 为现值，参数 schedule 为利率数组。

下面通过实例具体讲解该函数的操作技巧。计算应用一系列复利率计算的初始本金的未来值。打开工作表，单击选中单元格 A1，在公式编辑栏中输入公式"=FVSCHEDULE(1,{0.09,0.11,0.1})"，按"Enter"键即可返回本金 1 的未来值，结果如图 17-43 所示。

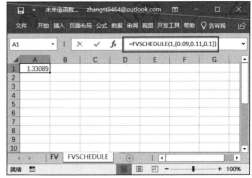

图 17-43

注意：参数 schedule 中的值可以是数字或空白单元格；其他任何值都将在FVSCHEDULE 函数的运算中产生错误值"#VALUE!"。空白单元格被认为是 0（没有利息）。

17.7 本金函数

本节通过实例介绍本金计算相关函数的应用，包括 CUMPRINC 函数和 PPMT 函数。

17.7.1　CUMPRINC 函数：计算两个付款期之间为贷款累积支付的本金

CUMPRINC 函数用于计算一笔贷款在给定的 start_period 到 end_period 期间累计支付的本金数额。其语法如下：CUMPRINC(rate,nper,pv,start_period,end_period,type)。其中，参数 rate 为利率，参数 nper 为总付款期数，参数 pv 为现值，参数 start_period 为计算中的首期，付款期数从 1 开始计数，参数 end_period 为计算中的末期，参数 type 为付款时间类型。

下面通过实例具体讲解该函数的操作技巧。已知贷款的年利率、贷款期限和现值，计算该笔贷款在第 1 个月偿还的本金。打开工作表，单击选中单元格 A6，在公式编辑栏中输入公式"=CUMPRINC(A2/12,A3*12,A4,1,1,0)"，按"Enter"键即可返回该笔贷款在第 1 个月支付的本金，结果如图 17-44 所示。

图　17-44

注意：应确认所指定的参数 rate 和 nper 单位的一致性。例如，同样是 4 年期年利率为 12% 的贷款，如果按月支付，rate 应为 12%/12，nper 应为 4*12；如果按年支付，rate 应为 12%，nper 为 4。nper、start_period、end_period 和 type 将被截尾取整。如果参数 rate ≤ 0、nper ≤ 0 或 pv ≤ 0，CUMPRINC 函数返回错误值"#NUM!"；如果参数 start_period<1，end_period<1 或 start_period>end_period，CUMPRINC 函数返回错误值"#NUM!"；如果参数 type 为 0 或 1 之外的任何数，CUMPRINC 函数返回错误值"#NUM!"。

17.7.2　PPMT 函数：计算一笔投资在给定期间内偿还的本金

PPMT 函数用于计算一笔投资在给定期间内偿还的本金。其语法是：PPMT(rate,per,nper,pv,fv,type)。

下面对其参数进行简单介绍。

rate：为各期利率。

per：用于计算其本金数额的期数，必须为 1 ～ nper。

nper：为总投资期，即该项投资的付款期总数。

pv：为现值，即从该项投资开始计算时已经入账的款项，或一系列未来付款当前值的累积和，也称为本金。

fv：为未来值，或在最后一次付款后希望得到的现金余额。如果省略 fv，则假设其值为 0，也就是一笔贷款的未来值为 0。

type：为数字 0 或 1，用以指定各期的付款时间是在期初还是期末。

下面通过实例具体讲解该函数的操作技巧。已知贷款的年利率、贷款期限和贷款额，计算贷款第 1 个月的本金支付。打开工作表，单击选中单元格 A6，在公式编辑栏中输入公式"=PPMT(A2/12,1,A3*12,A4)"，按"Enter"键即可返回贷款第 1 个月的本金偿还，结果如图 17-45 所示。

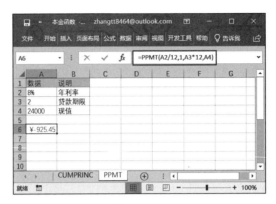

图 17-45

注意：应确认所指定的参数 rate 和 nper 单位的一致性。例如，同样是 4 年期年利率为 12% 的贷款，如果按月支付，rate 应为 12%/12，nper 应为 4*12；如果按年支付，rate 应为 12%，nper 为 4。

17.8 现价函数

本节通过实例介绍现价计算相关函数，包括 ODDFPRICE、ODDLPRICE、PRICE、PRICEDISC、PRICEMAT 函数。

17.8.1 ODDFPRICE 函数：计算每张票面为￥100 且第一期为奇数的有价证券的现价

ODDFPRICE 函数用于计算首期付息日不固定（长期或短期）的面值￥100 的有价证券价格。其语法如下：ODDFPRICE(settlement,maturity,issue,first_coupon,rate,yld,redemption,frequency,[basis])。

其中，参数 settlement 为证券的结算日，参数 maturity 为有价证券的到期日，参数 issue 为有价证券的发行日，参数 first_coupon 为有价证券的首期付息日，参数 rate 为有价证券的利率，参数 yld 为有价证券的年收益率，参数 redemption 为面值￥100 的有价证券的清偿价值。参数 frequency 为年付息次数，如果按年支付，frequency=1；按半年期支付，frequency=2；按季支付，frequency=4。参数 basis 为日计数基准类型。

下面通过实例具体讲解该函数的操作技巧。已知债券的结算日、到期日、发行日、首期付息日、息票利率、收益率、清偿价值等信息，计算这些条件下首期付息日不固定（长期或短期）的面值￥100 的有价证券的价格。打开工作表，单击选中单元格 D3，在公式编辑栏中输入公式"=ODDFPRICE(A2,A3,A4,A5,A6,A7,A8,A9,A10)"，按"Enter"键即可返回当前条件下的有价证券首期付息日不固定（长期或短期）的面值￥100 的有价证券的价格，结果如图 17-46 所示。

注意：参数 settlement、maturity、issue、first_coupon 和 basis 将被截尾取整。如果参数 settlement、maturity、issue 或 first_coupon 不是合法日期，则 ODDFPRICE 函数将返回错误值"#VALUE!"；如果参数 rate<0 或 yld<0，则 ODDFPRICE 函数返回错误值"#NUM!"；如果

参数 basis<0 或 basis>4，则 ODDFPRICE 函数返回错误值"#NUM!"。必须满足下列日期条件：maturity>first_coupon>settlement>issue，否则，ODDFPRICE 函数返回错误值"#NUM!"。

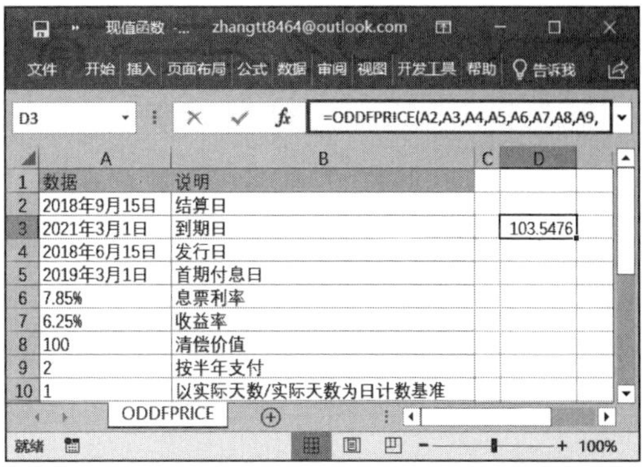

17.8.2 ODDLPRICE 函数：计算每张票面为¥100最后一期为奇数的有价证券的现价

ODDLPRICE 函数用于计算末期付息日不固定的面值¥100 的有价证券（长期或短期）的价格。其语法如下：ODDLPRICE(settlement,maturity,last_interest,rate,yld,redemption,frequency,[basis])。

图　17-46

其中，参数 settlement 为有价证券的结算日，参数 maturity 为有价证券的到期日，参数 last_interest 为有价证券的末期付息日，参数 rate 为有价证券的利率，参数 yld 为有价证券的年收益率，参数 redemption 为面值¥100 的有价证券的清偿价值。参数 frequency 为年付息次数，如果按年支付，frequency=1；按半年期支付，frequency=2；按季支付，frequency=4。参数 basis 为日计数基准类型。

下面通过实例具体讲解该函数的操作技巧。已知债券的结算日、到期日、末期付息日、息票利率、收益率、清偿价值等信息，计算这些条件下末期付息日不固定的面值¥100 的有价证券（长期或短期）的价格。打开工作表，单击选中单元格 D3，在公式编辑栏中输入公式"=ODDLPRICE(A2,A3,A4,A5,A6,A7,A8,A9)"，按"Enter"键即可返回当前条件下的有价证券末期付息日不固定（长期或短期）的面值¥100 的有价证券的价格，结果如图 17-47 所示。

注意：参数 settlement、maturity、last_interest 和 basis 将被截尾取整。如果参数 settlement、maturity 或 last_interest 不是合法日期，ODDLPRICE 函数返回错误值"#VALUE!"，如果参数 rate<0 或 yld<0，ODDLPRICE 函数返回错误值"#NUM!"，如果参数 basis<0 或 basis>4，ODDLPRICE

图　17-47

函数返回错误值"#NUM!"。必须满足下列日期条件：maturity>settlement>last_interest，否则，ODDLPRICE 函数返回错误值"#NUM!"。

17.8.3 PRICE 函数：计算每张票面为¥100且定期支付利息的有价证券的现价

PRICE 函数用于计算定期付息的面值¥100 的有价证券的价格。其语法是：PRICE(settlement,maturity,rate,yld,redemption,frequency,[basis])。

其中，参数 settlement 为有价证券的结算日，参数 maturity 为有价证券的到期日，参数 rate 为有价证券的年息票利率，参数 yld 为有价证券的年收益率，参数 redemption 为面值￥100 的有价证券的清偿价值。参数 frequency 为年付息次数，如果按年支付，frequency=1；按半年期支付，frequency=2；按季支付，frequency=4。参数 basis 为日计数基准类型。

下面通过实例具体讲解该函数的操作技巧。已知债券的结算日、到期日、息票半年利率、收益率、清偿价值等信息，计算在这些条件下债券的现价。打开工作表，单击选中单元格 D3，在公式编辑栏中输入公式"=PRICE(A2,A3,A4,A5,A6,A7,A8)"，按"Enter"键即可返回当前条件下有价证券的现价，结果如图 17-48 所示。

注意：参数 settlement、maturity、frequency 和 basis 将被截尾取整。如果参数 settlement 或 maturity 不是合法日期，PRICE 函数返回错误值"#NUM!"；如果参数 yld<0 或 rate<0，PRICE 函数返回错误值"#NUM!"，如果参数 redemption ≤ 0，PRICE 函数返回错误值"#NUM!"；如果参数 frequency 不为 1、2 或 4，PRICE 函数返回错误值"#NUM!"；如果参数 basis<0 或 basis>4，PRICE 函数返回错误值"#NUM!"；如果参数 settlement ≥ maturity，PRICE 函数返回错误值"#NUM!"。

图　17-48

17.8.4　PRICEDISC 函数：计算票面为￥100 的已贴现有价证券的现价

PRICEDISC 函数用于计算折价发行的面值￥100 的有价证券的价格。其语法是：PRICEDISC(settlement,maturity,discount,redemption,basis)。

其中，参数 settlement 为有价证券的结算日，参数 maturity 为有价证券的到期日，参数 discount 为有价证券的贴现率，参数 redemption 为面值￥100 的有价证券的清偿价值，参数 basis 为日计数基准类型。

下面通过实例具体讲解该函数的操作技巧。已知债券的结算日、到期日、贴现率、清偿价值，计算在这些条件下债券的现价。打开工作表，单击选中单元格 A8，在公式编辑栏中输入公式"=PRICEDISC(A2,A3,A4,A5,A6)"，按"Enter"键即可返回当前条件下有价证券的现价，结果如图 17-49 所示。

注意：参数 settlement、maturity 和 basis 将被截尾取整。如果参数 settlement 或 maturity 不是合法日期，PRICEDISC 函数返回错误值"#VALUE!"；如果参数 discount ≤ 0 或 redemption ≤ 0，PRICEDISC

图　17-49

函数返回错误值"#NUM!"；如果参数 basis<0 或 basis>4，PRICEDISC 函数返回错误值"#NUM!"；如果参数 settlement ≥ maturity，PRICEDISC 函数返回错误值"#NUM!"。

17.8.5　PRICEMAT 函数：计算票面为￥100 且在到期日支付利息的有价证券的现价

PRICEMAT 函数用于计算到期付息的面值￥100 的有价证券的价格。其语法是：PRICEMAT(settlement,maturity,issue,rate,yld,[basis])。

其中，参数 settlement 为有价证券的结算日，参数 maturity 为有价证券的到期日，参数 issue 为有价证券的发行日（以时间序列号表示），参数 rate 为有价证券在发行日的利率，参数 yld 为有价证券的年收益率，参数 basis 为日计数基准类型。

下面通过实例具体讲解该函数的操作技巧。已知债券的结算日、到期日、发行日、息票半年利率、收益率等信息，计算在这些条件下债券的现价。打开工作表，单击选中单元格 A9，在公式编辑栏中输入公式"=PRICEMAT(A2,A3,A4,A5,A6,A7)"，按"Enter"键即可返回当前条件下债券的现价，结果如图 17-50 所示。

注意：参数 settlement、maturity、issue 和 basis 将被截尾取整。如果参数 settlement、maturity 或 issue 不是合法日期，PRICEMAT 函数返回错误值"#VALUE"；如果参数 rate<0 或 yld<0，PRICEMAT 函数返回错误值"#NUM!"；如果参数 basis<0 或 basis>4，PRICEMAT 函数返回错误值"#NUM!"；如果参数 settlement ≥ maturity，PRICEMAT 函数返回错误值"#NUM!"。

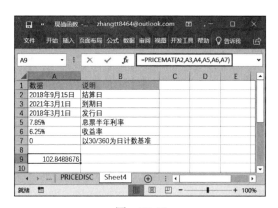

图　17-50

17.9　净现值与贴现率函数

本节通过实例介绍净现值与贴现率计算相关函数，包括 DISC、NPV、XNPV、PV 函数。

17.9.1　DISC 函数：计算有价证券的贴现率

DISC 函数用于计算有价证券的贴现率。其语法是：DISC(settlement,maturity,pr,redemption,[basis])。其中，参数 settlement 为有价证券的结算日，参数 maturity 为有价证券的到期日，参数 pr 为面值￥100 的有价证券的价格，参数 redemption 为面值￥100 的有价证券的清偿价值，参数 basis 为日计数基准类型。

下面通过实例具体讲解该函数的操作技巧。已知有价证券的结算日、到期日、价格、清偿价值，计算在这些条件下有价证券的贴现率。打开工作表，单击选中单元格

A8，在公式编辑栏中输入公式"=DISC(A2,A3,A4,A5,A6)"，按"Enter"键即可返回当前条件下有价证券的贴现率，结果如图 17-51 所示。

注意：参数 settlement、maturity 和 basis 将被截尾取整。如果参数 settlement 或 maturity 不是合法日期，DISC 函数返回错误值"#VALUE！"；如果参数 pr ≤ 0 或 redemption ≤ 0，DISC 函数返回错误值"#NUM!"；如果参数 basis<0 或 basis>4，DISC 函数返回错误值"#NUM!"；如果参数 settlement ≥ maturity，DISC 函数返回错误值"#NUM!"。

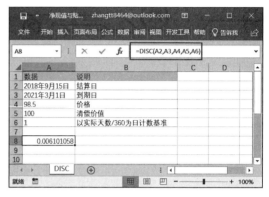

图　17-51

17.9.2　NPV 函数：计算基于一系列定期的现金流和贴现率计算的投资的净现值

NPV 函数用于通过使用贴现率以及一系列未来支出（负值）和收入（正值），计算一项投资的净现值。其语法是：NPV(rate,value1,value2,…)。

其中，参数 rate 为某一期间的贴现率，是一固定值；参数 value1、value2…代表支出及收入的 1 到 254 个参数。value1、value2…在时间上必须具有相等间隔，并且都发生在期末。NPV 函数使用 value1、value2…的顺序来解释现金流的顺序，所以务必保证支出和收入的数额按正确的顺序输入。如果参数为数值、空白单元格、逻辑值或数字的文本表达式，则都会计算在内；如果参数是错误值或不能转化为数值的文本，则被忽略；如果参数是一个数组或引用，则只计算其中的数字。数组或引用中的空白单元格、逻辑值、文本或错误值将被忽略。

下面通过实例具体讲解该函数的操作技巧。已知某项投资的年贴现率、一年前的初期投资、第 1 年的收益、第 2 年的收益、第 3 年的收益，计算该投资的净现值。打开工作表，单击选中单元格 A8，在公式编辑栏中输入公式"=NPV(A2,A3,A4,A5,A6)"，按"Enter"键即可返回该投资的净现值，结果如图 17-52 所示。

图　17-52

注意：NPV 函数假定投资开始于 value1 现金流所在日期的前一期，并结束于最后一笔现金流的当期。NPV 函数依据未来的现金流来进行计算。如果第 1 笔现金流发生在第 1 个周期的期初，则第 1 笔现金必须添加到 NPV 函数的结果中，而不应包含在参数 values 中。如果 n 是数值参数表中的现金流的次数，则 NPV 函数的公式如下：

$$NPV = \sum_{j=1}^{n} \frac{values_j}{(1+rate)^j}$$

NPV 函数与 PV 函数（现值）相似。两者之间的主要差别在于：PV 函数允许现金流在期初或期末开始。与可变的 NPV 函数的现金流数值不同，PV 函数的每一笔现金流在整个投资中必须是固定的。NPV 函数与 IRR 函数（内部收益率）也有关，IRR 函数是使 NPV 函数等于 0 的比率：NPV(IRR(...),...)=0。

17.9.3　XNPV 函数：计算一组现金流的净现值

XNPV 函数用于计算一组现金流的净现值，这些现金流不一定定期发生。如果要计算一组定期现金流的净现值，则需要使用 NPV 函数。XNPV 函数的语法是：XNPV(rate,values,dates)。

下面首先对其参数进行简单介绍。

rate：应用于现金流的贴现率。

values：与 dates 中的支付时间相对应的一系列现金流。首期支付是可选的，并与投资开始时的成本或支付有关。如果第 1 个值是成本或支付，则它必须是负值。所有后续支付都基于 365 天 / 年贴现。数值系列必须至少要包含一个正数和一个负数。

dates：与现金流支付相对应的支付日期表。第 1 个支付日期代表支付表的开始，其他日期应迟于该日期，但可按任何顺序排列。

下面通过实例具体讲解该函数的操作技巧。计算一组现金流的净现值。打开工作表，单击选中单元格 A8，在公式编辑栏中输入公式"=XNPV(0.09,A2:A6,B2:B6)"，按"Enter"键即可返回该现金流的净现值，结果如图 17-53 所示。

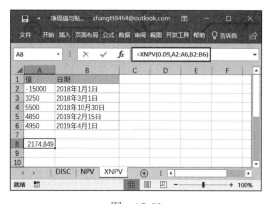

图　17-53

注意：参数 dates 中的数值将被截尾取整。如果任一参数为非数值型，XNPV 函数返回错误值"#VALUE！"；如果参数 dates 中的任一数值不是合法日期，XNPV 函数返回错误值"#VALUE！"如果参数 dates 中的任一数值先于开始日期，XNPV 函数返回错误值"#NUM!"；如果参数 values 和 dates 所含数值的数目不同，XNPV 函数返回错误值"#NUM!"。XNPV 函数的计算公式如下：

$$XNPV = \sum_{i=1}^{N} \frac{P_i}{(1+rate)^{\frac{(d_i d_1)}{365}}}$$

式中：

d_i= 第 i 个或最后一个支付日期。

d_1= 第 0 个支付日期。

P_i= 第 i 个或最后一个支付金额。

17.9.4　PV 函数：计算投资的现值

PV 函数用于计算投资的现值。现值为一系列未来付款的当前值的累积和。例如，借入方的借入款即为贷出方贷款的现值。其语法是：PV(rate,nper,pmt,fv,type)。

下面首先对其参数进行简单介绍。

rate：为各期利率。例如，如果按 10% 的年利率借入一笔贷款来购买汽车，并按月偿还贷款，则月利率为 10%/12(即 0.83%)。可以在公式中输入 10%/12、0.83% 或 0.0083 作为 rate 的值。

nper：为总投资期，即该项投资的付款期总数。例如，对于一笔 4 年期按月偿还的汽车贷款，共有 4*12（即 48）个偿款期数。可以在公式中输入 48 作为 nper 的值。

pmt：为各期所应支付的金额，其数值在整个年金期间保持不变。通常，pmt 包括本金和利息，但不包括其他费用或税款。例如，10,000 的年利率为 12% 的 4 年期汽车贷款的月偿还额为 263.33。可以在公式中输入 −263.33 作为 pmt 的值。如果忽略 pmt，则必须包含 fv 参数。

fv：为未来值，或在最后一次支付后希望得到的现金余额，如果省略 fv，则假设其值为 0（例如，一笔贷款的未来值即为 0）。例如，如果需要在 18 年后支付 50,000 元则 50,000 元就是未来值。可以根据保守估计的利率来决定每月的存款额。如果忽略 fv，则必须包含 pmt 参数。

type：为数字 0 或 1，用以指定各期的付款时间是在期初还是期末。

下面通过实例具体讲解该函数的操作技巧。已知每月底一项保险年金的支出、投资收益率、付款的年限，计算在这些条件下年金的现值。打开工作表，单击选中单元格 A6，在公式编辑栏中输入公式" =PV(A3/12,A4*12,A2,,0)"，按"Enter"键即可返回当前条件下年金的现值，结果如图 17-54 所示。

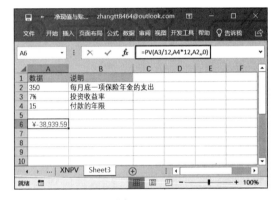

图　17-54

注意：应确认所指定的参数 rate 和 nper 单位的一致性。例如，同样是 4 年期年利率为 12% 的贷款，如果按月支付，rate 应为 12%/12，nper 应为 4*12；如果按年支付，rate 应为 12%，nper 为 4。以下函数应用于年金：CUMIPMT、PPMT、CUMPRINC、PVFV、RATE、FVSCHEDULE、XIRR、IPMT、XNPV、PMT。

年金是在一段连续期间内的一系列固定的现金付款。例如汽车贷款或购房贷款就是年金。在年金函数中，支出的款项，如银行存款，表示为负数；收入的款项，如股息收入，表示为正数。例如，对于储户来说，1000 元银行存款可表示为参数 −1,000，而对于银行来说该参数为 1,000。下面列出的是 Excel 进行财务运算的公式，如果 rate 不为 0，则：

$$pv \times (1+rate)^{nper} + pmt(1+rate \times type) \times \left(\frac{(1+rate)^{nper} - 1}{rate} \right) + fv = 0$$

如果 rate 为 0，则：$(pmt*nper) + pv + fv = 0$。

17.10 | 期限与期数函数

本节通过实例介绍期限与期数计算相关函数，包括 DURATION、MDURATION、NPER 函数。

17.10.1 DURATION 函数：计算定期支付利息的有价证券的每年期限

DURATION 函数用于计算假设面值￥100 的定期付息有价证券的修正期限。期限定义为一系列现金流现值的加权平均值，用于计量债券价格对于收益率变化的敏感程度。其语法是：DURATION(settlement,maturity,coupon,yld,frequency,[basis])。

其中，参数 settlement 为有价证券的结算日，参数 maturity 为有价证券的到期日，参数 coupon 为有价证券的年息票利率，参数 yld 为有价证券的年收益率。参数 frequency 为年付息次数，如果按年支付，frequency=1；按半年期支付，frequency=2；按季支付，frequency=4。参数 basis 为日计数基准类型。

下面通过实例具体讲解该函数的操作技巧。已知有价证券的结算日、到期日、息票利率、收益率等信息，计算在上述条件下有价证券的修正期限。打开工作表，单击选中单元格 A9，在公式编辑栏中输入公式" =DURATION(A2,A3,A4,A5,A6,A7)"按"Enter"键即可返回当前条件下有价证券的修正期限，结果如图 17-55 所示。

注意：

1）参数 settlement、maturity、frequency 和 basis 将被截尾取整。如果参数 settlement 或 maturity 不是合法日期，DURATION 函数返回错误值"#VALUE!"；如果参数 coupon<0 或 yld<0，DURATION 函数返回错误值"#NUM!"；如果参数 frequency 不是数字 1、2 或 4，DURATION 函数返回错误值"#NUM!"；如果参数 basis<0 或 basis>4，DURATION 函数返回错误值"#NUM!"；如果参数 settlement ≥ maturity，DURATION 函数返回错误值"#NUM!"。

图　17-55

2）MDURATION 函数用于计算假设面值￥100 的有价证券的 Macauley 修正期限。该函数与 DURATION 函数的语法和操作技巧相同，由于篇幅限制，此处不赘述。

3）修正期限的计算公式如下：

$$MDURATION = \frac{DURATION}{1+\left(\dfrac{市场收益率}{每年的息票支付额}\right)}$$

17.10.2 NPER 函数：计算投资的期数

NPER 函数用作基于固定利率及等额分期付款方式计算某项投资的总期数。其语法是：NPER(rate,pmt,pv,fv,type)。

下面首先对其参数进行简单介绍。

rate：为各期利率。

pmt：为各期所应支付的金额，其数值在整个年金期间保持不变。通常，pmt包括本金和利息，但不包括其他费用或税款。

pv：为现值，或一系列未来付款的当前值的累积和。

fv：为未来值，或在最后一次付款后希望得到的现金余额。如果省略fv，则假设其值为0（例如，一笔贷款的未来值即为0）。

type：数字0或1，用以指定各期的付款时间是在期初还是期末。

下面通过实例具体讲解该函数的操作技巧。已知某项投资的年利率、各期所付的金额、现值、未来值等信息，计算在这些条件下的总期数。

步骤1：打开工作表，单击选中单元格A8，在公式编辑栏中输入公式"=NPER(A2/12,A3,A4,A5,A6)"，按"Enter"键即可返回当前条件下投资的总期数，结果如图17-56所示。

图 17-56

步骤2：单击选中单元格A9，在公式编辑栏中输入公式"=NPER(A2/12,A3,A4,A5)"，按"Enter"键即可返回当前条件下投资的总期数（不包括在期初的支付），结果如图17-57所示。

步骤3：单击选中单元格A10，在公式编辑栏中输入公式"=NPER(A2/12,A3,A4)"，按"Enter"键即可返回当前条件下投资的总期数（不包括未来值0），结果如图17-58所示。

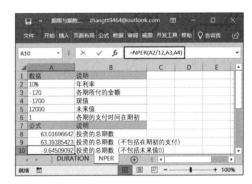

图 17-57 图 17-58

17.11 其他函数

本节通过实例介绍其他财务函数的应用，包括PMT、RECEIVED函数。

17.11.1　PMT 函数计算年金的定期支付金额

PMT 函数用作基于固定利率及等额分期付款方式，计算贷款的每期付款额。其语法是：PMT(rate,nper,pv,fv,type)。

其中，参数 rate 为贷款利率；参数 nper 为该项贷款的付款总数；参数 pv 为现值，或一系列未来付款的当前值的累积和，也称为本金；参数 fv 为未来值，或在最后一次付款后希望得到的现金余额，如果省略 fv，则假设其值为 0，也就是一笔贷款的未来值为 0；参数 type 为数字 0 或 1，用以指定各期的付款时间是在期初还是期末。

下面通过实例具体讲解该函数的操作技巧。已知储蓄存款的年利率、计划储蓄的年数、18 年内计划储蓄的数额，计算 18 年后最终得到 70000 每个月应存的数额。打开工作表，单击选中单元格 A6，在公式编辑栏中输入公式"=PMT(A2/12,A3*12,0,A4)"，按"Enter"键即可得到 18 年后最终得到 70000 每个月应存的数额，结果如图 17-59 所示。

注意：PMT 函数返回的支付款项包括本金和利息，但不包括税款、保留支付或某些与贷款有关的费用。应确认所指定的参数 rate 和 nper 单位的一致性。例如，同

图　17-59

样是 4 年期年利率为 12% 的贷款，如果按月支付，rate 应为 12%/12，nper 应为 4*12；如果按年支付，rate 应为 12%，nper 为 4。如果要计算贷款期间的支付总额，则需要用 PMT 函数返回值乘以 nper。

17.11.2　RECEIVED 函数：计算完全投资型有价证券在到期日收回的金额

RECEIVED 函数用于计算一次性付息的有价证券到期收回的金额。其语法是：RECEIVED(settlement,maturity,investment,discount,basis)。

其中，参数 settlement 为有价证券的结算日，参数 maturity 为有价证券的到期日，参数 investment 为有价证券的投资额，参数 discount 为有价证券的贴现率，参数 basis 为日计数基准类型。

下面通过实例具体讲解该函数的操作技巧。已知债券的成交日、到期日、投资额、贴现率等，计算在这些条件下有价证券到期收回的金额。打开工作表，单击选中单元格 A8，在公式编辑栏中输入公式"=RECEIVED(A2,A3,A4,A5,A6)"，按"Enter"键即可得到当前条件下有价证券到期收回的金额，结果如图 17-60 所示。

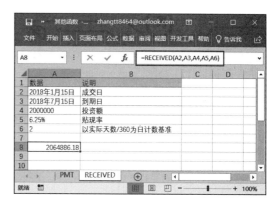

图　17-60

注意：参数 settlement、maturity 和 basis 将被截尾取整。如果参数 settlement 或 maturity 不是合法日期，RECEIVED 函数将返回错误值"#VALUE!"；如果参数 investment ≤ 0 或 discount ≤ 0，RECEIVED 函数返回错误值"#NUM!"；如果参数 basis<0 或 basis>4，RECEIVED 函数将返回错误值"#NUM!"；如果参数 settlement ≥ maturity，RECEIVED 函数将返回错误值"#NUM!"。

RECEIVED 函数的计算公式如下：

$$RECEIVED = \frac{investment}{1-(discount \times \dfrac{DIM}{B})}$$

式中：

$B=$ 一年之中的天数，取决于年基准数。

$DIM=$ 发行日与到期日之间的天数。

17.12 综合实战：年数总和法计算固定资产折旧

年数总和法是一种常用的计算固定资产折旧的方法，又称为"合计年限法"。年数总和法是用固定资产的原值减去预计净残值后得到的余额，再乘以每年的折旧率（固定资产尚可使用寿命除以预计使用寿命逐年数字之和）。年数总和法的计算公式如下：

年折旧率 = 尚可使用寿命 / 预计使用寿命的年数总和

月折旧率 = 年折旧率 /12

月折旧额 =（固定资产原值 − 预计净残值）× 月折旧率

例如，使用年数总和法计算的每年折旧额和累计折旧如表 17-3 所示。

表17-3　每年折旧额和累计折旧

年份	尚可使用寿命	原值－净残值	年折旧率	每年折旧额	累计折旧
1	5	984000	5/15	328000	328000
2	4	984000	4/15	262400	590400
3	3	984000	3/15	196800	787200
4	2	984000	2/15	131200	918400
5	1	984000	1/15	65600	984000

假设某公司购进一台固定资产价值为 100 万元、计残值为 10 万元、使用年限为 5 年的机器。下面在 Excel 中使用年限总和法计算固定资产折旧。

步骤 1：打开工作表，如图 17-61 所示。单击选中单元格 B5，在公式编辑栏中输入公式"=SYD(B1,B2,B3,1)"，按"Enter"键即可得到第 1 年的折旧额，结果如图 17-62 所示。

步骤 2：依次单击单元格 B6、B7、B8、B9，并分别输入公式"=SYD(B1,B2,B3,2)""=SYD(B1,B2,B3,3)""=SYD(B1,B2,B3,4)""=SYD(B1,B2,B3,5)"后，按"Enter"键得到第 2 ~ 第 5 年的折旧额，最终结果如图 17-63 所示。

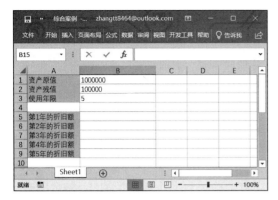

图　17-61

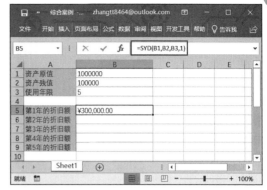

图　17-62

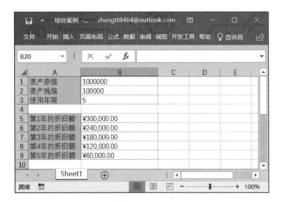

图　17-63

第18章

工程函数应用技巧

工程函数主要用于工程分析，大致可分为以下几种类型：不同进制转换函数、复数计算函数、指数与对数函数、在不同的度量系统中进行数值转换的函数等。在实际应用中合理地应用工程函数，可以简化操作、提高工作效率。

- 进制转换函数
- 复数函数
- 指数与对数函数
- 贝塞尔函数
- 其他函数

18.1　进制转换函数

本节介绍用于不同进制之间进行转换的函数，包括用于转换二进制数的 BIN2DEC、BIN2HEX、BIN2OCT 函数，用于转换十进制数的 DEC2BIN、DEC2HEX、DEC2OCT 函数，用于转换十六进制数的 HEX2BIN、HEX2DEC、HEX2OCT 函数，用于转换八进制数的 OCT2BIN、OCT2DEC、OCT2HEX 函数。

18.1.1　BIN2DEC、BIN2HEX 或 BIN2OCT 函数转换二进制数

BIN2DEC 函数用于将二进制数转换为十进制数；BIN2HEX 函数用于将二进制数转换为十六进制；BIN2OCT 函数用于将二进制数转换为八进制数。BIN2DEC、BIN2HEX、BIN2OCT 函数的语法分别是：

BIN2DEC(number)

BIN2HEX(number,places)

BIN2OCT(number,places)

其中，参数 number 为待转换的二进制数，number 的位数不能多于 10 位（二进制位），最高位为符号位，后 9 位为数字位，负数用二进制数的补码表示；参数 places 为所要使用的字符数，如果省略 places，BIN2HEX 和 BIN2OCT 函数用能表示此数的最少字符来表示，当需要在返回的数值前置零时，places 尤其有用。

下面通过实例具体讲解这 3 个函数的操作技巧。某次数学实验需要进行二进制与其他各进制之间的数值转换。

步骤 1：打开工作表，单击选中单元格 B3，在公式编辑栏中输入公式"=BIN2OCT(A3)"，按"Enter"键即可得到 101101 的八进制数，如图 18-1 所示。然后利用自动填充功能，将其他二进制转换成八进制即可。

步骤 2：单击选中单元格 C3，在公式编辑栏中输入公式"=BIN2DEC(A3)"，按"Enter"键即可得到 101101 的十进制数，如图 18-2 所示。然后利用自动填充功能，将其他二进制转换成十进制即可。

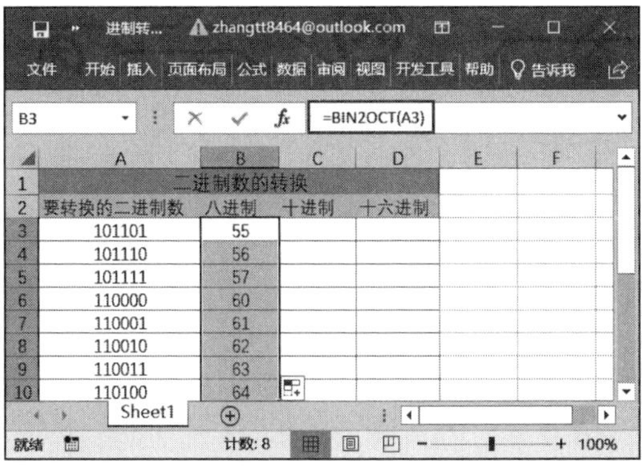

图　18-1

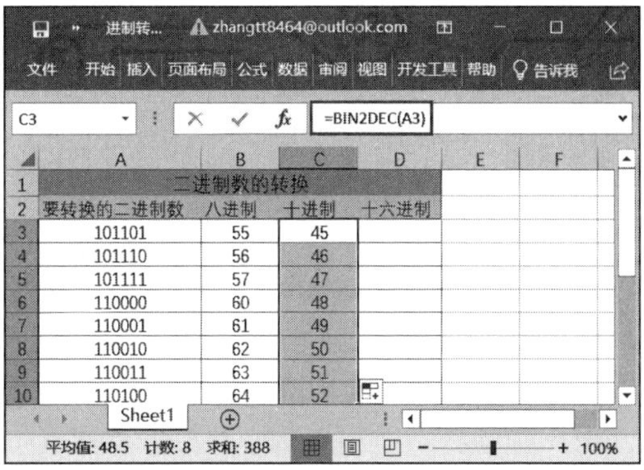

图　18-2

步骤 3：单击选中单元格 D3，在公式编辑栏中输入公式"=BIN2HEX(A3)"，按"Enter"键即可得到 101101 的十六进制数，如图 18-3 所示。然后利用自动填充功能，将其他二进制转换成十六进制即可。

注意：如果数字为非法二进制数或位数多于10位，BIN2DEC、BIN2HEX 和 BIN2OCT
函数返回错误值"#NUM!"；如果数字为
负数，BIN2HEX 和 BIN2OCT 函数忽略参
数 pLaces，返回以十个字符表示的八进制
数；如果 BIN2HEX 和 BIN2OCT 函数需要
比参数 places 指定的更多的位数，将返回
错误值"#NUM!"；如果参数 places 不是
整数，将截尾取整；如果参数 places 为非
数值型，BIN2HEX 和 BIN2OCT 函数返回
错误值"#VALUE!"；如果参数 places 为负
值，BIN2HEX 和 BIN2OCT 函数返回错误
值"#NUM!"。

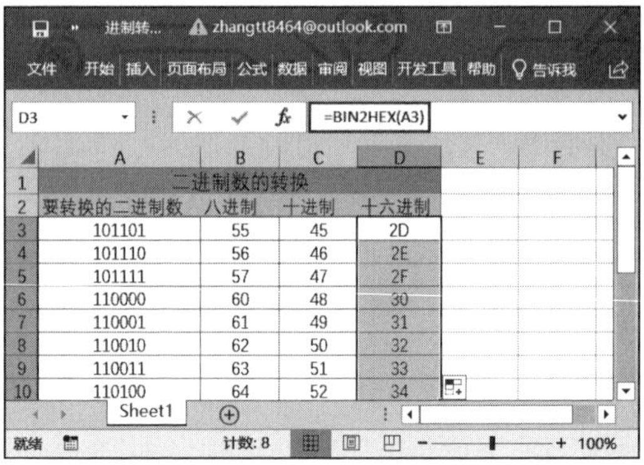

图 18-3

18.1.2　DEC2BIN、DEC2HEX 或 DEC2OCT 函数转换十进制数

DEC2BIN 函数用于将十进制数转换为二进制数；DEC2HEX 函数用于将十进制
数转换为十六进制数；DEC2OCT 函数用于将十进制数转换为八进制数。DEC2BIN、
DEC2HEX、DEC2OCT 函数的语法分别是：

DEC2BIN(number,places)

DEC2HEX(number,places)

DEC2OCT(number,places)

其中，参数 number 为待转换的十进制整数，如果参数 number 是负数，则省略有
效位值并且 DEC2BIN 函数返回 10 位二进制数，该数最高位为符号位，其余 9 位是数
字位；DEC2HEX 函数返回 10 位十六进制数（40 位二进制数），最高位为符号位，其
余 39 位是数字位；DEC2OCT 函数返回 10 位八进制数（30 位二进制数），最高位为符
号位，其余 29 位是数字位；负数用二进制数的补码表示。参数 places 为所要使用的字
符数，如果省略参数 places，DEC2BIN、DEC2HEX、DEC2OCT 函数用能表示此数的
最少字符来表示。当需要在返回的数值前置零时，places 尤其有用。

下面通过实例具体讲解这 3 个函数的操作技巧。某次数学实验需要进行十进制与
其他各进制之间的数值转换。

步骤 1：打开工作表，单击选中单元格 B3，在公式编辑栏中输入公式
"=DEC2BIN(A3)"，按"Enter"键即可得到 45 的二进制数，如图 18-4 所示。然后利
用自动填充功能，将其他十进制转换成二进制即可。

步骤 2：单击选中单元格 C3，在公式编辑栏中输入公式"=DEC2OCT(A3)"，按
"Enter"键即可得到 45 的八进制数，如图 18-5 所示。然后利用自动填充功能，将其他
十进制转换成八进制即可。

步骤 3：单击选中单元格 D3，在公式编辑栏中输入公式"=DEC2HEX(A3)"，按
"Enter"键即可得到 45 的十六进制数，如图 18-6 所示。然后利用自动填充功能，将其
他十进制转换成十六进制即可。

图　18-4

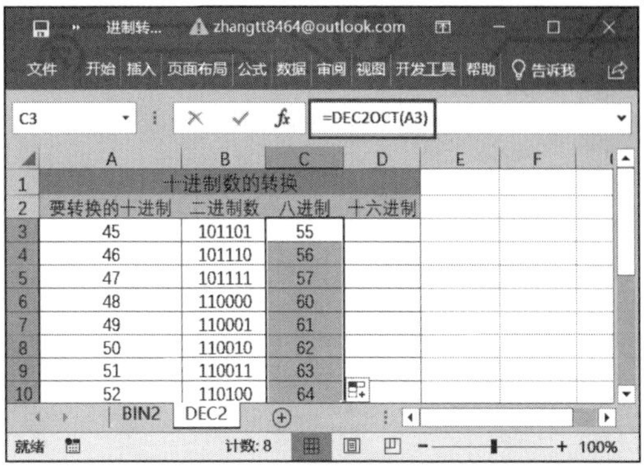

图　18-5

注意：如果参数 number<-512 或 number>511，DEC2BIN 函数返回错误值"#NUM!"；如果参数 number<-549、755、813、888 或者 number>549、755、813、887，则 DEC2HEX 函数返回错误值"#NUM!"；如果参数 number<-536、870、912 或者 number>535、870、911，DEC2OCT 函数将返回错误值"#NUM!"；如果参数 number 为非数值型，DEC2BIN、DEC2HEX、DEC2OCT 函数返回错误值"#VALUE!"；如果 DEC2BIN、DEC2HEX、DEC2OCT 函数需要比参数 places 指定的更多的位数，将返回错误值"#NUM!"；如果参数 places 不是整数，将截尾取整；如果参数 places 为非数值型，DEC2BIN、DEC2HEX、DEC2OCT 函数返回错误值"#VALUE!"；如果参数 places 为零或负值，DEC2BIN、DEC2HEX、DEC2OCT 函数返回错误值"#NUM!"。

图　18-6

18.1.3　HEX2BIN、HEX2DEC 或 HEX2OCT 函数转换十六进制数

HEX2BIN 函数用于将十六进制数转换为二进制数；HEX2DEC 函数用于将十六进制数转换为十进制数；HEX2OCT 函数用于将十六进制数转换为八进制数。HEX2BIN、HEX2DEC、HEX2OCT 函数的语法分别是：

HEX2BIN(number,places)

HEX2DEC(number)

HEX2OCT(number,places)

其中，参数 number 为待转换的十六进制数，参数的位数不能多于 10 位，最高位为符号位（从右算起第 40 个二进制位），其余 39 位是数字位，负数用二进制数的补码表示；参数 places 为所要使用的字符数，如果省略参数 places，HEX2BIN 和 HEX2OCT 函数用能表示此数的最少字符来表示。当需要在返回的数值前置零时，places 尤其有用。

下面通过实例具体讲解这 3 个函数的操作技巧。某次数学实验需要进行十六进制与其他各进制之间的数值转换。

步骤 1：打开工作表，单击选中单元格 B3，在公式编辑栏中输入公式"=HEX2BIN(A3)"，按"Enter"键即可得到 2D 的二进制数，如图 18-7 所示。然后利用自动填充功能，将其他十六进制转换成二进制即可。

步骤 2：单击选中单元格 C3，在公式编辑栏中输入公式"=HEX2OCT(A3)"，按"Enter"键即可得到 2D 的八进制数，如图 18-8 所示。然后利用自动填充功能，将其他十六进制转换成八进制即可。

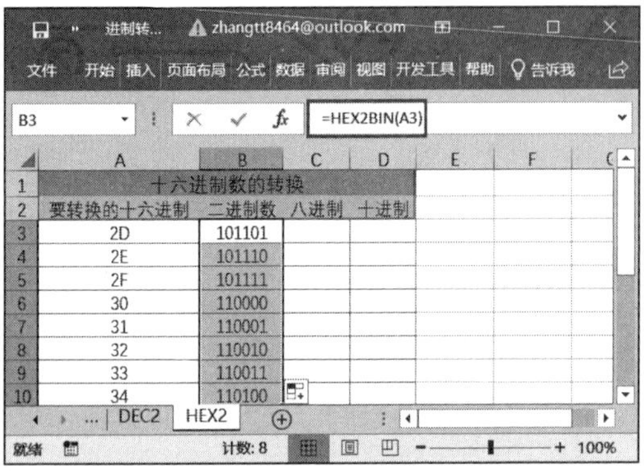

图 18-7

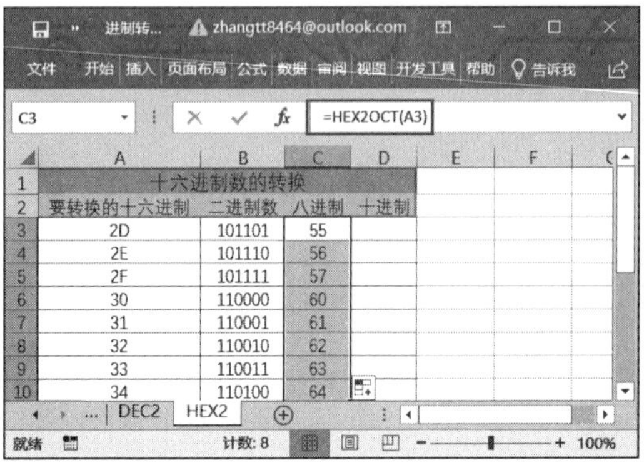

图 18-8

步骤 3：单击选中单元格 D3，在公式编辑栏中输入公式"=HEX2DEC(A3)"，按"Enter"键即可得到 2D 的十进制数，如图 18-9 所示。然后利用自动填充功能，将其他十六进制转换成十进制即可。

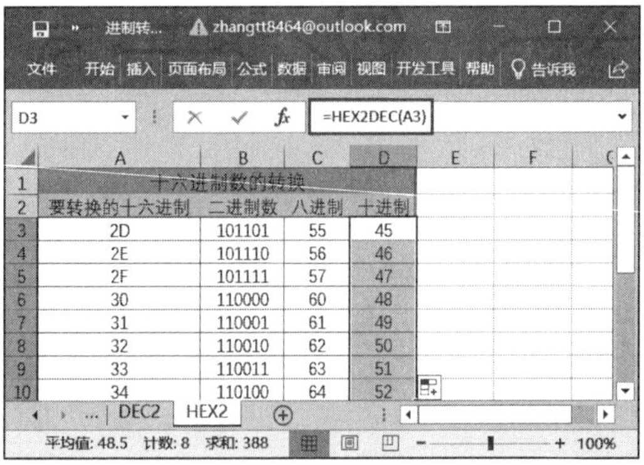

注意：如果参数 number 为负数，则 HEX2BIN 和 HEX2OCT 函数将忽略参数 places，返回 10 位二进制数。对于 HEX2BIN 函数，如果参数 number 为负数，不能小于 FFFFFFFE00；如果参数 number 为正数，不能大于 1FF。对于 HEX2OCT 函数，如果参数 number 为负数，不能小于 FFE0000000；如果参数 number 为正数，不能大于 1FFFFFFF。如果参数 number 不是合法的十六进制数，则 HEX2BIN、

图 18-9

HEX2DEC、HEX2OCT 函数返回错误值"#NUM!"；如果 HEX2BIN、HEX2OCT 函数需要比参数 places 指定的更多的位数，将返回错误值"#NUM!"；如果参数 places 不是整数，将截尾取整；如果参数 places 为非数值型，HEX2BIN、HEX2OCT 函数返回错误值"#VALUE!"；如果参数 places 为负值，HEX2BIN、HEX2OCT 函数返回错误值"#NUM!"。

■ 18.1.4 OCT2BIN、OCT2DEC 或 OCT2HEX 函数转换八进制数

OCT2BIN 函数用于将八进制数转换为二进制数；OCT2DEC 函数用于将八进制数转换为十进制数；OCT2HEX 函数用于将八进制数转换为十六进制数。OCT2BIN、OCT2DEC、OCT2HEX 函数的语法分别是：

OCT2BIN(number,places)

OCT2DEC(number)

OCT2HEX(number,places)

其中，参数 number 为待转换的八进制数，参数的位数不能多于 10 位，数字的最高位（二进制位）是符号位，其他 29 位是数据位。负数用二进制数的补码表示。参数 places 为所要使用的字符数，如果省略参数 places，OCT2BIN 和 OCT2HEX 函数用能表示此数的最少字符来表示。当需要在返回的数值前置零时，places 尤其有用。

下面通过实例具体讲解这 3 个函数的操作技巧。某次数学实验需要进行八进制与其他各进制之间的数值转换。

步骤 1：打开工作表，单击选中单元格 B3，在公式编辑栏中输入公式"=OCT2BIN(A3)"，按"Enter"键即可得到 55 的二进制数，如图 18-10 所示。然后利用自动填充功能，将其他八进制转换成二进制即可。

步骤 2：单击选中单元格 C3，在公式编辑栏中输入公式"=OCT2DEC(A3)"，按"Enter"键即可得到 55 的十进制数，如图 18-11 所示。然后利用自动填充功能，将其他八进制转换成十进制即可。

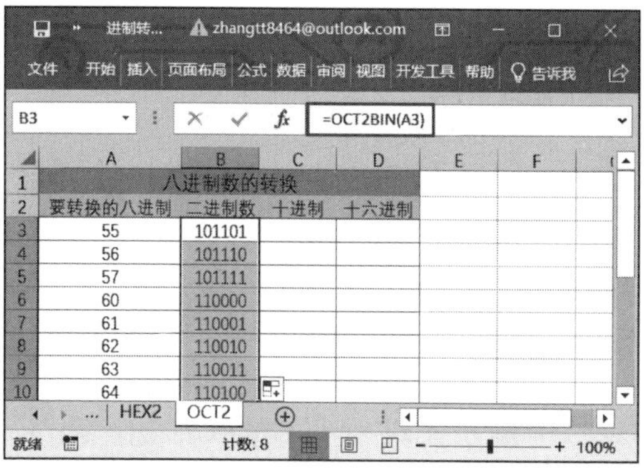

图　18-10 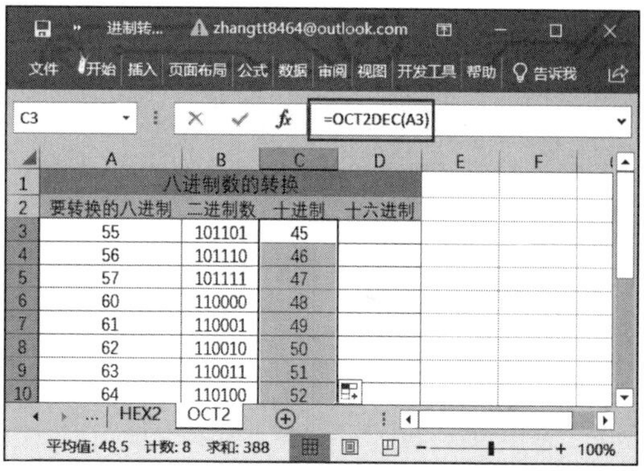　　　　　　　　　　　图　18-11

步骤 3：单击选中单元格 D3，在公式编辑栏中输入公式"=OCT2HEX(A3)"，按"Enter"键即可得到 55 的十六进制数，如图 18-12 所示。然后利用自动填充功能，将其他八进制转换成十六进制即可。

注意：如果参数 number 为负数，OCT2BIN、OCT2HEX 函数将忽略参数 places，返回 10 位二进制数。对于 OCT2BIN 函数，如果参数 number 为负数，不能小于 7777777000；如果参数 number 为正数，不能大于 777。如果参数 number 不是有效的八进制数，OCT2BIN、OCT2DEC、OCT2HEX 函数返回错误值"#NUM!"；如果 OCT2BIN、OCT2HEX 函数需要比参数 places 指定的更多的位数，将返回

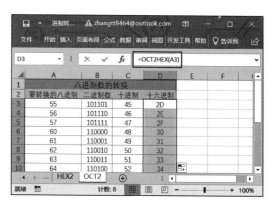

图　18-12

错误值"#NUM!"；如果参数 places 不是整数，将截尾取整；如果参数 places 为非数值型，

OCT2BIN、OCT2HEX 函数返回错误值 "#VALUE!"；如果参数 places 为负数，OCT2BIN、OCT2HEX 函数返回错误值 "#NUM!"。

18.2 复数函数

本节介绍用于复数计算的函数，包括用于将实系数和虚系数转换为复数的 COMPLEX 函数、用于计算复数的模和角度的 IMABS 和 IMARGUMENT 函数、用于求解复数的共轭复数的 IMCONJUGATE 函数、用于计算复数的余弦和正弦的 IMCOS 和 IMSIN 函数，用于计算复数的商、积、差、和的 IMDIV、IMPRODUCT、IMSUB 和 IMSUM 函数，用于计算复数的虚系数和实系数的 IMAGINARY 和 IMREAL 函数、用于计算复数的平方根的 IMSQRT 函数。

18.2.1 COMPLEX 函数：将实系数和虚系数转换为复数

COMPLEX 函数用于将实系数和虚系数转换为 x+yi 或 x+yj 形式的复数。其语法是：COMPLEX(real_num,i_num,suffix)。其中，参数 real_num 为复数的实部，参数 i_num 为复数的虚部，参数 suffix 为复数中虚部的后缀，如果省略，则认为它为 i。所有复数函数均接受 i 和 j 作为后缀，但不接受 I 和 J。使用大写将导致错误值 #VALUE! 使用两个或多个复数的函数要求所有复数的后缀一致。

下面通过实例具体讲解该函数的操作技巧。将已知的数值转换为复数。

步骤 1：打开工作表，单击选中单元格 B2，在公式编辑栏中输入公式 "=COMPLEX(6,7)"，按 "Enter" 键即可得到实部为 6、虚部为 7 的复数，如图 18-13 所示。

步骤 2：单击选中单元格 B3，在公式编辑栏中输入公式 "=COMPLEX(6,7,"j")"，按 "Enter" 键即可得到实部为 6、虚部为 7、后缀为 j 的复数，如图 18-14 所示。

图 18-13

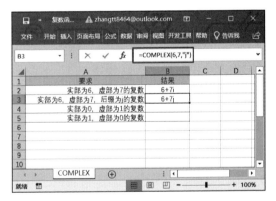

图 18-14

步骤 3：单击选中单元格 B4，在公式编辑栏中输入公式 "=COMPLEX(0,1)"，按 "Enter" 键即可得到实部为 0、虚部为 1 的复数，如图 18-15 所示。

步骤 4：单击选中单元格 B5，在公式编辑栏中输入公式 "=COMPLEX(1,0)"，按 "Enter" 键即可得到实部为 1、虚部为 0 的复数，如图 18-16 所示。

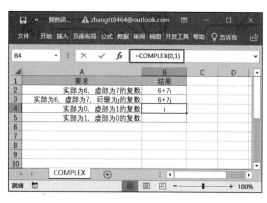

图　18-15　　　　　　　　　　　　图　18-16

注意：如果参数 real_num 为非数值型，COMPLEX 函数返回错误值"#VALUE！"；如果参数 i_num 为非数值型，COMPLEX 函数返回错误值"#VALUE！"；如果后缀不是 i 或 j，COMPLEX 函数返回错误值"#VALUE！"。

18.2.2　IMABS、IMARGUMENT 函数：计算复数的模和角度

IMABS 函数用于计算以 x+yi 或 x+yj 文本格式表示的复数的绝对值（模）；IMARGUMENT 函数用于计算返回以弧度表示的角 θ，如 $x+yi=|x+yi| \times e^{\theta}=|x+yi|(\cos\theta+i\sin\theta)$。IMABS、IMARGUMENT 函数的语法分别是：

IMABS(inumber)

IMARGUMENT(inumber)

其中，IMABS 函数的参数 inumber 为需要计算其绝对值的复数，IMARGUMENT 函数的参数 inumber 为用来计算角度值 θ 的复数。

知识补充：

IMABS 函数的计算公式如下。

$$IMABS(z) = |z| = \sqrt{x^2 + y^2}$$

式中，$z = x + yi$。

IMARGUMENT 函数的计算公式如下。

$$IMARGUMENT(z) = \tan^{-1}\left(\frac{y}{x}\right) = \theta$$

式中，$\theta \in [-\pi; \pi]$ 且 $z = x + yi$。

下面通过实例具体讲解两个函数的操作技巧。求解复数的模和角度。

步骤 1：打开工作表，单击选中单元格 B2，在公式编辑栏中输入公式"=IMABS("5+12i")"，按"Enter"键即可得到复数 5+12i 的绝对值，如图 18-17 所示。

步骤 2：单击选中单元格 B3，在公式编辑栏中输入公式"=IMARGUMENT("3+4i")"，按"Enter"键即可得到以弧度表示的角 3+4i，如图 18-18 所示。

注意：使用 COMPLEX 函数可以将实系数和虚系数复合为复数。

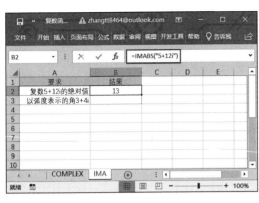

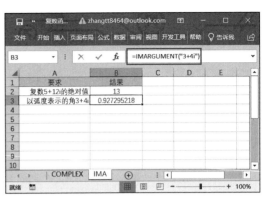

图 18-17　　　　　　　　　　　图 18-18

18.2.3　IMCONJUGATE 函数：求解复数的共轭复数

IMCONJUGATE 函数用于计算以 x+yi 或 x+yj 文本格式表示的复数的共轭复数。其语法是：IMCONJUGATE(inumber)，其中参数 inumber 为需要计算其共轭数的复数。

知识补充：共轭复数的计算公式如下。

$$IMCONJUGATE(x + yi) = \overline{z} = (x - yi)$$

下面通过实例具体讲解该函数的操作技巧。求解复数的共轭复数。打开工作表，单击选中单元格 A1，在公式编辑栏中输入公式"=IMCONJUGATE ("7+9i")"，按"Enter"键即可得到复数 7+9i 的共轭复数，如图 18-19 所示。

18.2.4　IMCOS、IMSIN 函数：计算复数的余弦和正弦

IMCOS 函数用于计算以 x+yi 或 x+yj 文本格式表示的复数的余弦。IMSIN 函数用于计算以 x+yi 或 x+yj 文本格式表示的复数的正弦。IMCOS、IMSIN 函数的语法分别是：

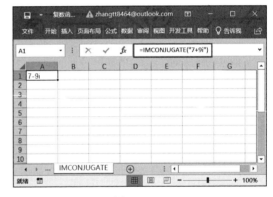

图 18-19

IMCOS(inumber)

IMSIN(inumber)

其中参数 inumber 为需要计算其余弦或正弦的复数。

知识补充：

复数余弦的计算公式如下。

$$\cos(x + yi) = \cos(x)\cosh(y) - \sin(x)\sinh(y)i$$

复数正弦的计算公式如下。

$$\sin(x + yi) = \sin(x)\cosh(y) - \cos(x)\sinh(y)i$$

下面通过实例具体讲解该函数的操作技巧。求解复数的正弦和余弦。

步骤 1：打开工作表，单击选中单元格 B4，在公式编辑栏中输入公式"=IMCOS

(A2)"，按"Enter"键即可得到复数 7+9i 的余弦值，如图 18-20 所示。

步骤 2：单击选中单元格 B5，在公式编辑栏中输入公式"=IMSIN(A2)"，按"Enter"键即可得到复数 7+9i 的正弦值，如图 18-21 所示。

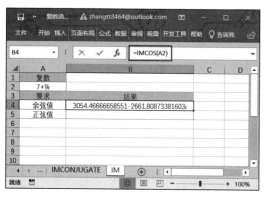 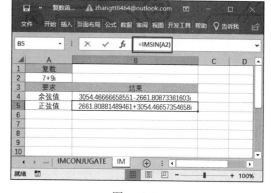

图　18-20　　　　　　　　　　　　　图　18-21

注意：如果参数 inumber 为逻辑值，IMCOS 函数返回错误值"#VALUE!"。

18.2.5　IMDIV、IMPRODUCT、IMSUB 和 IMSUM 函数：计算复数的商、积、差与和

IMDIV 函数用于计算以 x+yi 或 x+yj 文本格式表示的两个复数的商。其语法是：IMDIV(inumber1,inumber2)。其中，参数 inumber1 为复数分子（被除数），参数 inumber2 为复数分母（除数）。

IMPRODUCT 函数用于计算以 x+yi 或 x+yj 文本格式表示的 1 ～ 255 个复数的乘积。其语法是：IMPRODUCT(inumber1,inumber2,…)。其中，参数 inumber1、inumber2…为 1 ～ 255 个用来相乘的复数。

IMSUB 函数用于计算以 x+yi 或 x+yj 文本格式表示的两个复数的差。其语法是：IMSUB(inumber1,inumber2)。其中，参数 inumber1 为被减（复）数，参数 inumber2 为减（复）数。

IMSUM 函数用于计算以 x+yi 或 x+yj 文本格式表示的两个或多个复数的和。其语法是：IMSUM(inumber1,inumber2,…)。其中，参数 inumber1、inumber2…为 1 ～ 255 个用来相加的复数。

知识补充：

两个复数商的计算公式如下。

$$IMDIV(z_1, z_2) = \frac{(a+bi)}{(c+di)} = \frac{(ac+bd)+(bc-ad)i}{c^2+d^2}$$

两复数乘积的计算公式如下。

$$(a+bi)(c+di) = (ac-bd)+(ad+bc)i$$

两复数差的计算公式如下。

$$(a+bi)-(c+di) = (a-c)+(b-d)i$$

两复数和的计算公式如下。

$$(a+bi)+(c+di)=(a+c)+(b+d)i$$

下面通过实例具体讲解这 4 个函数的操作技巧。求解复数的商、积、差与和。

步骤 1： 打开工作表，单击选中单元格 B11，在公式编辑栏中输入公式 " =IMDIV (B7,B8)"，按 "Enter" 键即可得到复数 A 和 B 的商，如图 18-22 所示。

步骤 2： 单击选中单元格 B12，在公式编辑栏中输入公式 " =IMPRODUCT (B7,B8)"，按 "Enter" 键即可得到复数 A 和 B 的积，如图 18-23 所示。

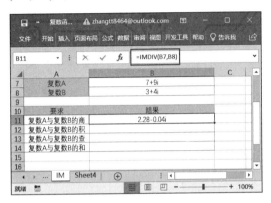

图 18-22

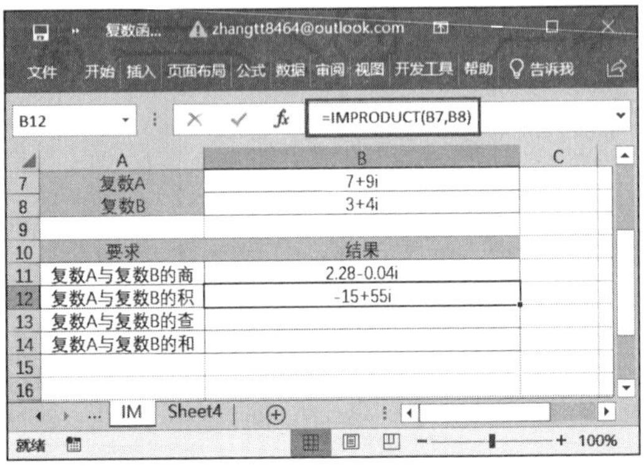

图 18-23

步骤 3： 单击选中单元格 B13，在公式编辑栏中输入公式 " =IMSUB(B7,B8)"，按 "Enter" 键即可得到复数 A 和 B 的差，如图 18-24 所示。

步骤 4： 单击选中单元格 B14，在公式编辑栏中输入公式 "=IMSUM(B7,B8)"，按 "Enter" 键即可得到复数 A 和 B 的和，如图 18-25 所示。

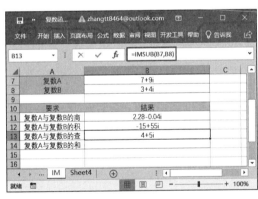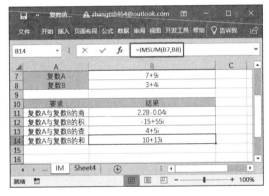

图 18-24

图 18-25

18.2.6　IMAGINARY 和 IMREAL 函数：计算复数的虚系数和实系数

IMAGINARY 函数用于计算以 x+yi 或 x+yj 文本格式表示的复数的虚系数。其语法是：IMAGINARY(inumber)。参数 inumber 为需要计算其虚系数的复数。

IMREAL 函数用于计算以 x+yi 或 x+yj 文本格式表示的复数的实系数。其语法是：IMREAL(inumber)，其中参数 inumber 为需要计算其实系数的复数。

下面通过实例具体讲解两个函数的操作技巧。求解复数的虚系数和实系数。

步骤 1： 打开工作表，单击选中单元格 B19，在公式编辑栏中输入公式 "=IMAGINARY(A17)"，按 "Enter" 键即可得到复数 7+9i 的虚系数，如图 18-26 所示。

步骤 2：单击选中单元格 B20，在公式编辑栏中输入公式"=IMREAL(A17)"，按"Enter"键即可得到复数 7+9i 的实系数，如图 18-27 所示。

图　18-26

图　18-27

18.2.7　IMSQRT 函数：计算复数的平方根

IMSQRT 函数用于计算以 x+yi 或 x+yj 文本格式表示的复数的平方根。其语法是：IMSQRT(inumber)。其中，参数 inumber 为需要计算其平方根的复数。

知识补充：

复数平方根的计算公式如下。

$$\sqrt{x+yi} = \sqrt{r}\cos\left(\frac{\theta}{2}\right) + i\sqrt{r}\sin\left(\frac{\theta}{2}\right)$$

式中，$r = \sqrt{x^2+y^2}$ 且 $\theta = \tan^{-1}\left(\frac{y}{x}\right)$ 且 $\theta \in [-\pi; \pi]$。

下面通过实例具体讲解该函数的操作技巧。求解复数的平方根。打开工作表，单击选中单元格 B21，在公式编辑栏中输入公式"=IMSQRT(A17)"，按"Enter"键即可得到复数 7+9i 的平方根，如图 18-28 所示。

图　18-28

18.3 ┃ 指数与对数函数

本节介绍用于指数与对数计算的函数，包括用于计算指数和整数幂的 IMEXP 和 IMPOWER 函数，用于计算对数的 IMLN、IMLOG10 和 IMLOG2 函数。

18.3.1　IMEXP 和 IMPOWER 函数：计算指数和整数幂

IMEXP 函数用于计算以 x+yi 或 x+yj 文本格式表示的复数的指数。其语法是：IMEXP(inumber)。参数 inumber 为需要计算其指数的复数。

IMPOWER 函数用于计算以 x+yi 或 x+yj 文本格式表示的复数的 n 次幂。其语法是：IMPOWER(inumber,number)。其中，参数 inumber 为需要计算其幂值的复数，参数 number 为需要计算的幂次。

知识补充：

复数指数的计算公式如下。

$$IMEXP(z) = e^{(N+yi)} = e^N e^{yi} = e^N (\cos y + i \sin y)$$

复数 n 次幂的计算公式如下。

$$(x + yi)^n = r^n e^{in\partial} = r^n \cos n\theta + ir^n \sin n\theta$$

式中，$r = \sqrt{x^2 + y^2}$ 且 $\theta = \tan^{-1}\left(\frac{y}{x}\right)$ 且 $\theta \in [-\pi; \pi]$。

下面通过实例具体讲解两个函数的操作技巧。求解复数的指数和整数幂。

步骤1：打开工作表，单击选中单元格 B4，在公式编辑栏中输入公式"=IMEXP(A2)"，按"Enter"键即可得到复数 7+9i 的指数，如图 18-29 所示。

步骤2：单击选中单元格 B5，在公式编辑栏中输入公式"=IMPOWER(A2,3)"，按"Enter"键即可得到复数 7+9i 的 3 次幂，如图 18-30 所示。

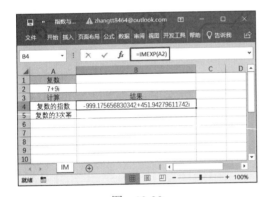

图 18-29

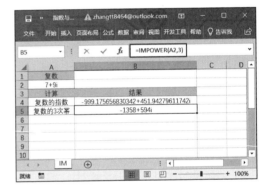

图 18-30

注意：如果参数 number 为非数值型，IMPOWER 函数返回错误值"#VALUE!"。参数 number 可以为整数、分数或负数。

18.3.2 IMLN、IMLOG10 和 IMLOG2 函数：计算对数

IMLN 函数用于计算以 x+yi 或 x+yj 文本格式表示的复数的自然对数。其语法是：IMLN(inumber)。参数 inumber 为需要计算其自然对数的复数。

IMLOG10 函数用于计算以 x+yi 或 x+yj 文本格式表示的复数的常用对数（以 10 为底数）。其语法是：IMLOG10(inumber)。参数 inumber 为需要计算其常用对数的复数。

IMLOG2 函数用于计算以 x+yi 或 x+yj 文本格式表示的复数的以 2 为底数的对数。其语法是：IMLOG2(inumber)。参数 inumber 为需要计算以 2 为底数的对数值的复数。

知识补充：

复数的自然对数的计算公式如下。

$$\ln(x + yi) = \ln \sqrt{x^2 + y^2} + i \tan^{-1}\left(\frac{y}{x}\right)$$

复数的常用对数可按以下公式由自然对数导出。

$$\log_{10}(x+yi)=(\log_{10}e)\ln(x+yi)$$

复数的以 2 为底数的对数可按以下公式由自然对数计算出。

$$\log_2(x+yi)=(\log_2 e)\ln(x+yi)$$

下面通过实例具体讲解这 3 个函数的操作技巧。求解复数的自然对数、常用对数和以 2 为底的对数。

步骤 1：打开工作表，单击选中单元格 B6，在公式编辑栏中输入公式"=IMLN(A2)"，按"Enter"键即可得到复数 7+9i 的自然对数，如图 18-31 所示。

步骤 2：单击选中单元格 B7，在公式编辑栏中输入公式"=IMLOG10(A2)"，按"Enter"键即可得到复数 7+9i 的常用对数，如图 18-32 所示。

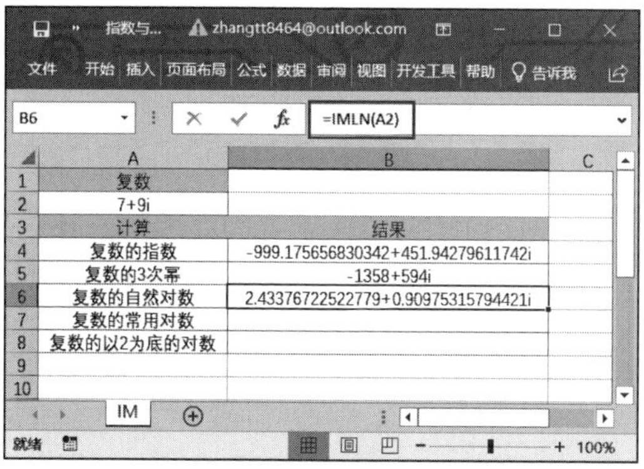

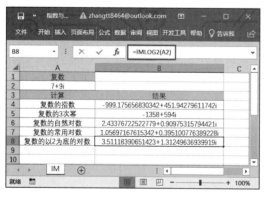

图　18-31 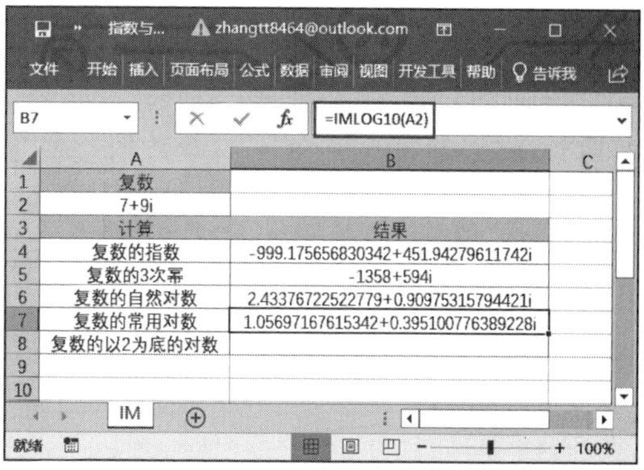　　　　　　　　　　　　　图　18-32

步骤 3：单击选中单元格 B8，在公式编辑栏中输入公式"=IMLOG2(A2)"，按"Enter"键即可得到复数 7+9i 的以 2 为底的对数，如图 18-33 所示。

图　18-33

18.4 贝塞尔函数

贝塞尔（Bessel）相关函数包括 BESSELI、BESSELJ、BESSELK、BESSELY 函数，

用于计算修正的 Bessel 函数值。

18.4.1　BESSELI 函数：计算修正的 Bessel 函数值 Ln(x)

BESSELI 函数用于计算修正 Bessel 函数值 Ln(x)，它与用纯虚数参数运算时的 Bessel 函数值相等。其语法是：BESSELI(x,n)。其中，x 为参数值，n 为函数的阶数，如果 n 不是整数，则截尾取整。

知识补充：x 的 n 阶修正 Bessel 函数值 Ln（x）如下。

$$l_n(x) = (i)^{-n} J_n(ix)$$

下面通过实例具体讲解该函数的操作技巧。求解修正的 Bessel 函数值 Ln(x)。

步骤 1：打开工作表，单击选中单元格 B2，在公式编辑栏中输入公式"=BESSELI(3.5,1)"，按"Enter"键即可得到 3.5 的 1 阶修正 Bessel 函数值，如图 18-34 所示。

步骤 2：单击选中单元格 B3，在公式编辑栏中输入公式"=BESSELI(文本 ,1)"，按"Enter"键即可得到 x 为非数值型数据时的修正 Bessel 函数值，如图 18-35 所示。

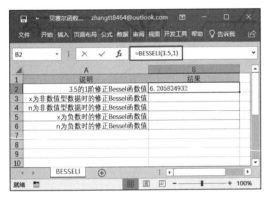
图　18-34

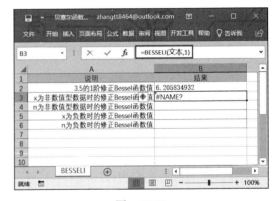
图　18-35

步骤 3：单击选中单元格 B4，在公式编辑栏中输入公式"=BESSELI(3.5, 文本)"，按"Enter"键即可得到 n 为非数值型数据时的修正 Bessel 函数值，如图 18-36 所示。

步骤 4：单击选中单元格 B5，在公式编辑栏中输入公式"=BESSELI(-3.5,1)"，按"Enter"键即可得到 x 为负数时的修正 Bessel 函数值，如图 18-37 所示。

图　18-36

图　18-37

步骤 5：单击选中单元格 B6，在公式编辑栏中输入公式"=BESSELI(3.5,-1)"，按"Enter"键即可得到 n 为负数时的修正 Bessel 函数值，如图 18-38 所示。

注意：如果参数 x 为非数值型，则 BESSELI 函数返回错误值"#NAME？"；如果参数 n 为非数值型，则 BESSELI 函数返回错误值"#NAME？"；如果参数 n<0，则 BESSELI 函数返回错误值"#NUM!"。

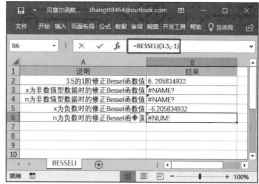

图　18-38

18.4.2　BESSELJ 函 数：计 算 Bessel 函数值 Jn(x)

BESSELJ 函 数 用 于 计 算 Bessel 函数值 Jn（x），其语法是：BESSELJ(x,n)，其中 x 为参数值，n 为函数的阶数。如果 n 不是整数，则截尾取整。

知识补充：x 的 n 阶修正 Bessel 函数值 Jn（x）如下。

$$J_n(x) = \sum_{k=0}^{\infty} \frac{(-1)^k}{k!\,\Gamma(n+k+1)} \left(\frac{x}{2}\right)^{n+2x}$$

式中，$\Gamma(n+k+1) = \int_0^{\infty} e^{-N} x^{\eta+k} dx$ 为 Gamma 函数。

下面通过实例具体讲解该函数的操作技巧。求解 Bessel 函数值 Jn(x)。

步骤 1：打开工作表，单击选中单元格 B2，在公式编辑栏中输入公式"=BESSELJ(3.5,1)"，按"Enter"键即可得到 3.5 的 1 阶修正 Bessel 函数值 Jn（x），如图 18-39 所示。

步骤 2：单击选中单元格 B3，在公式编辑栏中输入公式"=BESSELJ(-3.5,1)"，按"Enter"键即可得到 x 为负数时的修正 Bessel 函数值 Jn（x），如图 18-40 所示。

图　18-39

图　18-40

步骤 3：与 BESSELI 函数相同，当使用 BESSELJ 函数求解 x 为非数值型数据时的修正 Bessel 函数值 Jn（x）、n 为非数值型数据时的修正 Bessel 函数值 Jn（x）时，Excel 会返回错误值"#NAME？"；使用 BESSELJ 函数求解 n 为负数时的修正 Bessel 函数值

Jn（x）时，Excel 会返回错误值 "#NUM！"，如图 18-41 所示。

18.4.3 BESSELK 函数：计算修正 Bessel 函数值 Kn(x)

BESSELK 函数用于计算修正 Bessel 函数值 Kn(x)，它与用纯虚数参数运算时的 Bessel 函数值相等。其语法是：BESSELK(x,n)，其中 x 为参数值，n 为函数的阶数。如果 n 不是整数，则截尾取整。

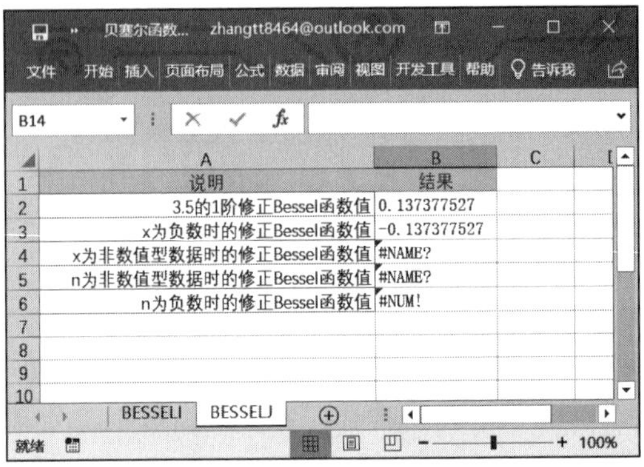

图 18-41

知识补充：x 的 n 阶修正 Bessel 函数值如下。

$$K_n(x) = \frac{P}{2} i^{n+1} [J_n(ix) + iY_n(ix)]$$

式中，*Jn* 和 *Yn* 分别为 J 和 Y 的 Bessel 函数。

下面通过实例具体讲解该函数的操作技巧。求解 Bessel 函数值 Kn(x)。

步骤 1：打开工作表，单击选中单元格 B2，在公式编辑栏中输入公式 "=BESSELK(1.9,2)"，按 "Enter" 键即可得到 1.9 的 2 阶修正 Bessel 函数值，如图 18-42 所示。

步骤 2：与 BESSELI 函数相同，当使用 BESSELK 函数求解 x 为非数值型数据时的修正 Bessel 函数值、n 为非数值型数据时的修正 Bessel 函数值时，Excel 会返回错误值 "#NAME？"；使用 BESSELK 函数求解 n 为负数时的修正 Bessel 函数值时，Excel 会返回错误值 "#NUM！"，如图 18-43 所示。

图 18-42

图 18-43

18.4.4 BESSELY 函数：计算 Bessel 函数值 Yn(x)

BESSELY 函数用于计算 Bessel 函数值 Yn（x），也称为 Weber 函数或 Neumann 函数。其语法是：BESSELY(x,n)，其中 x 为参数值，n 为函数的阶数。如果 n 不是整数，则截尾取整。

知识补充：x 的 n 阶修正 Bessel 函数值 Yn（x）如下。

$$Y_n(x) = \lim_{v \to n} \frac{J_v(x)\cos(v\pi) - J_{-v}(x)}{\sin(v\pi)}$$

下面通过实例具体讲解该函数的操作技巧。求解 Bessel 函数值 Yn(x)。

步骤 1：打开工作表，单击选中单元格 B2，在公式编辑栏中输入公式"=BESSELY (1.9,2)"，按"Enter"键即可得到 1.9 的 2 阶修正 Bessel 函数值 Yn（x），如图 18-44 所示。

步骤 2：与 BESSELI 函数相同，当使用 BESSELY 函数求解 x 为非数值型数据时的修正 Bessel 函数值、n 为非数值型数据时的修正 Bessel 函数值时，Excel 会返回错误值"#NAME？"；使用 BESSELY 函数求解 n 为负数时的修正 Bessel 函数值时，Excel 会返回错误值"#NUM！"，如图 18-45 所示。

图　18-44　　　　　　　　　　　　　图　18-45

18.5　其他函数

本节介绍其他工程函数，包括用于转换数值的度量系统的 CONVERT 函数、用于检验是否两个值相等的 DELTA 函数、用于返回误差和补余误差的 ERF、ERFC 函数、用于检验数字是否大于阈值 r 的 GESTEP 函数。

18.5.1　CONVERT 函数：转换数值的度量系统

CONVERT 函数用于将数字从一个度量系统转换到另一个度量系统中，例如，可以将一个以"英里"为单位的距离表转换成一个以"公里"为单位的距离表。

其语法是：CONVERT(number,from_unit,to_unit)。其中，参数 number 为以 from_unit 为单位的需要进行转换的数值，参数 from_unit 为数值 number 的单位，参数 to_unit 为结果的单位。

下面通过实例具体讲解该函数的操作技巧。转换给定数值的度量系统。

步骤 1：打开工作表，单击选中单元格 B2，在公式编辑栏中输入公式"=CONVERT (1,"kg","lbm")"，按"Enter"键即可将 1 千克转换为磅，如图 18-46 所示。

步骤 2：单击选中单元格 B3，在公式编辑栏中输入公式"=CONVERT (99,"F","C")"，按"Enter"键即可将 99 华氏度转换为摄氏度，如图 18-47 所示。

步骤 3：单击选中单元格 B4，在公式编辑栏中输入公式"=CONVERT (2.5,"ft","min")"，按"Enter"键返回错误值"#N/A"，原因是进行转换的数据类型不同，如图 18-48 所示。

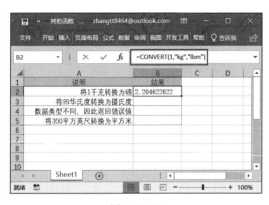 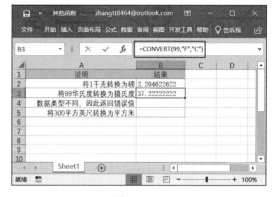

图 18-46　　　　　　　　　　　　图 18-47

步骤 4：单击选中单元格 B5，在公式编辑栏中输入公式"=CONVERT(CONVERT(300,"ft","m"),"ft","m")"，按"Enter"键即可将 300 平方英尺转换为平方米，如图 18-49 所示。

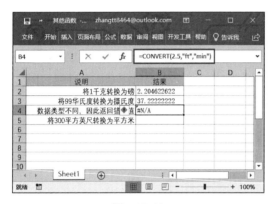 

图 18-48　　　　　　　　　　　　图 18-49

注意：如果输入数据的拼写有误，CONVERT 函数返回错误值"#VALUE!"；如果单位不存在，CONVERT 函数返回错误值"#N/A"；如果单位不支持缩写的单位前缀，CONVERT 函数返回错误值"#N/A"；如果单位在不同的组中，CONVERT 函数返回错误值"#N/A"。单位名称和前缀要区分大小写。

■ 18.5.2　DELTA 函数：检验两个值是否相等

DELTA 函数测试两个数值是否相等。其语法是：DELTA(number1,number2)，其中 number1 为第 1 个参数，number2 为第 2 个参数。如果省略，则假设 number2 值为 0。如果 number1=number2，则返回 1，否则返回 0。可用此函数筛选一组数据，例如，通过对几个 DELTA 函数求和，可以计算相等数据对的数目。该函数也称为 Kronecker Delta 函数。

下面通过实例具体讲解该函数的操作技巧。测试两个值是否相等。

步骤 1：打开工作表，单击选中单元格 B2，在公式编辑栏中输入公式"=DELTA(7,9)"，按"Enter"键即可测试 7 是否等于 9，结果如图 18-50 所示。

步骤 2：单击选中单元格 B3，在公式编辑栏中输入公式"=DELTA(7,7)"，按"Enter"键即可测试 7 是否等于 7，如图 18-51 所示。

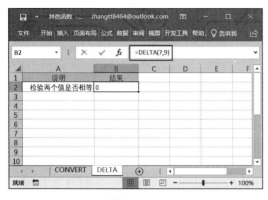

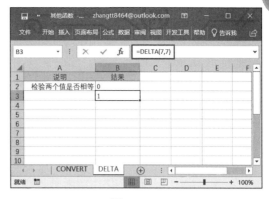

图　18-50　　　　　　　　　　　　　　　　　　图　18-51

注意：如果参数 number1、number2 为非数值型，则 DELTA 函数将返回错误值
"#VALUE!"。

18.5.3　ERF、ERFC 函数：计算误差和补余误差函数

ERF 用于计算误差函数在上下限之间的积分。其语法是：ERF(lower_limit,upper_
limit)。其中，参数 lower_limit 为 ERF 函数的积分下限，upper_limit 为 ERF 函数的积
分上限。如果省略，ERF 将在 0～下限进行积分。

ERFC 函数用于返回从 x 到 ∞（无穷）积分的 ERF 函数的补余误差函数。其语法
是：ERFC(x)，其中 x 为 ERF 函数的积分下限。

知识补充：计算公式如下。

$$ERF(z) = \frac{2}{\sqrt{\pi}} \int_{0}^{z} e^{-t^2} \mathrm{d}t$$

$$ERF(a,b) = \frac{2}{\sqrt{\pi}} \int_{a}^{b} e^{-t^2} \mathrm{d}t = ERF(b) - ERF(a)$$

$$ERFC(x) = \frac{2}{\sqrt{\pi}} \int_{0}^{\infty} e^{-t^2} \mathrm{d}t = 1 - ERF(x)$$

下面通过实例具体讲解两个函数的操作技巧。计算误差函数在上下限之间的积分、
从 x 到 ∞（无穷）积分的 ERF 函数的补余误差函数。

步骤 1：打开工作表，单击选中单元格 B2，在公式编辑栏中输入公式"=ERF(1)"，
按"Enter"键即可返回误差函数在 0 与 1 之间的积分值，结果如图 18-52 所示。

步骤 2：单击选中单元格 B3，在公式编辑栏中输入公式"=ERFC(1)"，按"Enter"
键即可返回 1 的 ERF 函数的补余误差函数，如图 18-53 所示。

注意：如果下限是非数值型，ERF 函数返回错误值"#VALUE!"；如果下限是负值，ERF
函数返回错误值"#NUM!"；如果上限是非数值型，ERF 函数返回错误值"#VALUE!"；如果
上限是负值，ERF 函数返回错误值"#NUM!"；如果 X 是非数值型，则函数 ERFC 返回错误
值"#VALUE!"；如果 X 是负值，则 ERFC 函数返回错误值"#NUM!"。

图 18-52　　　　　　　　　　　　图 18-53

18.5.4　GESTEP 函数：检验数值是否大于阈值

GESTEP 函数用于检验数字是否大于阈值。如果 number 大于等于 step，返回 1，否则返回 0。使用该函数可筛选数据。例如，通过计算多个函数 GESTEP 的返回值，可以检测出数据集中超过某个阈值的数据个数。

GESTEP 函数的语法是：GESTEP(number,step)。其中，参数 number 为待测试的数值，参数 step 为阈值。如果省略 step，则 GESTEP 函数假设其为 0。

下面通过实例具体讲解该函数的操作技巧。检验数字是否大于阈值。

步骤 1：打开工作表，单击选中单元格 B2，在公式编辑栏中输入公式"=GESTEP(8,7)"，按"Enter"键即可检查 8 是否大于等于 7，结果如图 18-54 所示。

步骤 2：单击选中单元格 B3，在公式编辑栏中输入公式"=GESTEP(-1,0)"，按"Enter"键即可检查 -1 是否大于等于 0，如图 18-55 所示。

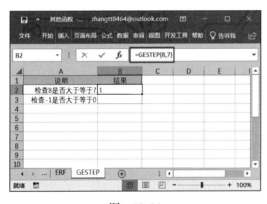
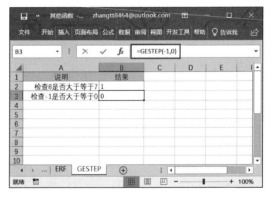

图 18-54　　　　　　　　　　　　图 18-55

注意：如果任一参数为非数值，则 GESTEP 函数返回错误值"#VALUE!"。

第三篇

图 表 篇

第19章
日常办公中图表的使用

如果想在 Excel 中更加清晰地表达数据间的关系及趋势，可以使用图表。采用图表的形式能够将被分析的数据更加形象生动地展现出来，视觉效果更佳。本章将为用户介绍如何创建、修改以及编辑图表，创建完图表后，还可以套用图表样式美化图表。

- 认识图表
- 常用图表及应用范围
- 编辑图表

19.1 认识图表

图表具有能直观反映数据的能力，在日常生活与工作中我们经常看到在分析某些数据时，会展示一些图表来说明，可见图表在日常工作中具有重要的作用。下面介绍创建图表的步骤。

19.1.1 创建图表

在 Excel 中，在编辑好源数据后，用户即可根据这些数据很轻松地创建一些简单的图表。若要让创建的图表更加专业美观，则需对其进行合理的设置。

步骤 1：打开工作表，切换至"插入"选项卡，然后在"图表"组中选择要创建的图表类型即可。例如此处单击"插入柱形图或条形图"下拉按钮，选择"三维柱形图"窗格内的"三维簇状柱形图"图表，如图 19-1 所示。

步骤 2：工作表中就生成了默认效果的三维簇状柱形图，如图 19-2 所示。

图　19-1

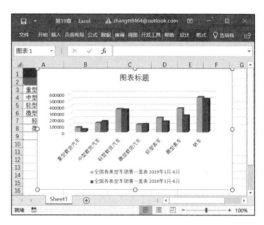

图　19-2

19.1.2 了解图表的构成

图表由多个部分组成，在新建图表时包含一些特定部件，另外还可以通过相关的编辑操作添加其他部件或删除不需要的部件。了解图表各个组成部分的名称，以及准确地选中各个组成部分，对于图表编辑的操作非常重要。因为在建立初始的图表后，为了获取最佳的表达效果，通常还应按实际需要进行一系列的编辑操作，而所有的编辑操作都应准确地选中要编辑的对象。

1. 图表组成部分

图表各部分组成如图 19-3 所示。总体分为图表标题、垂直（值）轴标签、水平（类别）轴标签、数据区域 4 部分。

2. 准确选中图表中对象

方法一：利用鼠标选择图表各个对象

将鼠标移动至图表区域内对象上时，稍等几秒即可出现提示文字，然后单击鼠标即可，如图 19-4 所示。

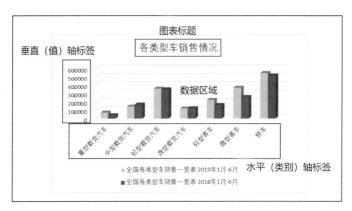

图　19-3

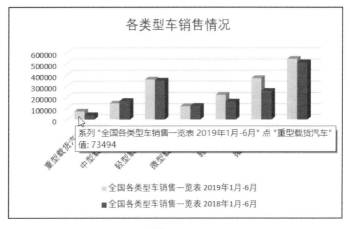

图　19-4

方法二： 利用工具栏选择图表各对象

单击选中图表，切换至图表工具下的"格式"选项卡，单击"当前所选内容"下拉按钮，在打开的菜单列表中继续单击"图表区"下拉按钮，此时图表内所有对象均展示在菜单列表中，然后单击要进行编辑的图表对象即可，如图 19-5 所示。

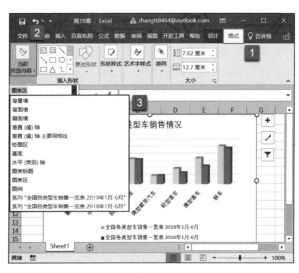

图　19-5

19.2 常用图表及应用范围

对于初学者而言，如何挑选合适的图表类型来表达数据是一个难点。不同的图表类型其表达重点有所不同，因此我们首先要了解各类型图表的应用范围，学会根据当前数据源以及分析目的选用最合适的图表类型来直观地表达。

Microsoft Excel 支持多种类型的图表，如柱形图、条形图、层次结构图表、瀑布图、股价图、曲面图、雷达图、折线图、面积图、统计图表、组合图、饼图、圆环图、气泡图、XY（散点图）等，每种标准图表类型都有几种子类型。Excel 2019 还新增了漏斗图和地图图表等。

19.2.1 柱形图或条形图

1. 柱形图

柱形图显示一段时间内数据的变化，或者显示不同项目之间的对比。柱形图具有下面的子图表类型。

（1）簇状柱形图

这种图表类型用于比较类别间的值。水平方向表示类别，垂直方向表示各分类的值，因此从图表中可直接比较出各类型的车在不同年份的销售额，如图 19-6 所示。

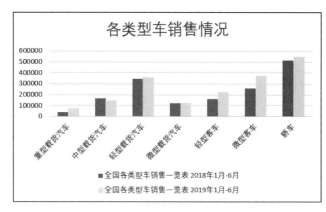

图 19-6

（2）堆积柱形图

这种图表类型显示各个项目与整体之间的关系，从而比较各类别的值在总和中的分布情况。从如图 19-7 所示的图表中可以清晰地看出在不同年份各类型车的销售额与总体之间的比例关系。

（3）百分比堆积柱形图

这种图表类型以百分比形式比较各类别的值在总和中的分布情况。在如图 19-8 所示的图表中，垂直轴的刻度显示的为百分比而非数值，因此图表显示了不同年份的各类型车的销售额占总体的百分比。

注意： 以上显示的簇状柱形图、堆积柱形图、百分比堆积柱形图都是二维格式，除此之外还可以三维效果显示，其表达效果与二维效果一样，只是显示的柱状不同，分别有柱形、圆柱状、圆锥形、棱锥形。

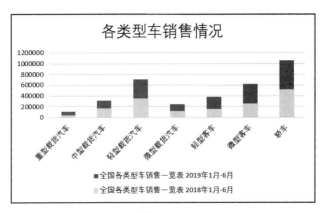

图　19-7

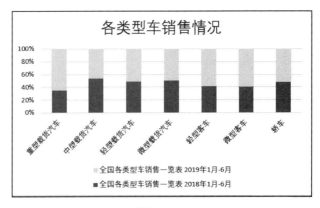

图　19-8

2. 条形图

条形图显示各个项目之间的对比，主要用于表现各项目之间的数据差额。它可以看成顺时针旋转 90 度的柱形图，因此条形图的子图表类型与柱形图基本一致，各种子图表类型的用法与用途也基本相同。条形图的每一种子图表类型也分为二维与三维两种类型。

（1）簇状柱形图

这种图表类型比较类别间的值。如图 19-9 所示的图表，垂直方向表示类别，水平方向表示各类别的值。

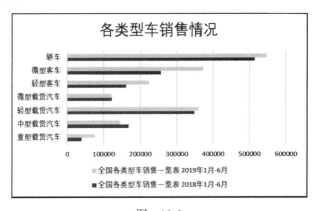

图　19-9

（2）堆积条形图

这种图表类型显示各个项目与整体之间的关系。如图 19-10 所示的图表，可以看出在不同年份各类型车的销售额与总体之间的比例关系。

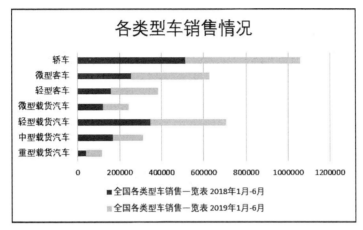

图　19-10

（3）百分比堆积条形图

这种图表类型以百分比形式比较各类别的值在总和中的分布情况，如图 19-11 所示。

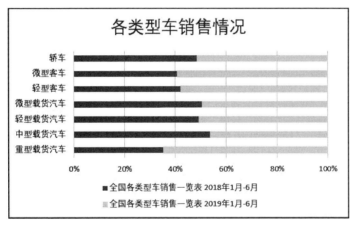

图　19-11

19.2.2　层次结构图表

1. 树状图

树状图主要用来比较层次结构不同级别的值，并以矩形显示层次结构级别中的比例，效果如图 19-12 所示。此图表类型通常在数据按层次结构组织并且类别较少时使用。

2. 旭日图

旭日图主要用来比较层次结构不同级别的值，并以环形显示层次结构级别中的比例，效果如图 19-13 所示。此图表类型通常在数据按层次结构组织并且类别较多时使用。

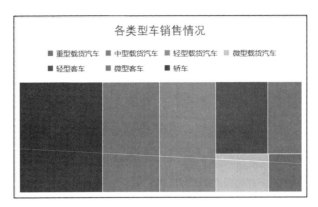

图　19-12

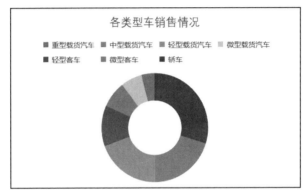

图　19-13

19.2.3　瀑布图、漏斗图、股价图、曲面图、雷达图

1. 瀑布图

瀑布图主要用来显示一系列正值和负值的累积影响。如图 19-14 所示为某商品的价格增减情况图表。此图表类型通常在有数据表示流入和流出时使用，如财务数据。

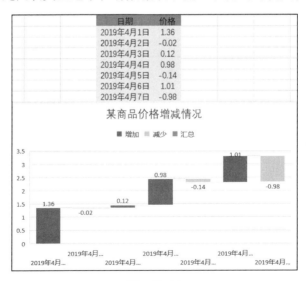

图　19-14

2. 漏斗图

漏斗图主要用来显示流程中多阶段的值。例如，可以使用漏斗图来显示销售管道中每个阶段的销售潜在客户数。通常情况下，值逐渐减小，从而使条形图呈现出漏斗形状，如图 19-15 所示。此图表类型通常在数据值显示逐渐递减的比例时使用。

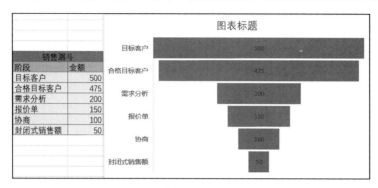

图　19-15

3. 股价图

股价图主要用来显示股票随时间的表现趋势。如图 19-16 所示为某股票的开盘价－最高价－最低价－收盘价图，通常在拥有 4 个系列的价格值：开盘价、最高价、最低价、收盘价时使用。

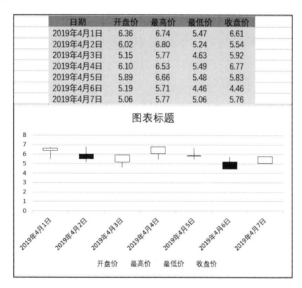

图　19-16

股价图除上述类型外，还有盘高－盘底－收盘图，通常在拥有 3 个系列的价格值：盘高、盘底、收盘时使用；成交量－盘高－盘底－收盘图，通常在拥有 4 个系列的价格值：成交量、盘高、盘底、收盘时使用；成交量－开盘－盘高－盘底－收盘图，通常在拥有 5 个系列的价格值：成交量、开盘、盘高、盘底、收盘时使用。

4. 曲面图

曲面图是以平面来显示数据的变化情况和趋势。如果用户希望找到两组数据之间的最佳组合，可以通过曲面图来实现。就像在地形图中一样，颜色和图案表示具有相同取值范围的区域。

如图 19-17 所示为三维曲面图，在连续曲面上跨两维显示各类型车销售量的趋势线，此图表类型通常在类别和系列均为数字时使用。

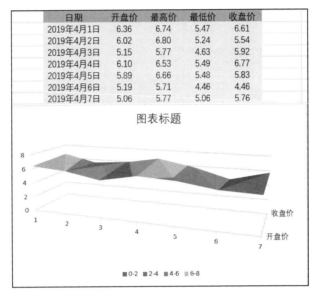

日期	开盘价	最高价	最低价	收盘价
2019年4月1日	6.36	6.74	5.47	6.61
2019年4月2日	6.02	6.80	5.24	5.54
2019年4月3日	5.15	5.77	4.63	5.92
2019年4月4日	6.10	6.53	5.49	6.77
2019年4月5日	5.89	6.66	5.48	5.83
2019年4月6日	5.19	5.71	4.46	4.46
2019年4月7日	5.06	5.77	5.06	5.76

图　19-17

曲面图除上述类型外，还有三维线框曲面图，通常在类别和系列均为数字且需要直接显示数据曲线时使用；曲面图，用于显示三维曲面图的二维顶视图，使用颜色表示值范围，通常在类别和系列均为数字时使用；曲面图（俯视框架图），用于显示三维曲面图的二维顶视图，通常在类别和系列均为数字时使用。

5. 雷达图

雷达图用于显示相对于中心点的值，不能直接比较类别，效果如图 19-18 所示。除此之外，雷达图还分为带数据标记的雷达图和填充雷达图。

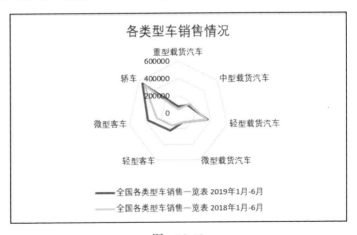

图　19-18

■ 19.2.4　折线图或面积图

1. 折线图

折线图显示随时间或类别的变化趋势。折线图主要分为带数据标记与不带数据标记两大类，这两大类的各类中分别有折线图、堆积折线图、百分比堆积折线图3种类型。除此之外还有三维折线图。

（1）折线图

这种图表类型显示各个值的分布随时间或类别的变化趋势。从如图19-19所示的图表中，可以直观地看到各类型车的销售额在不同年份的变化趋势。

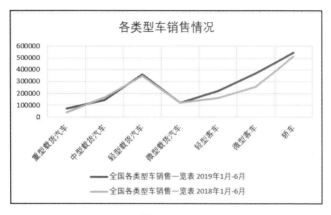

图　19-19

（2）堆积折线图

这种图表类型显示各个值与整体之间的关系，从而比较各个值在总和中的分布情况。在如图19-20所示的图表中，各数据点上，间隔大的表示销售额高，同时也可以看到哪个类型的车销售额最多。从图表中看到，这一数据源采用这一图表类型表达效果不够直观，可选择其他图表类型。

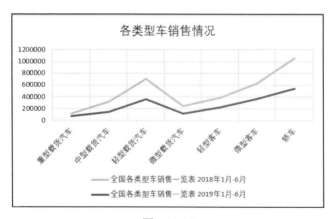

图　19-20

（3）百分比堆积折线图

这种图表类型以百分比方式显示各个值的分布随时间或类别的变化趋势。在如图19-21所示的图表中，垂直轴的刻度显示的为百分比而非数值，图表显示了各个类型车的销售额占总体的百分比。

2. 面积图

面积图也用于显示随时间或类别的变化趋势，强调随时间的变化幅度。面积图分为二维面积图和三维面积图，这两大类的各类中分别有面积图、堆积面积图、百分比堆积图3种类型。

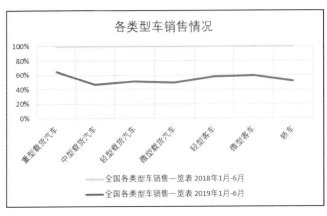

图　19-21

（1）面积图

这种图表类型显示各个值的分布随时间或类别的变化趋势。从如图 19-22 所示的图表中，可以直观地看到各类型车的销售额在不同年份的变化趋势。

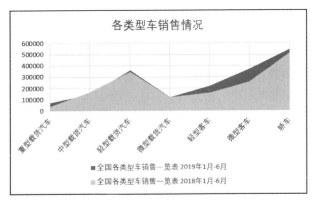

图　19-22

（2）堆积面积图

这种图表类型显示各个值与整体之间的关系，从而比较各个值在总和中的分布情况。在如图 19-23 所示的图表中，各数据点上，间隔大的表示销售额高，同时也可以看到哪个类型的车销售额最多。从图表中看到，这一数据源采用这一图表类型表达效果不够直观，可选择其他图表类型。

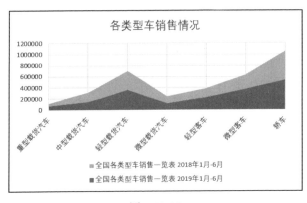

图　19-23

（3）百分比堆积面积图

这种图表类型以百分比方式显示各个值的分布随时间或类别的变化趋势。如图
19-24 所示的图表，垂直轴的刻度显示的为百分比而非数值，图表显示了各个类型车的
销售额占总体的百分比。

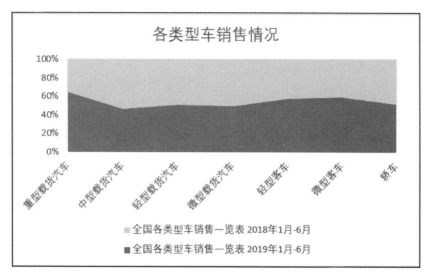

图　19-24

19.2.5　统计图表

1. 排列图

排列图主要用于显示各个元素占总计值的相对比例，显示数据中的最重要因素，
效果如图 19-25 所示。

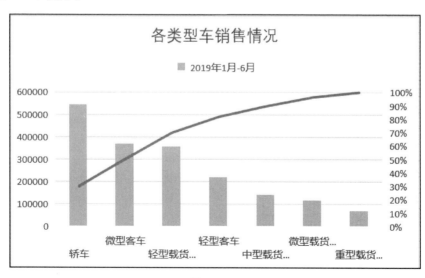

图　19-25

2. 箱形图

箱形图主要用来显示一组数中的变体，效果如图 19-26 所示。此图表类型通常在存
在多个数据集且以某种方式互相关联时使用。

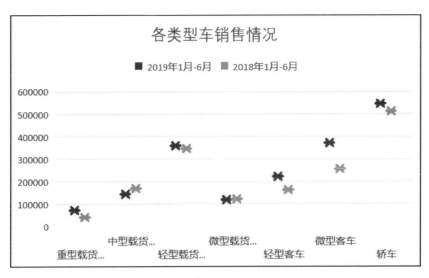

图　19-26

19.2.6　饼图或圆环图

1. 饼图

饼图用于显示组成数据系列的项目在项目总和中所占的比例。当用户希望强调数据中的某个重要元素时可以采用饼图。饼图通常只显示一个数据系列（建立饼图时，如果有几个系列同时被选中，那么图表只绘制其中一个系列）。饼图有饼图、复合饼图和复合条饼图 3 种类别。

（1）饼图

这种图表类型显示各个值在总和中的分布情况。如图 19-27、图 19-28 所示分别为饼图与三维饼图。这种饼图有不分离型与分离型两种，它们只是显示的方式有所不同，所表达效果都是一样的。

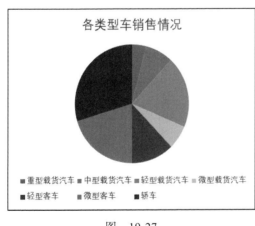

图　19-27

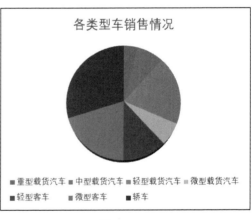

图　19-28

（2）复合饼图

这是一种将用户定义的值提取出来并显示在另一个饼图中的饼图。例如，为了看清楚细小的扇区，用户可以将它们组合成一个项目，然后在主图表旁的小型饼图或条形图中将该项目的各个成员分别显示出来，效果如图 19-29 所示。

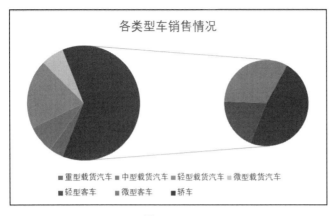

图　19-29

（3）复合条饼图

复合条饼图用来显示整体的比例，从第 1 个饼图中提取一些值，将其合并在堆积条形图中，使较小百分比更具可读性或突出强调堆积条形图中的值，效果如图 19-30 所示。

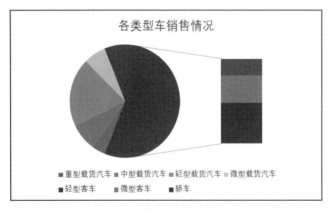

图　19-30

2. 圆环图

圆环图用于显示整体的比例。当存在与较大总和相关的多个系列时，需要采用圆环图，效果如图 19-31 所示。

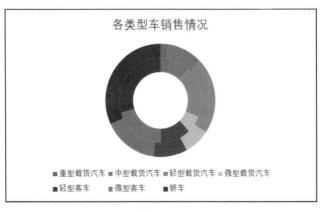

图　19-31

19.2.7 散点图或气泡图

1.XY 散点图

XY 散点图用于展示成对的数据之间的关系。每一对数字中的第 1 个数字被绘制在垂直轴上，另一个数字被绘制在水平轴上。散点图通常用于科学数据。

散点图分为"仅带数据标记的散点图""带平滑线和数据标记的散点图""带平滑线的散点图""带直线和数据标记的散点图""带直线的散点图"，几种类型图表的区别在于是否带数据标记、是否显示线条、是显示平滑线还是直线，它们的表达宗旨相同，只是建立后的视觉效果不同。如图 19-32 所示为带平滑线和数据标记的散点图。

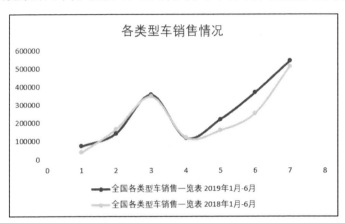

图　19-32

2. 气泡图

气泡图主要用于比较至少 3 组值或 3 对数据，并显示值集之间的关系，通常有第 3 个值可以用来确定气泡的相对大小时采用气泡图。气泡图分为气泡图和三维气泡图，效果分别如图 19-33 和图 19-34 所示。

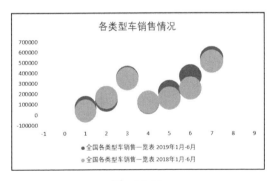

图　19-33

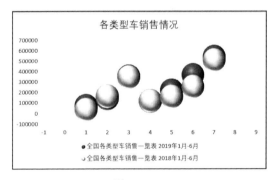

图　19-34

19.3 | 编辑图表

快速创建图表有时不能完全满足实际需要，此时可以对图表进行自行编辑修改，以获得最佳效果。

19.3.1 图表大小和位置的调整

创建图表后，经常需要更改图表的大小，并将其移动至合适的位置上。

1.调整图表大小

方法一：选中图表，将光标定位在上、下、左、右控点上，当鼠标变成双向箭头时，按住鼠标左键进行拖动即可调整图表宽度或高度，如图 19-35 所示。将光标定位到拐角控点上，当鼠标变成双向箭头时，按住鼠标左键进行拖动即可按比例调整图表大小，如图 19-36 所示。

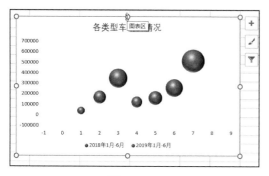

图   19-35

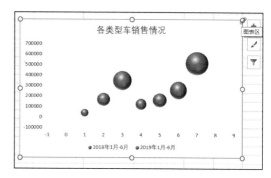

图   19-36

方法二：单击选中图表，切换至图表工具的"格式"选项卡，然后在"大小"组中对图表的高度与宽度进行调整，如图 19-37 所示。

2.移动图表

方法一：在当前工作上移动图表。单击选中图表，然后将光标定位到上、下、左、右边框上（注意非控点上），当光标变成双向十字形箭头时，按住鼠标左键进行拖动即可移动图表，如图 19-38所示。

图   19-37

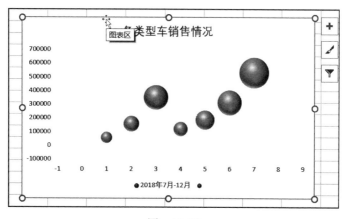

图   19-38

方法二：移动图表至其他工作表中。单击选中图表，切换至图表工具的"设计"选项卡，单击"移动图表"按钮，如图 19-39 所示。弹出"移动图表"对话框，可以单击选中"新工作表"前的单选按钮，并在右侧文本框内输入新工作表的名称，将图表移动新的工作表内；也可以单击选中"对象位于"前的单选按钮，并单击右侧的下拉列表选择工作表，即可将图表移动至其他工作表中，如图 19-40 所示。

图　19-39

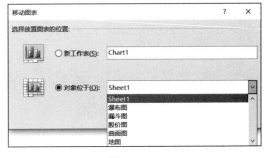

图　19-40

提示：建立图表后，Excel 会添加一个"图表工具"菜单，包含"设计"和"格式"两个子菜单，用于专门针对图表的操作。选中图表时，这个菜单就会出现；不选中时，该菜单则自动隐藏。

19.3.2　图表的复制和删除

1. 复制图表

方法一：复制图表到工作表中。选中目标图表，按"Ctrl+C"快捷键进行复制，然后将鼠标定位到当前工作表或者其他工作表的目标位置，按"Ctrl+V"快捷键进行粘贴即可。

方法二：复制图表到 Word 文档中。选中目标图表，按"Ctrl+C"快捷键进行复制，切换到要使用该目标图表的 Word 文档，定位光标位置，按"Ctrl+V"快捷键进行粘贴即可。

注意：以此方式粘贴的图表与源数据源是相链接的，即当图表的数据源发生改变时，任何一个复制的图表也做相应更改。

2. 删除图表

删除图表时，可单击选中图表，按键盘上的"Delete"键即可。

19.3.3　更改图表类型

图表创建完成后，如果想更换一下图表类型，可以直接在已建立的图表上进行更改，不必重新创建图表。但是在更改图表类型时，要根据当前数据选择合适的图表类型。

步骤 1：选中图表，切换至图表工具的"设计"选项卡，单击"类型"组中的"更改图表类型"按钮，如图 19-41 所示。

步骤 2：弹出"更改图表类型"对话框，在左侧窗格内选择图表类型，并在右侧窗格内选择图表，然后单击"确定"按钮即可，如图 19-42 所示。

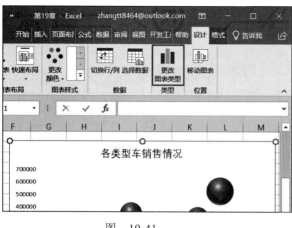

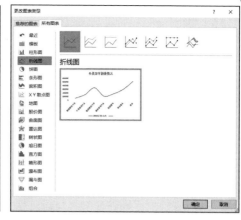

图　19-41　　　　　　　　　　　　　　　　　图　19-42

19.3.4　添加图表标题

图表标题用于表达图表的主题。有些图表默认不包含标题框，此时需要添加标题框并输入图表标题；或者有的图表默认包含标题框，也需要重新输入标题文字才能表达图表主题。单击选中图表区域内的"图表标题"即可进行编辑，如图 19-43 所示。

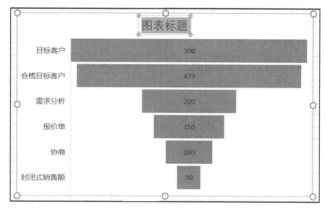

图　19-43

19.3.5　图表对象的边框、填充效果设置

图表的所有对象都可以重新设置其边框线条、颜色、填充效果等。用户可根据自身需要进行设置调整。

1. 设置图表文字格式

图表中的文字一般包括图表标题、图例文字、水平轴标签与垂直轴标签等。要重新更改默认的文字格式，首先选中要设置的对象，切换至"开始"选项卡，然后在"字体"组内即可对其字体、字号、字形、文字颜色等进行设置，如图 19-44 所示。另外，还可以设置艺术字效果（一般用于标题文字），首先选中要设置的对象，切换至图表工具的"格式"选项卡，然后在"艺术字样式"组内即可对艺术字样式、文本填充、文本轮廓、文本效果等进行设置，如图 19-45 所示。

2. 设置图表对象的边框线条

单击选中图表，切换至图表工具的"格式"选项卡，单击"形状样式"组中的"形状轮廓"下拉按钮，打开菜单列表，即可对边框的颜色、轮廓、粗细、虚线等样式进行设置，如图19-46所示。

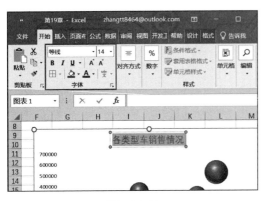

图　19-44　　　　　　　　　　　　图　19-45

3. 设置图表对象的填充效果

要对图表对象的边框进行填充效果设置，首先需要选中目标对象，然后再按照如下方法进行设置（下面以设置图表区的边框填充效果为例）。

（1）设置单色填充

单击选中图表区，切换至图表工具的"格式"选项卡，单击"形状样式"组中的"形状填充"下拉按钮，打开菜单列表，在"主题颜色"窗格内可以选择填充颜色。当鼠标指向设置选项时，Excel中的图表会显示预览效果，如图19-47所示。

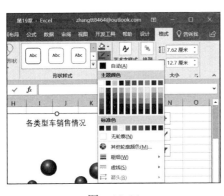
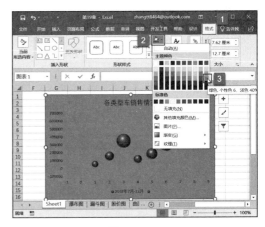

图　19-46　　　　　　　　　　　　图　19-47

（2）设置渐变填充效果

单击选中图表，切换至图表工具的"格式"选项卡，单击"形状样式"组中 按钮，打开"设置图表区格式"窗格。选择"填充"标签，单击选中"渐变填充"前的单选按钮，展开其设置选项，然后设置渐变填充的参数即可。此时可以看到图表区的渐变填充效果，如图19-48所示。

（3）设置图片填充效果

单击选中图表，切换至图表工具的"格式"选项卡，单击"形状样式"组中 按钮，打开"设置图表区格式"窗格。选择"填充"标签，单击选中"图片或纹理填充"前的单选按钮，展开其设置选项，然后设置其透明度、偏移量等即可。也可以单击"文件"按钮，从本机中选择图片进行填充。设置完成后，即可看到图表区的填充效果，如图 19-49 所示。

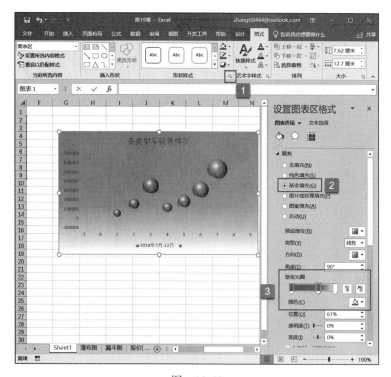

图   19-48

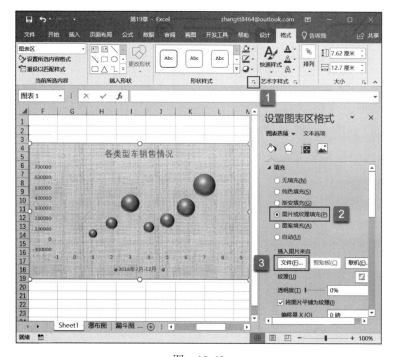

图   19-49

提示：还可以对选中的对象进行特效设置，其中包括阴影特、发光特效、三维特效等。

19.3.6　套用图表样式以快速美化图表

Excel 2019可以套用图表样式，以快速美化图表。单击选中图表，切换至图表工具的"设计"选项卡，在"图表样式"组中单击"快速样式"下拉按钮，打开菜单列表，单击选择合适的样式，即可将图表样式应用到 Excel 主界面的图表中，如图 19-50 所示。

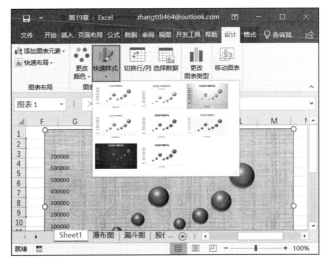

图　19-50

提示：在套用图表样式之后，之前所设置的填充颜色、文字格式等效果将自动取消。因此，如果想通过图表样式来美化图表，可以在建立图表后立即套用，然后再进行局部修改。

第20章
图表分析数据应用技巧

在图表中使用趋势线、折线、误差线等，可以帮助用户进行各种数据分析，从而直观地说明数据的变化趋势。趋势线和折线多用于预测数据的未来走势；误差线主要用于科学计算或实验，用图形表示相对于数据系列中每个数据点或数据标记的潜在误差量。本章介绍如何在图表中添加趋势线、折线和误差线，以及如何利用它们进行相关数据分析。

- 趋势线的使用技巧
- 折线的使用技巧
- 涨/跌柱线
- 误差线的使用技巧

20.1 趋势线的使用技巧

趋势线可以用图形的方式表示数据的变化趋势，从而帮助用户进行数据的预测分析（也叫作"回归分析"），以便及时指导实际工作。例如，使用趋势线可以显示某产品在销售的不同阶段所花费金额的变化曲线，如图 20-1 所示。根据这个变化曲线可以合理分配资金运转。

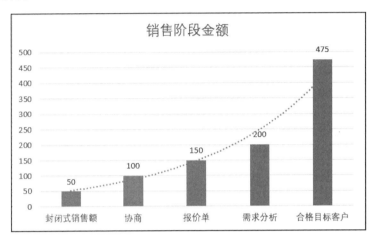

图　20-1

20.1.1　支持趋势线的图表类型

Excel 2019 中支持趋势线的图表有如下几种：
- 柱形图
- 条形图
- 股价图
- 折线图
- XY 散点图
- 气泡图

其他图表类型如树状图、旭日图、瀑布图、漏斗图、曲面图、雷达图、面积图、三维图、堆积图、直方图、排列图、箱形图、饼图、圆环图等，不能添加趋势线。如果将图表类型更改为不支持趋势线的类型，则原有的趋势线会被删除。例如，原来柱形图中已经添加了趋势线，将图表类型改为面积图后，原有趋势线将会被删除。

20.1.2　适合使用趋势线的数据

并不是所有的数据都适合使用趋势线来进行数据分析与预测，有些图表中的数据使用趋势线是毫无意义的。一般来说，下面两种类型的数据比较适合使用趋势线。
- 与时间相关的数据：例如一年的产品销量、一天当中的温度变化等，常见于 XY 散点图、柱形图、折线图等。
- 成对的数字数据：如 XY 散点图中的数据，因其两个轴都是数值轴，故数字成对出现。

20.1.3　添加趋势线

如果要为图表添加趋势线，可以按照以下步骤进行操作：打开工作表，单击选中图表的数据系列，切换至图表工具的"设计"选项卡，单击"图片布局"组中的"添加图表元素"下拉按钮，在打开的菜单列表中选择"趋势线"选项，然后在打开的趋势线类型列表中选择一种即可，如图 20-2 所示。

提示： 如果要使用菜单列表中未列出的趋势线类型，或者要自定义趋势线，可以单击菜单列表底部的"其他趋势线选项"按钮，打开"设置趋势线格式"窗口，然后选择其他趋势线类型或自行设置其他选项即可，如图 20-3 所示。例如，选择"移动平均"并采用默认设置的趋势线如图 20-4 所示。

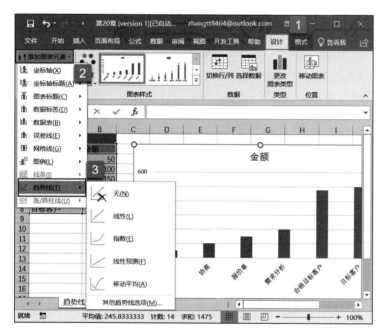

图　20-2

图　20-3

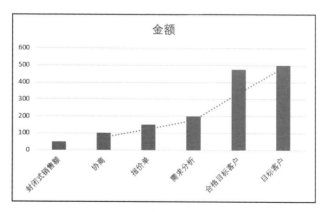

图　20-4

20.1.4　趋势预测／回归分析类型

在"设置趋势线格式"对话框中，可以选择趋势线的更多类型，并且可以针对每种类型做具体的选项设置。下面分别介绍一下这些趋势线的特点与用途。

- ❑ 指数：指数趋势线是一种曲线，用于以越来越高的速率上升或下降的数据值。对于指数趋势线，数据不应该包含零值或负数。
- ❑ 线性：线性趋势线适用于以最佳拟和直线显示包含以稳定速率增加或减少的数据值的简单线性数据集，如果数据点构成的图案类似一条直线，则表明数据为线性。
- ❑ 对数：对数趋势线适用于以最佳拟合曲线显示稳定前快速增加或减少的数据值。对于对数趋势线，数据可以包含负数和正数。
- ❑ 多项式：多项式趋势线适合于用曲线表示波动较大的数据值。当需要分析大量数据的偏差时，可以使用多项式趋势线。选中此项后，可以在"阶数"文本框内输入 2 到 6 之间的整数，从而确定曲线中拐点（峰值和峰谷）的个数。例如，如果将"阶数"的值设为 2，则图表通常只显示一个峰值或峰谷，值为 3 则显示一个或两个峰值或峰谷，值为 4 则最多可以显示 3 个峰值或峰谷。
- ❑ 乘幂：乘幂趋势线应用曲线显示特定速率增加的测量值的数据值。要应用幂趋势线的数据不应该包含零值或负数。
- ❑ 移动平均：移动平均趋势线使用弯曲趋势线显示数据值，同时平滑数据波动，这样可以更清晰地显示图案或趋势。选中此项后，可以在"周期"文本框内输入一个介于 2 和系列中数据点的数量减 1 之间的数值，从而确定在趋势线中用作点的数据点平均值。例如，如果将"周期"设为 2，那么前两个数据点的平均值就是移动平均趋势线中的第 1 个点。第 2 个和第 3 个数据点的平均值就是趋势线中第 2 个点，依此类推。

20.1.5 设置趋势线格式

默认情况下，趋势线为一条黑色实线。为了使图表更加美观，可以在添加趋势线后再对其格式进行设置。如果已经为图表中的数据系列添加了趋势线，则可以按照以下操作步骤进行设置。

步骤 1：选中图表中要修改的趋势线，然后执行下列操作之一，打开"设置趋势线格式"窗口。

- ❑ 右键单击，然后在打开的菜单列表中选择"设置趋势线格式"项。
- ❑ 切换至图表工具的"格式"选项卡，单击"当前所选内容"组中的"设置所选内容格式"按钮。
- ❑ 切换至图表工具的"设计"选项卡，依次单击"添加图表元素"-"趋势线"选项，在打开的菜单列表中选择"其他趋势线选项"项。

步骤 2：在"设置趋势线格式"窗格内切换至"填充与线条"类别，然后根据需要设置线条颜色、透明度、宽度、复合类型、短划线类型、线端类型等格式，如图 20-5 所示。

步骤 3：切换至"效果"类别，可以在"阴影"窗格内设置其颜色、透明度、大小、模糊、角度等格式，在"发光"窗格内设置其颜色、大小、透明度格式，在"柔滑边缘"窗格内设置其大小格式，如图 20-6 所示。

步骤 4：设置完成后，单击对话框右上角的关闭按钮即可。

图　20-5

图　20-6

20.1.6　删除趋势线

如果要删除图表中的趋势线，可以按照以下步骤进行操作。单击图表中要删除的趋势线，然后执行下列操作之一：

❏ 按"Delete"键。

❏ 切换至图表工具的"设计"选项卡，依次单击"添加图表元素"-"趋势线"选项，在打开的菜单列表中选择"无"项，如图 20-7 所示。

❏ 右键单击，然后在打开的菜单列表中选择"删除"项，如图 20-8 所示。

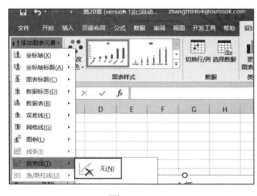

图　20-7

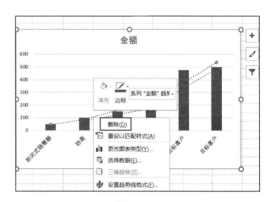

图　20-8

20.2 折线的使用技巧

在 Excel 2019 中可以为图表添加两种类型的折线：垂直线和高低点连线。本节将介绍向图表中添加垂直线和高低点连线，以及如何删除这两种折线。

20.2.1 添加垂直线

垂直线可以用于折线图和面积图。如果要向图表中添加垂直线，可以按照以下步骤进行操作：单击选中要添加垂直线的折线图或面积图，切换至图表工具的"设计"选项卡，依次单击"添加图表元素"-"线条"选项，在打开的菜单列表中选择"垂直线"项，如图 20-9 所示。为折线图添加垂直线后的图表效果如图 20-10 所示。

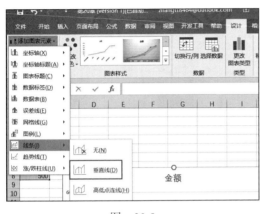

图　20-9

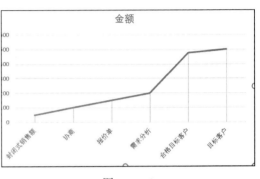

图　20-10

20.2.2 添加高低点连线

高低点连线可以用于二维折线图，常用于股价图。如果要向图表中添加高低点连线，可以按照以下步骤进行操作：单击选中要添加垂直线的二维折线图，切换至图表工具的"设计"选项卡，依次单击"添加图表元素"-"线条"选项，在打开的菜单列表中选择"高低点连线"项，如图 20-11 所示。为二维折线图添加高低点连线后的图表效果如图 20-12 所示。

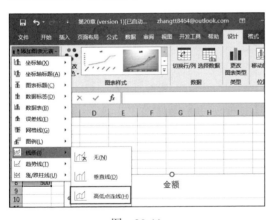

图　20-11

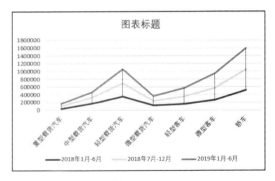

图　20-12

20.2.3 删除折线

如果要删除图表中的折线，可以按照以下步骤进行操作。单击图表中要删除的折线，然后执行下列操作之一：

❏ 按"Delete"键。

❑ 切换至图表工具的"设计"选项卡，依次单击"添加图表元素"–"折线"选项，在打开的菜单列表中选择"无"项。

❑ 右键单击，然后在打开的菜单列表中选择"删除"项。

20.3　涨/跌柱线

涨/跌柱线适用于二维折线图，常用于股价图。如果要向图表中添加涨/跌柱线，可以按照以下步骤进行操作：单击选中要添加添加涨/跌柱线的二维折线图，切换至图表工具的"设计"选项卡，依次单击"添加图表元素"–"线条"选项，在打开的菜单列表中选择"涨/跌柱线"项，如图 20-13 所示。为折线图添加涨/跌柱线后的图表效果如图 20-14 所示。

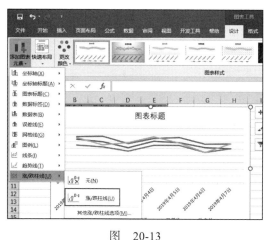

图　20-13

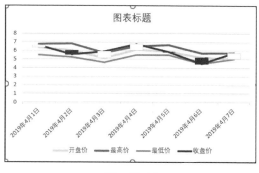

图　20-14

如果要删除涨/跌柱线，可以按照以下步骤进行操作。单击图表中要删除的涨/跌柱线，然后执行下列操作之一：

❑ 按"Delete"键。

❑ 切换至图表工具的"设计"选项卡，依次单击"添加图表元素"–"涨/跌柱线"选项，在打开的菜单列表中选择"无"项。

❑ 右键单击，然后在打开的菜单列表中选择"删除"项。

20.4　误差线的使用技巧

误差线与趋势线一样，都是非常重要的辅助功能线，通常用于统计或科学记数法数据中，显示相对序列中的每个数据标记的潜在误差或不确定度。

20.4.1　支持误差线的图表类型

支持误差线的图表类型有如下几种：

❑ 面积图

❑ 条形图

❑ 柱形图

❑ 折线图

❑ XY 散点图

❑ 气泡图

20.4.2 添加误差线

如果要为图表添加误差线，可以按照以下步骤进行操作：打开工作表，单击选中图表的数据系列，切换至图表工具的"设计"选项卡，单击"图片布局"组中的"添加图表元素"下拉按钮，在打开的菜单列表中选择"误差线"选项，然后在打开的误差线类型列表中选择一种即可，如图 20-15 所示。

提示：如果要使用菜单列表中未列出的误差线类型，或者要自定义误差线，可以单击菜单列表底部的"其他误差线选项"按钮，打开"设置误差线格式"窗口，然后选择其他误差线类型或自行设置其他选项即可，如图 20-16 所示。添加误差线后的柱形图如图 20-17 所示。

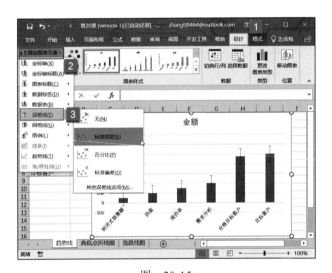

图　20-15

图　20-16

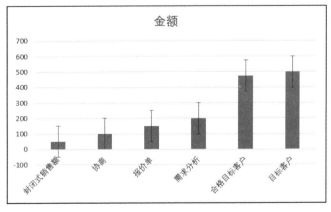

图　20-17

20.4.3　设置误差线的显示选项

在"设置误差线格式"对话框中，可以设置误差线的显示选项，更改其方向和末端样式。

方向如下。

❑ 正负偏差：实际数据点值加上并减去特定误差量。

❑ 负偏差：实际数据点值减去特定误差量。

❑ 正偏差：实际数据点值加上特定误差量。

末端样式如下。

❑ 无线端：没有端帽的误差线。

❑ 线端：有端帽的误差线。

20.4.4　设置误差线的误差量选项

在"设置误差线格式"对话框中，还可以设置误差线的误差量选项。

❑ 固定值：在"固定值"框中指定常量值以计算每个数据点的误差量，每条误差线有相同的高度（或对 X 误差线有相同的宽度）。

❑ 百分比：在"百分比"框中指定百分比以计算每个数据点的误差量，并作为该数据点值的百分比。基于百分比的误差线在大小上不同。

❑ 标准偏差：显示为每个数据点计算的绘制值，然后乘以在"标准偏差"框中指定的数字的标准偏差。得到的 Y 误差线或 X 误差线的大小相同，并且不随每个数据点而变化。

❑ 标准误差：显示所有绘制值的标准误差量。每条误差线高度相同（或对 X 误差线有相同的宽度）。

❑ 自定义：误差量由工作表区域中指定的值决定。使用此选项时，可以在工作表区域中包含公式。

20.4.5　删除误差线

如果要删除误差线，可以按照以下步骤进行操作。单击图表中要删除的误差线，然后执行下列操作之一：

❑ 按"Delete"键。

❑ 切换至图表工具的"设计"选项卡，依次单击"添加图表元素"–"误差线"选项，在打开的菜单列表中选择"无"项。

❑ 右键单击，然后在打开的菜单列表中选择"删除"项。

第四篇

数据分析篇

第21章

排序与筛选

本章主要介绍排序与筛选在运用方面的知识。通过学习这些，用户能在运用 Excel 2019 进行数据分析时更加得心应手。

- 排序
- 筛选

21.1 ｜ 排序

■ 21.1.1　3种实用的工作表排序方法

排序是工作表数据处理中经常性的操作，Excel 2019排序分为有序数计算（类似成绩统计中的名次）和数据重排两类。以下介绍3种实用的工作表排序方法。

1. 数值排序

（1）RANK函数

RANK函数是Excel计算序数的主要工具。其语法是：RANK(number,ref,order)。其中，参数number为参与计算的数字或含有数字的单元格，参数ref是对参与计算的数字单元格区域的绝对引用，参数order是用来说明排序方式的数字（如果order为0或省略，则按降序方式给出结果，反之按升序方式给出结果）。

（2）COUNTIF函数

COUNTIF函数可以统计某一区域中符合条件的单元格数目，其语法为COUNTIF(range,criteria)。其中，参数range为参与统计的单元格区域，参数criteria是以数字、表达式或文本形式定义的条件。其中数字可以直接写入，而表达式和文本必须加引号。

（3）IF函数

Excel自身带有排序功能，可使数据以降序或升序方式重新排列。如果将它与IF函数结合，则可以计算出没有空缺的排名。根据排序需要，单击Excel工具栏中的"降序"或"升序"按钮，即可使工作表中的所有数据按要求重新排列。

2. 文本排序

特殊场合需要按姓氏笔划排序，这类排序称为文本排序。笔划排序的规则是：按姓氏的笔划数进行排列，笔划数相同的姓氏根据起笔顺序排列（横、竖、撇、捺、折），笔划数和起笔顺序都相同的字，按字形结构排列，先左右、再上下，最后整体字。如果姓氏相同，则依次看名字的第二、第三字，规则同姓氏。接下来以姓名排序为例，介绍文本排序的具体操作步骤。

步骤1：选中要进行排序的单元格区域，切换至"数据"选项卡，单击"排序和筛选"组内的"排序"按钮，如图21-1所示。

步骤2：如果所选中的单元格区域旁边还有数据，Excel会弹出"排序提醒"对话框，单击选中"以当前选定区域排序"前的单选按钮，然后单击"排序"按钮即可，如图21-2所示。

步骤3：弹出"排序"对话框，单击"选项"按钮，如图21-3所示。

步骤4：弹出"排序选项"对话框，在"方法"窗格内单击选中"笔划排序"前的单选按钮，然后根据数据排列方向选择"按行排序"或"按列排序"，并单击"确定"按钮，如图21-4所示。

步骤5：返回"排序"对话框。如果数据带有标题行，单击勾选"数据包含标题"前的复选框。单击"主要关键字"下拉按钮，选择主要关键字。单击"排序依据"下拉按钮，选择排序依据。单击"次序"下拉按钮，选择"升序""降序"或"自定义序列"选项。然后单击"确定"按钮即可，如图21-5所示。

步骤6：返回 Excel 主界面，即可看到选中区域已按笔划排序，如图 21-6 所示。

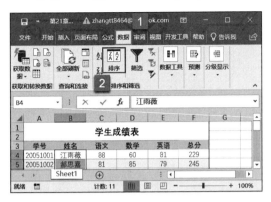

图　21-1

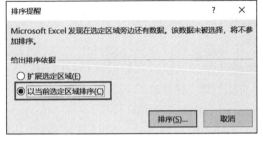

图　21-2

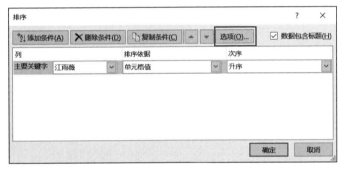

图　21-3

图　21-4

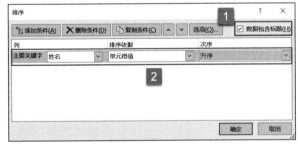

图　21-5

图　21-6

3. 自定义排序

使用自定义排序的具体方法与文本排序的操作相类似，其具体操作步骤如下。

步骤 1： 选中要进行排序的单元格区域，打开"排序"对话框，单击"次序"下拉按钮，选择"自定义序列"项，如图 21-7 所示。

步骤 2： 弹出"自定义序列"对话框，在"自定义序列"菜单列表中选择一种序列，或者选择"新序列"项，并在右侧"输入序列"窗格内输入新序列，并单击"添加"按钮，选择完成后单击"确定"按钮，如图 21-8 所示。

步骤 3： 返回"排序"对话框，单击"确定"按钮即可。

图　21-7　　　　　　　　　　　　　　　　　图　21-8

21.1.2　对超过 3 列的数据进行排序

对于不经常使用 Excel 排序功能的用户来说，排序通常情况下只对一列或一行进行排序。然而现在的多数用户通常都会因工作需要同时运用多种排序。Excel 2019 最多可对 64 个关键字进行排序，这在很大程度上满足了用户的需要。

在如图 21-9 所示的工作表中，有一个 6 列数据的表格，如果需要对这 6 个关键字同时进行排序，用户可执行以下操作步骤。

	A	B	C	D	E	F
3	学号	姓名	语文	数学	英语	总分
4	20051001	陈小旭	88	60	81	229
5	20051002	尹南	81	85	79	245
6	20051003	江雨薇	50	69	75	194
7	20051004	邱月清	75	80	60	215
8	20051005	沈沉	60	88	80	228
9	20051006	林晓彤	85	81	81	247
10	20051007	郝思嘉	69	79	79	227
11	20051008	萧煜	58	75	86	219
12	20051009	曾云儿	81	45	45	171
13	20051010	蔡小蓓	79	63	63	205
14	20051011	薛婧	86	86	86	258

图　21-9

步骤 1：选择数据区域内任意单元格，打开"排序"对话框，单击勾选对话框右上角"数据包含标题"前的复选框，然后单击"主要关键字"下拉按钮，选择"学号"项，单击"次序"下拉按钮，选择"降序"项。设置好主要关键字条件后，单击对话框左上角的"添加条件"按钮，如图 21-10 所示。

步骤 2：在"主要关键字"下方出现"次要关键字"行，然后依次单击"次要关键字""排序依据""次序"以及"选项"按钮，设置次要关键字的条件。将工作表中剩余标题全部设为次要关键字后，单击"确定"按钮即可，如图 21-11 所示。

图　21-10　　　　　　　　　　　　　　　　图　21-11

步骤3：返回 Excel 主界面，即可看到工作表内数据已完成排序，如图 21-12 所示。

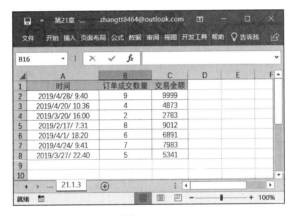

图　21-12

■ 21.1.3　按日期和时间进行混合条件排序

用户通常会遇到如图 21-13 所示的数据表，A 列中的数据是日期和时间的混合，如果用户想要对其进行排列，可执行以下操作步骤。

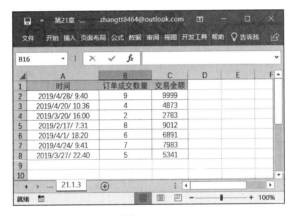

图　21-13

步骤1：确定单元格 A 列内数据为日期和时间格式。

步骤2：选中单元格区域，打开"排序"对话框，单击勾选"数据包含标题"前的复选框，单击"主要关键字"下拉按钮选择"时间"项，单击"次序"下拉按钮选择"升序"项，如图 21-14 所示。

步骤3：单击"确定"按钮返回 Excel 主界面，即可看到工作表内数据已完成排序，如图 21-15 所示。

图　21-14

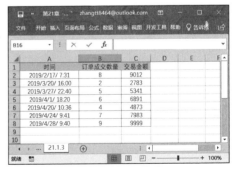

图　21-15

21.1.4　返回排序前的表格

用户反复对表格进行各种排序以后，数据的原有次序已经被打乱。如果在排序后做了一些必要的编辑或修改操作，就不方便再使用 Excel 的撤消功能。这时，如果需要让表格返回排序前的状态，就存在一定的难度了。

如果用户在排序前就打算保持表格在排序前的状态，则可在表格的左侧或右侧插入一列空白列，并填充一组连续的数字，例如 1,2,3…。然后，无论用户对表格进行怎样的排序，只要最后以插入的空白列为标准做一次升序排序，即可返回表格的原始次序。

21.1.5　按字数进行排序

在现实的工作过程中，用户有时需要对表格按字数进行排序。例如，在制作一份如图 21-16 所示的歌曲清单时，人们会习惯性地按歌曲名的字数进行分类。但是 Excel 目前并不支持按字数进行排序，此时可以通过以下方法进行分类排序。

步骤 1：在单元格 C 列中增加辅助列，选中单元格 C2，在公式编辑栏中输入公式"=LEN(A2)"，按"Enter"键返回单元格 A2 内容的文本字数，然后利用自动填充功能计算其他单元格内的文本字数即可，如图 21-17 所示。

图　21-16

图　21-17

步骤 2：选中单元格区域 C1:C9，打开"排序"对话框，单击"主要关键字"下拉按钮选择"辅助列"项，单击"次序"下拉按钮选择"升序"项，如图 21-18 所示。

图　21-18

步骤 3：单击"确定"按钮返回 Excel 主界面，即可看到工作表内数据已完成排序，如图 21-19 所示。如果不再需要单元格 C 列，将其删除即可。

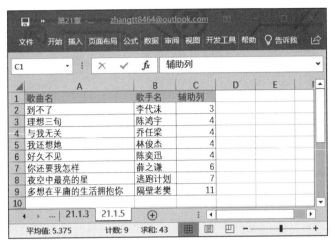

图 21-19

21.1.6 按字母与数字的混合内容进行排序

在平常工作中，用户创建的表格经常会包含字母和数字的混合数据，如图 21-20 所示。这种数据在进行排序时，结果总是令用户不满意。例如，对单元格区域 A1:F11 内的内容按学号升序格式进行排序，结果如图 21-21 所示，显然这并不是用户想要的结果。

如果用户希望改变这种排序规则，可以进行以下操作。

步骤1：在单元格内插入辅助列 B 列，单击选中单元格 B2，在公式编辑栏中输入公式"=LEFT(A2,1)&RIGHT("000"&RIGHT(A2,LEN(A2)-1),3)"，按"Enter"

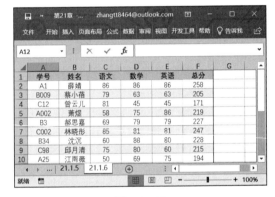

图 21-20

键即可。然后利用自动填充功能对其他单元格内容进行修改，结果如图 21-22 所示。

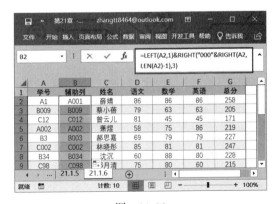

图 21-21　　　　　　　　　　　　　　　　　图 21-22

步骤2：选中单元格区域 A1:G11，打开"排序"对话框，单击"主要关键字"下拉按钮，选择"辅助列"项，如图 21-23 所示。

　　步骤 3：单击"确定"按钮返回 Excel 主界面，即可看到工作表内数据已完成排序，如图 21-24 所示。

图　21-23

图　21-24

21.1.7　按自定义序列进行排序

　　如图 21-25 所示为某物业公司统计的部分楼层户主信息，现需要对该内容按照楼层层数进行升序排序，如果直接对其操作，则会出现如图 21-26 所示的结果。

图　21-25

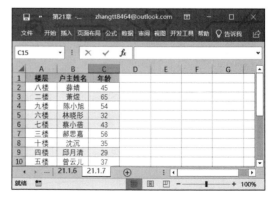

图　21-26

　　此时，可以设置自定义序列，然后再按自定义序列进行排序。

步骤1：选中单元格区域 A1:C11，打开"排序"对话框，单击"主要关键字"下拉按钮选择"楼层"项，单击"次序"下拉按钮选择"自定义序列"项，如图 21-27 所示。

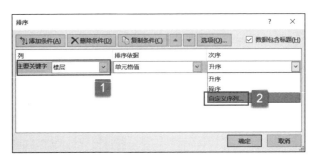

图　21-27

步骤2：弹出"自定义序列"对话框，在"自定义序列"窗格内选择"新序列"项，然后在右侧的"输入序列"文本框内输入新序列"一楼，二楼，三楼……"，单击"添加"按钮，如图 21-28 所示。

图　21-28

步骤3：即可看到"自定义序列"窗格列表内已经添加了新序列，并在右侧"输入序列"内显示，如图 21-29 所示。

步骤4：单击"确定"按钮返回"排序"对话框，单击"确定"按钮返回 Excel 主界面，结果如图 21-30 所示。

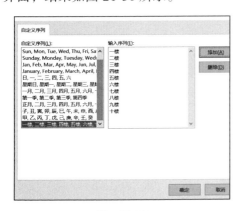

图　21-29

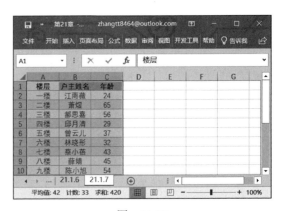

图　21-30

21.2 筛选

21.2.1 自动筛选符合条件的数据

使用 Excel 自动筛选功能，可以轻松地把符合某个条件的数据挑选出来。如图 21-31 所示，用户想把组别为 "B 组" 的学生挑选出来，如何实现呢？使用 "自动筛选" 功能的具体操作步骤如下。

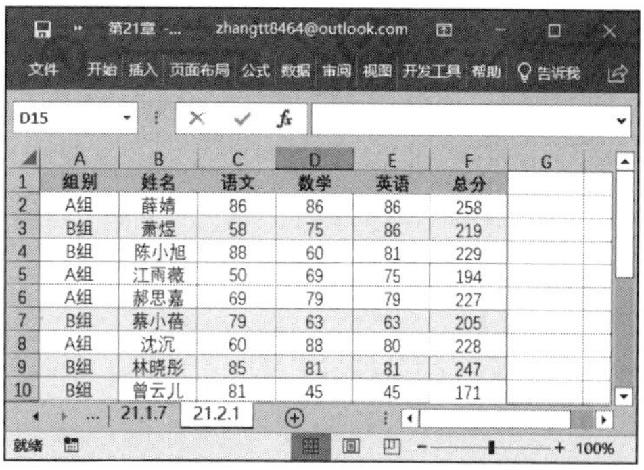

步骤 1：选中单元格 A1，切换至 "数据" 选项卡，单击 "排序和筛选" 组内的 "筛选" 按钮，如图 21-32 所示。

步骤 2：可以看到单元格区域内的标题行均增加了筛选按钮，单击 "组别" 筛选

图 21-31

按钮，在打开的菜单列表中单击取消勾选 "A 组" 前的复选框，如图 21-33 所示。

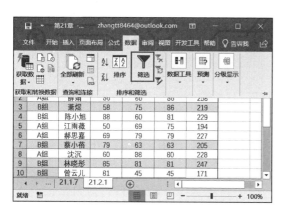

图 21-32

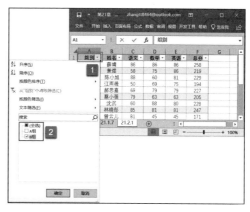

图 21-33

步骤 3：单击 "确定" 按钮返回 Excel，即可看到 "B 组" 的学生已被筛选出来，如图 21-34 所示。

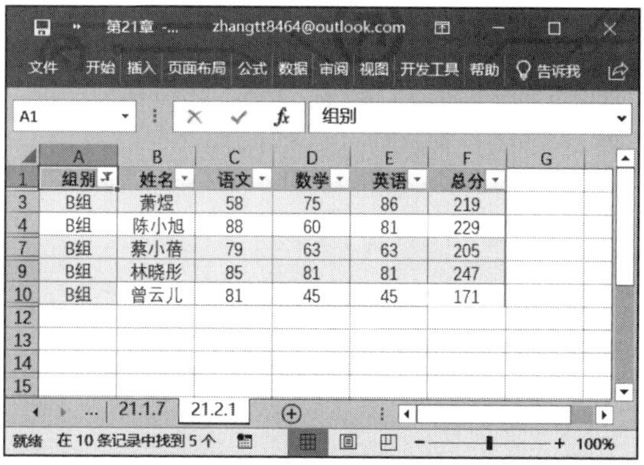

图 21-34

21.2.2　按颜色进行排序或筛选

在 Excel 中不仅可以对关键字进行排序和筛选，还可以对颜色进行排序和筛选。如对于图 21-35 所示的工作表，以下将说明如何按颜色进行排序或筛选操作。

步骤 1：按颜色进行排序。选中数据区域内任意单元格，切换至"数据"选项卡，单击"排序和筛选"组内的"筛选"按钮，然后单击"颜色"筛选按钮，在打开的菜单列表中单击"按颜色排序"项，在打开的菜单列表中选择任意颜色，例如粉色，如图 21-36 所示。

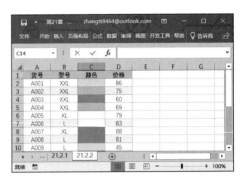

图　21-35

步骤 2：返回 Excel 主界面，即可看到粉色单元格区域已被排序在单元格区域前列，如图 21-37 所示。

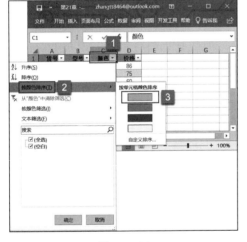

图　21-36

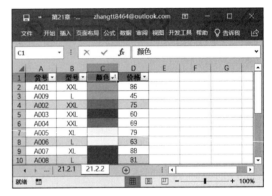

图　21-37

步骤 3：重复上述操作，依次选择其他颜色，即可将单元格区域按颜色排序，最终效果如图 21-38 所示。

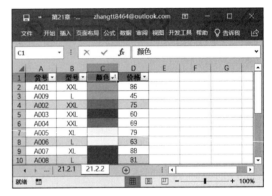

图　21-38

步骤 4：按颜色进行筛选。选中数据区域内任意单元格，切换至"数据"选项卡，单击"排序和筛选"组内的"筛选"按钮，然后单击"颜色"筛选按钮，在打开的菜单列表中单击"按颜色筛选"项，在打开的菜单列表中选择任意颜色，例如粉色，如图21-39所示。

步骤5：返回Excel主界面，即可看到粉色单元格区域已被筛选出来，如图21-40所示。

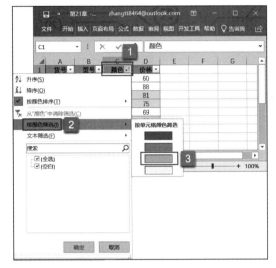

图　21-39

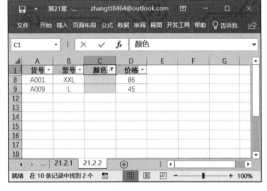

图　21-40

21.2.3　筛选高于或低于平均值的记录

在对数据进行数值筛选时，Excel 2019还可进行简单的数据分析，并筛选出分析结果，例如筛选高于或低于平均值的记录。下面以图21-41所示的数据为例，介绍下筛选高于平均值记录的具体操作步骤。

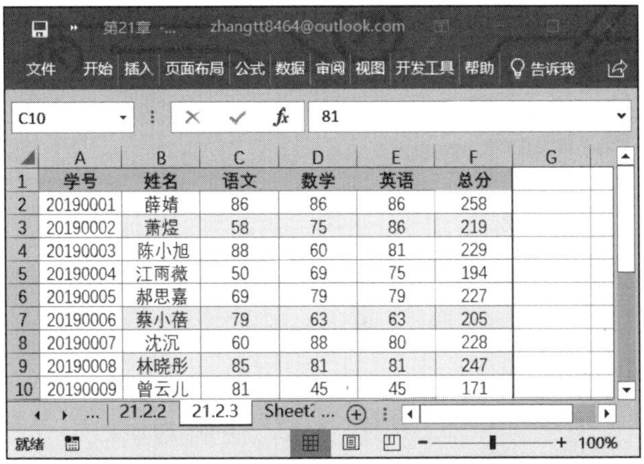

	A	B	C	D	E	F	G
1	学号	姓名	语文	数学	英语	总分	
2	20190001	薛婧	86	86	86	258	
3	20190002	萧煜	58	75	86	219	
4	20190003	陈小旭	88	60	81	229	
5	20190004	江雨薇	50	69	75	194	
6	20190005	郝思嘉	69	79	79	227	
7	20190006	蔡小蓓	79	63	63	205	
8	20190007	沈沉	60	88	80	228	
9	20190008	林晓彤	85	81	81	247	
10	20190009	曾云儿	81	45	45	171	

图　21-41

步骤1：选中数据区域内任意单元格，切换至"数据"选项卡，单击"排序和筛选"组内的"筛选"按钮，然后单击"语文"筛选按钮，在打开的菜单列表中单击"数字筛选"项，在打开的菜单列表中选择"高于平均值"项，如图21-42所示。

步骤2：返回Excel主界面，即可看到语文成绩高于平均值的数据已被筛选出来，如图 21-43 所示。

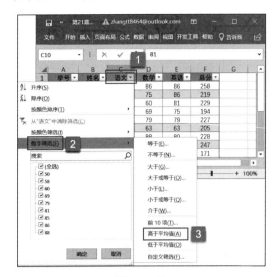

图　21-42

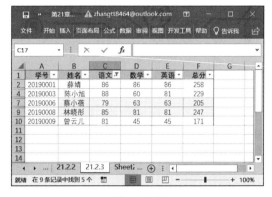

图　21-43

21.2.4　对数据进行高级筛选

　　采用高级筛选方式可将筛选到的结果存放于其他位置，以便于对数据进行分析。在高级筛选方式下可以实现同时满足两个条件的筛选。工作表如图 21-44 所示，筛选出总分在 230 分以上且语文成绩在 80 分以上的数据记录。

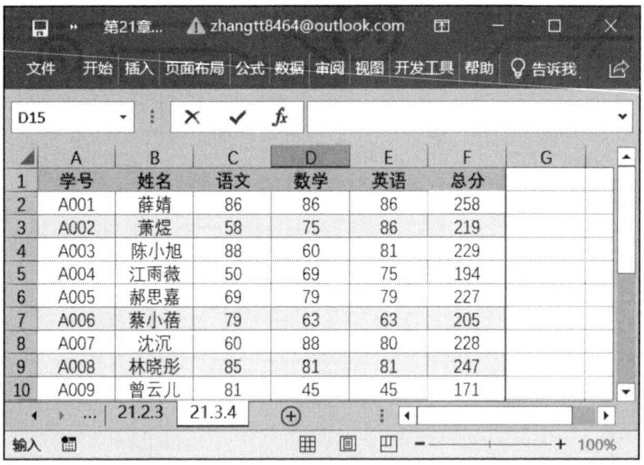

图　21-44

　　步骤 1：在工作表任意单元格区域内输入筛选条件，然后切换至"数据"选项卡，单击"排序和筛选"组内的"高级"按钮，如图 21-45 所示。

　　步骤 2：弹出"高级筛选"对话框，单击选中"将筛选结果复制到其他位置"前的单选按钮（也可保持默认设置），然后在"条件区域"文本框内输入刚输入筛选条件的单元格区域，在"复制到"文本框内输入筛选结果要保存的单元格区域，如图 21-46 所示。

　　步骤 3：单击"确定"按钮返回 Excel 主界面，即可看到符合筛选条件的数据记录已显示在指定单元格区域，如图 21-47 所示。

图　21-45

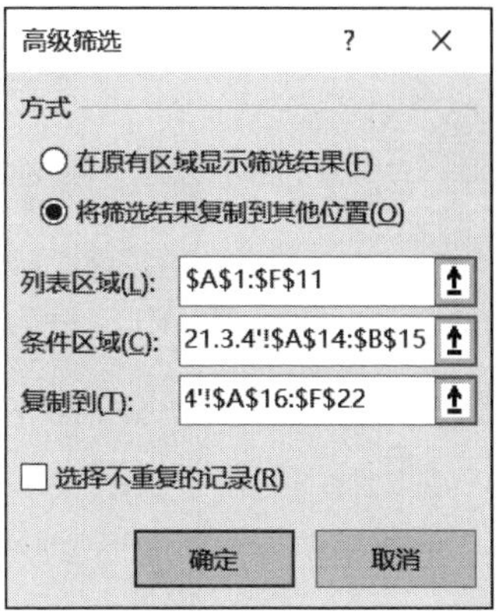

图　21-46

图　21-47

21.2.5　取消当前数据范围的筛选和排序

在对工作表进行了数据筛选后，如果要取消当前数据范围的筛选或排序，则可以执行以下操作之一。

❑ 单击设置了筛选的列标识右侧的按钮，在弹出菜单列表中选择"从'**'中清除筛选"项即可，如图21-48所示。

❑ 如果在工作表中应用了多处筛选，用户想要一次清除，可以切换至"开始"选项卡，单击"编辑"组内的"排序和筛选"按钮，然后在弹出的菜单列表中选择"清除"项即可，如图21-49所示。

图　21-48

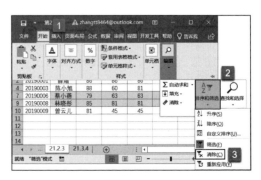

图　21-49

□ 如果在工作表中应用了多处筛选，用户想要一次清除，还可以直接切换至"数据"选项卡，单击"排序和筛选"组内的"清除"按钮即可，如图 21-50 所示。

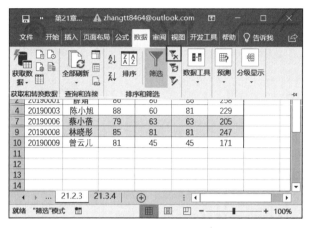

图　21-50

21.2.6　在当前数据范围内重新应用筛选和排序

用户在当前数据范围内已经应用了筛选或排序，如果还想在当前数据范围内重新应用筛选或排序命令，则可以执行以下操作步骤：在已经应用了筛选或排序的数据区域中单击任意单元格，切换至"数据"选项卡，单击"排序和筛选"组内的"重新应用"按钮即可，如图 21-51 所示；或者切换至"开始"选项卡，单击"编辑"组内的"排序和筛选"按钮，然后在弹出的菜单列表中选择"重新应用"项，如图 21-52 所示。

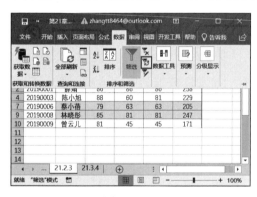

图　21-51

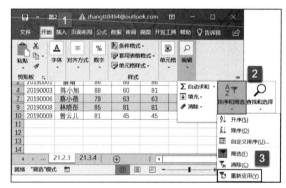

图　21-52

21.2.7　利用数据工具快速删除重复数据

利用数据工具功能可以将单元格区域内的重复数据进行快速删除，具体的操作步骤如下。

步骤 1：在需要删除重复数据的单元格区域内单击任意单元格，切换至"数据"选项卡，单击"数据工具"组内的"删除重复值"按钮，如图 21-53 所示。

步骤 2：弹出"删除重复值"对话框，选择要检查的字段，单击"确定"按钮，如图 21-54 所示。

步骤 3：如果单元格区域确实存在重复项，Excel 会弹出提示框，如图 21-55 所示。

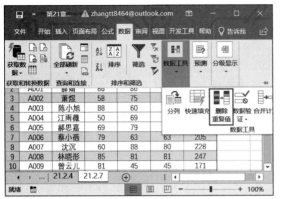

图　21-53

图　21-54

图　21-55

步骤4：单击"确定"按钮返回 Excel 主界面，即可看到重复的数据已经被删除了，如图 21-56 所示。

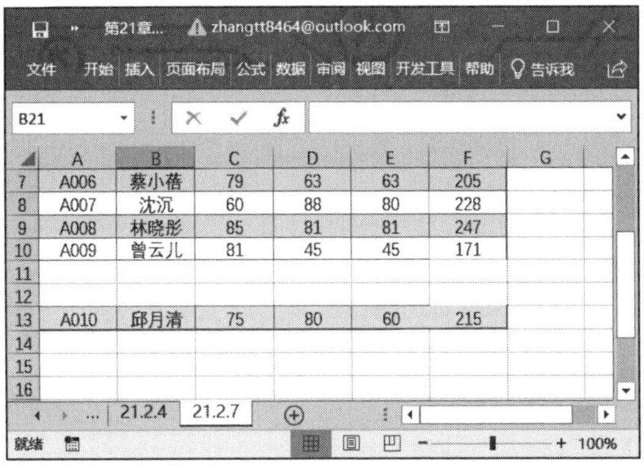

图　21-56

第22章
基本数据分析应用技巧

本章将介绍 Excel 2019 中常用的数据分析方法与分析工具，包括使用数据表进行假设分析、使用假设分析方案、使用分析工具库、单变量求解和规划求解。熟练掌握并应用这些数据分析方法与工具，能够解决各种复杂的数据分析与处理方面的问题。

- 使用数据表进行假设分析
- 假设分析方案
- 分析工具库
- 单变量求解实例

22.1　使用数据表进行假设分析

数据表指的是一个单元格区域，可用于显示一个或多个公式中某些值的更改对公式结果的影响。数据表实际上是一组命令的组成部分，有时也称这些命令为"假设分析"。用户可以通过更改单元格中的值，查看这些更改对工作表中公式结果有何影响。使用数据表可以快捷地通过一步操作计算出多种情况下的值，可以有效查看和比较由工作表中不同的变化所引起的各种结果。

■ 22.1.1　数据表的类型

数据表有两种类型：单变量数据表和双变量数据表。在具体使用时，需要根据待测试的变量数来决定创建单变量数据表还是双变量数据表。下面以计算购房贷款月还款额为例，介绍这两种类型的区别（实例将在后面的两节中详细介绍）。

❑ 单变量数据表：如果需要查看不同年限对购房贷款月还款额的影响，可以使用单变量数据表。在下面的单变量数据表示例中，单元格 B7 中包含付款公式"=PMT(B2/12,A7*12,B1-B4)"，它引用了输入单元格 A7。

❑ 双变量数据表：双变量数据表可用于显示不同利率和贷款年限对购房贷款月还款额的影响。在双变量数据表示例中，单元格 A7 中包含付款公式"=PMT(B2/12,B3*12,B1-B4)"，它引用了输入单元格 B2 和 B3。

■ 22.1.2　使用单变量数据表

下面通过实例详细说明如何使用单变量数据表进行假设分析。

步骤 1： 计算年限为 1 年的每月还款额。单击选中单元格 B7，在公式编辑栏中输入公式"=PMT(B2/12,A7*12,B1-B4)"，按"Enter"键即可，如图 22-1 所示。

步骤 2： 选中单元格区域 A7:B18，切换至"数据"选项卡，在"预测"组中单击"模拟分析"按钮，然后在打开的菜单列表中选择"模拟运算表"项，如图 22-2 所示。

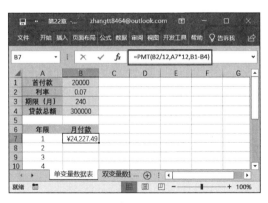

图　22-1

图　22-2

步骤 3： 弹出"模拟运算表"对话框，在"输入引用列的单元格"文本框内选择引用单元格"$A$7"（如果所选单元格区域为行方向，则需要在"输入引用行的单元格"文本框内选择），如图 22-3 所示。

提示：单变量数据表的输入数值应当排列在一列中（列方向）或一行中（行方向），而且单变量数据表中使用的公式必须引用输入单元格。所谓的输入单元格是指，该单元格中的源输入值将被替换。输入单元格可以是工作表中的任意单元格，不一定是数据表的一部分。

图　22-3

步骤 4：单击"确定"按钮返回 Excel 主界面，即可看到模拟运算表的结果，如图 22-4 所示。

步骤 5：此时，如果单击单元格区域 B8:B18 内的任意单元格，或者选中单元格区域，在公式编辑栏内可以看到数据表的区域数组形式："{=TABLE(,A7)}"，如图 22-5 所示，其中 () 中的单元格地址为所引用的单元格。由于是单变量数据表，所以数组公式中只有一个单元格地址，而且又是列引用，所以是 (,A7) 形式，如果是行引用，则为 (A7,) 形式。

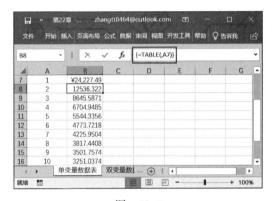

图　22-4　　　　　　　　　　　　　　图　22-5

提示：用户无法对区域数组中的数据进行单独编辑，因为区域数组是以整体形式存在的，而不是以单独形式存在的。如果用户试图编辑其中的一个数值，则会出现警告对话框，提示不能更改模拟运算表的一部分，如图 22-6 所示。

图　22-6

22.1.3　使用双变量数据表

下面通过实例详细说明如何使用双变量数据表进行假设分析。

步骤 1：计算年限为 1 年的每月还款额。单击选中单元格 B7，在公式编辑栏中输入公式"=PMT(B2/12,B3*12,B1-B4)"，按"Enter"键即可，如图 22-7 所示。

提示：在双变量数据表中，输入公式必须位于两组输入值的行与列相交的单元格，否则无法进行双变量假设分析。本例中的单元格 B7 即为相交的单元格。

步骤 2：选中单元格区域 A6:G18，切换至"数据"选项卡，在"预测"组中单击"模拟分析"按钮，然后在打开的菜单列表中选择"模拟运算表"项，打开"模拟运算表"对话框。在"输入引用行的单元格"文本框内选择引用单元格"$B$2"，在"输入引用列的单元格"文本框内选择引用单元格"$B$3",如图 22-8 所示。

图　22-7

图　22-8

步骤 3：单击"确定"按钮返回 Excel 主界面，即可看到模拟运算表的结果，如图 22-9 所示。

步骤 4：此时，如果单击单元格区域 B7:G18 内的任意单元格，或者选中单元格区域，在公式编辑栏内可以看到数据表的区域数组形式："｛=TABLE(B2,B3)｝"，如图 22-10 所示，其中 () 中的单元格地址为所引用的单元格。由于是双变量数据表，所以数组公式中有两个单元格地址，一个为行引用（B2），一个为列引用（B3）。

图　22-9　　　　　　　　　图　22-10

■22.1.4　清除数据表

如果要清除数据表，可以按照以下步骤进行操作：选中整个数据表（包括所有的公式、输入值、计算结果、格式和批注），切换至"开始"选项卡，在"编辑"组中单击

"清除"按钮，然后在打开的菜单列表中选择"全部清除"项即可，如图22-11所示。

图　22-11

22.2 | 假设分析方案

在 Excel 中，可以使用"方案管理器"创建不同的假设分析方案，来预测使用不同组合输入值计算出的不同结果。创建方案后，可以在"方案管理器"中方便地查看不同方案所对应数据表的数值变化，还可以生成方案总结报表用于预测分析。

22.2.1　定义方案

下面通过一个具体案例来介绍定义方案的操作步骤。如图 22-12 所示为一个简单的图书销售利润统计表，其中顾客折扣（单元格 B1）、运费（单元格 B2）和数量（单元格 B3）为输入单元格。

图　22-12

在本例中，图书的单价、进货折扣均为固定值，单本书售价、单本书的利润、每种书的总利润和总利润可使用简单的公式计算得出，其公式分别如下。

❑ 单本书售价：从左至右依次为："=B6*B1""=C6*B1""=D6*B1""=E6*B1"。

❑ 单本书的利润：从左至右依次为："=B8-B6*(B1-B7-B2)""=C8-C6*(B1-C7-B2)""=D8-D6*(B1-D7-B2)""=E8-E6*(B1-E7-B2)"。

❑ 每种书的总利润：从左至右依次为："=B9*B3""=C9*B3""=D9*B3""=E9*B3"。

❑ 总利润："=B10+C10+D10+E10"。

如果希望分析不同的顾客折扣、运费和数量下书籍销售的利润情况，则可以确定不同的方案，例如可以分为"促销期""滞销期""常销期"3个方案，如表 22-1 所示。

表22-1　3个不同的方案

方案名称	顾客折扣	运费	数量
促销期	75%	1%	300
滞销期	80%	2%	50
常销期	90%	1.5%	100

■ 22.2.2　创建方案

下面通过实例介绍如何创建假设分析的方案。

步骤 1：切换至"数据"选项卡，在"预测"组中单击"模拟分析"按钮，然后在打开的菜单列表中选择"方案管理器"项，如图 22-13 所示。

步骤 2：打开"方案管理器"对话框，因为是第一次打开该对话框，此时会出现"未定义方案，若要增加方案，请选定'添加'按钮"的提示。单击"添加"按钮，如图22-14 所示。

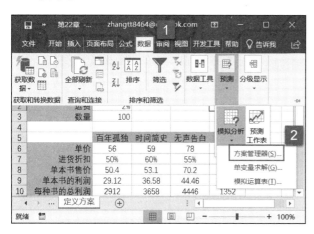

图　22-13

图　22-14

步骤 3：打开"编辑方案"对话框，在"方案名"文本框内输入方案名字，例如"促销期"，在"可变单元格"文本框内输入可变单元格的地址，此处按住"Ctrl"键并单击单元格 B1、B2、B3，即可在"可变单元格"文本框内输入 $B$1,$B$2,$B$3，如图 22-15 所示。

"编辑方案"对话框各选项简介如下。

❑ 方案名：假设分析方案的名字，可以使用任意的名称，但最好选用能有助于识别方案的内容。

❑ 可变单元格：在此输入引用单元格的地址，允许输入多个单元格，而且输入单元格可以是不相邻的。也可以按住"Ctrl"键单击要输入的单元格，Excel 会自动完成输入。

❑ 备注：默认会显示创建者的名字以及创建的日期，也可以根据实际情况输入其他内容或修改与删除内容。

❑ 保护：当工作簿被保护且"保护工作簿"中的"结构"选项被选中时，这两个选项即生效。保护方案可以防止其他人更改此方案。如果选择隐藏方案，则被隐藏的方案不会在"方案管理器"列表中出现。

步骤4：单击"确定"按钮，打开"方案变量值"对话框，输入每个可变单元格的值，如图 22-16 所示。

图　22-15　　　　　　　　　　　图　22-16

步骤5：单击"确定"按钮，返回"方案管理器"对话框，即可看到添加的方案。重复上述操作继续添加其他方案（滞销期、常销期），并为每个方案输入可变单元格的值。输入完成后返回"方案管理器"对话框，即可看到添加的 3 个方案出现在"方案"列表框内，如图 22-17 所示。

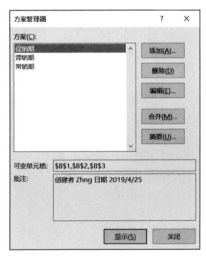

图　22-17

▌22.2.3　显示方案

假设分析方案创建完毕后，即可在"方案管理器"中查看与管理方案，本节介绍如何在工作表中显示各方案所对应的可变单元格的信息。切换至"数据"选项卡，在"预测"组中单击"模拟分析"按钮，然后在打开的菜单列表中选择"方案管理器"项，打开"方案管理器"对话框。在"方案"列表框内选择任意方案，然后单击"显示"按钮，工作表中即可显示当前方案的计算结果，如图 22-18 所示。

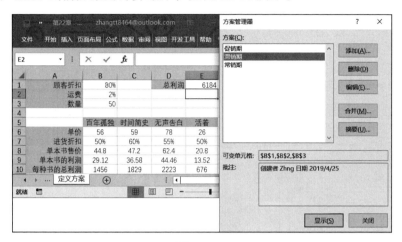

图　22-18

22.3 │ 分析工具库

Excel 2019 为用户提供了一组数据分析工具，当需要开发复杂的统计或工程分析时，使用这些工具可以节省不少步骤与时间。只需要为所用的分析工具提供数据与参数，该工具就会使用相应的函数计算与分析结果，有些工具还能同时生成图表，这无疑比单纯使用函数来解决问题要容易和方便得多。

22.3.1　加载分析工具库

要使用分析工具库，首先需要确保 Excel 中加载了分析工具库。如果在"数据"选项卡可以看到"分析"组的"数据分析"按钮，表明 Excel 已经加载了分析工具库，否则，则需要先按以下步骤进行操作，将其加载到 Excel 中。

步骤 1：单击"文件"选项卡 文件 ，然后在打开的菜单列表中单击"选项"按钮，如图 22-19 所示。

步骤 2：打开" Excel 选项"对话框，在左侧窗格列表内单击"加载项"项，然后单击"管理"右侧的下拉按钮选择" Excel 加载项"，单击"转到"按钮，如图 22-20 所示。

步骤 3：打开"加载宏"对话框，在"可用加载宏"列表框内单击"分析工具库"前的复选框，然后单击"确定"按钮即可，如图 22-21 所示。

步骤 4：返回 Excel，切换至"数据"选项卡，即可看到"分析"组中的"数据分析"按钮，如图 22-22 所示。

提示：如果"可用加载宏"列表内没有"分析工具库"选项，则单击"浏览"按钮进行查找。如果出现消息指出计算机上当前没有安装分析工具库，则单击"是"按钮进行安装。

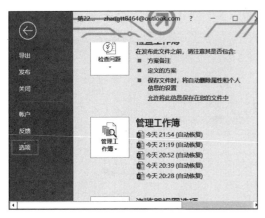

图 22-19

图 22-20

图 22-21

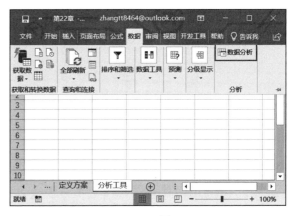

图 22-22

22.3.2 方差分析

方差分析工具为用户提供了 3 种不同类型的方差分析：单因素方差分析、包含重复的双因素方差分析和无重复的双因素方差分析。具体应该使用何种工具，需要根据因素的个数以及待检验样本总体中所含样本的数量而定。

1. 单因素方差分析

单因素方差分析也叫一维方差分析，此工具可对两个或更多样本的数据执行简单的方差分析。此分析可提供一种假设测试，该假设的内容是：每个样本都取自相同的基础概率分布，而不同的样本基础概率分布不相同。如果只有两个样本，可使用工作表函数 TTEST；如果有两个以上的样本，则没有使用方便的 TTEST 归纳，可改为调用"单因素方差分析"模型。

下面通过实例说明如何进行单因素方差分析。以图 22-23 所示的某天 5 个地区发生交通事故的次数统计表为实例

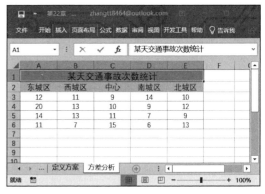

图 22-23

进行介绍。下面将以 α =0.01 检验各地区平均每天交通事故的次数是否相等。

步骤 1：切换至"数据"选项卡，单击"分析"组中的"数据分析"按钮，打开"数据分析"对话框。在"分析工具"列表框内选中"方差分析：单因素方差分析"选项，然后单击"确定"按钮，如图 22-24 所示。

步骤 2：打开"方差分析：单因素方差分析"对话框。在"输入"窗格的"输入区域"文本框内输入源数据区域"$A$3:$E$6"，在" α "文本框内输入"0.01"，在"输出选项"窗格内单击选中"输出区域"前的单选按钮，并在其右侧的文本框内输入"$A$8"，如图 22-25 所示。该对话框中各选项的简要介绍如下。

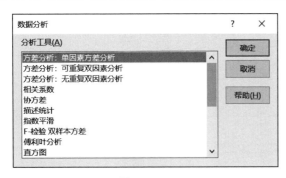
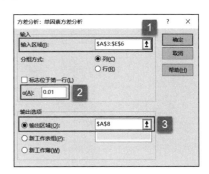

图　22-24　　　　　　　　　　　　图　22-25

- □ 输入区域：输入待分析数据区域的单元格引用，该引用必须由两个或两个以上按列或行排列的数据区域组成。
- □ 分组方式：如果要指定输入区域中的数据是按行还是按列排列，则选择"行"或"列"单选按钮。
- □ 标志位于第一行：如果输入区域的第一行中包含标志项，则选中"标志位于第一行"前的复选框；如果输入区域没有标志项，则清除该复选框，Excel 将在输出表中生成合适的数据标志。
- □ α ：输入要用来计算 F 统计的临界值的置信度。α 置信度为与 I 型错误发生概率相关的显著性水平（拒绝真假设）。
- □ 输出区域：输入对输出区域左上角单元格的引用，Excel 只在输出表的半边填写结果，这是因为两个区域中数据的协方差与区域被处理的次序无关。在输出表的对角线上为每个区域的方差。
- □ 新工作表组：选择此项可以在当前工作簿中插入新工作表，并由新工作表的 A1 单元格开始粘贴计算结果。如果要为新工作表命名，则在右侧的文本框内输入名称。
- □ 新工作簿：选择此项可以创建一个新的工作簿，并在新工作簿的新工作表中粘贴计算结果。

步骤 3：单击"确定"按钮，即可从单元格 A8 开始看到单因素方差分析的结果，如图 22-26 所示。

提示：由于 F = 0.124087591 ＜ F_α=5.952544683，说明各地区每天的交通事故次数差异不显著。

2. 包含重复的双因素方差分析

双因素方差分析用于观察两个因素的不同水平对所研究对象的影响是否存在明显

的不同，根据是否考虑两个因素的交互作用，又可以分为“包含重复的双因素方差分析”和“无重复的双因素方差分析”。本节首先介绍“包含重复的双因素方差分析”。

例如，在测量植物生长高度的实验中，施了 5 种不同品牌的化肥（A、B、C、D、E），同时植物处于不同温度（20℃、25℃、30℃）的环境中。对于每种化肥与每种温度的组合各统计两次，测定结果如图 22-27 所示。

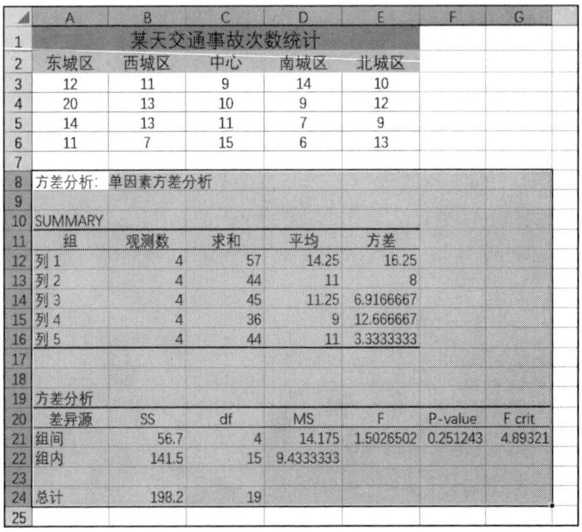

	A	B	C	D	E	F	G
1	某天交通事故次数统计						
2	东城区	西城区	中心	南城区	北城区		
3	12	11	9	14	10		
4	20	13	10	9	12		
5	14	13	11	7	9		
6	11	7	15	6	13		
7							
8	方差分析：单因素方差分析						
9							
10	SUMMARY						
11	组	观测数	求和	平均	方差		
12	列 1	4	57	14.25	16.25		
13	列 2	4	44	11	8		
14	列 3	4	45	11.25	6.9166667		
15	列 4	4	36	9	12.666667		
16	列 5	4	44	11	3.3333333		
17							
18							
19	方差分析						
20	差异源	SS	df	MS	F	P-value	F crit
21	组间	56.7	4	14.175	1.5026502	0.251243	4.89321
22	组内	141.5	15	9.4333333			
23							
24	总计	198.2	19				
25							

图 22-26

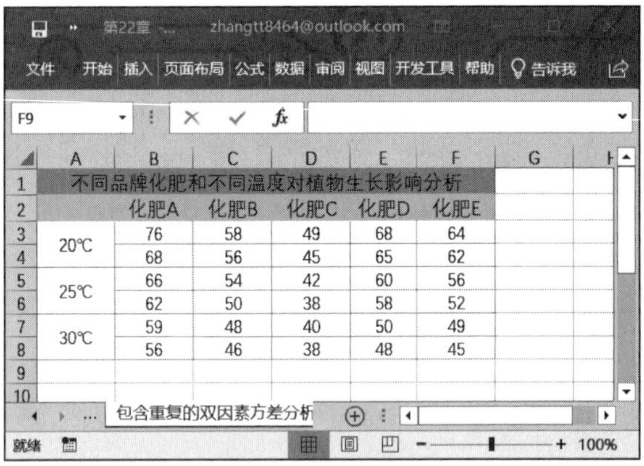

	A	B	C	D	E	F
1	不同品牌化肥和不同温度对植物生长影响分析					
2		化肥A	化肥B	化肥C	化肥D	化肥E
3	20℃	76	58	49	68	64
4		68	56	45	65	62
5	25℃	66	54	42	60	56
6		62	50	38	58	52
7	30℃	59	48	40	50	49
8		56	46	38	48	45

图 22-27

使用“包含重复的双因素方差分析”可以检验：

- 施不同化肥的植物高度是否取自相同的基础样本总体，此分析忽略温度。
- 处于不同温度环境中的植物高度是否取自相同的基础样本总体，此分析忽略所施化肥品牌。

一种假设是，无论是否考虑上述不同品牌化肥之间差异的影响及不同温度之间差异的影响，代表所有｛化肥，温度｝值对的样本都取自相同的样本总体。另一种假设是，除了基于化肥或温度单个因素的差异带来的影响之外，特定的｛化肥，温度｝值对也会有影响。

下面通过实例介绍进行包含重复的双因素方差分析的具体操作步骤。

步骤 1：切换至“数据”选项卡，单击“分析”组中的“数据分析”按钮，打开“数据分析"对话框。在"分析工具"列表框内选中"方差分析：可重复双因素分析"选项，然后单击"确定"按钮，如图 22-28 所示。

步骤 2：打开"方差分析：可重复双因素分析"对话框，在"输入"窗格的"输入区域"文本框内输入源数据区域"$A$2:$F$8"，在"每一样本的行数"文本框内输入"2"，在"α"文本框内输入"0.05"，在"输出选项"窗格内单击选中"输出区域"前的单选按钮，并在其右侧的文本框内输入"$A$10"，如图 22-29 所示。

提示：在"每一样本的行数"框中输入包含在每个样本中的行数。每个样本必须包含同样的行数，因为每一行代表数据的一个副本。

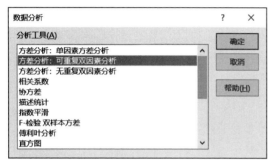

图　22-28

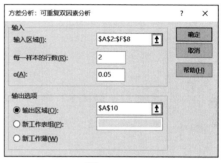

图　22-29

步骤 3：单击"确定"按钮，即可看到从单元格 A10 开始的包含重复的双因素方差分析的结果，如图 22-30 所示。

图　22-30

3.无重复的双因素方差分析

此分析工具可用于当数据像可重复双因素那样按照两个不同维度进行分类时的情况，只是此工具假设每一对值只有一个观察值。

例如，在测量植物生长高度的实验中，施了5种不同品牌的化肥（A、B、C、D、E)，同时植物处于不同温度（20℃、25℃、30℃）的环境中，对其测定结果如图22-31所示。

步骤1：切换至“数据”选项卡，单击“分析”组中的“数据分析”按钮，打开“数据分析”对话框。在“分析工具”列表框内选中“方差分析：无重复双因素分析”选项，然后单击“确定”按钮，如图22-32所示。

步骤2：打开“方差分析：无重复双因素分析”对话框，在“输入”窗格的“输入区域”文本框内输入源数据区域“$B$3:$F$5”，在“α”文本框内输入“0.05”，在“输出选项”窗格内单击选中“输出区域”前的单选按钮，并在其右侧的文本框内输入“$A$7”，如图22-33所示。

不同品牌化肥和不同温度对植物生长影响分析					
	化肥A	化肥B	化肥C	化肥D	化肥E
20℃	76	58	49	68	64
25℃	66	54	42	60	56
30℃	59	48	40	50	49

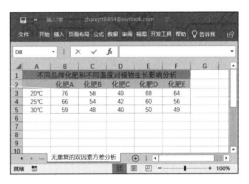

图 22-31

提示：在“输入区域”输入源数据时，不可包含非数值类型。

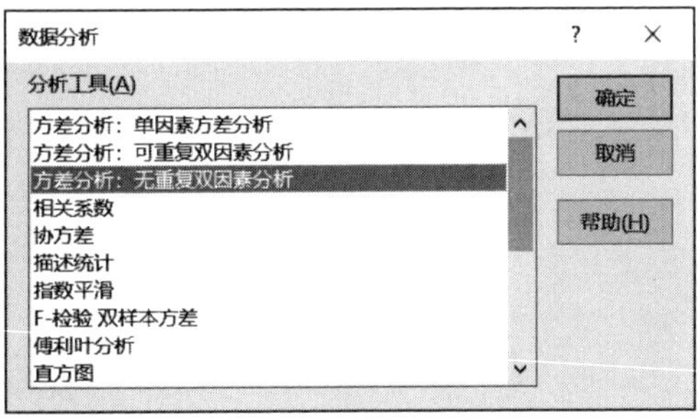

图 22-32

图 22-33

步骤3：单击“确定”按钮，即可看到从单元格A7开始的无重复的双因素方差分析的结果，如图22-34所示。

不同品牌化肥和不同温度对植物生长影响分析						
	化肥A	化肥B	化肥C	化肥D	化肥E	
20℃	76	58	49	68	64	
25℃	66	54	42	60	56	
30℃	59	48	40	50	49	
方差分析：无重复双因素分析						
SUMMARY	观测数	求和	平均	方差		
行 1	5	315	63	104		
行 2	5	278	55.6	78.8		
行 3	5	246	49.2	45.7		
列 1	3	201	67	73		
列 2	3	160	53.33333	25.33333		
列 3	3	131	43.66667	22.33333		
列 4	3	178	59.33333	81.33333		
列 5	3	169	56.33333	56.33333		
方差分析						
差异源	SS	df	MS	F	P-value	F crit
行	476.9333	2	238.4667	48.01342	3.5E-05	4.45897
列	874.2667	4	218.5667	44.00671	1.72E-05	3.837853
误差	39.73333	8	4.966667			
总计	1390.933	14				

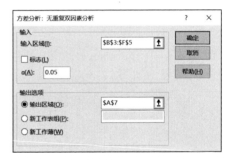

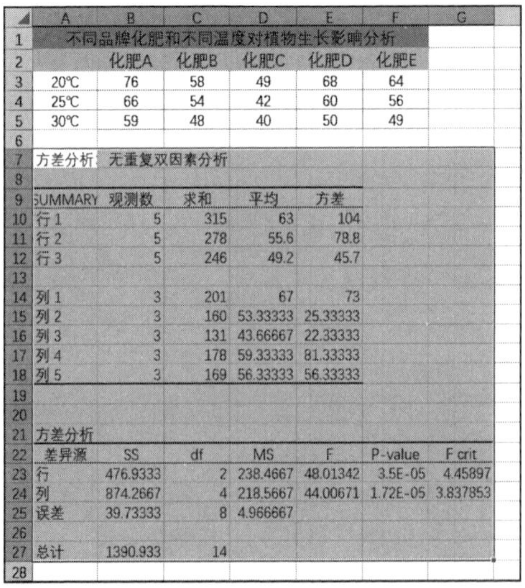

图 22-34

22.3.3 相关系数

相关系数与协方差一样是描述两个测量值变量之间的离散程度的指标。与协方差的不同之处在于，相关系数是成比例的，因此它的值与这两个测量值变量的表示单位无关。例如，如果两个测量值变量为重量和高度，当重量单位从磅换算成千克时，相关系数的值并不改变。任何相关系数的值都必须介于 −1 和 +1 之间（包括 −1 和 +1）。

提示：可以使用相关系数分析工具来检验每对测量值变量，以便确定两个测量值变量是否趋向于同时变动，即一个变量的较大值是否趋向于与另一个变量的较大值相关联（正相关）；或者一个变量的较小值是否趋向于与另一个变量的较大值相关联（负相关）；或者两个变量的值趋向于互不关联（相关系数近似于零）。

下面以图 22-35 所示的数据说明如何进行相关系数分析。

步骤 1：切换至"数据"选项卡，单击"分析"组中的"数据分析"按钮，打开"数据分析"对话框。在"分析工具"列表框内选中"相关系数"选项，然后单击"确定"按钮，如图 22-36 所示。

步骤 2：打开"相关系数"对话框，在"输入"窗格的"输入区域"文本框内输入源数据区域"$B$3:$G$4"，在"分组方式"右侧单击选中"逐行"前的单选按钮，在"输出选项"窗格内单击选中"输出区域"前的单选按钮，并在其右侧的文本框内输入"$A$6"，如图 22-37 所示。

图　22-35

提示：如果要指定输入区域中的数据按行或按列排列，则在"分组方式"右侧选择"逐行"或"逐列"单选按钮。

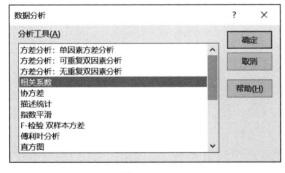

图　22-36

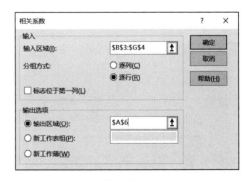

图　22-37

步骤 3：单击"确定"按钮，即可看到从单元格 A6 开始的相关系数分析的结果，如图 22-38 所示。

图　22-38

从相关系数分析结果可以看出，月销售额与销售成本之间的相关系数达到了0.990317，说明两者之间呈现良好的正相关性。

22.3.4　协方差

与相关系数一样，协方差也是用于描述两个测量值变量之间离散程序的指标。当需要对一组个体进行观测而获得了 N 个不同的测量值变量时，"相关系数"和"协方差"工具可以在相同设置下使用，两者都会提供一张输出表，其中分别显示每对测量值变量之间的相关系数或协方差。不同之处在于相关系数的取值在 −1 和 +1 之间（包括 −1 和 +1），而协方差则没有限定的取值范围。

"协方差"工具为每对测量值变量计算工作表 COVAR 函数的值。在"协方差"工具的输出表中的第 i 行、第 i 列的对角线上的输入值是第 i 个测量值变量与其自身的协方差，这正好是用工作表 VARP 函数计算得出的变量的总体方差。

提示：可以使用"协方差"工具来检验每对测量值变量，以便确定两个测量值变量是否趋向于同时变动，即，一个变量的较大值是否趋向于与另一个变量的较大值相关联（正相关）；或者一个变量的较小值是否趋向于与另一个变量的较大值相关联（负相关）；或者两个变量的值趋向于互不关联（协方差近似于零）。

22.3.5　描述统计

"描述统计"分析工具用于生成数据源区域中数据的单变量统计分析报表，提供有关数据趋中性和易变性的信息。

下面以图 22-39 所示的数据说明如何进行描述统计分析。

步骤 1：切换至"数据"选项卡，单击"分析"组中的"数据分析"按钮，打开"数据分析"对话框。在"分析工具"列表框内选中"描述统计"选项，然后单击"确定"按钮，如图 22-40 所示。

步骤 2：打开"描述统计"对话框，在"输入"窗格的"输入区域"文本框内输入源数据区域" $B$2:$B$25"，在"分组方式"右侧单击选中"逐列"前的单选按钮，在

	A	B	C
1	时间	温度	
2	1	25.4	
3	2	24.36	
4	3	24.21	
5	4	25.26	
6	5	23.65	
7	6	24.55	
8	7	25.69	
9	8	28.21	
10	9	30.23	
11	10	31.32	
12	11	31.68	
13	12	32.96	
14	13	33.12	
15	14	33.56	
16	15	34.21	
17	16	33.88	
18	17	33.52	
19	18	32.15	
20	19	31.23	
21	20	30.54	
22	21	29.65	
23	22	29.35	
24	23	29.3	
25	24	27.65	
26			

图　22-39

"输出选项"窗格内单击选中"输出区域"前的单选按钮，并在其右侧的文本框内输入
"$D$2"，然后单击勾选"汇总统计"前
的复选框，如图 22-41 所示。

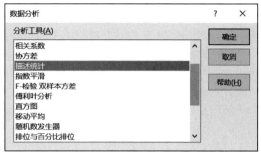

其中一些不同于其他分析工具的选
项简要介绍如下。

❑ 汇总统计：选中此项可以为结
果输出表中每个统计结果生成
一个字段，包括平均值、标准误
差、中值、众数、标准偏差、方
差、峰值、偏斜度、极差、最小
值、最大值、总和、计数、最大
值（#）、最小值（#）和置信度。

图　22-40

❑ 平均数置信度：如果需要在输出表的某一行中包含平均数置信度，则选中"平均
数置信度"前的复选框，并在右侧的文本框中输入所要使用的置信度。例如，数
值 95% 用来计算在显著性水平为 5% 时的平均值置信度。此处使用默认值 95%。

❑ 第 K 大值：如果需要在输出表的某一行中包含每个数据区域中的第 K 个最大值，
则选中"第 K 大值"前的复选框。在右侧的文本框中输入 K 的值。如果输入 1，
则该行将包含数据集中的最大值。此处使用默认值 1。

❑ 第 K 小值：如果需要在输出表的某一行中包含每个数据区域中的第 K 个最小值，
则选中"第 K 小值"前的复选框。在右侧的文本框中，输入 K 的值。如果输入
1，则该行将包含数据集中的最小值。此处使用默认值 1。

步骤 3：单击"确定"按钮，即可看到从单元格 D2 开始的描述统计分析的结果，
如图 22-42 所示。

图　22-41

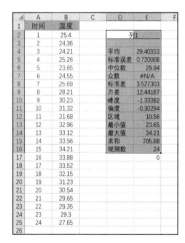

图　22-42

■ 22.3.6　指数平滑

"指数平滑"分析工具基于前期预测值导出相应的新预测值，并修正前期预测值的
误差。此工具将使用平滑常数 a，其大小决定了本次预测对前期预测误差的修正程度。

提示：介于 0.2 到 0.3 的值是合理的平滑常数。这些值表明应将当前预测调整 20% 到

30%，以修正前期预测误差。常数越大响应越快，但是预测将变得不稳定；而常数较小将导致预测值的滞后。

下面以图 22-43 所示的数据说明如何进行指数平滑分析。

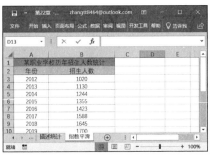

图　22-43

步骤 1：切换至"数据"选项卡，单击"分析"组中的"数据分析"按钮，打开"数据分析"对话框。在"分析工具"列表框内选中"指数平滑"选项，然后单击"确定"按钮，如图 22-44 所示。

步骤 2：打开"指数平滑"对话框，在"输入"窗格的"输入区域"文本框内输入源数据区域"$B$3:$B$10"，在"阻尼系数"文本框内输入"0.3"，并单击勾选"标志"前的复选框，在"输出选项"窗格内"输出区域"右侧的文本框内输入"$D$2"，然后单击勾选"图表输出""标准误差"前的复选框，如图 22-45 所示。

其中一些不同于其他分析工具的选项简要介绍如下。

- 阻尼系数：输入需要用作指数平滑常数的阻尼系数。阻尼系数是用来将总体中数据的不稳定性最小化的修正因子，默认阻尼系数为 0.3。
- 图表输出：选中此项可以在输出表中生成实际值与预测值的嵌入图表。
- 标准误差：如果希望在输出表的一列中包含标准误差，则勾选此复选框。如果只需要单列输出表而不包含标准误差，则清除此复选框。

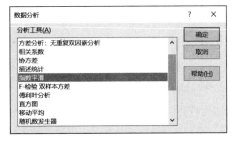

图　22-44

图　22-45

步骤 3：单击"确定"按钮，即可看到从单元格 D2 开始的指数平滑分析的结果，如图 22-46 所示。

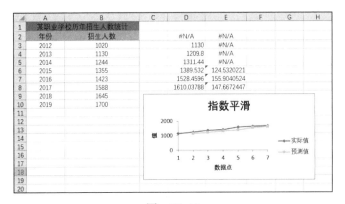

图　22-46

22.3.7　F-检验　双样本方差

"F- 检验　双样本方差"分析工具通过双样本 F- 检验对两个样本总体的方差进行比较。例如，可在一次游泳比赛中对每两个队的时间样本使用 F- 检验工具。该工具提供空值假设的检验结果，该假设的内容是：这两个样本来自具有相同方差的分布，而不是方差在基础分布中不相等。

该工具计算 F- 统计（或 F- 比值）的 F 值。F 值接近于 1，说明基础总体方差是相等的。在输出表中，如果 F<1，则当总体方差相等且根据所选择的显著水平"F 单尾临界值"返回小于 1 的临界值时，"P(F<=f) 单尾"返回 F- 统计的观察值小于 F 的概率 Alpha。如果 F>1，则当总体方差相等且根据所选择的显著水平，"F 单尾临界值"返回大于 1 的临界值时，"P(F<=f) 单尾"返回 F- 统计的观察值大于 F 的概率 Alpha。

下面以图 22-47 所示的数据说明如何进行"F- 检验 双样本方差"分析。

步骤 1：切换至"数据"选项卡，单击"分析"组中的"数据分析"按钮，打开"数据分析"对话框。在"分析工具"列表框内选中"F- 检验 双样本方差"选项，然后单击"确定"按钮，如图 22-48 所示。

步骤 2：打开"F- 检验 双样本方差"对话框，在"输入"窗格的"变量 1 的区域"文本框内输入源数据区域"$B$3:$G$3"，在"变量 2 的区域"文本框内输入源数据区域"$B$4:$G$4"，

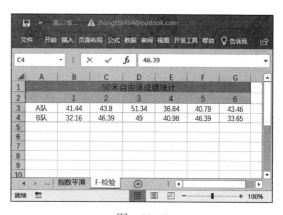

图　22-47

并单击勾选"标志"前的复选框，在"输出选项"窗格内单击选中"输出区域"前的单选按钮，并在其右侧的文本框内输入"$A$6"，如图 22-49 所示。

其中一些不同于其他分析工具的选项简要介绍如下。

❏ 变量 1 的区域：输入对需要进行分析的第 1 列或第 1 行数据的引用。

❏ 变量 2 的区域：输入对需要进行分析的第 2 列或第 2 行数据的引用。

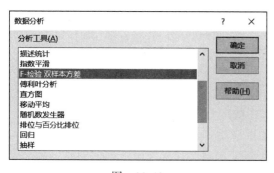

图　22-48

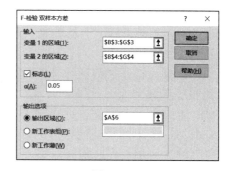

图　22-49

步骤 3：单击"确定"按钮，即可看到从单元格 A6 开始的 F- 检验 双样本方差分析的结果，如图 22-50 所示。

图　22-50

22.3.8　傅利叶分析

"傅利叶分析"分析工具可以解决线性系统问题，并能通过快速傅利叶变换（FFT）进行数据变换来分析周期性的数据。此工具也支持逆变换，即通过对变换后的数据的逆变换返回初始数据。

下面以图 22-51 所示的数据说明如何进行傅利叶分析。

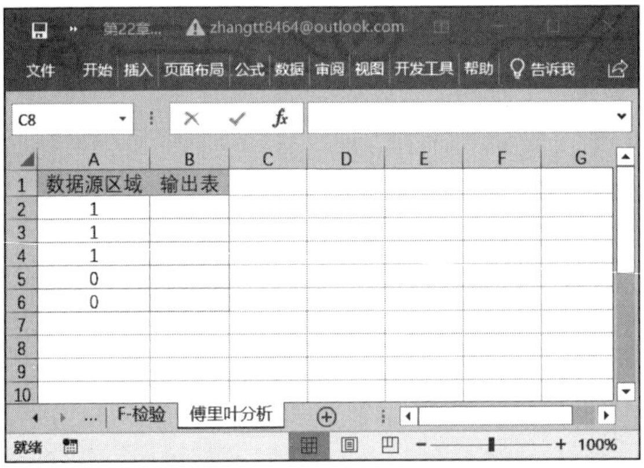

图　22-51

　　步骤 1：切换至"数据"选项卡，单击"分析"组中的"数据分析"按钮，打开"数据分析"对话框。在"分析工具"列表框内选中"傅利叶分析"选项，然后单击"确定"按钮，如图 22-52 所示。

　　步骤 2：打开"傅利叶分析"对话框，在"输入"窗格的"输入区域"文本框内输入源数据区域 "$A$2:$A$5"，在"输出选项"窗格内单击选中"输出区域"前的单选按钮，并在其右侧的文本框内输入 "$B$2"，如图 22-53 所示。

　　其中一些不同于其他分析工具的选项简要介绍如下。

- ❑ 输入区域：在此输入对需要进行变换的实数或复数单元格区域的引用，其结果必须表示为 $x+yi$ 或 $x+yj$ 的格式。输入区域中数值的个数必须为 2 的偶数次幂。如果 x 为负数，则在前面加上一个撇号（'）。数值的最大个数为 4096。

- ❑ 逆变换：如果勾选此复选框，则输入区域中的数据将会被认为是经过变换后的数据，并对其进行逆变换，返回初始输入值；如果清除此复选框，则输入区域中的数据在输出表中将进行变换。

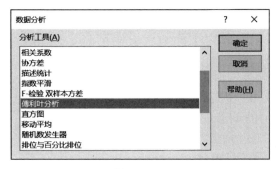

图　22-52

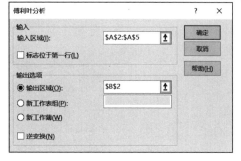

图　22-53

步骤3：单击"确定"按钮，即可看到从单元格B2开始的傅利叶分析的结果，如图22-54所示。

图　22-54

注意：输入区域中数值的个数必须为2的乘幂，比如2、4、6、8、16、32、64、128等，否则会出现错误提示框，如图22-55所示。

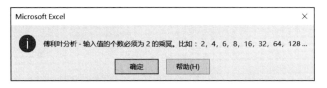

图　22-55

22.3.9　直方图

"直方图"分析工具可计算数据单元格区域和数据接收区间的单个和累积频率。此工具可用于统计数据集中某个数值出现的次数。

例如，在一个有11名学生的班里，可按字母评分的分类来确定成绩的分布情况。直方图表可给出字母评分的边界，以及在最低边界和当前边界之间分数出现的次数。出现频率最多的分数即为数据集中的众数。下面以图22-56所示的数据说明如何进行直方图分析。

图　22-56

步骤1：切换至"数据"选项卡，单击"分析"组中的"数据分析"按钮，打开"数据分析"对话框。在"分析工具"列表框内选中"直方图"选项，然后单击"确定"按钮，如图22-57所示。

步骤2：打开"直方图"对话框，在"输入"窗格的"输入区域"文本框内输入源数据区域"$C$2:$C$12"，在"接收区域"文本框内输入源数据区域"$E$2:$E$12"，在"输出选项"窗格内单击选中"输出区域"前的单选按钮，并在其右侧的文本框内输入"$G$2"，单击勾选"柏拉图""累积百分率""图表输出"前的复选框，如图22-58所示。

其中一些不同于其他分析工具的选项简要介绍如下。

❑ 接收区域（可选）：在此输入接收区域的单元格引用，该区域包含一组可选的用来定义接收区域的边界值。这些值应当按升序排列。Excel将统计在当前边界值和相邻边界值之间的数据点个数（如果存在）。如果数值等于或小于边界值，则该值将被归到以该边界值为上限的区域中进行计数。所有小于第一个边界值的数值将一同计数，同样，所有大于最后一个边界值的数值也将一同计数。

❑ 柏拉图：勾选此复选框可以在输出表中按降序来显示数据。如果此复选框被清除，Excel将只按升序来显示数据并省略最右边包含排序数据的3列数据。

❑ 累积百分率：勾选此复选框可以在输出表中生成一列累积百分率值，并在直方图中包含一条累积百分率线。如果清除此选项，则会省略累积百分率。

❑ 图表输出：勾选此复选框可以在输出表中生成一个嵌入直方图。

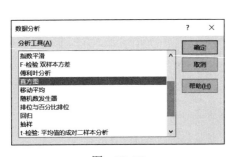

图 22-57

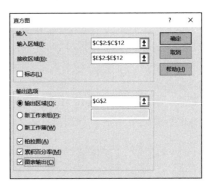

图 22-58

步骤3：单击"确定"按钮，即可看到从单元格G2开始的直方图分析的结果，如图22-59所示。

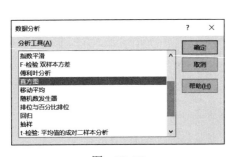

图 22-59

22.3.10　移动平均

"移动平均"分析工具可以基于特定的过去某段时期中变量的平均值，对未来值进行预测。移动平均值提供了由所有历史数据的简单的平均值所代表的趋势信息。使用此工具可以预测销售量、库存或其他趋势。预测值的计算公式如下：

$$F_{(t+1)} = \frac{1}{N} \sum_{j=1}^{N} At - j + 1$$

式中：

N 为进行移动平均计算的过去期间的个数。

At 为期间 j 的实际值。

j 为期间 j 的预测值。

下面以图 22-60 所示的数据说明如何进行移动平均分析。

步骤 1：切换至"数据"选项卡，单击"分析"组中的"数据分析"按钮，打开"数据分析"对话框。在"分析工具"列表框内选中"移动平均"选项，然后单击"确定"按钮，如图 22-61 所示。

步骤 2：打开"移动平均"对话框，在"输入"窗格的"输入区域"文本框内输入源数据区域"$C$3:$C$17"，单击勾选"标志位于第一行"前的复选框，在"间隔"文本框内输入"7"，在"输出选项"窗格内"输出区域"右侧的文本框内输入"$E$3"，单击勾选"图表输出""标准误差"前的复选框，如图 22-62 所示。

	A	B	C	D
1	某超市日销售额统计			
2	日期	星期	销售额	
3	2019/4/1	星期一	12356	
4	2019/4/2	星期二	25645	
5	2019/4/3	星期三	17896	
6	2019/4/4	星期四	24133	
7	2019/4/5	星期五	19842	
8	2019/4/6	星期六	26895	
9	2019/4/7	星期日	15678	
10	2019/4/8	星期一	16549	
11	2019/4/9	星期二	21098	
12	2019/4/10	星期三	23789	
13	2019/4/11	星期四	17896	
14	2019/4/12	星期五	19842	
15	2019/4/13	星期六	29481	
16	2019/4/14	星期日	18697	
17	2019/4/15	星期一	24397	
18				

图　22-60

其中一些选项简要介绍如下。

❑ 输入区域：在此输入待分析数据区域的单元格引用。该区域必须由包含 4 个或 4 个以上的数据单元格的单列组成。

❑ 间隔：在此输入需要在移动平均计算中包含的数值个数。默认间隔为 3。

❑ 输出区域：在此输入对输出表左上角单元格的引用。如果选中了"标准误差"复选框，Excel 将生成一个两列的输出表，其中右边的一列为标准误差值。如果没有足够的历史数据来设计预测或计算标准误差值，Excel 会返回错误值 #N/A。输出区域必须与输入区域中使用的数据位于同一张工作表中，因此，"新工作表组"和"新工作簿"选项均不可用。

❑ 图表输出：勾选此复选框可以在输出表中生成一个嵌入直方图。

❑ 标准误差：如果要在输出表的一列中包含标准误差值，则勾选此复选框。如果只需要单列输出表而不包含标准误差值，则清除此复选框。

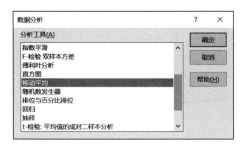

图　22-61

图　22-62

步骤3：单击"确定"按钮，即可看到从单元格 E3 开始的移动平均分析的结果，如图 22-63 所示。

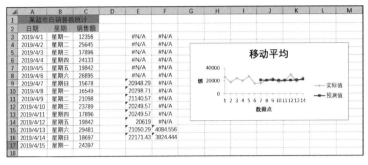

图　22-63

22.3.11　随机数发生器

"随机数发生器"分析工具可用几个分布之一产生的独立随机数来填充某个区域。可以通过概率分布来表示总体中的主体特征。例如，可以使用正态分布来表示人体身高的总体特征，或者使用双值输出的伯努利分布来表示掷币实验结果的总体特征。

下面以图 22-64 所示的数据说明如何使用"随机数发生器"工具。

步骤1：切换至"数据"选项卡，单击"分析"组中的"数据分析"按钮，打开"数据分析"对话框。在"分析工具"列表框内选中"随机数发生器"选项，然后单击"确定"按钮，如图 22-65 所示。

步骤2：打开"随机数发生器"对话框，在"变量个数"文本框内输入"3"，在"随机数个数"文本框内输入"12"，单击"分布"右侧的下拉按钮选择"正态"项。在"参数"窗格的"平均值"文本框内输入"10"，在"标准偏差"文本框内输入"3"。在"输出选项"窗格内单击选中"输出区域"前的单选按钮，并在其右侧的文本框内输入"$A$2"，如图 22-66 所示。

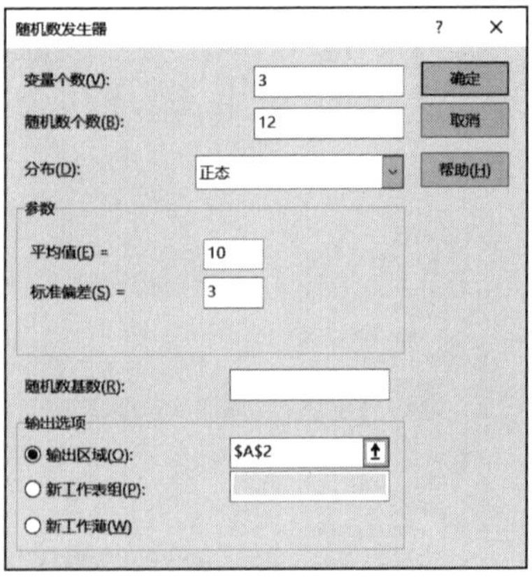

其中一些选项简要介绍如下。

❑ 随机数个数：在此输入要查看的数据点个数。每一个数据点出现在输出表的一行中。如果没有输入数字，Excel 会在指定的输出区域中填充所有的行。

❑ 分布：在此选择用于创建随机数的分布

图　22-64

图　22-65

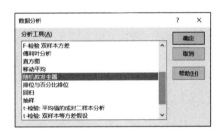

图　22-66

方法。Excel 2019 共提供了 7 种随机数的分布方法：均匀、正态、伯努利、二项式、泊松、模式和离散。

➤ 均匀：以下限和上限来表征。其变量是通过对区域中的所有数值进行等概率抽取而得到的。普通的应用是在 0 到 1 之间的均匀分布。

➤ 正态：以平均值和标准偏差来表征。普通的应用是平均值为 0、标准偏差为 1 的标准正态分布。

➤ 伯努利：以给定的试验中成功的概率（p 值）来表征。伯努利随机变量的值为 0 或 1。例如，可以在 0 到 1 之间抽取均匀分布随机变量。如果变量小于或等于成功的概率，则伯努利随机变量的值为 1，否则，随机变量的值为 0。

➤ 二项式：以一系列试验中成功的概率（p 值）来表征。例如，可以按照"试验次数"框中指定的个数生成一系列伯努利随机变量，这些变量之和为一个二项式随机变量。

➤ 泊松：以值 λ 来表征，λ 等于平均值的倒数。泊松分布经常用于表示单位时间内事件发生的次数，例如，汽车到达收费停车场的平均速率。

➤ 模式：以上界和下界、步长、数值重复率以及序列重复率来表征。

➤ 离散：以数值及相应的概率区域来表征。在本对话框中，给定的输入区域必须包含两列，左边一列包含数值，右边一列为与数值对应的发生概率。所有概率的和必须为 1。

❑ 参数：在此输入用于表征选定分布的数值。

❑ 随机数基数：在此输入用来构造随机数的可选数值。可以在以后重新使用该数值来生成相同的随机数。

步骤 3：单击"确定"按钮，即可看到从单元格 A2 开始的随机数发生器的结果，如图 22-67 所示。

22.3.12　排位与百分比排位

"排位与百分比排位"分析工具可以产生一个数据表，在其中包含数据集中各个数值的顺序排位和百分比排位，用来分析数据集中各数值间的相对位置关系。该工具使用工作表 RANK 函数和 PERCENTRANK 函数。RANK 函数不考虑重复值。如果希望考虑重复值，则在使用工作表 RANK 函数的同时，使用帮助文件中所建议的 RANK 函数的修正因素。

下面以图 22-68 所示的数据说明如何进行排位与百分比排位分析。

	A	B	C
1	变量1	变量2	变量3
2	13.4082	9.466261	12.14878
3	8.381566	14.94467	7.303746
4	10.16797	15.31888	5.388725
5	11.30336	6.753118	8.675935
6	4.337304	9.000611	12.32021
7	10.01044	7.889896	10.18682
8	4.534573	8.568566	13.18048
9	6.582587	2.699555	11.54905
10	13.60259	8.494576	8.495098
11	8.580643	8.504719	10.87959
12	8.671126	9.090419	13.50583
13	7.766115	11.91016	12.23752
14			

图　22-67

图　22-68

步骤 1：切换至"数据"选项卡，单击"分析"组中的"数据分析"按钮，打开"数据分析"对话框。在"分析工具"列表框内选中"排位与百分比排位"选项，然后单击"确定"按钮，如图 22-69 所示。

步骤 2：打开"排位与百分比排位"对话框，在"输入"窗格的"输入区域"文本框内输入"$C$2:$C$12",在"输出选项"窗格内单击选中"输出区域"前的单选按钮，并在其右侧的文本框内输入"$E$2"，如图 22-70 所示。

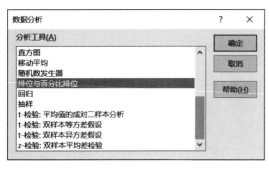
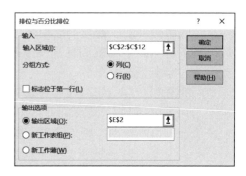

图 22-69　　　　　　　　　　　　　图 22-70

步骤 3：单击"确定"按钮，即可看到从单元格 E2 开始的排位与百分比排位分析的结果，如图 22-71 所示。

	A	B	C	D	E	F	G	H
1	学号	姓名	语文					
2	20051001	江雨薇	88		点	列1	排位	百分比
3	20051002	郝思嘉	81		1	88	1	100.00%
4	20051003	林晓彤	50		11	86	2	90.00%
5	20051004	曾云儿	75		6	85	3	80.00%
6	20051005	邱月清	60		2	81	4	60.00%
7	20051006	沈沉	85		9	81	4	60.00%
8	20051007	蔡小蓓	69		10	79	6	50.00%
9	20051008	尹南	58		4	75	7	40.00%
10	20051009	陈小旭	81		7	69	8	30.00%
11	20051010	薛婧	79		5	60	9	20.00%
12	20051011	萧煜	86		8	58	10	10.00%
13					3	50	11	0.00%
14								

图 22-71

22.3.13　回归分析

"回归"分析工具通过对一组观察值使用"最小二乘法"直线拟合来执行线性回归分析。本工具可用来分析单个因变量是如何受一个或几个自变量的值影响的。例如，观察某个运动员的运动成绩与一系列统计因素（如年龄、身高和体重等）的关系。可以基于一组已知的成绩统计数据，确定这 3 个因素分别在运动成绩测试中所占的比重，然后使用该结果对尚未进行过测试的运动员的表现进行预测。"回归"工具使用工作表 LINEST 函数。

下面以图 22-72 所示的数据说明如何进行回归分析。

步骤 1：切换至"数据"选项卡，单击"分析"组中的"数据分析"按钮，打开"数据分析"对话框。在"分析工具"列表框内选中"回归"选项，然后单击"确定"按钮，如图 22-73 所示。

步骤 2：打开"回归"对话框，在"输入"窗格的"Y 值输入区域"文本框内输入"$B$3:$B$10"，在"X 值输入区域"

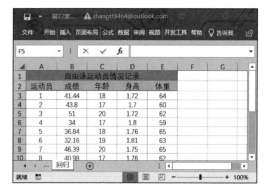

图 22-72

文本框内输入"$C$3:$C$10",单击勾选"常数为零""置信度"前的复选框,并在"置信度"右侧的文本框内输入"95"。在"输出选项"窗格内单击选中"输出区域"前的单选按钮,并在其右侧的文本框内输入"$G$2"。在"残差"窗格内勾选"残差""残差图""标准残差""线性拟合图"前的复选框。单击"正态分布"窗格内"正态概率图"前的复选框,如图22-74所示。

图 22-73

其中一些选项简要介绍如下。

❑ Y 值输入区域:输入对因变量数据区域的引用,该区域必须由单列数据组成。

❑ X 值输入区域:输入对自变量数据区域的引用,Excel 将对此区域中的自变量从左到右进行升序排列。自变量的个数最多为 16。

❑ 置信度:如果需要在汇总输出表中包含附加的置信度信息,则勾选此复选框。在右侧的框中输入所要使用的置信度,默认值为 95%。

❑ 常数为零:如果要强制回归线经过原点,则勾选此复选框。

❑ 输出区域:输入对输出表左上角单元格的引用。汇总输出表至少需要 7 列,其中包括方差分析表、系数、y 估计值的标准误差、$r2$ 值、观察值个数以及系数的标准误差。

图 22-74

❑ 残差:如果需要在残差输出表中包含残差,则勾选此复选框。

❑ 标准残差:如果需要在残差输出表中包含标准残差,则勾选此复选框。

❑ 残差图:如果需要为每个自变量及其残差生成一张图表,则勾选此复选框。

❑ 线性拟合图:如果需要为预测值和观察值生成一张图表,则勾选此复选框。

❑ 正态概率图:如果需要生成一张图表来绘制正态概率,则勾选此复选框。

步骤 3:单击"确定"按钮,即可看到从单元格 G2 开始的运动员成绩与其年龄等因素回归分析的结果,如图 22-75 所示。

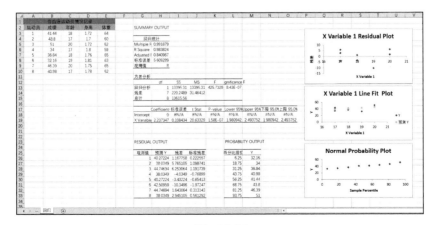

图 22-75

22.3.14 抽样分析

"抽样"分析工具以数据源区域为总体，从而为其创建一个样本。当总体太大而不能进行处理或绘制时，可以选用具有代表性的 s 样本。如果确认数据源区域中的数据是周期性的，还可以仅对一个周期中特定时间段中的数值进行采样。例如，如果数据源区域包含季度销售量数据，则以 4 为周期进行采样，将在输出区域中生成与数据源区域中相同季度的数值。

下面以图 22-76 所示的数据说明如何进行抽样分析。

步骤 1：切换至"数据"选项卡，单击"分析"组中的"数据分析"按钮，打开"数据分析"对话框。在"分析工具"列表框内选中"抽样"选项，然后单击"确定"按钮，如图 22-77 所示。

步骤 2：打开"抽样"对话框，在"输入"窗格的"输入区域"文本框内输入"$C$3:$C$14"。在"抽样方法"窗格内单击"周期"前的单选按钮，在"间隔"右侧的文本框内输入"3"。在"输出选项"窗格内单击选中"输出区域"前的单选按钮，并在其右侧的文本框内输入"$E$3"，如图 22-78 所示。

其中一些选项简要介绍如下。

- □ 输入区域：输入数据区域引用，该区域中包含需要进行抽样的总体数据。Excel 先从第 1 列中抽取样本，然后是第 2 列，等等。
- □ 抽样方法：单击"周期"或"随机"可指明所需的抽样间隔。
- □ 间隔：输入进行抽样的周期间隔。输入区域中位于间隔点处的数值以及此后每一个间隔点处的数值将被复制到输出列中。当到达输入区域的末尾时，抽样将停止。
- □ 样本数：输入需要在输出列中显示的随机数的个数。每个数值是从输入区域中的随机位置上抽取出来的，而且任何数值都可以被多次抽取。
- □ 输出区域：输入对输出表左上角单元格的引用。所有数据均将写在该单元格下方的单列里。如果选择的是"周期"，则输出表中数值的个数等于输入区域中数值的个数除以"间隔"。如果选择的是"随机"，则输出表中数值的个数等于"样本数"。

步骤 3：单击"确定"按钮，即可看到从单元格 E3 开始的抽样分析的结果，每个季度一个抽样数据，如图 22-79 所示。

图　22-76

图　22-77

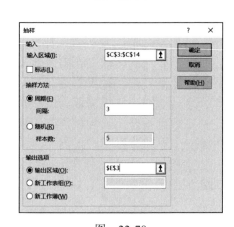

图　22-78

	A	B	C	D	E
1	某超市月度销售额统计				
2	季度	月份	销售额		
3		1月	12356		17896
4	第一季度	2月	25645		26895
5		3月	17896		21098
6		4月	24133		19842
7	第二季度	5月	19842		
8		6月	26895		
9		7月	15678		
10	第三季度	8月	16549		
11		9月	21098		
12		10月	23789		
13	第四季度	11月	17896		
14		12月	19842		
15					

图 22-79

22.3.15 t-检验

"双样本 t-检验"分析工具基于每个样本检验样本总体平均值是否相等。这 3 个工具分别使用不同的假设：样本总体方差相等；样本总体方差不相等；两个样本代表处理前后同一对象上的观察值。

对于以下所有 3 个工具，t-检验值 t 被计算并在输出表中显示为"t Stat"。数据决定了 t 是负值还是非负值。假设基于相等的基础总体平均值，如果 t<0，则"P(T<=t) 单尾"返回 t-检验的观察值比 t 更趋向负值的概率。如果 t>=0，则"P(T<=t) 单尾"返回 t-检验的观察值比 t 更趋向正值的概率。"t 单尾临界值"返回截止值，这样，t-检验的观察值将大于或等于"t 单尾临界值"的概率就为 Alpha。

"P(T<=t) 双尾"返回将被观察的 t-检验的绝对值大于 t 的概率。"P 双尾临界值"返回截止值，这样，被观察的 t-检验的绝对值大于"P 双尾临界值"的概率就为 Alpha。

1.t-检验：平均值的成对二样本分析

当样本中存在自然配对的观察值时（例如，对一个样本组在实验前后进行了两次检验），可以使用此成对检验。此分析工具及其公式可以进行成对双样本学生 t-检验，以确定取自处理前后的观察值是否来自具有相同总体平均值的分布。此 t-检验窗体并未假设两个总体的方差是相等的。

提示：由此工具生成的结果中包含合并方差，即数据相对于平均值的离散值的累积测量值，可以由下面的公式得到。

$$S^2 = \frac{n_1 S_1^2 + n_2 S_2^2}{n_1 + n_2 - 2}$$

下面以图 22-80 所示的数据说明如何进行"t-检验：平均值的成对二样本分析"。

步骤 1：切换至"数据"选项卡，单击"分析"组中的"数据分析"按钮，打开"数据分析"对话框。在"分析工具"列表框内选中"t-检验：平均值的成对二样本分析"选项，然后单击"确定"按钮，如图 22-81 所示。

步骤 2：打开"t-检验：平均值的成对二样本分析"对话框，在"输入"窗格的

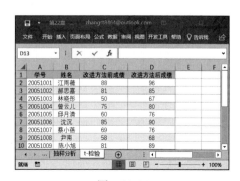

图 22-80

"变量 1 的区域"文本框内输入"$C$2:$C$12",在"变量 2 的区域"文本框内输入
"$D$2:$D$12",单击勾选"标志"前的复选框。在"输出选项"窗格内单击选中"输
出区域"前的单选按钮,并在其右侧的文本框内输入"$F$2",如图 22-82 所示。

其中一些选项简要介绍如下。

❑ 变量 1 的区域:在此输入需要分析的第 1 个数据区域的单元格引用。该区域必须
为单行或单列,并且包含与第 2 个区域相同的数据点。

❑ 变量 2 的区域:在此输入需要分析的第 2 个数据区域的单元格引用。该区域必须
为单行或单列,并且包含与第 2 个区域相同的数据点。

❑ 假设平均差:输入样本平均值的差值。0(零)值表示假设样本平均值相同。

❑ α:输入检验的置信度。该值必须介于 0 到 1 之间。α 置信度为与 I 型错误发生
概率相关的显著性水平(拒绝真假设)。

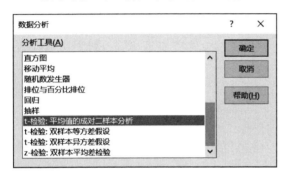

图 22-81

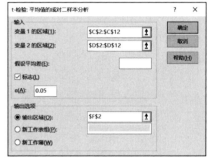

图 22-82

步骤 3:单击"确定"按钮,即可看到从单元格 F2 开始的"t- 检验:成对双样本
均值分析"的结果,如图 22-83 所示。

	B	C	D	E	F	G	H
1	姓名	改进方法前成绩	改进方法后成绩				
2	江雨薇	88	96		t-检验: 成对双样本均值分析		
3	郝思嘉	81	85				
4	林晓彤	50	67			88	96
5	曾云儿	75	80		平均	72.4	81
6	邱月清	60	76		方差	157.3778	81.55556
7	沈沉	85	90		观测值	10	10
8	蔡小蓓	69	76		泊松相关	0.964079	
9	尹南	58	68		假设平均	0	
10	陈小旭	81	89		df	9	
11	薛婧	79	87		t Stat	-6.00813	
12	萧煜	86	92		P(T<=t) 单	0.0001	
13					t 单尾临界	1.833113	
14					P(T<=t) 双	0.0002	
15					t 双尾临界	2.262157	
16							

图 22-83

2.t- 检验:双样本等方差假设

本分析工具可进行双样本学生 t- 检验。此 t- 检验窗体假设两个数据集取自具有相
同方差的分布,故也称作同方差 t- 检验。可以使用此 t- 检验来确定两个样本是否来自
具有相同总体平均值的分布。

下面以图 22-80 所示的数据说明如何进行"t- 检验:双样本等方差假设"分析。

步骤 1:切换至"数据"选项卡,单击"分析"组中的"数据分析"按钮,打开"数
据分析"对话框。在"分析工具"列表框内选中"t- 检验:双样本等方差假设"选项,
然后单击"确定"按钮,如图 22-84 所示。

步骤2：打开"t-检验：双样本等方差假设"对话框，在"输入"窗格的"变量1的区域"文本框内输入"$C$2:$C$12"，在"变量2的区域"文本框内输入"$D$2:$D$12"，单击勾选"标志"前的复选框。在"输出选项"窗格内单击选中"输出区域"前的单选按钮，并在其右侧的文本框内输入"$F$2"，如图22-85所示。

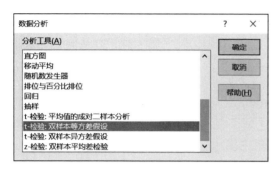

图　22-84

图　22-85

步骤3：单击"确定"按钮，即可看到从单元格F2开始的"t-检验：双样本等方差假设"分析的结果，如图22-86所示。

▲	B	C	D	E	F	G	H
4	林晓彤	50	67				
5	曾云儿	75	80		t-检验: 双样本等方差假设		
6	邱月清	60	76				
7	沈沉	85	90			88	96
8	蔡小蓓	69	76		平均	72.4	81
9	尹南	58	68		方差	157.3778	81.55556
10	陈小旭	81	89		观测值	10	10
11	薛婧	79	87		合并方差	119.4667	
12	萧煜	86	92		假设平均...	0	
13					df	18	
14					t Stat	-1.75938	
15					P(T<=t) 单	0.047749	
16					t 单尾临界	1.734064	
17					P(T<=t) 双	0.095499	
18					t 双尾临界	2.100922	
19							

图　22-86

3. t-检验：双样本异方差假设

本分析工具可进行双样本学生t-检验。此t-检验窗体假设两个数据集取自具有不同方差的分布，故也称作异方差t-检验。如同上面的"等方差"情况，可以使用此t-检验来确定两个样本是否来自具有相同总体平均值的分布。当两个样本中有截然不同的对象时，可使用此检验。当对于每个对象具有唯一一组对象以及代表每个对象在处理前后的测量值的两个样本时，应使用下面的示例中所描述的成对检验。

用于确定统计值t的公式如下：

$$t' = \frac{\bar{x} - \bar{y} - \Delta_0}{\sqrt{\dfrac{S_1^2}{m} + \dfrac{S_2^2}{n}}}$$

下面的公式可用于计算自由度df。

$$df = \frac{\left(\dfrac{S_1^2}{m} + \dfrac{S_2^2}{n}\right)}{\dfrac{\left(S_1^2/m\right)^2}{m-1} + \dfrac{\left(S_2^2/n\right)^2}{n-1}}$$

因为计算结果一般不是整数，所以 df 的值被舍入为最接近的整数，以便从 t 表中获得临界值。因为有可能为 TTEST 函数计算出一个带有非整数 df 的值，所以 Excel 工作表 TTEST 函数使用计算出的、未进行舍入的 df 值。由于这些决定自由度的不同方式，TTEST 函数和此 t- 检验工具的结果将与"异方差"情况中不同。

下面以图 22-80 所示的数据说明如何进行"t- 检验：双样本异方差假设"分析。

步骤 1：切换至"数据"选项卡，单击"分析"组中的"数据分析"按钮，打开"数据分析"对话框。在"分析工具"列表框内选中"t- 检验：双样本异方差假设"选项，然后单击"确定"按钮，如图 22-87 所示。

步骤 2：打开"t- 检验：双样本异方差假设"对话框，在"输入"窗格的"变量 1 的区域"文本框内输入"$C$2:$C$12"，在"变量 2 的区域"文本框内输入"$D$2:$D$12"，单击勾选"标志"前的复选框。在"输出选项"窗格内单击选中"输出区域"前的单选按钮，并在其右侧的文本框内输入"$F$2"，如图 22-88 所示。

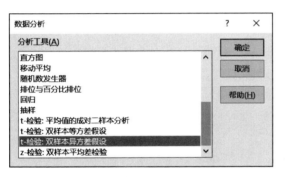

图　22-87

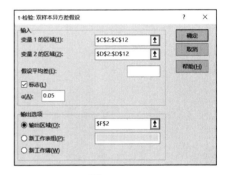

图　22-88

步骤 3：单击"确定"按钮，即可看到从单元格 F2 开始的"t- 检验：双样本异方差假设"分析的结果，如图 22-89 所示。

	B	C	D	E	F	G	H
1	姓名	改进方法前成绩	改进方法后成绩				
2	江雨薇	88	96		t-检验: 双样本异方差假设		
3	郝思嘉	81	85				
4	林晓彤	50	67			88	96
5	曾云儿	75	80		平均	72.4	81
6	邱月清	60	76		方差	157.3778	81.55556
7	沈沉	85	90		观测值	10	10
8	蔡小蓓	69	76		假设平均:	0	
9	尹南	58	68		df	16	
10	陈小旭	81	89		t Stat	-1.75938	
11	薛婧	79	87		P(T<=t) 单	0.048808	
12	萧煜	86	92		t 单尾临界	1.745884	
13					P(T<=t) 双	0.097617	
14					t 双尾临界	2.119905	
15							

图　22-89

22.3.16　z- 检验：双样本平均差检验

"z- 检验：双样本平均差检验"分析工具可对具有已知方差的平均差进行双样本 z- 检验。此工具用于检验两个总体平均值之间不存在差异的空值假设，而不是单方或双方的其他假设。如果方差未知，则应使用工作表 ZTEST 函数。

当使用"z- 检验"工具时，应该仔细理解输出。当总体平均值之间没有差异时，"P(Z < =z) 单尾"是 P(Z > =ABS(z))，即与 z 观察值沿着相同的方向远离 0 的 z 值的概率。当总体平均值之间没有差异时，"P(Z < =z) 双尾"是 P(Z > =ABS(z)) 或 Z

< =-ABS(z)),即沿着任何方向(而非与观察到的 z 值的方向一致)远离 0 的 z 值的概率。双尾结果只是单尾结果乘以 2。"z- 检验"工具还可用于当两个总体平均值之间的差异具有特定非零值的空值假设的情况。例如,可以使用此检验确定两个汽车模型的性能差异。

下面以图 22-80 所示的数据说明如何进行"z- 检验:双样本平均差检验"分析。

步骤 1:切换至"数据"选项卡,单击"分析"组中的"数据分析"按钮,打开"数据分析"对话框。在"分析工具"列表框内选中"z- 检验:双样本平均差检验"选项,然后单击"确定"按钮,如图 22-90 所示。

步骤 2:打开"z- 检验:双样本平均差检验"对话框,在"输入"窗格的"变量 1 的区域"文本框内输入"$C$2:$C$12",在"变量 2 的区域"文本框内输入"$D$2:$D$12",在"变量 1 的方差"文本框内输入"172",在"变量 2 的方差"文本框内输入"172",单击勾选"标志"前的复选框。在"输出选项"窗格内单击选中"输出区域"前的单选按钮,并在其右侧的文本框内输入"$F$2",如图 22-91 所示。

其中一些选项简要介绍如下。

❑ 变量 1 的方差(已知):输入已知变量 1 输入区域的总体方差。

❑ 变量 2 的方差(已知):输入已知变量 2 输入区域的总体方差。

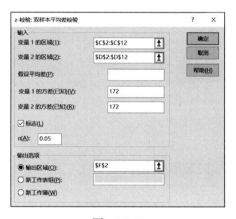

图　22-90　　　　　　　　　　　　图　22-91

步骤 3:单击"确定"按钮,即可看到从单元格 F2 开始的"z- 检验:双样本均值分析"的结果,如图 22-92 所示。

	B	C	D	E	F	G	H
1	姓名	改进方法前成绩	改进方法后成绩				
2	江雨薇	88	96		z- 检验: 双样本均值分析		
3	郝思嘉	81	85				
4	林晓彤	50	67			88	96
5	曾云儿	75	80		平均	72.4	81
6	邱月清	60	76		已知协方	172	172
7	沈沉	85	90		观测值	10	10
8	蔡小蓓	69	76		假设平均	0	
9	尹南	58	68		z	-1.46629	
10	陈小旭	81	89		P(Z<=z) 单	0.071285	
11	薛婧	79	87		z 单尾临界	1.644854	
12	萧煜	86	92		P(Z<=z) 双	0.14257	
13					z 双尾临界	1.959964	
14							

图　22-92

22.4 单变量求解实例

单变量求解是 Excel 中假设分析的重要工具之一，是一组命令的组成部分。如果已知单个公式要获得的结果，但不知道公式获得该结果所需的输入值，那么可以使用"单变量求解"功能。例如，假设需要借入一定金额的款项，并且已知所需金额、还款期限和月还款金额，则可使用单变量求解确定需要偿还的利率，以便符合贷款目标。在进行单变量求解时，Excel 会不断改变特定单元格中的值，直到依赖该单元格的公式返回所需的结果为止。

22.4.1 求解一元方程

问题：已知方程 $y = \cos(1+x)\sqrt{x}$ 中 y 的数值，需要求解自变量 x 的取值。

先来看一下如果已知自变量 x 的取值，如何求解函数 y 的值，具体方法如图 22-93 所示。而如果反过来，自变量未知，要根据函数 y 的值求解自变量，则可以先将表格制作成如图 22-94 所示的样子。

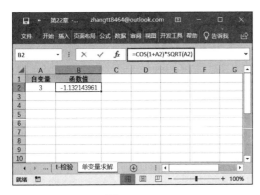

图 22-93

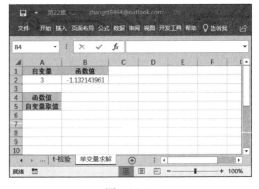

图 22-94

步骤 1：单击选中单元格 B4，在公式编辑栏中输入公式"=COS(1+B5)*SQRT(B5)"，用来计算函数值。单元格 B5 表示需要求解的自变量取值。

步骤 2：切换至"数据"选项卡，单击"预测"组中的"模拟分析"下拉按钮，在打开的菜单列表中单击"单变量求解"项，如图 22-95 所示。

步骤 3：弹出"单变量求解"对话框，在"目标单元格"文本框内输入"$B$4"，在"目标值"文本框内输入"-1.13"，在"可变单元格"文本框内输入"$B$5"，如图 22-96 所示。

步骤 4：单击"确定"按钮，即可看到单变量求解状态，如图 22-97 所示。稍等片刻，求解完成后即可看到如图 22-98 所示的结果。

步骤 5：单击"确定"按钮返回 Excel 主界面，即可查看求解的结果，如图 22-99 所示。

图 22-95

步骤6：可以用上述方法再次修改函数值进行单变量求解。

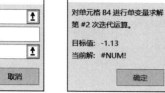

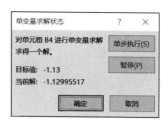

图　22-96　　　　　　　图　22-97　　　　　　　图　22-98

图　22-99

22.4.2　实例：使用单变量求解计算银行贷款利率

在计算贷款利率时，需要使用 PMT 函数，而如果反过来计算符合目标月还款额的贷款利率，则可以使用单变量求解和 PMT 函数来实现。下面通过实例说明具体操作步骤。

步骤 1：准备运算工作表。新建一个空白工作表，然后按下列要求输入数值或公式，具体如图 22-100 所示。

❏ 在单元格 A1 中，输入"贷款总额"。
❏ 在单元格 A2 中，输入"期限（月）"。
❏ 在单元格 A3 中，输入"利率"。
❏ 在单元格 A4 中，输入"月还款额"。
❏ 在单元格 B1 中，输入 100000，即需要贷入的总金额。
❏ 在单元格 B2 中，输入 180，即需要还款的月数。
❏ 在单元格 B4 中，输入公式" =PMT(B3/12,B2,B1)"，该公式用于计算月还款金额。

提示：在本例中，已知每月需要还款额为 900，但并不需要在此处输入该金额，因为下一步需要使用单变量求解确定利率，而单变量求解需要以公式开头。由于单元格 B3 中不含有数值，Excel 会假设利率为 0%，并使用本例中的值返回月还款金额 555.56，此时可以忽略该值。

步骤 2：设置单元格 B3 的格式。选中单元格 B3 后右键单击，在打开的菜单列表中单击"设置单元格格式"项，打开"设置单元格格式"对话框。切换至"数字"选项卡，在"分类"菜单列表中选择"百分比"，并将小数位数设置为 2，如图 22-101 所示。

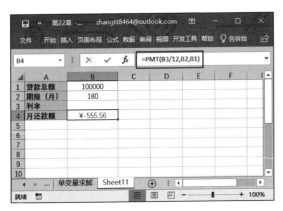

图　22-100　　　　　　　　　　　　　　　　图　22-101

步骤 3：单击"确定"按钮返回 Excel 主界面。切换至"数据"选项卡，打开"单变量求解"对话框，在"目标单元格"文本框内输入要求解的公式所在单元格的引用，例如"$B$4"，在"目标值"文本框内输入"−900"，在"可变单元格"文本框输入要调整的值所在单元格的引用，例如"$B$3"，如图 22-102 所示。

步骤 4：单击"确定"按钮，即可查看单变量求解状态，稍等片刻即可看到最终结果，如图 22-103 所示。

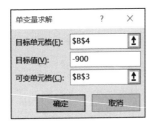

图　22-102

图　22-103

步骤 5：单击"确定"按钮返回 Excel 主界面，即可看到最终结果，当月还款额为 900 时，利率为 7.02%，如图 22-104 所示。

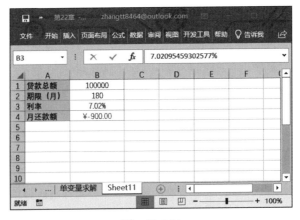

图　22-104

第**23**章

数据组合与分类汇总

在通常情况下，要对 Excel 工作表中的数据进行常规计算和分析，并不需要用户掌握多么复杂的函数公式知识和技巧。利用 Excel 本身所提供的分类汇总、合并计算等基础工具，就可以对工作表进行一些常规的数据分类统计。本章主要介绍有关数据组合和分类汇总的技巧及方法。

- 数据的分级显示
- 数据的分类汇总
- 数据的合并计算

23.1 数据的分级显示

■ 23.1.1 手动创建行的分级显示

对于层次关系的规律性不是很明显的数据内容，用户通常使用手工创建的方法进行分级显示。如图 23-1 所示的工作表是一张积分反馈数据，数据内容都是文本类型的。如果按"积分"字段中数据的位数建立分级显示，就需要通过手动的方式创建分级显示。

手动创建行分级显示的具体操作步骤如下。

步骤 1：打开工作表，切换至"数据"选项卡，单击"分级显示"组右下角的按钮，如图 23-2 所示。

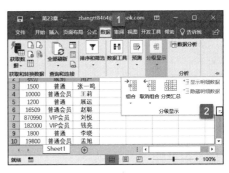

图 23-1

图 23-2

步骤 2：弹出"设置"对话框，单击取消勾选"明细数据的下方"前的复选框，单击"确定"按钮，如图 23-3 所示。

步骤 3：返回 Excel 主界面，选中第 4 行单元格，切换至"数据"选项卡，单击"分级显示"组中的"组合"下拉按钮，在弹出的菜单列表中单击"组合"项，建立第 2 级分级显示，如图 23-4 所示。

图 23-3

步骤 4：依次选择第 6 ～ 8 行单元格、第 7 ～ 8 行单元格、第 10 行单元格，重复步骤 3 的操作，建立相应的分级显示，最后效果如图 23-5 所示。

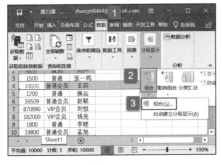

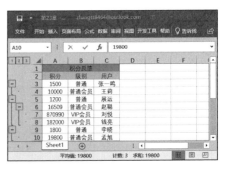

图 23-4

图 23-5

步骤 5：分级显示创建完成后，单击分级显示符 ① 按钮，即可看到第 1 级的显示效果，如图 23-6 所示。单击分级显示符 ② 按钮，可以看到第 2 级的显示效果，如图 23-7 所示。

图　23-6

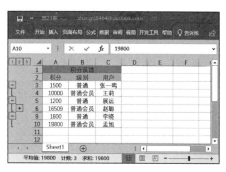

图　23-7

注意：

1）不能对多重选定区域使用"组合"命令，只能对连续区域使用"组合"命令。

2）在创建分组显示时要注意分组项设置的方向，系统默认的是在"明细数据的下方"或"明细数据的右侧"。如果要将分级项设置在明细数据的上方或左侧，则应该先选择"数据"选项卡"分级显示"单元组右下角的"外边框"按钮 ⬚，弹出如图 23-3 所示的"设置"对话框，在对话框中取消"明细数据的下方"或"明细数据的右侧"复选框的选中状态。

■ 23.1.2　手动创建列的分级显示

前面一节讲的是手动创建行的分级显示，用户也一定注意到在"设置"对话框中还有一个"明细数据的右侧"复选框，用户可以取消对该复选框的选择来实现创建列的分组显示。下面以图 23-8 所示的工作表数据为例，说明其具体操作步骤。

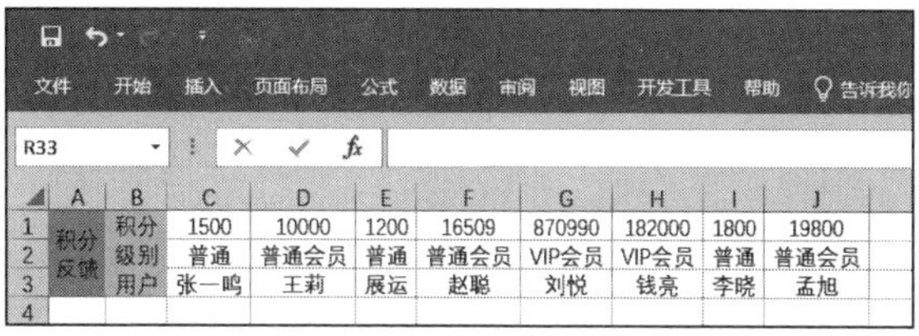

图　23-8

手动创建列的分级显示的具体操作步骤如下。

步骤 1：打开工作表，切换至"数据"选项卡，单击"分级显示"组右下角的按钮 ⬚，打开"设置"对话框，单击取消勾选"明细数据的右侧"前的复选框，单击"确定"按钮，如图 23-9 所示。

步骤 2：返回 Excel 主界面，选中 D 列单元格，切换至"数据"选项卡，单击"分级显示"组中的"组合"下拉按钮，在弹出的菜单列表中单击"组合"项，建立第 2 级分级显示。然后依次选择 F 列到 H 列单元格、G 列到 H 列单元格、J 列单元格，分别建立相应的分级显示，最后效果如图 23-10 所示。

步骤 3：分级显示创建完成后，单击分级显示符 ① 按钮，即可看到第 1 级的显示效果，如图 23-11 所示。单击分级显示符 ② 按钮，可以看到第 2 级的显示效果，如

图 23-12 所示。

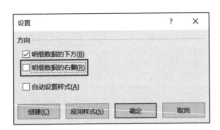

图 23-9

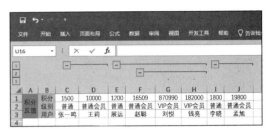

图 23-10

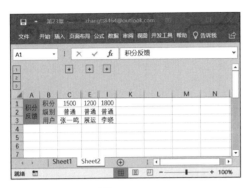

图 23-11

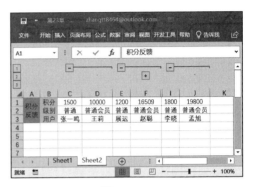

图 23-12

23.1.3 自动创建分级显示

如图 23-13 所示的工作表是一张已经分别按行方向和列方向设置了分类求和公式的数据表，在使用分级显示功能时，系统会从汇总公式中自动地判别出分级的位置，从而可以自动生成分级显示的样式。

部门	第一季度	1月份	2月份	3月份	第二季度	4月份	5月份	6月份
市场部1	6303	1870	2346	2087	5590	1700	1890	2000
市场部1	4500	1500	1500	1500	5226	1890	1760	1576
市场部1汇总	10803	3370	3846	3587	10816	3590	3650	3576
市场部2	6178	1980	2098	2100	4500	1500	1500	1500
市场部2汇总	6178	1980	2098	2100	4500	1500	1500	1500
市场部3	8750	2340	3540	2870	5989	1670	2300	2019
市场部3	7158	2178	3000	1980	6690	1980	2409	2301
市场部3	5860	1860	2500	1500	6543	2145	2200	2198
市场部3汇总	21768	6378	9040	6350	19222	5795	6909	6518

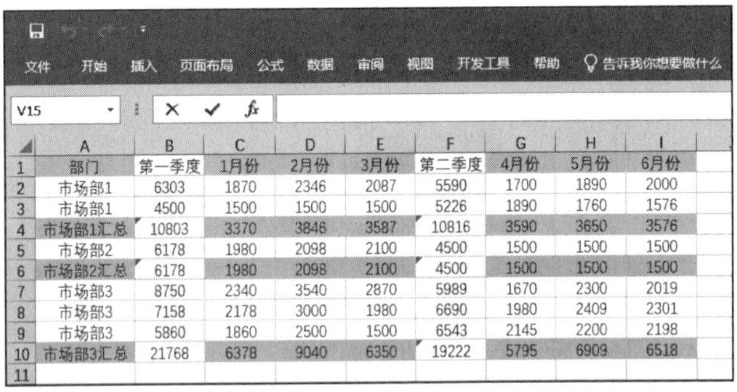

图 23-13

自动创建分级显示的具体操作步骤如下。

步骤 1：单击数据区域内任意单元格，切换至“数据”选项卡，在“分级显示”组内单击“组合”下拉按钮，然后在打开的菜单列表中单击“自动建立分级显示”项，如图 23-14 所示。此时，Excel 主界面内工作表的行标签左侧和列标签上方分别显示了分组显示符和标识线，如图 23-15 所示。

步骤 2：除上述操作方法外，还可以按“Ctrl+8”组合键，此时 Excel 会弹出如图 23-16 所示的对话框，单击“确定”按钮，即可快速地自动创建分级显示。此时可以看到第 6 行单元格"市场部 2 汇总"并没有和其他行一样自动生成 2 级显示，如图 23-17 所示。这是因为该行的公式只引用了第 5 行单元格单独一行，不能自动生成相应的分级显示，此时，可以通过手动方式修改"市场部 2 汇总"的分级显示。

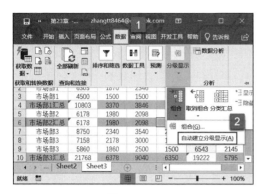

图　23-14

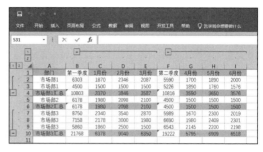

图　23-15

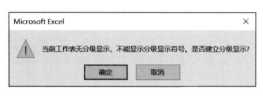

图　23-16

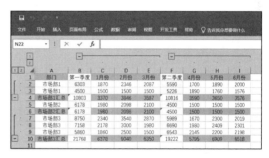

图　23-17

步骤 3：选中第 5 行单元格，切换至"数据"选项卡，单击"分级显示"组中的"组合"按钮，如图 23-18 所示，即可建立 2 级分级显示，如图 23-19 所示。

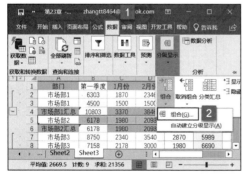

图　23-18

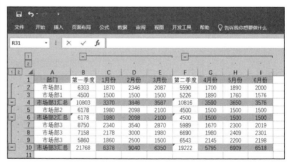

图　23-19

提示：

1）分级设置的公式必须包含数据区域引用。

2）公式所引用的数据区域必须在一行或一列数据区域以上。

23.1.4　隐藏分级显示

如果想显示或隐藏分级显示的各个级别，可以通过单击相应的分级显示数字按钮

[1][2]或显示/隐藏按钮[+]和[-]来实现。

数字1的级别是最高的，单击按钮[1]，则显示最高一级的内容，而不显示其他明细数据。数字2的级别其次，单击按钮[2]，会同时显示1级和2级的内容，其他的编号依次类推，如果要显示所有级别的明细数据，单击数值最大的按钮即可。

在同一级别的数据内容中会包含多个分组，单击"显示"[+]按钮可以展开相应分组中的明细数据，单击"隐藏"[-]按钮则可以隐藏相应的分组数据。

此外还可以通过功能区的按钮来完成分级显示的隐藏或显示操作。如图23-20所示的工作表中已经建立了分级显示。单击选中单元格A4，切换至"数据"选项卡，在"分级显示"组内单击"显示明细数据"按钮，即可将单元格A4的明细数据显示出来。如图23-21所示。

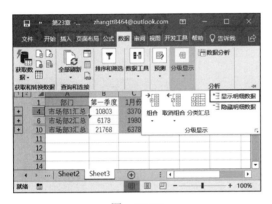

图　23-20　　　　　　　　　　　　　图　23-21

此时若再次选中单元格A4，然后单击"数据"选项卡下"分级显示"组中的"隐藏明细数据"按钮，如图23-22所示，即可将工作恢复成图23-20的状态。

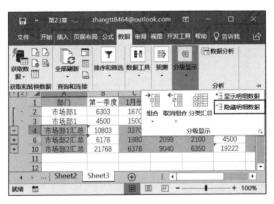

图　23-22

23.1.5　删除分级显示

在删除Excel分级显示时，不会删除工作表中的任何数据。如图23-23所示是一张已经创建了分级显示的工作表，如果想删除分级显示，可以按以下步骤操作。

步骤1：打开工作表，选中创建了分级显示的单元格区域，切换至"数据"选项卡，单击"分级显示"组中的"取消组合"按钮，如图23-24所示。

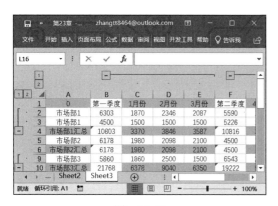

| 图 | 23-23 | 图 | 23-24 |

步骤 2：弹出"取消组合"对话框，单击选中"行"前的单选按钮，如图 23-25 所示。单击"确定"按钮即可将创建的行分级显示删除，如图 23-26 所示。若想删除列分级显示，选中"列"前的单选按钮即可。

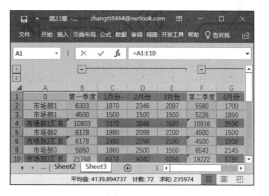

| 图 | 23-25 | 图 | 23-26 |

步骤 3：若想将工作表内的分级显示一次性全部删除，则单击"数据"选项卡下"分级显示"组中的"清除分级显示"按钮，如图 23-27 所示。效果如图 23-28 所示。

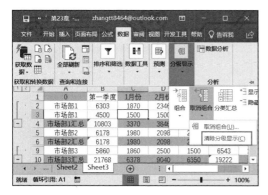

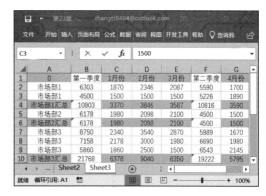

| 图 | 23-27 | 图 | 23-28 |

23.1.6 自定义分级显示样式

对于分级显示行，Microsoft Excel 应用 RowLevel-1 和 RowLevel-2 等样式（例如：字体、字号和缩进等格式设置特性的组合，将这一组合作为集合加以命名和存储。应用样式时，会同时应用该样式中所有的格式设置指令）。对于分级显示列，Excel 会应用 ColLevel-1 和 ColLevel-2 等样式。这些样式使用加粗、倾斜及其他文本格式来区分数据中的汇总行或汇总列。通过更改每个样式的定义方式，可以应用不同的文本和单元格格式，进而自定义分级显示的外观。无论在分级显示的创建过程中，还是在创建完毕之后，都可以应用分级显示样式。

切换至"数据"选项卡，单击"分级显示"组右下角的"外边框"按钮，打开"设置"对话框，单击勾选"自动设置样式"前的复选框，然后单击"创建"按钮即可，如图 23-29 所示。返回 Excel 主界面，效果如图 23-30 所示。

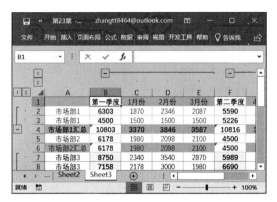

图　23-29　　　　　　　　　　　　　　图　23-30

提示：此外，还可以使用自动套用格式（可应用于数据区域的内置单元格格式集合，例如，字体大小、图案和对齐方式。Excel 可识别选定区域的汇总数据和明细数据的级别，然后对其应用相应的格式）为分级显示数据设置格式。

■ 23.1.7　复制分级显示的数据

对于分级显示状态下的工作表，选中当前显示部分级别的数据，直接复制到其他工作表时，会将整个工作表数据一并复制过来。此时，可以利用以下方法达到只复制当前显示数据的目的。

步骤 1：如图 23-31 所示的工作表为建立分级显示后的数据表，这次选中要复制的单元格区域 A1:I3。然后按"F5"键或"Ctrl+G"组合键，弹出"定位"对话框，单击对话框左下角的"定位条件"按钮，如图 23-32 所示。

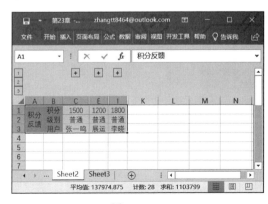

图　23-31　　　　　　　　　　　　　　图　23-32

步骤2：弹出"定位条件"对话框，单击选中"可见单元格"前的单元按钮，单击"确定"按钮，如图23-33所示。

步骤3：返回Excel主界面，此时单元格区域A1:I3已被选中，按"Ctrl+C"快捷键复制，选择好目标单元格位置后，按"Ctrl+V"快捷键进行粘贴即可，效果如图23-34所示。

图　23-33

图　23-34

23.2　数据的分类汇总

■ 23.2.1　创建含有图表的汇总报表

如果要为工作表中的数据创建一个汇总报表，并在其中仅显示总计及其图表，通常情况下，可以执行以下操作。

步骤1：打开一个存在分级显示的工作表，并单击分级显示符号1 2、+和−隐藏明细，仅显示汇总的行分级显示，如图23-35所示。

步骤2：选中单元格区域A1:F10，切换至"插入"选项卡，单击"图表"组中的柱形图按钮，在打开的菜单列表中选择一种柱形图即可，例如"簇状柱形图"，如图23-36所示。

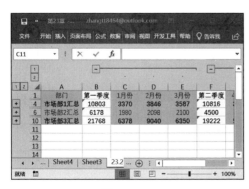

图　23-35

图　23-36

步骤 3：此时 Excel 主界面如图 23-37 所示。如果显示或隐藏分级显示数据列表中的明细，图表也会随之更新以显示或隐藏这些数据，如图 23-38 所示。

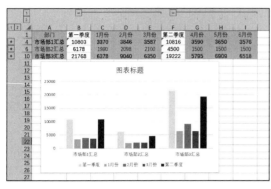

图　23-37

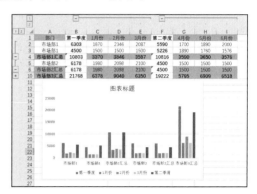

图　23-38

23.2.2　插入分类汇总

分类汇总是通过使用 SUBTOTAL 函数与汇总函数（例如"求和"或"平均值"等）一起计算得到的。可以在每列显示多个汇总函数类型。

插入分类汇总的具体操作步骤如下。

步骤 1：确认数据区域中要对其进行分类汇总计算的每列第一行都具有一个标签，每列中都包含类似的数据，并且该区域中不包含任何空白行或空白列，如图 23-39 所示。

步骤 2：单击数据区域内任意单元格，切换至"数据"选项卡，单击"分类显示"组内的"分类汇总"按钮，如图 23-40 所示。

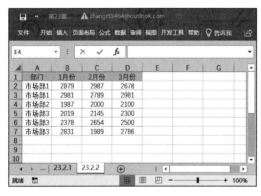

图　23-39

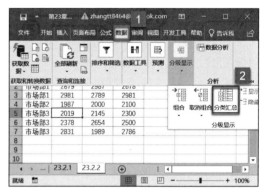

图　23-40

步骤 3：弹出"分类汇总"对话框，单击"分类字段"下拉按钮，选择"3 月份"，单击"汇总方式"下拉按钮，选择"求和"，在"选定汇总项"菜单列表内勾选"3 月份"前的复选框。若想让每个分类汇总自动分页，可以勾选"每组数据分页"前的复选框；若要指定汇总行位于明细行的上方，可以取消勾选"汇总结果显示在数据下方"前的复选框，如图 23-41 所示。

步骤 4：单击"确定"按钮返回 Excel 主界面，结果如图 23-42 所示。

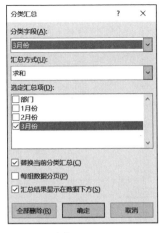

图 23-41

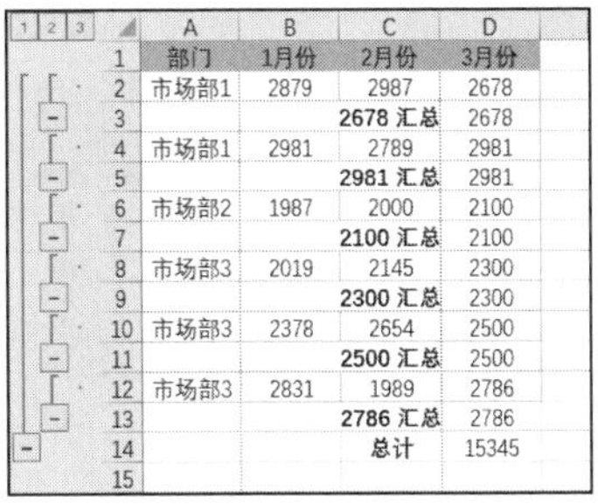

图 23-42

23.2.3 删除分类汇总

如果想删除分类汇总，可以执行以下操作步骤。如图 23-42 所示为已插入分类汇总的工作表区域，单击数据区域内任意单元格，切换至"数据"选项卡，单击"分类显示"组内的"分类汇总"按钮，弹出"分类汇总"对话框，单击左下角的"全部删除"按钮即可，如图 23-43 所示。返回 Excel 主界面，即可看到分类汇总已被删除，如图 23-44 所示。

图 23-43

图 23-44

23.3 | 数据的合并计算

23.3.1 按位置对数据进行合并计算

合并计算的方法有两种，一种是按位置对数据进行合并计算，一种是按类别对数据进行合并计算。本节将通过如图 23-45 所示的实例，介绍按位置对数据进行合并计算的具体操作步骤。

步骤1：单击选中单元格 A9 作为合并计算结果的存放起始位置，切换至"数据"选项卡，单击"数据工具"组内的"合并计算"按钮，如图 23-46 所示。

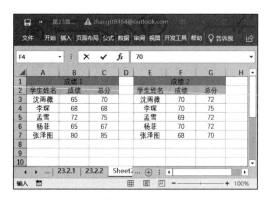

图　23-45　　　　　　　　　　　　　　　图　23-46

步骤2：弹出"合并计算"对话框，单击"函数"下拉按钮，选择"求和"项；然后单击"引用位置"下拉按钮，在工作表中选择"成绩 1"数据所在的单元格区域 A2:C7；单击"添加"按钮，将引用位置添加至"所有引用位置"列表框内。重复上述操作添加"成绩 2"数据所在的单元格区域 E2:G7，如图 23-47 所示。

步骤3：单击"确定"按钮返回 Excel 主界面，即可看到图 23-45 按位置合并计算后的数据内容，如图 23-48 所示。它不包含行标题和列标题，这是因为在按位置进行合并计算时，Excel 并不关注多个源数据表的行列标题内容是否一致，它只是单纯地对相同表格位置上的数据进行合并计算。

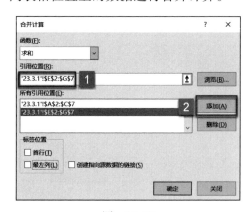

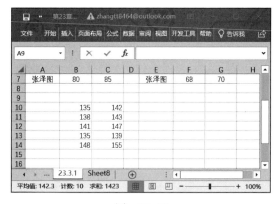

图　23-47　　　　　　　　　　　　　　　图　23-48

■ 23.3.2　按类别对数据进行合并计算

如果用户能够根据 Excel 行列标题的内容进行合并计算，则可以使用按类别对数据进行合并计算的方式。本节将通过如图 23-49 所示的实例，介绍按类别对数据进行合并计算的具体操作步骤。

步骤1：首先可以看到"成绩 1"和"成绩 2"数据区域内行标签的位置并不完全一致。单击选中单元格 A9 作为合并计算结果的存放起始位置，切换至"数据"选项卡，单击"数据工具"组内的"合并计算"按钮。打开"合并计算"对话框，添加好"成绩 1"和"成绩 2"数据所在单元格区域的引用位置后，在"标签位置"窗格内勾选"首行""最左列"前的复选框，如图 23-50 所示。

图　23-49

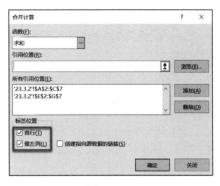

图　23-50

步骤 2：单击"确定"按钮返回 Excel 主界面，即可看到对图 23-49 按类别合并计算后的数据内容，如图 23-51 所示。

步骤 3：此时用户可以观察到单元格 A9 为空白单元格，缺少了"学生姓名"标签。若想使单元格 A9 内存在此标签，在"合并计算"对话框内进行计算时，可以首先勾选"首行"复选框，单击"确定"按钮，然后再勾选"最左列"复选框，单击"确定"按钮，效果如图 23-52 所示。

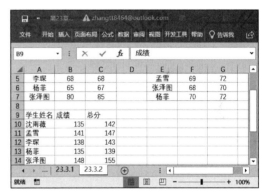

图　23-51　　　　　　　　　　　　　　　　图　23-52

将上述两节的合并计算进行比较，不难发现，在使用按类别对数据进行合并计算时，如果源数据表中数据记录的排列顺序不同，如图 23-49 所示的"成绩 1"和"成绩 2"中"学生姓名"的排列顺序是不同的，Excel 会自动根据记录标题的分类情况，合并相同类别中的数据内容，如图 23-51 所示。

提示：在使用按类别对数据进行合并计算时，源数据工作表必须包含行或列标题，并且在"合并计算"对话框中选中相应的复选框。

在按类别对数据进行合并计算时，首先要选中"合并计算"对话框中的"首行"和"最左列"两个复选框，才能实现按类别合并计算。

❑ 如果用户需要根据列标题进行分类合并计算，则选中"首行"复选框；如果用户需要根据行标题进行分类合并计算，则选中"最左列"复选框；如果用户需要同时根据行标题和列标题进行分类合并计算，则同时选中"首行"和"最左列"两个复选框。

❑ 如果源数据表中没有列标题或行标题，只有数据记录，而这时用户又选择了"首行"和"最左列"，则 Excel 将源数据表中的第 1 行和第 1 列分别默认为行标题和列标题。

❑ 如果用户取消勾选"首行"和"最左列"两个复选框，Excel 将按照源数据表中的数据的单元格位置进行计算，但不会自动分类。

通过以上的两个实例，可以简单地总结出合并计算功能的一般性规律。

❑ 当数据表中的列标题和行标题完全一致时，合并计算所进行的操作将是按相同的行或列的标题项进行计算，这些计算包含求和、计数及求平均值等。

❑ 当数据表中的行标题和列标题不相同时，合并计算会进行分类合并的操作，即把不同的行或列的数据根据内容进行分类合并，有相同标题内容的合成一条记录，不同标题内容的，则形成并列的多条记录，最后形成的表格中包含源数据表中所有的行标题和列标题。

23.3.3　使用公式对数据进行合并计算

除了以上两种合并计算方式外，还可以使用公式对数据进行合并计算。在公式中使用要进行组合的其他工作表的单元格引用或三维引用（对跨越工作簿中两个或多个工作表的区域的引用），因为没有可依赖的一致位置或分类，通常情况下使用公式对数据进行合并计算时会有两种情况，一种是要合并计算的数据位于不同工作表的不同单元格中，一种是位于不同工作表的相同单元格中。

（1）要合并计算的数据位于不同工作表的不同单元格

步骤 1：在当前工作表内复制或输入用于合并计算数据的行标签或列标签，单击选中单元格 B18 用来存放合并计算数据。

步骤 2：在公式编辑栏中输入公式" =SUM('23.3.2'!B3,'23.3.1'!F3)"，按"Enter"键即可将工作表"23.3.2"内单元格 B3 中的数据与工作表"23.3.1"内单元格 F3 中的数据合并计算，结果如图 23-53 所示。

（2）要合并计算的数据位于不同工作表的相同单元格

步骤 1：在当前工作表内复制或输入用于合并计算数据的行标签或列标签，单击选中单元格 C18 用来存放合并计算数据。

步骤 2：在公式编辑栏中输入公式"=SUM('23.3.1:23.3.2'!B3)"，按"Enter"键即可将工作表"23.3.1"内单元格 B3 中的数据与工作表"23.3.2"内单元格 B3 中的数据合并计算，结果如图 23-54 所示。

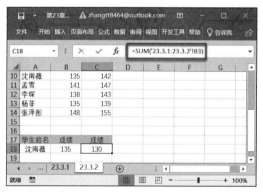

图 23-53　　　　　　　　　　　图 23-54

23.3.4　使用数据透视表合并数据

前面讲过的对数据合并，都只是单纯地把数据表合并起来。如果希望在将数据表合并的同时将合并后的数据按升序或降序的顺序排列，就要通过数据透视表合并数据，才能解决这一问题。具体操作步骤如下。

步骤 1：打开工作表，切换至"插入"选项卡，在"表格"组中单击"数据透视表"按钮，如图 23-55 所示。

步骤 2：弹出"创建数据透视表"对话框，单击"表 / 区域"右侧的下拉按钮选择单元格区域，例如"'23.3.2'!$A$2:$C$7"，单击"确定"按钮，如图 23-56 所示。

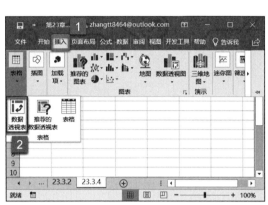

图　23-55

图　23-56

步骤 3：返回 Excel 主界面，即可在右侧打开"数据透视表"窗格，在"选择要添加到报表的字段"列表框内勾选"学生姓名""成绩""总分"前的复选框，此时的工作表如图 23-57 所示。

步骤 4：重复上述步骤为工作表"23.3.2"内"成绩 2"创建数据透视表，结果如图 23-58 所示。

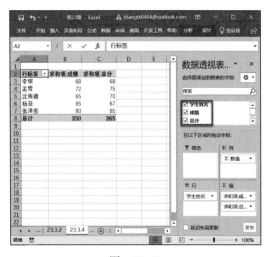

图　23-57

图　23-58

步骤 5：单击选择单元格 A18，切换至"数据"选项卡，在"数据工具"组内单击

"合并计算"按钮，弹出"合并计算"对话框，添加数据透视表所在的单元格区域引用位置后，勾选"首行""最左列"前的复选框，如图23-59所示。

步骤6：单击"确定"按钮，返回Excel主界面，结果如图23-60所示。

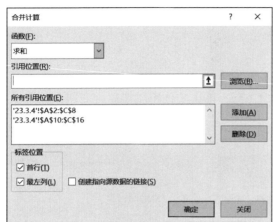

图　23-59

图　23-60

步骤7：由图23-60可以看出，使用数据透视表合并的数据，不但对数据表进行了合并而且还对学生姓名按拼音进行了升序排序。如果想要进行更多设置，可以在数据透视表单元格区域内右键单击，然后在弹出的菜单列表中单击"数据透视表选项"按钮，如图23-61所示。

步骤8：弹出"数据透视表选项"对话框，可以根据自身需要在对话框内切换各选项卡进行设置，最后单击"确定"按钮，如图23-62所示。

图　23-61

图　23-62

第24章
数据透视表应用技巧

Excel 中的数据透视表是一种可以快速汇总大量数据的分析工具,能够深入分析数值数据。熟练掌握数据透视表,可以有效地分析和组织大量的复杂数据,对数据进行分类汇总和聚合。当工作表数据庞大、结构复杂时,使用数据透视表能够更加明显地表现出数据分布的规律。数据透视表的交互特性使得用户不必使用复杂的公式及烦琐的操作,即可实现对数据的动态分析。

- 创建数据透视表
- 自定义数据透视表的字段与布局
- 操作数据透视表
- 数据透视表的分析应用

24.1 创建数据透视表

本节介绍数据透视表的特点、如何创建数据透视表、如何选择数据透视表的源数据。

24.1.1 数据透视表概述

在 Excel 中，使用数据透视表可以快速汇总大量数据，并能够对生成的数据透视表进行各种交互式操作。使用数据透视表可以深入分析数值数据，并且可以回答一些预料不到的数据问题。数据透视表主要具有以下用途：

□ 使用多种用户友好的方式查询大量数据。

□ 分类汇总和聚合数值数据，按分类与子分类对数据进行汇总，并创建自定义计算和公式。

□ 展开或折叠要关注结果的数据级别，查看感兴趣区域汇总数据的明细。

□ 将行移动到列或将列移动到行（或"透视"），以查看源数据的不同汇总。

□ 对最有用和最关注的数据子集进行筛选、排序、分组，并有条件地设置格式，使所关注的信息更加清晰明了。

□ 提供简明而有吸引力的联机报表或打印报表，并且报表可以带有批注。

当需要分析相关的汇总值，特别是要合计较大的数字列表并对每个数字进行多种不同的比较时，通常使用数据透视表。例如，图 24-2 所示的数据透视表，与图 24-1 所示的源数据表相比，可以方便地看到单元格 C15 内三季度芬达销售额与其他产品在三季度或其他季度的销售额的比较。

图　24-1

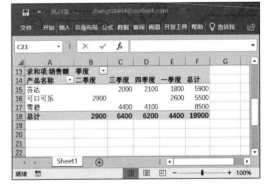

图　24-2

在数据透视表中，源数据中的每列或每个字段都称为汇总多行信息的数据透视表字段。

在上面的例子中，"产品名称"列称为"产品名称"字段，芬达的每条记录在单个芬达项中进行汇总。

数据透视表中的值字段（如某产品某季度的"求和项：销售额"）提供要汇总的值。上述报表中的单元格 C17 内包含的"求和项：销售额"值来自源数据中"产品名称"列包含"雪碧"和"季度"列包含"三季度"的每一行。默认情况下，值区域中的数据采用以下两种方式对数据透视图中的基本源数据进行汇总：数值使用 SUM 函数，文本值使用 COUNT 函数。

24.1.2　创建方法

如果要创建数据透视表，必须连接到一个数据源，并输入报表的位置。下面通过实例介绍如何创建数据透视表。

步骤 1：选中单元格区域内任意单元格，注意必须确保单元格区域具有列标题。然后切换至"插入"选项卡，在"表格"组内单击"数据透视表"按钮，如图 24-3 所示。

步骤 2：弹出"创建数据透视表"对话框，在"选择一个表或区域"下方的"表 / 区域"文本框内输入单元格区域或表名引用，此处默认选择当前工作表的单元格区域 \$A\$1:\$C\$10，然后在"选择放置数据透视表的位置"下方选择要放置数据透视表的位置，此处单击"新工作表"前的单选按钮，如图 24-4 所示。

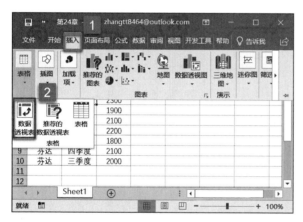

图　24-3

图　24-4

步骤 3：单击"确定"按钮返回 Excel 主界面，即可将空数据透视表添加至指定位置，并在窗口右侧显示数据透视表窗格，以便添加字段、创建布局、自定义数据透视表等，如图 24-5 所示。

步骤 4：在"选择要添加到报表的字段"菜单列表框内单击勾选"产品名称""季度""销售额"前的复选框，即可看到数据透视表发生了变化，如图 24-6 所示。

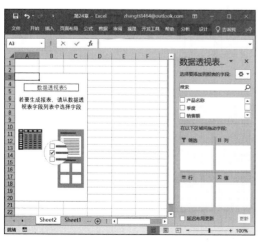

图　24-5

图　24-6

步骤5：右键单击"选择要添加到报表的字段"菜单列表框内的"季度"字段，在打开的菜单列表中单击"添加到列标签"按钮，或者直接使用鼠标将"行"窗格内"季度"字段拖至"列"窗格内，观察数据透视表的变化，如图 24-7 所示。

图　24-7

24.2 自定义数据透视表的字段与布局

创建数据透视表后，可以使用数据透视表字段列表向数据透视表中添加或删除字段，从而更改数据透视表的布局。数据透视表字段列表可以停靠在窗口的任一段，也可以取消停靠，而且不管停靠与否，都可以改变其大小以方便操作。

24.2.1　添加数据透视表字段

如果要将字段添加到数据透视表中，可以执行下列操作之一。

❑ 在数据透视表字段列表的字段部分中选中要添加的字段旁边的复选框。此时字段会放置在布局部分的默认区域中，也可以在需要时重新排列这些字段。

提示：默认情况下，非数值字段会被添加到"行标签"区域，数值字段会被添加到"值"区域，而 OLAP 日期和时间层次会被添加到"列标签"区域。

❑ 在数据透视表字段列表的字段名称处右键单击，在弹出的菜单列表中选择相应的命令选项："添加到报表筛选""添加到行标签""添加到列标签"和"添加到数值"，从而将该字段放置在布局部分中的特定区域，如图 24-8 所示。

❑ 在数据透视表字段列表内单击并拖动某个字段名，然后将其移至布局部分的某个区域。如果要多次添加某个字段，则重复该操作。

图　24-8

■ 24.2.2　删除数据透视表字段

如果要删除数据透视表字段，可以执行下列操作之一。

❏ 在布局区域中单击字段名称，然后在弹出的菜单列表中单击"删除字段"按钮，
如图 24-9 所示。

❏ 取消勾选字段列表内各字段名称前的复选框，即可删除该字段的所有实例，如
图 24-10 所示。

图　24-9　　　　　　　　　　　　　　　　　图　24-10

■ 24.2.3　改变数据透视表字段列表的视图方式

数据透视表共有 5 种不同的视图方式，在修改数据透视表字段时，可以更改视图
以满足不同需要。单击右侧"数据透视表"窗格右上角的"视图"按钮 ⊙ ▾ 即可，如图
24-11 所示。

❏ 字段节和区域节堆积：这是默认视图，是为少量字段而设计的。

❏ 字段节和区域节并排：当各区域中存在 4 个以上字段时可以使用这种视图，如图
24-12 所示。

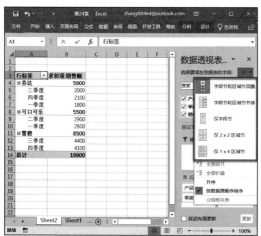

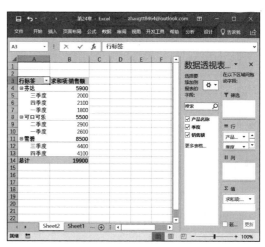

图　24-11　　　　　　　　　　　　　　　　　图　24-12

❑ 仅字段节：此视图是为添加和删除多个字段而设计的，如图 24-13 所示。

❑ 仅 2×2 区域节：此视图只是为重新排列多个字段而设计的，如图 24-14 所示。

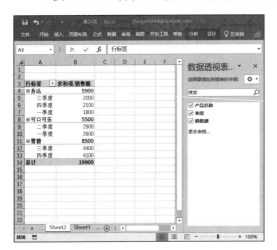

图　24-13

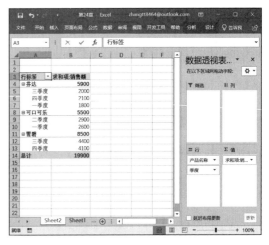

图　24-14

❑ 仅 1×4 区域节：此视图只是为重新排列多个字段而设计的，如图 24-15 所示。

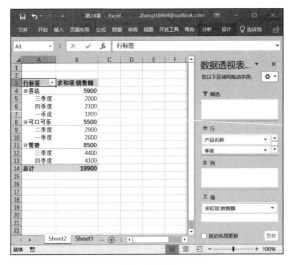

图　24-15

提示：在"字段节和区域节堆积"和"字段节和区域节并排"视图中，可以调整每一部分的宽度和高度以方便查看与操作。方法是：将鼠标指针悬停在窗格分隔线上，当指针变为垂直双箭头↕或水平双箭头↔时，将双箭头向上下左右拖动到所需位置，然后单击双箭头或按"Enter"键即可。

▌24.2.4　设置数据透视表选项

创建数据透视表后，可以像设置单元格格式一样设置数据透视表的选项。要打开"数据透视表选项"对话框，可以按照以下步骤进行操作：打开数据透视表，单击数据区域内任意单元格，然后在打开的菜单列表中选择"数据透视表选项"按钮，如图 24-16 所示。弹出"数据透视表选项"对话框，即可根据需要设置数据透视表的布局和格式、汇总和筛选、显示、打印、数据等选项，如图 24-17 所示。

图　24-16　　　　　　　　　　　　　图　24-17

24.2.5　字段设置

字段设置可以控制数据透视表中字段的分类汇总、筛选、布局和打印等。要进行字段设置，可以按照以下步骤进行操作：打开数据透视表，单击数据区域内任意字段，然后在打开的菜单列表中选择"字段设置"按钮，如图 24-18 所示。弹出"字段设置"对话框，即可根据需要设置字段的分类汇总、筛选、布局和打印等，如图 24-19 所示。

图　24-18　　　　　　　　　　　　　图　24-19

24.2.6　值字段设置

如果要格式化数据透视表中的数据，以便将数据统一为相同样式，可以进行值字段设置。具体操作步骤如下：打开数据透视表，单击数据区域内任意值字段，然后在打开的菜单列表中选择"值字段设置"按钮，如图 24-20 所示。弹出"值字段设置"对话框，即可根据需要设置值的汇总方式、显示方式等，如图 24-21 所示。

图 24-20

图 24-21

24.3 操作数据透视表

创建数据透视表后，有时需要对数据透视表进行一些操作，例如复制和移动数据透视表、清除数据透视表、对数据透视表进行重新命名、刷新数据透视表等。本节将介绍有关数据透视表的一些常见操作。

24.3.1 复制数据透视表

通过复制数据透视表，可以有效地备份数据。要复制数据透视表，可以按照以下步骤进行操作：打开数据透视表，单击数据区域内任意单元格，切换至数据透视表工具的"分析"选项卡，单击"操作"组中的"选择"下拉按钮，然后在打开的菜单列表中选择"整个数据透视表"项，如图 24-22 所示。或者直接选中数据透视表所在单元格区域，右键单击，在打开的菜单列表中单击"复制"按钮，如图 24-23 所示。此时数据透视表区域边框会变成虚线框，然后选择要将数据透视表复制到的位置所在单元格，右键单击，在打开的菜单列表中选择"粘贴"按钮即可完成粘贴。

图 24-22

图 24-23

24.3.2　移动数据透视表

有时可能需要移动数据透视表的位置，以便在原来的位置插入工作表单元格、行或列等其他内容。要移动数据透视表，可以按照以下步骤进行操作。

步骤 1： 打开数据透视表，单击选中要移动的数据透视表，切换至数据透视表工具的"分析"选项卡，单击"操作"组中的"移动数据透视表"按钮，如图 24-24 所示。

步骤 2： 打开"移动数据透视表"对话框，在"选择放置数据透视表的位置"下，执行以下操作之一后，单击"确定"按钮即可，如图 24-25 所示。

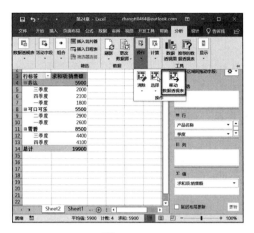

图　24-24

❏ 如果要将数据透视表放入一个新的工作表（从单元格 A1 开始），则单击"新工作表"前的单选按钮。

❏ 如果要将数据透视表放入现有工作表，则单击"现有工作表"前的单选按钮，然后在"位置"文本框内输入或选择单元格位置。

图　24-25

24.3.3　清除与删除数据透视表

如果要从数据透视表中删除所有的报表筛选、行标签和列标签、值以及格式，然后重新设计数据透视表的布局，可以使用"全部清除"命令。具体操作步骤如下。

步骤 1： 在数据透视表区域内单击任意单元格，切换至数据透视表工具的"分析"选项卡，单击"操作"组中的"清除"下拉按钮，然后在打开的菜单列表中单击"全部清除"按钮，如图 24-26 所示。

步骤 2： 使用"全部清除"命令可以快速重新设置数据透视表，但不会删除数据透视表，如图 24-27 所示。

图　24-26

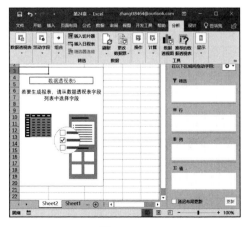

图　24-27

"全部清除"之后，数据透视表的数据连接、位置和缓存仍然保持不变。如果存在与数据透视表关联的数据透视图，则"全部清除"命令还会删除相关的数据透视图字段、图表自定义和格式。

要注意的是，如果在两个或多个数据透视表之间共享数据连接或使用相同的数据，然后对其中一个数据透视表使用"全部清除"命令，则同时还会删除其他共享数据透视表中的分组、计算字段或项及自定义项。但是，如果在 Excel 试图删除其他共享数据透视表中的项之前发出警告，则可以取消该操作。

提示：如果包含数据透视表的工作表有保护，则不会显示"全部清除"命令。如果为工作表设置了保护，并勾选了"保护工作表"对话框中的"使用数据透视表"复选框，则"全部清除"命令将无效，因为"全部清除"命令需要刷新操作。

如果要删除数据透视表，则可以按照以下步骤进行操作：

在数据透视表区域内单击任意单元格，切换至数据透视表工具的"分析"选项卡，单击"操作"组中的"选择"下拉按钮，然后在打开的菜单列表中单击"整个数据透视表"按钮，然后按"Delete"键即可。

要注意体会"全部清除"与删除的不同。

■ 24.3.4　重命名数据透视表

在创建数据透视表时，默认情况下 Excel 会使用"数据透视表 1""数据透视表 2"这样的名称为数据透视表命名，可以更改数据透视表的名称以使其更有意义，具体操作步骤如下：在数据透视表区域内单击任意单元格，切换至数据透视表工具的"分析"选项卡，在"数据透视表"组内的"数据透视表名称"文本框内输入新名称即可，如图 24-28 所示。

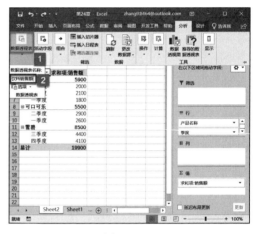

图　24-28

■ 24.3.5　刷新数据透视表

如果修改了工作表中数据透视表的源数据，数据透视表并不会自动随之发生相应的变化，需要用户手动进行刷新。刷新数据透视表的具体操作步骤如下：在数据透视表区域内右键单击任意单元格，然后在打开的菜单列表中单击"刷新"按钮即可，如图 24-29 所示。

■ 24.3.6　显示与隐藏字段列表

默认情况下，当选中数据透视表内任意单元格时，在窗口右侧就会显示数据透视表字段列表。如果数据透视表占用屏幕空间比较大，而暂时又不需要使用字段列

图　24-29

表时，可以将其隐藏，在需要时再将其显示出来。

　　如果要隐藏字段列表，可以按照以下步骤进行操作：在数据透视表区域内右键单击任意单元格，然后在打开的菜单列表中单击"隐藏字段列表"按钮即可，如图24-30所示。

　　如果要显示字段列表，可以按照以下步骤进行操作：在数据透视表区域内右键单击任意单元格，然后在打开的菜单列表中单击"显示字段列表"按钮即可，如图24-31所示。

图　24-30

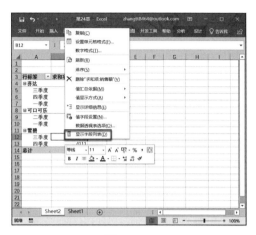

图　24-31

24.4　数据透视表的分析应用

　　在 Excel 中，使用数据透视表可以对数据进行排序、汇总和计算等操作，从而更加方便有效地分析数据。可以通过改变数据透视表的汇总方式来查看不同字段的汇总结果，也可以对相同字段进行多种计算。

24.4.1　更改数据透视表的排序方式

　　在数据透视表中可以方便地对数据进行排序，下面通过实例介绍具体操作步骤。

　　步骤1：打开数据透视表，单击"产品名称"右侧的下拉按钮，在打开的菜单列表中选择"降序"按钮，如图24-32所示。此时，"产品名称"列中的数据即可更改为按降序排列，如图24-33所示。

　　步骤2：单击"产品名称"右侧的下拉按钮，在打开的菜单列表中选择"其他排序选项"按钮，如图24-34所示。

　　步骤3：打开"排序（产品名称）"对话框，单击选中"升序排序（从 A 到 Z）依据"前的单选按钮，并在下方列表内选择"产品名称"，单击"确定"按钮即可将产品名称列更改回按升序排列，如图24-35所示。或者单击"产品名称"右侧的下拉按钮，在打开的菜单列表中直接选择"升序"按钮。

　　步骤4：如果要设置更多的排序选项，可以单击"排序（产品名称）"对话框中的"其他选项"按钮，如图24-36所示。

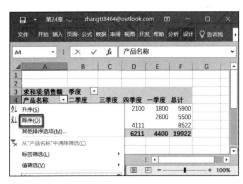

图 24-32

图 24-33

图 24-34

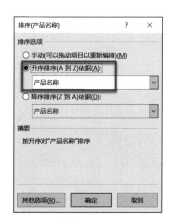

图 24-35

步骤5：打开"其他排序选项（产品名称）"对话框，即可根据自身需要设置自动排序、主关键字排序次序、排序依据、方法等选项，如图24-37所示。例如，如果希望每次更新报表时都对数据自动排序，则勾选"每次更新报表时自动排序"前的复选框。

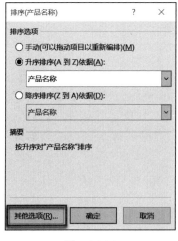

图 24-36

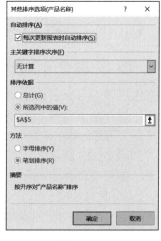

图 24-37

24.4.2 更改数据透视表的汇总方式

默认情况下，数据透视表的汇总方式为求和汇总，也可以根据需要将其更改为其他汇总方式，例如平均值、最大值、最小值、计数等。下面通过实例说明如何更改数据透视表的汇总方式。

方式1：在数据透视表区域内右键单击任意单元格，然后在打开的菜单列表中单击"值汇总依据"项打开子菜单列表，然后在打开的子菜单列表中选择"计数"按钮，如图24-38所示。更改汇总方式后的数据透视表如图24-39所示。

图　24-38

图　24-39

方法2：在数据透视表区域内右键单击任意单元格，然后在打开的菜单列表中单击"值字段设置"项。打开"值字段设置"对话框，在"值汇总方式"选项卡下"计算类型"菜单列表框内选择一种类型，单击"确定"按钮即可，如图24-40所示。

24.4.3　筛选汇总结果

在使用数据透视表时，除了可以对汇总数据进行排序和更改汇总方式之外，还可以对汇总的结果进行筛选。使用筛选功能可以完成许多复杂的操作，下面通过实例说明筛选汇总结果的具体操作步骤。

步骤1：在数据透视表区域内右键单击要筛选出的行标签单元格，在打开的菜单列表中单击

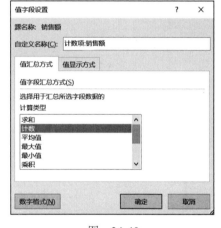

图　24-40

"筛选"项打开子菜单列表，然后在打开的子菜单列表中选择"仅保留所选项目"按钮，如图24-41所示。筛选后的数据透视表如图24-42所示。

步骤2：右键单击"脉动"单元格，然后在打开的菜单列表中单击"筛选"项打开子菜单列表，然后在打开的子菜单列表中选择"从'产品名称'中清除筛选"按钮，即可将数据透视表恢复到打开时的状态，如图24-43所示。

步骤3：单击"季度"右侧的下拉按钮，在打开的菜单列表中只勾选"三季度"和"四季度"前的复选框，单击"确定"按钮，如图24-44所示。

步骤4：返回Excel主界面，筛选结果如图24-45所示。再次单击"季度"右侧的下拉按钮，在打开的菜单列表中单击"从'季度'中清除筛选"按钮，单击"确定"按钮即可清除筛选结果，如图24-46所示。

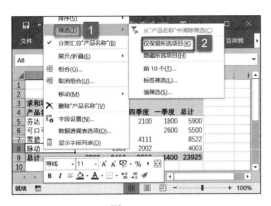

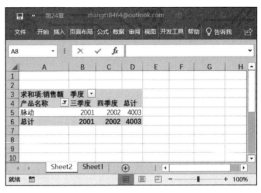

图 24-41   图 24-42

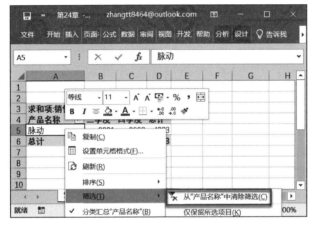

图 24-43   图 24-44

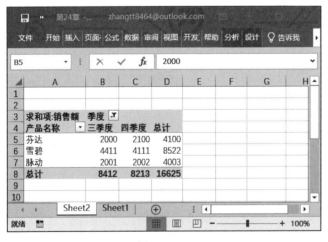

图 24-45   图 24-46

步骤5：单击"季度"右侧的下拉按钮，在打开的菜单列表中单击"值筛选"按钮，然后在打开的子菜单列表中选择"大于"按钮，如图 24-47 所示。

步骤6：打开"值筛选（季度）"对话框，设置筛选条件，在文本框内输入"8000"，筛选销售额大于 8000 的季度，如图 24-48 所示。

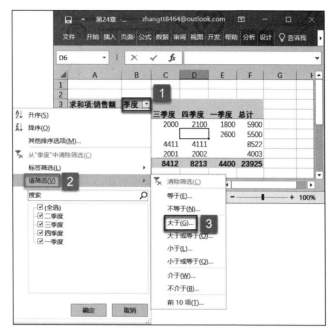

图 24-47

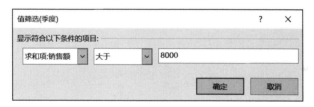

图 24-48

步骤 7：单击"确定"按钮返回 Excel 主界面，筛选结果如图 24-49 所示。

图 24-49

第五篇

宏和 VBA 篇

第**25**章

宏和 VBA 的运用

随着 Microsoft Office 套件很多自动化特性的增加，宏编程显得没有以前那么重要了，至少对一般用户而言是这样的。本章将介绍宏和 VBA 的简单运用，用户可以了解一下。

- 什么是宏和 VBA
- 宏的录制与保存
- 宏的启动与运行
- 宏的安全设置
- 编写简单的 VBA 程序

25.1 什么是宏和 VBA

"宏"指一系列 Excel 能够执行的 VBA 语句。这样可能有些难以理解，如果说"将一块文字变为'黑体'，字号变为'三号'"就可以看作一个"宏"的话，那么"宏"就不难理解了。其实 Excel 中的许多操作都可以看作一个"宏"。

VBA 是 Visual Basic 的一种宏语言，是微软开发出来、在其桌面应用程序中执行通用的自动化 (OLE) 任务的编程语言。它主要用来扩展 Windows 的应用程式功能，特别是 Microsoft Office 软件，也可说是一种应用程式视觉化的 Basic 脚本。在 Excel 中，可以利用 VBA 使软件的应用效率更高，例如：通过一段 VBA 代码，可以实现复杂逻辑的统计（比如从多个表中，自动生成按合同号来跟踪生产量、入库量、销售量、库存量的统计清单）等。

25.2 宏的录制与保存

25.2.1 录制宏

宏是一系列存储于 Visual Basic 模块中的命令和函数，它们可以在需要时随时运行。对于工作中经常需要完成的某些重复性工作，可以通过宏来进行操作。下面介绍在 Excel 中录制宏的方法。

步骤 1：启动 Excel 并打开工作表，切换至"开发工具"选项卡，在"代码"组内单击"录制宏"按钮，如图 25-1 所示。

步骤 2：打开"录制宏"对话框，在"宏名"文本框内输入宏的名称，单击"确定"按钮，如图 25-2 所示。

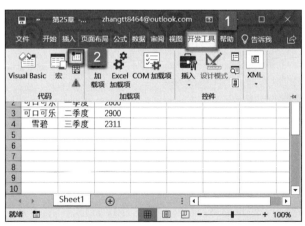

图　25-1

图　25-2

步骤 3：进入宏录制状态，对工作表中的所有操作将被录制为宏。对表头文字的格式进行设置，完成设置后单击"停止录制"按钮即可停止宏的录制，如图 25-3 所示。

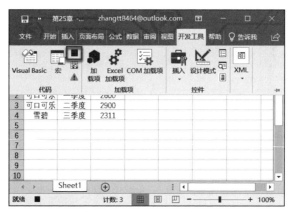

图 25-3

25.2.2 使用相对引用录制宏

在录制宏时，如果存在对单元格的操作，那么在执行该宏时将只能对录制时操作的单元格进行操作，这是因为宏记录的是单元格的绝对引用。要解决这个问题，可以使用下面的方法来进行操作。

步骤 1：启动 Excel 并打开工作表，切换至"开发工具"选项卡，在"代码"组内单击"使用相对引用"按钮，如图 25-4 所示。

步骤 2：单击"代码"组内的"宏"按钮，打开"宏"对话框，在"宏名"文本框内输入宏名称后单击"创建"按钮，如图 25-5 所示。此时录制的宏，单元格的引用将使用相对引用。

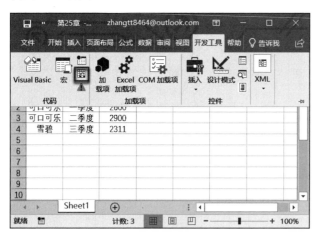

图 25-4

图 25-5

25.2.3 设置宏的保存方式

在进行宏的录制时，可以设置录制好的宏保存的位置，宏保存位置的不同决定了宏的适用范围。下面介绍设置宏保存位置的操作方法。

步骤 1：启动 Excel 并打开工作表，切换至"开发工具"选项卡，在"代码"组内单击"录制宏"按钮，打开"录制宏"对话框。然后在"保存在"下拉列表中选择宏保存的位置，设置完成后单击"确定"按钮，如图 25-6 所示。

图　25-6

步骤 2：开始宏的录制，录制完成后，宏将按照设置保存在指定的位置。

提示：在录制宏时，如果需要创建只在当前工作簿中使用的宏，可以选择"当前工作簿"选项。如果需要在多个工作簿中调用录制的宏，但又不想在任何文件中都能使用该宏，则可以将宏保存在一个新工作簿中，即选择"新工作簿"选项。如果需要宏能够被所有的工作簿使用，则可以选择"个人宏工作簿"选项。

25.3 宏的启动与运行

25.3.1 使用"宏"对话框来启动宏

在 Excel 2019 中，可以使用多种方式来启动宏，其中常用的方式是使用"宏"对话框来启动已经录制完成的宏。启动 Excel 并打开包含宏的工作表，切换至"开发工具"选项卡，在"代码"组内单击"宏"按钮，如图 25-7 所示。打开"宏"对话框，然后在"宏名"下方的列表框内选择需要执行的宏，单击"执行"按钮即可执行该宏，如图 25-8 所示。

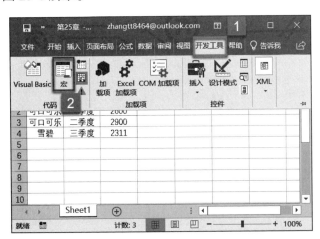

图　25-7

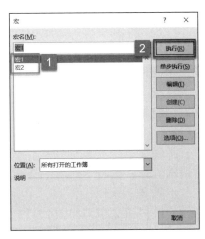

图　25-8

提示："宏"对话框中包含"执行"与"单步执行"两个按钮。两者都可以启动宏，但是在执行宏的方式上存在差别。单击"执行"按钮，相应的宏将从首行一直执行，直到宏过程的末行执行完毕为止。单击"单步执行"按钮，执行起始位置将跳转到该宏过程的入口位置后停止，用户需要选择"执行"或"单步执行"让宏代码继续执行。

25.3.2　使用快捷键来快速启动宏

用户也可以为宏指定快捷键，通过快捷键来快速启动宏。具体的操作方法如下。

步骤 1：切换至"开发工具"选项卡，在"代码"组内单击"宏"按钮，打开"宏"对话框。在"宏"对话框的"宏名"列表中选择一个宏，单击"选项"按钮，如图 25-9 所示。

步骤 2：打开"宏选项"对话框，在"快捷键"文本框内输入"R"，如图 25-10 所示。单击"确定"按钮关闭"宏选项"对话框后关闭"宏"对话框，按"Ctrl+R"快捷键即可启动宏。

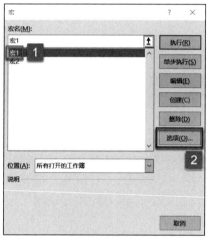
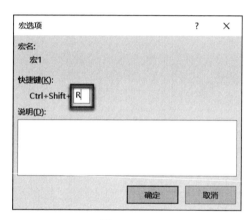

图　25-9　　　　　　　　　　　　　　　　图　25-10

25.3.3　使用表单控件启动宏

Excel 2019 提供了表单控件和 ActiveX 控件供用户使用，这两类控件都可以用来启动宏。其中，使用表单控件来启动宏在设计上比较简单，下面就介绍使用表单控件中的按钮控件来启动宏的步骤。

步骤 1：启动 Excel 并打开包含宏的工作表，切换至"开发工具"选项卡，在"控件"组内单击"插入"下拉按钮，然后在打开的菜单列表中单击"表单控件"下的"按钮"控件，如图 25-11 所示。

步骤 2：拖动鼠标在工作表中绘制按钮控件，绘制完成后 Excel 会打开"指定宏"对话框。在"宏名"列表中选择一个宏，然后单击"确定"按钮，如图 25-12 所示。

步骤 3：返回工作表，单元格中显示插入的按钮效果。在工作表的按钮文字上单击，修改按钮文字，如图 25-13 所示。完成设置后单击工作表内任意位置退出按钮编辑状态，此时单击该按钮即可启动宏。

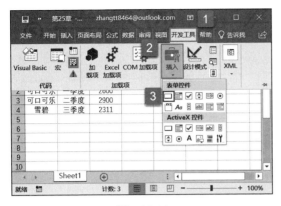

图　25-11

图　25-12

图　25-13

25.3.4　使用 ActiveX 控件来启动宏

在 Excel 中创建的宏实际上是一段程序代码，它是一个 Sub 过程。在工作表中添加了 ActiveX 控件后，用户可以在控件的事件过程中输入代码，从而控制宏的启动。下面以使用"命令按钮"控件来启动宏为例，介绍具体的操作方法。

步骤 1：启动 Excel 并打开包含宏的工作表，切换至"开发工具"选项卡，在"控件"组内单击"插入"下拉按钮，然后在打开的菜单列表中单击" ActiveX 控件"下的"命令按钮"控件，如图 25-14 所示。

步骤 2：拖动鼠标在工作表中绘制命令按钮控件，如图 25-15 所示。

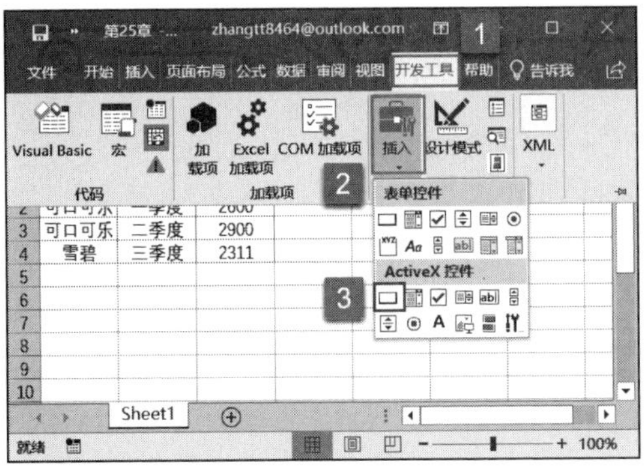

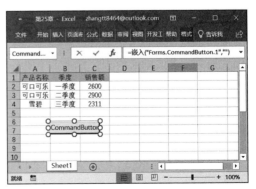

图　25-14

图　25-15

步骤3：右键单击该按钮，在弹出的菜单列表中单击"查看代码"按钮，如图25-16所示。

步骤4：打开VBA编辑器，在命令按钮的代码窗口中自动添加了按钮的Click事件过程。在该过程中添加宏所对应的过程名"宏1"，如图25-17所示。

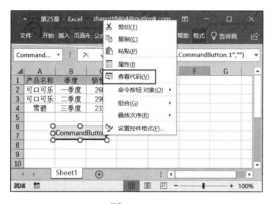

图　25-16

图　25-17

步骤5：切换到Excel程序主界面，再次右键单击该按钮，在弹出的菜单列表中单击"属性"按钮，如图25-18所示。

步骤6：打开"属性"对话框，将控件的"Caption"属性设置为"设置表头格式"，如图25-19所示。此时，命令按钮上的文字已经改变为"设置表头格式"。

图　25-18

图　25-19

步骤7：关闭"属性"对话框和VBA编辑器。单击"开发工具"选项卡下"控件"组内的"设计模式"按钮，退出控件的设计模式，如图25-20所示。

步骤8：此时，单击工作表内的命令按钮控件即可启动宏，如图25-21所示。

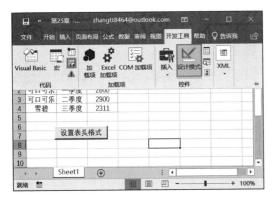

图　25-20

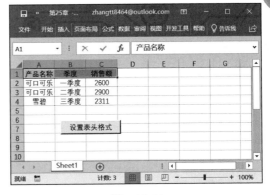

图　25-21

25.4 宏的安全设置

宏的安全设置控制着宏的运行。如果执行的宏中包含恶意代码，计算机就会受到恶意攻击。用户可以对工作簿进行宏安全设置，以保护工作簿与计算机的安全。本节将介绍宏安全设置选项的作用及进行宏安全设置的方法。

25.4.1 宏的安全设置及其作用

如果在计算机中安装了防病毒软件，当打开包含宏的工作簿时，会在打开工作簿前对其进行扫描，以检查文件的安全性。各项宏安全设置及其作用如下所述。

- ❑ 禁用所有宏，并且不通知：如果对宏不信任，可以选择此选项。选择此项后，在打开包含宏的工作簿时，就会禁用其中所有宏与有关宏的安全警告。如果工作簿中包含可信任的宏，可以将这些文件放置到受信任的位置。这些受信任的位置中的文件不会经过信任中心安全系统的检查，可以直接运行。

- ❑ 禁用所有宏，并发出通知：默认设置，如果希望在禁用宏时提示安全警告通知，可以选择此选项。

- ❑ 禁用无数字签署的所有宏：如果宏由受信任发布者进行数字签名，则可以直接运行。如果不信任发布者，就会提示通知。如果是未签名的宏，则会被禁用，且不会提示通知。通过此选项，可以有选择地执行宏。

- ❑ 启用所有宏（不推荐；可能会运行有潜在危险的代码）：选择此选项可以运行所有宏。但是，如果执行的宏中包含恶意代码，计算机会受到攻击，所以不建议选择此选项。

- ❑ 信任对 VBA 工程对象模型的访问：此选项是专为开发人员设置的，用于禁止或允许以编程方式访问 VBA 对象模型，是为编写自动化代码提供的一种安全选项。此设置因用户和应用程序的不同而不同。默认为拒绝访问。

25.4.2 更改宏的安全设置

宏的安全设置决定宏是否可以执行，换句话说，通过更改宏的安全设置，可以禁止或者允许宏的执行。更改宏安全设置的操作步骤如下。

步骤 1：切换至"开发工具"选项卡，单击"代码"组内的"宏安全性"按钮🛡️，如图 25-22 所示。

步骤 2：打开"信任中心"对话框，此处列出了所有可以选择的宏安全设置。例如此处选择"禁用所有宏，并发出通知"，如图 25-23 所示。单击"确定"按钮应用宏安全设置。

图　25-22

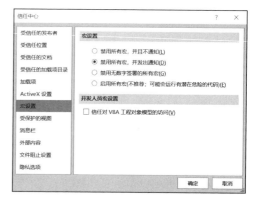

图　25-23

注意：

1）切换至"文件"选项卡，在打开的菜单列表中单击"选项"按钮。打开"Excel 选项"对话框，切换至"信任中心"选项卡，单击右侧窗格内的"信任中心设置"按钮，也可打开"信任中心"对话框。

2）在 Excel 中所做的宏安全设置更改，仅应用于 Excel 中，而不会影响其他的 Office 程序。

步骤 3：打开包含宏的工作簿，会发现在编辑栏上方出现了一个安全警告，提示"宏已被禁用"，如图 25-24 所示。此时，包含宏的工作簿中的宏将不能被运行。单击安全警告提示条中的"启用内容"按钮，工作簿中的宏就可以运行了。

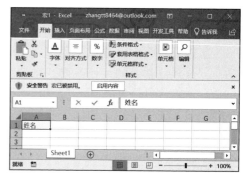

图　25-24

25.5 编写简单的 VBA 程序

25.5.1 打开 Visual Basic 编辑器

在 Office 2019 中，编写 VBA 代码、调试宏以及应用程序开发等都离不开 Visual Basic 编辑器，使用 Visual Basic 编辑可以完成创建 VBA 过程、创建 VBA 用户窗体、查看或修改对象属性，以及调试 VBA 程序等任务。下面来介绍 Excel 2019 启动 VBA 编辑器的两种方法。

方法一：启动 Excel 并打开工作表，切换至"开发工具"选项卡，单击"代码"组内的"Visual Basic"按钮即可打开 Visual Basic 编辑器窗口，如图 25-25 所示。

方法二：在"开发工具"选项卡下的"代码"组内单击"宏"按钮。打开"宏"对话框。在"宏名"列表框内选择宏，单击"编辑"按钮即可打开 Visual Basic 编辑器窗口，如图 25-26 所示。

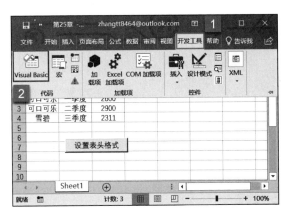

图　25-25

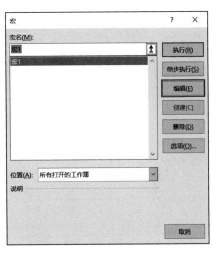

图　25-26

提示：实际上，打开 Visual Basic 编辑器的方式很多，按"Alt+F11（Fn+Alt+F11）"组合键能够快速打开 Visual Basic 编辑器。右键单击工作表内的控件按钮，在打开的菜单列表中单击"查看代码"命令，也能够打开 Visual Basic 编辑器。

25.5.2　轻松输入代码

Visual Basic 编辑器的"代码"窗口的智能感应技术能够为开发者提供代码方面的帮助，如在输入代码时显示"属性 / 方法"列表、能自动显示参数信息，以及自动生成关键字等功能。这些功能使开发者不再需要记忆大量的 VBA 函数和方法，使开发者能快速而高效地完成应用程序的编写。本节将以创建简单的 Excel 应用程序为例，介绍在"代码"窗口中编写程序的技巧。

步骤 1：打开 Visual Basic 编辑器，依次单击"视图"–"工具栏"–"编辑"按钮，如图 25-27 所示。打开"编辑"工具栏，在代码编写过程中，如果需要获得对象、属性或方法提示，可以单击"编辑"工具栏的"属性 / 方法列表"按钮，即可打开属性 / 方法列表框，在列表框内左键双击需要添加的内容即可将其直接添加到代码中，如图 25-28 所示。

步骤 2：在"代码"窗口内输入代码，当输入对象名和句点后，VBA 会自动给出一个下拉列表框，如图 25-29 所示。拖动列表框右侧的滚动条可以查看所有可用的属性和方法，双击需要的项目即可将其插入到程序中。如果在输入句点后继续输入属性或方法的前几个字母，VBA 会在列表自动找到匹配的项目，此时按"Enter"键即可将其插入程序，同时程序的输入将另起一行；如果按空格键则将匹配项目插入程序但不换行。

步骤 3：在"代码"窗口中输入关键字的前几个字母，单击工具栏上的"自动生成

关键字"按钮，则关键字后面的字母将会自动输入。如果与输入字母相匹配的关键字有
多个，则 Visual Basic 编辑器会给出一个下拉列表，用户可以从中选择需要的关键字，
如图 25-30 所示。

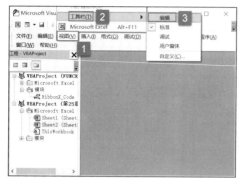

图　25-27

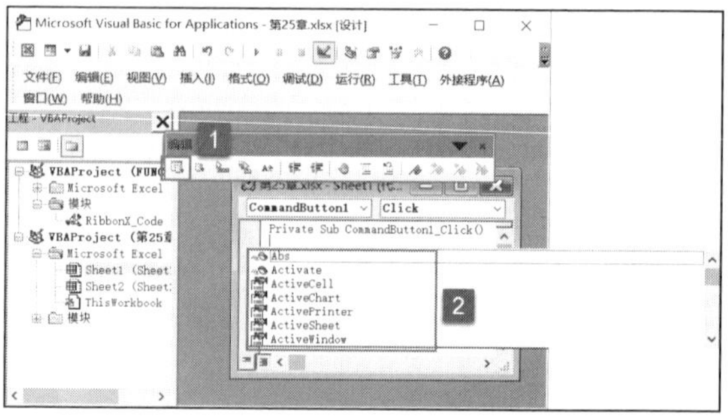

图　25-28

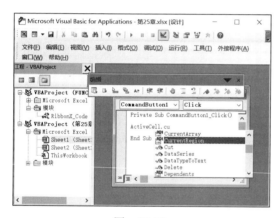

图　25-29

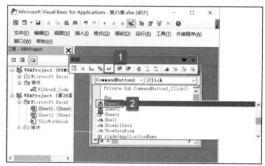

图　25-30

提示：在出现"属性/方法"列表后，按"Esc"键将取消该列表。以后再遇到相同的对
象，列表也将不会再出现。此时，如果需要获得"属性/方法"列表，可以按"Ctrl+J"组合
键。也可右键单击，然后在弹出的菜单列表中单击"属性/方法列表"按钮。

步骤 4：在"代码"窗口中输入 VBA 常数后，如果输入" ="，Visual Basic 编辑
器会自动弹出一个"常数列表"列表框，如图 25-31 所示。双击列表中的选项，即可将
其值输入代码中。当在"代码"窗口中输入 VBA 指令、函数、方法、过程名或常数后，
单击"编辑"工具栏上的"快速信息"按钮，VBA 会显示该项目的语法或常数的值，
如图 25-32 所示。

提示：当显示"常数列表"后，可以使用键盘上的上下方向键选择列表中的选项，按空
格键将选择内容输入程序。如果按"Esc"键，将关闭该列表。单击工具栏中的"常数列表"
按钮或按"Ctrl+Shift+J"组合键同样能够打开该列表。

步骤 5：在"代码"窗口中输入 VBA 函数后，如果函数需要参数，在输入函数名
和函数的左括号后，在光标下就会出现参数信息提示。这个提示将显示函数需要的参
数，随着参数的输入，提示框会将当前需要输入的函数加粗显示，如图 25-33 所示。

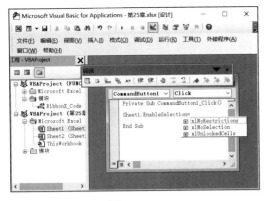

图　25-31

图　25-32

图　25-33

25.5.3　使用对象浏览器了解 VBA 对象

用户可以使用对象浏览器浏览工程中所有可获得的对象，并查看它们的属性、方法及事件，此外还可查看工程中可从对象库获得的过程以及常数。对象浏览器可以显示用户所浏览的对象的联机帮助，也可用搜索和使用用户所创建的对象，其他应用程序的对象也可用其来浏览。

步骤1：启动 Excel，按"Alt+F11"组合键打开 VBA 编辑器。单击"视图"按钮，然后在弹出的菜单列表中单击"对象浏览器"按钮，如图 25-34 所示。

步骤2：打开"对象浏览器"对话框，在"工程 / 库"下拉列表中选择需要查询的对象库类型，在"类"窗格内中选择需要查询的对象，此时在右侧将显示该对象的对象成员，单击选择任意对象成员，在"对象浏览器"对话框下方将显示该成员的定义，如图 25-35 所示。

提示：在选择了一个对象成员后，在窗口下方将显示该成员的代码示例。同时还会包含一个超链接，单击该超链接可以跳转到对象成员所属的类或库。对于某些对象成员来说，也可以跳转到其上层类。

步骤3：在"对象浏览器"对话框的"搜索"栏内输入需要搜索的内容，单击"搜索"按钮，即可在"搜索结果"列表内显示出所有的搜索结果。选择其中任意选项，可以查看该对象的详细信息，如图 25-36 所示。

图 25-34

图 25-35

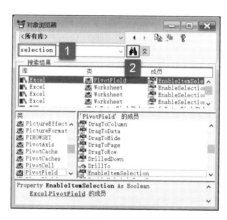

图 25-36

提示：在"对象浏览器"中如果没有查询到需要的结果，可以按键窗口工具栏上的"帮助"按钮，将打开"Excel 帮助"窗口，使用该窗口可以获得更为详细的帮助信息。

25.5.4 代码的调试技巧

对于应用程序的开发，程序调试是一个重要步骤。VBA 程序的调试有 3 种模式，分别是设计时、运行时和中断模式。Excel 的 Visual Basic 编辑器提供了丰富的调试工具，包括断点调试、"立即窗口""本地窗口"和"监视窗口"等。下面对代码的调试技巧进行简单介绍。

步骤 1：打开工作表并切换到 Visual Basic 编辑器，本例的程序代码如下所示。在"代码"窗口内选中需要设置断点的语句，然后单击"调试"按钮，在弹出的菜单列表中单击"切换断点"按钮即可设置断点，如图 25-37 所示。

步骤 2：按"F5"键运行程序，程序运行到断点位置会暂停，同时标示出暂停位置，如图 25-38 所示。再次按"F5"键程序将继续运行。

```
Sub countcir()
Dim i As Integer
Dim s As Integer
    s = 0                              '初始化汇总变量以及起始数
    i = 0
Do
    i = i + 1                          '设置下一个被加数 i 的大小
```

```
s = s + i                                    ' 将被加数汇总到变量 s 中
If s >= 5000 Then Exit Do                    ' 当 s ≥ 5000，执行 Exit Do 语句退出循环
Loop
MsgBox "循环次数是" & i & "; 汇总结果是" & s    ' 显示循环次数以及汇总结果
End Sub
```

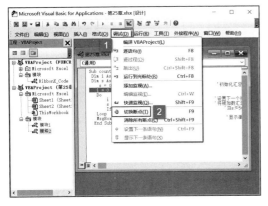

图　25-37

图　25-38

提示：鼠标在"代码"窗口边界标识条上单击可以直接创建断点。将插入点光标放置到程序中后，按"F9"键可以在该语句处添加断点，按"Ctrl+Shift+F9"组合键或依次单击"调试 - 清除断点"按钮即可清除创建的断点。

步骤 3：单击"视图"按钮，在弹出的菜单列表中单击"本地窗口"按钮，如图 25-39 所示。打开"本地窗口"对话框，按"F8（Fn+F8）"键逐语句执行程序。在运行到断点处时，"本地窗口"中将显示程序中表达式的当前值和变量类型，如图 25-40 所示。

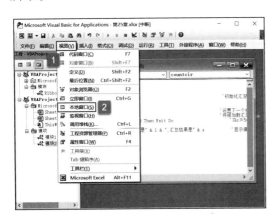

图　25-39

图　25-40

提示："本地窗口"窗格内只有在中断模式下才能显示相应的内容，其只能显示当前过程中变量或对象的值，当程序从一个过程转到另一个过程时，其显示的内容也会相应发生改变。在"本地窗口"中，单击对象名称左侧的按钮➕或➖，可展开或收起对象的属性和成员列表。

步骤 4：单击"视图"按钮，在弹出的菜单列表内单击"监视窗口"按钮，如图 25-41 所示。打开"监视窗口"对话框，如图 25-42 所示。

图　25-41

图　25-42

步骤5：单击"调试"按钮，在弹出的菜单列表中单击"添加监视"按钮，如图25-43所示。

步骤6：打开"添加监视"对话框，在"表达式"文本框内输入需要监视的条件，然后单击"当监视值为真时中断"前的单选按钮，单击"确定"按钮关闭对话框，如图25-44所示。

图　25-43

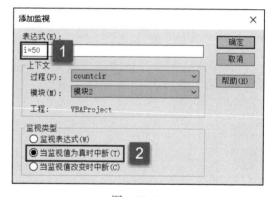

图　25-44

步骤7：再次打开"添加监视"对话框，在"表达式"文本框内输入变量名，单击"确定"按钮关闭对话框，如图25-45所示。

步骤8：按"F5（Fn+F5）"键运行程序，程序将在满足条件（即 i = 50）时进入中断模式，"代码"窗口中指示出程序当前运行语句。同时在"监视窗口"内可以看到监视变量的值，如图25-46所示。

提示：如果需要编辑已有的监视条件，可以在"监视窗口"中选择某个监视条件后依次单击"调试"–"编辑监视"按钮，打开"编辑监视"对话框对监视条件进行编辑修改。如果需要删除已有的监视条件，则在"监视窗口"中选择监视条件后，按"Delete"键即可。

步骤9：单击"视图"按钮，在弹出的菜单列表内单击"立即窗口"按钮，如图25-47所示。

步骤10：在代码中添加 Debug.Print s 和 Debug.Print i 语句。按"F5（Fn+F5）"键运行程序，"立即窗口"窗格内将显示变量 s 和变量 i 的运行结果，如图25-48所示。

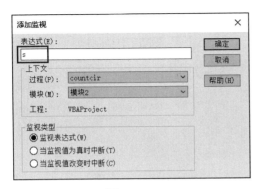

图　25-45

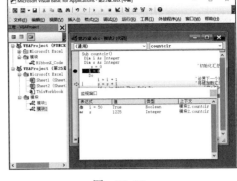

图　25-46

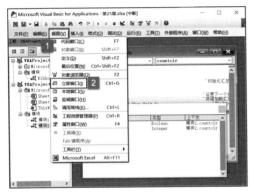

图　25-47

图　25-48

提示：Debug 是代码调试的一个重要工具，使用 Debug 对象的 Print 方法能使程序员在不暂停程序的情况下监控变量执行过程中的变化。Print 方法在"立即窗口"中显示文本，Print 方法显示的文本将不会在程序运行时看到，只能在"立即窗口"中显示。

步骤 11：在"代码"窗口中为程序添加断点，运行程序后，在"立即窗口"内输入"？i"后按"Enter"键，"立即窗口"内将显示程序中断时变量 i 的值。输入"？s"后按"Enter"键，"立即窗口"内将显示变量 s 的当前值，如图 25-49 所示。

图　25-49

提示："立即窗口"能够显示当前语境中变量或表达式的值，值可以通过 Print 方法或问号"？"来显示。但是要注意的是，"立即窗口"输出结果最多只有 200 行，超过 200 行则只显示最后 200 行的内容。

推荐阅读

玩转黑客，从黑客攻防从入门到精通系列开始!
本系列丛书已畅销20多万册!

黑客攻防从入门到精通

作者: 恒盛杰资讯 编著 ISBN: 978-7-111-41765-1 定价: 49.00元

黑客攻防从入门到精通（实战版）

作者: 王叶 李瑞华 等编著 ISBN: 978-7-111-46873-8 定价: 59.00元

黑客攻防从入门到精通（绝招版）

作者: 王叶 武新华 编著 ISBN: 978-7-111-46987-2 定价: 69.00元

黑客攻防从入门到精通（命令版）

作者: 武新华 李书梅 编著 ISBN: 978-7-111-53279-8 定价: 69.00元

推荐阅读

玩转黑客，从黑客攻防从入门到精通系列开始！
本系列丛书已畅销20多万册！

黑客攻防从入门到精通(智能终端版)

作者：武新华 李书梅 编著 ISBN：978-7-111-51162-5 定价：49.00元

黑客攻防从入门到精通（攻防与脚本编程篇）

作者：天河文化 编著 ISBN：978-7-111-49193-4 定价：69.00元

黑客攻防从入门到精通（黑客与反黑工具篇）

作者：李书梅 等编著 ISBN：978-7-111-49738-7 定价：59.00元

黑客攻防大全

作者：王叶 编著 ISBN：978-7-111-51017-8 定价：79.00元

  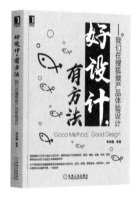